社会的需求·永续的城市

——2008全国高等学校城市规划专业指导委员会年会论文集

Social needs·urban sustainability

——Proceedings of China urbanplanning education conference 2008

全国高等学校城市规划专业指导委员会
山东建筑大学建筑城规学院

中国建筑工业出版社

图书在版编目(CIP)数据

社会的需求·永续的城市——2008全国高等学校城市规划专业指导委员会年会论文集/全国高等学校城市规划专业指导委员会，山东建筑大学建筑城规学院. —北京：中国建筑工业出版社，2008

ISBN 978-7-112-10350-8

Ⅰ.社… Ⅱ.①全…②山… Ⅲ.城市规划-教学研究-高等学校-文集 Ⅳ.TU984-53

中国版本图书馆CIP数据核字(2008)第142107号

责任编辑：杨 虹
责任设计：赵明霞
责任校对：安 东 王 爽

社会的需求·永续的城市
——2008全国高等学校城市规划专业指导委员会年会论文集
Social needs • urban sustainability
——Proceedings of China urbanplanning education conference 2008
全国高等学校城市规划专业指导委员会
山东建筑大学建筑城规学院
*
中国建筑工业出版社出版、发行(北京西郊百万庄)
各地新华书店、建筑书店经销
北京天成排版公司制版
北京云浩印刷有限责任公司印刷
*
开本：889×1194毫米 1/16 印张：17½ 字数：460千字
2008年9月第一版 2008年9月第一次印刷
定价：**45.00**元
ISBN 978-7-112-10350-8
(17153)

2008全国高等学校城市规划专业指导委员会年会论文集组织机构

主　办　单　位： 全国高等学校城市规划专业指导委员会

承　办　单　位： 山东建筑大学　建筑城规学院

论文集编委会主任委员： 吴志强

论文集编委会成员： 毛其智　赵万民　顾朝林　刘　甦　张军民　赵继龙
张军民　吕学昌　陈有川　赵　健　佘丽敏　杨　慧

序

从1940年代中后期至今，中国现代城市规划专业教育已经历了六十载春秋，经过几代规划人的不懈努力，为中国城市建设规划励精图治，铸就了中国城市规划专业今天的辉煌。

近三十年来，城市规划专业在中国发展迅速，院校数量规模及覆盖地域不断扩大，从寥寥数所院校发展为一百多所院校，师资力量也日益壮大，为中国城市建设发展输送了大量的优秀人才。

然而，中国城市化进程正处于关键性阶段，全球化发展趋势对日益开放的中国不断提出新的课题。从事城市规划教育工作已二十多年，我深感中国城市的未来在于今日对青年的培养。年轻一代规划人的理想与责任、道德与人格、理念与定位、知识与技能、修养与团队精神，不仅将决定中国城乡人居环境规划专业的未来兴衰，也必将影响中国乃至世界的人居环境的未来走向和可持续的发展。城市规划教育是城市规划工作金字塔的基础，而城市规划专业教育的研究是在思考如何夯实金字塔的基础。

中国城市规划专业教育的探索从上个世纪90年代欧美留学归国的学子们开始，几代规划人为城市规划专业教育体系的建构与完善不断思考和尝试。适逢金秋，全国城市规划专业教研论文交流作品能结集出版，欣慰之情自是难以言表。本集是2007年度规划专业优秀教研论文和2008年度教研交流论文的集合。是全国城市规划教育一线教师们基于中国现实国情，探索构建中国规划教育体系的阶段性成果。全国各个院校的资深教授、中青年教师及专家们为此投入了大量的精力，这是中国城市规划教育历史上的第一次。

本集从城市规划教育教学、理论教学、设计教学和实践教学等角度对城市规划专业教育进行了立体的探讨。多角度的阶段性研究成果有利于我们未来更全面的观察与思考，有利于我国的城市规划专业教育体系建设的探索进入更深更广的层面。

对于各校城市规划的教师，这是一本难得的教学研究参考书，记录了中国今天城市规划专业教育各院校师生在城市规划教学方面的部分心得和研究成果；对于城市规划学生，这是一本城市规划学习的参考手册和入门读物，可以从专业教育的视角来了解城市规划知识及城市规划学习的要领。而此书，对于城市的管理决策者，我相信会从中看到处于基层的城市规划教育者为夯实城市规划基础的所思所想，会给予决策以智慧。

为此，全国城市规划专业指导委员会首次开展了对教学研究论文的交流及评优活动，它们凝聚着全国众多规划院校教师们的辛勤汗水，同时也饱含了全国城市规划专业指导委员会委员们的殷切期望。

诚挚感谢为中国城市规划教育付出所有的几代师长，衷心希望中国的城市规划专业能够更富创新精神，祝福世界的人居环境可持续地和谐发展。

高等学校城市规划专业指导委员会 主任委员

2008.09

目　　录

教育教学研究

设计教学研究

理论教学研究

实践教学研究

2007年年会获奖论文

教育教学研究

彰显文理工综合特色的城市规划教育模式研究

徐建刚　甄　峰　张京祥　罗震东

摘　要：长期以来，我国的城市规划专业教育以建筑学背景为主。随着我国城市化的快速发展，以地理学为背景的院校不断加入，使城市规划学科真正成为融合多学科内涵的应用型独立学科。南京大学是国内第一个由经济地理专业发展为城市规划专业的院校。近五十年的专业发展，形成了融人文社会、经济环境和工程技术为城市规划一体的特色化办学模式。本文主要从办学的环境氛围与学科依托、高层次人才培养的办学思想与目标、创新人才培养的模式和体系以及具有学术创造力的师资队伍建设几个方面介绍了彰显文理工综合特色的城市规划教育模式。其中，建立宽厚扎实的人文、自然科学知识基础和构筑设计、规划、分析和新技术应用四大“专业课程模块”的教学体系是关键。办学绩效表明：该模式是造就城市规划领域领军人才、高级人才的有效手段。

关键词：城市规划，特色化教育，人才培养模式，教学体系

1　引言

20 世纪 70 年代末，随着改革开放，我国城市规划专业高等教育开始了新的发展历程。在此之前，城市规划作为建筑学科的一部分，本科教育基本上作为建筑专业的一个方向进行人才培养。与此同时，作为基础学科的地理学，从经济地理专业中逐渐形成了一个城乡规划专业方向。1980 年代初，为适应工业化带来的经济社会快速发展的需求，我国应走什么样的城市化之路的问题首先由经济地理学家提出，而引起我国建设与规划领域的高度关注。进入 21 世纪，我国的城市化已被公认为是世界经济增长与社会发展的两大驱动因素之一。在这短短的三十年里，城市规划行业得到了空前发展。城市规划专业教育也从初期的十几所高校发展到一百余所学校。然而，我国城市化的快速发展带来了大量的物质、经济、社会和环境在城市空间上严重冲突的问题。而现有的城市规划理论、方法和技术均不能有效的解决这些问题。因此，我国规划教育工作者普遍认识到：城市规划专业涵盖了文、理、工、管、艺等多种学科教育，每个院校都应有自己的强项，应走特色化专业发展之路。

南京大学城市规划专业正是在这一时代背景下发展起来，是国内第一个由经济地理专业发展为城市规划专业的院校。在近五十年的专业发展过程中，几代人始终坚持将地理学的理论与方法不断引入城市规划学科，从而，打破了规划界“就城市论城市”的旧传统，使城市规划走上了科学、理性的方向。2008 年 5 月，南京大学城市规划专业通过了住房和城乡建设部和教育部城市规划专业的教育评估，本科和研究生均获得了 6 年免检的优异成绩。在专家组进校的现场评审交流中，5 位专家一致认同南京大学城市规划专业特色化的办学模式。受专家们的鼓励，特将我们的办学经验在此做个粗浅的介绍。

2　培育特色的文理工环境氛围与学科依托

南京大学是首批进入国家“211 工程”和“985 工程”的大学之一。南京大学历史悠久，人文气息十分浓厚，具有多学科全面发展的特色。在学校十一五规划中，城市科学被作为全校五个重点发展的学科群之一。城市规划是城市学科群的核心，城市科学学科群建设依托于校 985“城市化与城市科学创新平台”建设。该创新平台建设涵盖了人文社会、自然科学和工程技术三大门类学科，涉及 6 个一级学科、8 个二级学科(城市规划、人文地理、建筑设计、土地利用、城市历史、城市与区域经济、城市社会学、环境生态学)。城规专业所在的地理与

徐建刚：南京大学区域与规划系系主任，教授，博士生导师

海洋学院拥有与城市规划学科十分紧密的、相互渗透的人文地理、自然地理、区域经济、土地规划与管理、旅游地理与规划、遥感与GIS等高水平专业系科和师资力量。学校与学院拥有的这些学科群为城市规划专业发展营造了深厚的学术环境氛围。

城规专业直属的城市与区域规划系源于1954设立的经济地理专业，1970年代我国开始恢复城市规划工作，以宋家泰教授为首的老一代学者积极务实地将经济地理学专业更名为“经济地理学与城乡区域规划专业”，至2006年城市与区域规划系正式成立。我系的师资和学术背景基于地理学专业，办学着重体现自然地理、人文地理、区域经济等在城市规划中的重要作用，因此无论是在本科阶段还是研究生阶段都很重视这些课程的教学。1990年代初以来，由于城市规划学科发展的需要，我系开始积极融合和吸收工科类院校城市规划专业的教学特点和经验，旨在继承综合类院校优势的基础上，兼顾传统工科类院校的城规专业办学方针和教学体系。

3 塑造特色的高层次人才培养办学思想与目标

秉承“诚朴雄伟，励学敦行”的校风，遵循学校“规模适度，内涵发展”的办学指导思想，城市规划专业在发展中努力贯彻南大“三个融为一体”办学新思路，即在人才培养中：融业务培养与素质教育为一体；融知识传授与能力培养为一体；融教学与科研为一体。针对社会上对城市规划专业人才综合素质要求不断提高的现实情况，经过十余年的办学探索，我们逐步完善了以培养具有创新意识的、彰显南大文理工综合特色的高层次城市规划人才的办学思想与目标。具体的办学思想可以用“三个注重”表述：

■ 注重基础：充分利用综合性大学的优势，依托学科群来安排组织基础课程教学。

■ 注重融通：强调培养学生在规划设计、城市研究、规划新技术应用等多方面的融会贯通能力。

■ 注重共生：依托“教学实践基地”和多个科研机构，坚持“产学研”一体共生的“实战训练”的教学机制。

在办学目标上，突出了本科生和研究生连贯培养的“三个发展”特点：

■ 能力发展：突出“宽基础、显特色、重能力、接轨学科前沿”的工程型与研究型复合人才培养思路。

■ 特色发展：走规模适度、内涵发展的人才培养道路，培养具有文、理、工综合特色的城市规划高级人才。

■ 国际化发展：依托本专业已建立的国际交流平台，培养具有国际视野和国际交流能力的高层次研究人才。

4 彰显特色的创新人才培养模式和体系

4.1 推进通识教育改革，建立宽厚扎实的知识基础

“重视基础”是南京大学本科教学的传统，“基础厚、能力强、素质高”是多年来社会各界对南大城市规划毕业生的普遍赞誉。在本科学习阶段，我们通过基础课、专业基础课和专业选修课的设置中重视学科交叉与融通、强调学生个性发展来为学生建立文理工宽泛的学科基础。

4.1.1 重视基础课教学

学校的公共基础课共设14门课程，其中包括4门数学与计算机基础课程、10门政教与外语类等课程。学校的基础课教师队伍由国家级、省级、校级教学名师、文科首席教授、教学重点岗教授等在内的150余位高水平教师组成，学校开设的《大学数学》、《大学英语》、《政治经济学》等公共基础课为国家级精品课程群。南大高水平的通识教育为城市规划专业的学生打下了宽厚的知识基础。

4.1.2 重视学科交叉与融通

在大学前两年的学习中，突出地理与建筑两个一级学科基础课程的平行学习，使学生在规划专业课程中能够全面地、系统的认识城市及其依托的区域在宏观与微观上空间关系。地理科学类课程共有6门：《工程(普通)地质学》、《自然地理学》、《人文地理学》、《经济地理学》、《地图与测量》、《 GIS概论》；建筑学基础课程5门：《美术(1)、(2)》、《建筑制图》、《建筑设计概论与初步》、《建筑设计(1)》、《建筑设计(2)与建模》。

4.1.3 强调学生个性发展

学生在高年级阶段，可以根据自己的专业兴趣或特长，在老师的指导下，选择选修课程组群。目前，已初步建立了富有南大特色的选修课程体系。主要课程组群有：(1)城市与区域规划：《城市地理学》、《区域经济

学》、《城市社会学》、《土地利用规划》等等；(2)城市规划与设计：《城市设计课程设计》、《城市管线工程规划》、《城市交通运输与布局》等等；(3)数字规划方法与技术：《城市与区域系统分析》、《城市规划信息系统》、《虚拟城市与环境技术》等等。

4.2 完善主干课程体系建设，全面提升专业综合素养

通过追踪国内外城市规划学科发展趋势，我们在本科规划主干课程体系建设方面有了突出的进步，构筑了四大“专业课程模块”教学体系，形成了自己的特色。

设计模块——强调形象思维与基本技能训练。通过美术、建筑设计、详细规划、城市设计等课程设计训练，学生的物质空间设计能力得到显著提升。

规划模块——强调空间把握与综合运用的能力训练。设置城市总体规划、专项规划、道路交通等课程，在教学内容上形成了南京大学自身的特色。

分析模块——强调对规划内涵的深层次认识。城市地理学、区域分析与区域规划、城市经济学、区域经济学、城市社会学等课程充分体现了本专业注重综合城市研究能力的培养。

新技术模块——强调对规划空间问题的科学分析能力的提高。城市规划 CAD、城市与区域系统分析、计算机类、遥感与 GIS 类等课程在规划实践中正发挥越来越重要的作用，我校学生在此方面具有比较明显的优势。

4.3 强化实践教育环节，培育创新精神与能力

城市规划是应用型学科。我们通过深化规划实践教学改革来全方位提高学生的实践能力与创新能力。在实践教学环节中，充分利用学校、学院和本专业的实验室、美术教室、图档室进行信息技术、课程设计和规划项目学习与实践训练。还建立了南京大学规划设计院、江苏省规划设计院两个高质量、长期稳定的实习基地。中国城市规划设计院、浙江省院、广州市院等著名规划设计单位每年均接受一定数量的本科和研究生实习。设计单位普遍认为我校学生知识全面，实践能力强、研究分析能力突出。

本科生在三年专业基础课程学习结束后，从暑假开始，就加入教师科研团队。一方面参与规划实践；另一方面在老师指导下，开始进行科学研究的训练。此外，还通过师生交流会、新老生交流会、学生论坛等活动，鼓励本科生创新。近 6 年来，我系学生(本科、硕士)在各类核心期刊上发表科研论文 150 余篇，获得各类科研方面的奖项 20 余项。

4.4 注重人的全面发展，提高学生综合素质

本着提高学生素质、全面促进学生身心发展的目的，学院经常组织学生开展形式多样的课外活动：新生辩论赛、演讲比赛、趣味运动会、化妆舞会、卡拉 OK 大赛、“古都文化之旅”、学生干部素质拓展和培训、研究生学术论坛、计算机应用比赛等。

通过国际性的学术和人才培养的交流合作，拓展学生的视野，提升拔尖创新人才必备的与“强者对话”的能力。如，引进外籍教师参与教学。其中，美国马里兰大学沈青教授作为我校“思源讲座讲授”为高年级本科生与研究生讲授当前国际城市规划学术前沿问题暑期课程。近几年来，已有多名城规专业学生去香港及欧美进行交换学习。此外，还不定期地邀请国内外城市规划领域知名学者与建设部高层领导参与讲座，增长学生见识，提高科学素养，培养专业意识。

5 支撑特色的师资队伍建设与科学研究

专业特色的形成，需要一支高水平的师资队伍，而造就一支高水平的师资队伍，必须有科学研究支撑。

5.1 师资队伍建设

目前，我系师资结构齐全，覆盖城市规划各个领域，27 名教师均毕业于相关领域的著名高校；在编教师中非南京大学最终学位的教师共有 14 名，占教师总数的 52%；具有博士学位的教师已由 2002 年的 9 位增加至目前的 17 位；博士生导师 4 人，硕士生导师 7 人，另有兼职导师 3 人。2005 年以来，逐步形成了以在国内外规划界具有一定知名度的教授为带头人的 5 个研究和教学团队，由学术带头人对新加入的青年教师在教学与科研上进行传、帮、带。近 5 年来，我系教师出版教材、专著近 30 部。

5.2 科学研究支撑

作为研究型大学的城市规划专业，其发展创新的源

泉来自于对城市与规划问题的学术研究。依托本专业已建立的一院(城市规划设计研究院)、一所(区域发展研究所)、一中心(中法城市·区域·规划研究中心)、一实验室(中澳虚拟城市与环境联合实验室)。近6年来，我校教师的科研能力有了明显的提高，科研成果也有较大的增长。科技创新实力的增强，为产学研结合模式的形成起了推进器的作用，同时也为教学提供强有力的学科支撑。

2002年以来，共承担纵向科研课题38项，200余项各种类型的城市规划设计项目，其中，国家863计划1项、国家自然科学基金重点项目1项、杰出青年基金1项，面上项目15项，教育部、住房和城乡建设部、发改委等部委委托项目20余项，国际合作科研项目2项。在专业学术期刊上教师发表第一作者学术论文160篇以上，第一作者出版学术著作15部。获教育部新世纪优秀人才、中国城市规划学会、省自然科学、省哲学社会科学、省级优秀规划设计等各类奖项20余项。这些研究成果对学科专业建设和提高教学质量起到了极大的促进作用。

6 承载特色的办学绩效与未来发展

6.1 人才培养绩效

自1976年开始培养城市规划人才以来，南京大学共培养了本科生近1000名，研究生近300名，许多人已经成长为城市规划领域的杰出人才和优秀领导。主要代表有：国家杰出青年基金获得者顾朝林教授；中国城市规划学会秘书长石楠教授；中国城市规划设计研究院总规划师杨保军教授；江苏省城市规划设计研究院院长邹军教授；英国卡迪夫大学城市与区域规划学院城市中国研究中心主任吴缚龙教授；深圳市规划局副局长薛枫等人。

6.2 近6年就业情况

近6年来，南京大学城市规划专业毕业生一次就业率95%～100%，广泛分布于城市规划设计部门、国家行政机关、教学和科研机构、策划设计等企业单位，为国家的社会经济发展作出了积极贡献。

6.3 未来发展方向

在新的世纪，南京大学城市规划专业将继续弘扬传统，深化改革，开拓创新，不断探索完善南京大学特色的城市规划专业办学模式，进一步提高办学水平和办学效益，朝着综合性、研究型、国际化的新目标迈进，努力建设城市规划人才培养高地，为中国的城市发展和建设作出更大的贡献。

参考文献

[1] 吴志强．中国城市规划教育的发展历程［J］．城市规划学刊．2007，(3)：9～13．

[2] 吴友仁．关于我国社会主义城市化问题［J］．人口与经济．1980，(2)：19～26．

[3] 崔功豪．区域-城市-规划［M］．北京：中国建筑工业出版社，2004．

英美城市规划教育方法对我国规划教育的启示

田　莉

摘　要：结合笔者在英美两国接受城市规划教育的体会与经验，本文简要介绍了目前英国和美国城市规划教学方法的特点，指出我国传统的城市规划教育方法存在方法论缺失、封闭式教育等一系列问题，指出我国的城市规划教育应顺应城市发展趋势，在全球经济一体化发展的大背景下，以国际化为导向，加强方法论教育，改革传统填鸭式教学方法、引入讨论式教学和个性化教学、加强学生独立研究(设计)能力的培养等。

关键词：城市规划教育，教学方法，英国，美国，中国

创新是一个民族的灵魂，是一个国家兴旺发达的不竭动力，创新的关键在人才，人才的成长靠教育。教育方法是实现创新能力培养的重要途径。结合笔者在英美两国接受城市规划教育的体会与经验，笔者深切地感受到英美国家在城市规划教育方法上和我国存在很大的差别，更为注重对学生创新和独立思考能力的培养。我国的城市规划教育在注重对大学生素质进行全面培养的过程中，应借鉴英美发达国家成熟的教学经验，对我国高等教育实现由单纯传授知识的模式向培养科技创新精神和能力的模式转变，培养具有健全个性、适应性强并勇于面向现代化、面向未来的综合型人才，具有重要意义。

1　英美城市规划教育方法的特点

根据笔者在美国麻省理工学院城市规划与研究系攻读研究生课程和剑桥大学土地经济系攻读博士学位的经历，英美城市规划教育十分注重学生独立思考及创新能力的培养，而并不是简单的照本宣科，学生上课时大脑处于高度紧张和兴奋的状态，可以最大限度地掌握课程要求的内容。总结起来，在研究生阶段，英美城市规划教育方法有下列三个方面的突出特点：

1.1　注重阅读与独立思考能力的培养

英美城市规划教育的共同特点是十分注重培养学生的阅读和分析能力。每门课的主讲教师都会给学生一本必读文选(reader)，它集中了该课程目前最新的和最有代表性的文献。此外，教师在授课过程中还会随时发给学生一些有针对性的参考文献，数量不等。这些文献中一部分是必读文献，另一部分是选读文献，学生可根据自己的时间和兴趣选读。教师在上课时都会提到这些参考文献，而且学生完成作业、考试或写报告都会用到这些基本文献，如果不阅读很难跟上课程进度。在英美的规划名校，课程教师往往会推荐大量的阅读文献，令学生有不堪重负之感，但学期结束，往往收获颇丰。

在论文写作过程中，教师往往会就学生论文的方法和框架提出质疑，促使学生进行思考。笔者在麻省理工学院和剑桥大学学习期间，每次见指导教师之前一定要进行充分准备，以应对老师提出的各种各样的问题。如论文中如出现“改革开放以来中国城市增长速度很快”，老师一定会问“如何快？GDP增长多少？人口增长多少？”如果论文中出现“中国大城市房价的快速增长部分是由于地价的增长造成的”。老师就会问“论据何在？”笔者在学习初期，往往面对教师的质询如同庭审的犯人面对检查官，常常语无伦次。自此以后每次写作都要查阅大量的资料，准备应对老师的各种问题，这样无形中对研究题目的深度和广度加深了认识，独立研究的能力也得到很大程度的提高。

1.2　启发式教育方法的大量应用

所谓启发式教学，就是根据不同的教学目的、内容以及学生的知识水平和知识规律，运用各种不同形式的

田　莉：同济大学建筑与城市规划学院城市规划系副教授

教学手段，采用启发引导办法来传授知识，使学生能够积极主动地学习，并且培养相关的能力。此教学方法可以说是在教学和研究中对传统的注入式教学深刻批判的背景下产生的。在培养学生创新意识、探索精神、创新能力方面，启发式教学法是一种有效的方法。它把发展学生独立思维能力、培养学生创新能力和实践能力作为教学的核心内容。它突出思维过程，展现思维个性特点，鼓励学生用批评、求异的眼光观察问题。这种探求真知的教学方法符合学生心理特质并有利于培养创新思维和创造能力。

英美城市规划启发式教育的特点主要体现在以下两个方面：

一是巧妙设置问题启发学生思维。

英美城市规划教育十分重视教师和学生的互动。尤以美国为甚。教师授课的重点是在启发学生对所讲授内容的更深入思考，是鼓励学生的创造性和探索性学习。教师在课堂上提出问题后，要求同学进行辩论，这样教师也能及时了解学生对授课内容所掌握的程度。如笔者在麻省理工学院所选的“Legal Aspects of Property and Land－use(房地产与土地利用的法律视角)”，每堂课前学生阅读相关案例后，老师在课堂上要求学生陈述案例，分正反两方面展开辩论。在学生回答问题的过程当中，老师给予适当的提示和引导。最后经过几次提问之后，教师再进行总结，正式介绍课文中的定义。如此一来，学生就不会是在接受令人昏昏欲睡的“填鸭式教学”，而是一起参与到教学中来主动地思考和学习了。

二是大量引入各种案例，对教学的帮助很大。对于书本上的众多知识点，通常没有过多详尽的说明，因此学生在学习的过程中是很难真正理解的。如对于城市规划中“公众利益”的界定，是非常抽象和难以解释的，但课堂上教师通过对“凯洛诉新伦敦市案”、“亚特兰大奥运场馆用地征收”等案例的分析，使得学生对各种情况下的公共利益界定有了初步的认识。

1.3 情景式教育方法的广泛应用

什么是情景？情景包含两层含义：一是指景物、场景和环境；另一层含义是指人物、情节，以及由场景、景物所唤起的人的情绪和内心境界。情景式教学就是在教学中充分利用条件创设具体生动的场景，激起学生的学习兴趣，从而引导他们从整体上理解和把握教学中的重难点、学习方法和关键内容的一种新型教学方法。笔者在麻省理工学院选修的课程“Project Analysis and Planning for Developing Countries(发展中国家的项目分析与规划)”，为了让学生了解规划中复杂的利益关系，教师设计了场景，以非洲国家一个真实的项目作为案例(Social assessment on rehabilitation of Fez-Medina，费兹麦迪那复兴规划的社会评估)，让学生选择扮演各种各样的利益相关人，如世界银行官员、政府长官、开发商、普通居民(如鞋匠、清洁工等)，对改造方案给出自己的意见和评价，并在课堂上让大家以各自选择的身份像演戏一样开展辩论。寓教于乐，使学生在轻松的环境中掌握了知识要点并对项目中可能的问题有了更为深刻的认识。

2 我国传统城市规划教育方法存在的问题

笔者在英美两国接受城市规划教育近五年的时间，和在国内所受的六年半城市规划高等教育及回国后在大学任教的一年多时间内，深切地感受到我国和英美城市规划教育的差别，并不在于学生素质和所学内容的差异。相反，我国城市规划专业的学生在某些方面，如动手能力、所学课程的广度等，要超过英美学生。然而，由于教育方法和文化的差异，我国城市规划专业学生在独立思考和创新能力方面要明显弱于英美国家的学生。这很大程度上是由于我国传统的城市规划教学方法死板、培养模式单一等造成的，影响了学生知识、能力和素质的协调发展。总结起来，就教学方法而言，我国传统的城市规划教育存在以下问题：

2.1 封闭式的教学方法不利于培养学生的创新能力

城市规划学科具有较强的政治、社会和经济属性，在英美的学科体系中属于社会科学(Social Science)领域，而在我国则属于工科范畴。英美城市规划教育和我国城市规划教育的一大区别是，前两者鼓励学生的“开放式”思维，即对规划问题无标准答案，只要学生的论据能说明论点、研究或设计方法立得住脚即可；而后者的特点是“集中式”思维，教师的教学和考试往往采用标准答案式的做法，如简单地将道路、绿地建设等归为公共利益，很多设计原则标准化等，这在很大程度上束缚了学生的创造性思维。在遇到规划问题时，往往第一时间想

到课堂上老师所教的“标准答案”。笔者在带城市规划专业五年级本科生毕业设计时，发现学生头脑中存在很多约定俗成的观念，如以前曾听到过某规划名家认为该地段适合建设“国际贸易区”，就不假思索地将该地段规划为贸易区，而不去深究设立“国际贸易区”背后的政治、社会、经济条件，因此对知识的理解也停留在较浅的层次上。

2.2 城市规划方法论教育的缺失不利于培养学生的独立研究能力

英美的城市规划教育，十分注重方法论。麻省理工学院和剑桥大学的课程设置中，都有若干关于方法论的课程，如“定量与定性分析方法”“统计学”“项目成本—收益分析”“文献阅读与论文写作格式”等，都是方法论方面的课程。“授人以鱼，不如授人以渔”。对知识点的学习，学生可以在课堂下独立进行。但方法论的教育，应成为城市规划教育的重点。遗憾的是，这一点却是我国城市规划教育的“盲区”所在。我国城市规划专业的教学内容十分庞杂，包含了城市规划与设计、城市交通与工程、城市地理与区域、城市社会与经济、城市景观与环境、城市法规与政策等方面，却唯独缺少方法论方面的课程，造成学生大量的时间都在被动地吸收教师课堂上“满堂灌”的知识点，却没有掌握研究和设计的“工具”。

3 英美城市规划教育方法对我国规划教育的启示

我国的城市规划教育如果面向国际化改革，必须注重教学方法的革新，借鉴国外先进经验，打破旧有的教与学的组合形式和封闭的教学局面，使规划教育从传统的单向性和预设型向开放型、能动性转变，从传统的单向灌输式教学向双向互馈式教学转变，为学生自主学习和参与实践留出更多的时间和空间，真正激发学生的学习热情和创造力。

3.1 加强规划方法论教育

著名教育家杜威从根本的意义上论述教育时指出：“知识与智慧的区别，是多年来存在的老问题，然而还需要不断地重新提出来。知识仅仅是已经获得并储存起来的学问；而智慧则是运用学问去指导改善生活的各种能力。”对于活动而言，知识永远是从属的。针对我国传统城市规划教育“重知识、轻方法”的倾向，笔者认为城市规划教育，尤其是研究生阶段教育的课程设置应至少涵盖以下内容：①论文写作方法、格式与规范；②文献阅读与研究方法综述；③统计方法；④项目规划分析与评估。在理论课和设计课的授课过程中，也应加强方法论教育，使学生“知其然”更要“知其所以然”，对设计和论文的形成过程有更为清晰的认识。笔者在带城市规划专业五年级本科生毕业设计时，加强了方法论教育，引进“研究型设计”的教学理念，在“一人一题”的前提下，要求学生按以下步骤开展设计：明确拟解决的关键问题→寻找相应的理论支撑→寻找相应的案例支撑→确定功能定位与设计思想→开展方案设计。实践证明，学生虽然在整个毕业设计的过程中感觉比较吃力，却获得了独立思考、设计和创造的快感，对自身研究和设计能力的培养有了很大的帮助。

3.2 启发式教学设计

启发式教学设计以发展学生的能力，提高学生的素质为目的。引导学生观察、发现、分析、解决问题是城市规划课程教学的轴心。提问启发，就是老师抓住教材的重点、难点和关键，根据学生的实际情况，由易到难，循序渐进地巧妙提问，促使学生在紧张而有趣的思维活动中去寻求答案，索取新知，培养学生在学习过程中善于发现问题、分析问题、解决问题的能力和创新能力。

采用这种方法，可以通过预先布置设计，选择富于思考性的问题，创设问题情境，提供思考的材料，指导思维方法，引导学生积极思考，并经过师生之间的讨论交流，得出结论，从而使学生学得灵活，理解得深刻，掌握得牢固，教学效果明显提高。

3.3 引进讨论式教学和个性化教学

讨论式教学方式与我国的“老师满堂灌，学生抄笔记”的教学方式大不相同，它不但调动了学生的积极性，而且也锻炼了学生的语言表达能力。在教学过程中要鼓励学生上讲台进行问题的分析和求解，并让现场的学生共同参与评判，对敢于走上讲台的同学均给予登记和奖励(如平时成绩加分等)。这种方法可以大大激发学生的表现欲望和参与积极性。大家都争取机会自我表现，使学生的主体作用得到充分发挥，综合素质得到全面提高。在此过程中，我们重点强调学生的积极参与性，尊重持

不同观点甚至是错误观点的学生，从而保护学生的积极性，培养他们的自信心。

目前，我国的规划设计教学多为模式化教学，即设计教学按若干种规划类型的复杂程度从低年级到高年级循序渐进。在这种教学体系中，不仅同一年级中每个学生的设计课程是相同的，而且在相近年度，该年级的设计课题也鲜有变化。而在美国哥伦比亚大学，学生可以在老师建议的六种类型的土地利用规划的设计课题中自选。这六种类型的课题包括：邻里规划，公园、社区中心、医院、交通走廊的改进规划，居住、商业、工业发展规划或混合用地规划，纽约市某一特定场所或邻里的用地规划，十几英亩的特定场地的混合用地或再开发规划，有争议用途的布局规划。

采用“个性化教学”取代传统的模式化教学方法，即在设计课程大纲的范围内，根据学生自身的能力、兴趣、适应性等方面的差异让学生自选课题，可以为学生提供更多的符合个性的教育机会，培养学生的适应能力，并激发其可持续的创造潜能。在这种教学方法中，教师将从主角变为配角，即教师在指导设计时只规定设计程序并提出问题，然后让学生积极思考、独立探索，自己制定相应的设计课题，在各自的设计中掌握相应的设计原理。

结语

和英美国家开放的城市规划教育模式不同，我国传统的城市规划教育还带有工科教育的明显印迹，这和我国城市规划学科脱胎于建筑学有很大的关系。然而，随着城市规划日益向公共政策转型，城市规划复杂的政治、社会和经济属性日益凸显。如何培养学生在面对复杂的城市规划问题时的独立思考、研究和创新能力，对我国传统的城市规划教育方法提出了挑战。在这方面，英美国家多年来形成的相对成熟的教育体系和方法，可以对我国的城市规划教育有所启迪。

参考文献

[1] 万艳华. 面向国际化的城市规划教学改革. 2006，8(22).

[2] 蒋青. 基于创新教育的启发式与学教学过程设计与实践. 教育与教学. 2006，(6).

[3] 毛其智. 美国麻省理工学院城市研究与规划系简介. 城市规划汇刊. 1997(4).

[4] 唐秉雄. 浅谈启发式教学方法在“管理学基础”课程中的运用. 长春理工大学学报(高教版). 2007，2(3).

美国城市规划教育的调研与启示借鉴[1]

张 悦

摘 要：本文梳理了美国城市规划教育发展历程；统计分析其规划院校数量、学生人数、教学方向、学位评估认证情况等；就其专业课程设置，作了普遍认识的归纳与哈佛大学案例的介绍。并从认识发展阶段、推进评估、比较学位学制异同、借鉴课程设置经验等方面，提出对于我国当前城市规划教育的启示与建议。

关键词：城市规划教育，美国，高等院校，评估认证，哈佛大学

1 历史发展

美国的现代城市规划运动通常被认为发端于 1893 年芝加哥世博会，并以 1909 年华盛顿首次全美城市规划会议为重要里程碑。而 1917 与 1934 年美国规划师协会(AIP)与规划官员协会(ASPO)的分别成立，则标志着城市规划在美国作为独立职业的出现。

美国城市规划教育也在这一时期应运而生。1909 年哈佛大学最早开始讲授“城市规划”课、1923 年设立城市规划硕士、1929 年开办全美第 1 所城市规划学院。此后至太平洋战争爆发前，又有麻省理工学院、康奈尔大学、哥伦比亚大学等 7 所院校相继创建城市规划教育。但当时全美各地的城市规划委员会数量已超过九百个，规划人才极缺，战时战后更是面临巨大规划建设需求，于是 AIP 与 ASPO 两协会积极推动规划高等教育的创办。至 1952～53 学年，全美有 21 所大学设立城市规划学位教育，当年注册研究生 241 人、本科生 59 人，并已培养出研究生 431 人、本科生 107 人。

1959 年美国规划院校协会(ACSP)成立，进一步促进了规划院校的交流与建设。据该协会 1976 年统计，全美授予规划硕士学位的院校已激增至 74 所。此后，美国规划院校的数量进入平稳发展时期。

1960 年美国规划师协会(AIP)的规划院校认证程序开创美国城市规划教育评估之先，至 1974 年经该程序认可专业学位的院校有 47 所。1978 年 AIP 与 ASOP 合并成美国规划协会(APA)后，APA 及其规划师认证协会(AICP)与前述规划院校协会(ACSP)一道，于 1984 年共同支持成立规划评估委员会(PAB)，这一学位评估认证机制一直发展实施至今。

2 规划院校现状

据笔者统计，至 2007 年全美共有规划院校 87 所，其中，包括 ACSP 协会在册的 82 所，及其之外被 PAB 评估认证或列出的 5 所。

从学位设置上看(图 1)，美国规划教育以硕士职业学位为主体，分别向两端延伸为规划方向的文/理学学士学位与哲学博士学位。

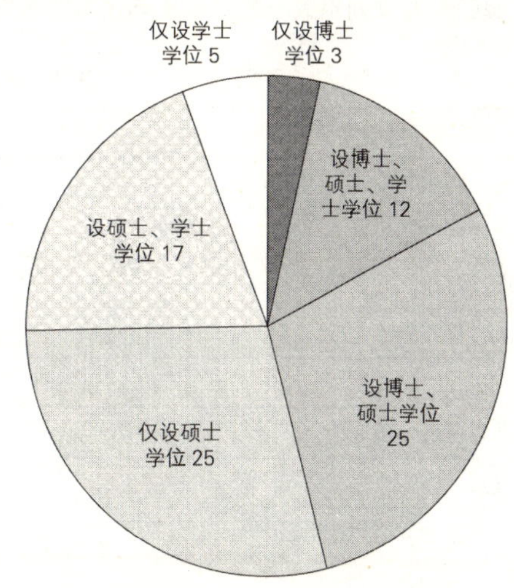

图 1 美国 87 所规划院校的学位设置

[1] 哈佛大学访问学者基金资助(P-1-00124)

张 悦：清华大学建筑学院副教授

从分布空间上看，87所院校处于37个州的83座市镇，基本遍及美国主要的城市化地区；其中在以纽约、芝加哥、洛杉矶为中心的都市群区域内，院校设置更为密集。

从现有规划相关学位的设置年代与数量发展上看，其约始于美国城市化水平超过50%时，三个重要发展阶段——30～40年代出现、60～70年代激增、世纪之交小幅放量，又分别对应着罗斯福、肯尼迪-约翰逊与克林顿政府积极政策的影响时期(图2，图中数据未计入学位间断与中止的情况)。

在学生规模和教师研究方向分布方面，笔者据ACSP的82所院校基本信息发布作统计，并对其中的数据不全或年份错误进行补查或推定，得到如表1、表2所示的数据汇总。

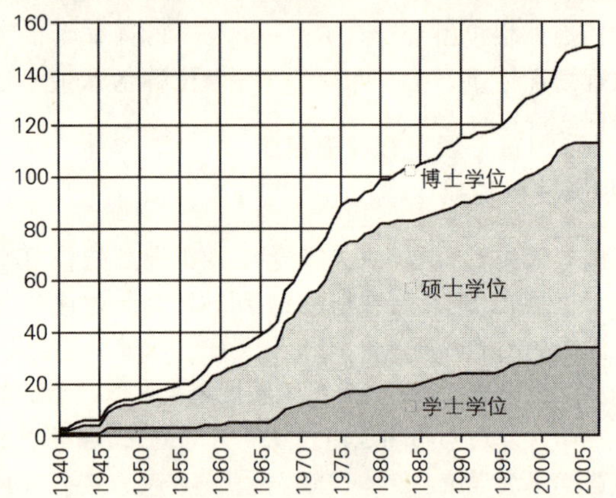

图2 美国现有规划相关学位的设置年代与数量发展

2007年美国ACSP 82所规划院校学生相关信息汇总 **表1**

	本科生	硕士生	博士生
2005～2006学年在读学生人数	—	5131	990
2005～2006学年授予毕业生学位数	903	1966	118
历史上累计已培养毕业生人数	约1.2万	约4.3万	2705

注：本科生多按文/理学学士招生与培养，在本科高年级选修规划专业课程模块后可获得规划方向学位，因此在读人数变化性大、难于统计。

现行的美国规划评估委员会(PAB)学位认证，是引导和规范上述规划院校的重要机制。PAB成员8名，由其支持机构ACSP、APA、AICP分别指定3名教师学者、1名规划师、3名规划执业人员(其中1名新近毕业生)和1名公众担任。委员会任期3年，工作包括评议院校自评报告、率团现场视查、作出认证决议、讨论完善评估制度等。截至2008年，美国有69所院校通过PAB评估，共计65个硕士学位与15个学士学位获得认证。表3列出了2008年美国PAB学位评估认证的前提条件与评估标准。

2007年美国ACSP 82所规划院校所含教学研究方向及其教师人数 **表2**

严谨教学研究方向	人数	教学研究方向	人数
规划历史、实践与理论	124	土地利用、增长管理、体型规划与城市设计	266
城市与区域经济、房地产开发、经济发展	160	住宅、社区开发与邻里规划	220
公共管理、财政、经营策略	63	交通、公共服务设施与市政基础设施规划	108
城市政策、规划政治与政府	47	水规划与滨水管理	15
规划法	35	卫生规划	19
世界发展与区域发展	150	紧急事件预防与灾害减缓	18
可持续发展	49	环境行为、环境规划与保护	197
分析的、计量的与研究的方法	119	历史保护	36
公共参与、谈判与协调	58	倡导、平等与社会政策规划	114
地理信息系统	81	乡村、小城镇与种族部落发展与规划	14

注：部分教师具有多个方向。

2008 年美国 PAB 学位评估认证的前提条件与评估标准　表 3

5 个前提条件	11 方面评估标准
有完整课程体系，已授 25 名以上毕业生学位；	使命与目标；
所在院校经过美国高教评估认证委员会(CHEA)或其前身认证；	与院校关系；行政自治权与支配力；
专业与学位名称中含“规划”一词；	课程设置；师资；
本科 4 年以上、硕士 2 年以上的学生全时在校学习；	教学辅导；学术研究；社会服务；
以培养规划执业人员为基本目标	学生；院校资源；管理与公平机制

2007～2008 学年哈佛大学 MUP 课程(学分)设置　表 4

	秋季学期	春季学期
第 1 学年	城市规划核心课程设计 1(8) 城市规划方法(4) 城市规划历史与理论(4) 选修理论课(合计 4)	城市规划核心课程设计 2(8) 公共与私人开发(4) 选修理论课(合计 8)
第 2 学年	选修课程设计(8) 选修理论课(合计 12)	毕业论文或毕业课程设计(8) 选修理论课(合计 12)
选修课要求	规划方法课选修：分析方法、经济学方法、实施方法 3 方面(合计>12) 选择以下 1 个方向深入选课学习：住宅与邻里、房地产与城市开发、交通与基础设施、城市设计或导师指导下自定(合计>12)	

3　专业课程设置

早在 1948 年，AIP 规划教育委员会发表“规划职业教育课程体系的内容”，提出课程体系以社会学、经济学、政治学、相关地理学为 4 个通识基础；以分析、表达、设计为 3 个基本方法；以土地利用与人口分配、住宅、交通运输、公用设施、教育娱乐、保安救护、实施运作等为专业化方向。这标志着脱胎于建筑学与景观建筑学的美国规划专业课程向更综合、更全面的教育方向转型。

60 年后的现行 PAB 评估标准对课程设置做了以下 4 方面内容要求：(1)理解人类聚落，基于对社会科学、环境科学、设计艺术、法学等相关理念的认识；(2)理解规划的实践、政策与过程，基于对规划的目的意义、历史发展、相关机构、方法手段、各种类型、管理实施、抗争变更及环境资源观的认识；(3)掌握规划技能，包括解决问题、研究、书面图面口头表达、数据推理计算、合作协调、针对与普及、预测勾勒未来、适应复杂性等各种能力；(4)理解影响规划实践的各方面价值观与伦理标准，例如，理解与区分多元目标、公平民主决策、尊重各种社会历史及自然遗产等；另外，还可要求学生作专业化方向的深入发展，如住宅、土地利用、环境规划与管理、交通、城市设计等。

基于上述指导思想，各院校作具体教学安排，表 4 列出哈佛大学城市规划硕士(MUP)的课程设置。

4　对我国城市规划教育的启示

4.1　认识发展阶段与院校规模

美国近 30 年规划院校保持在 80 所左右，目前在校研究生约 6 千人、本科生约 2 千人。而中国规划院校数量在 1998 年还不足 30 所，经过 10 年激增至 2007 年底达到本科 138 所、硕士 57 所，有在校本科生 24347 人、研究生 1737 人。两者比较，考虑人口规模、经济发展速度、政治体制等因素，中国规划院校的数量应仍在合理水平。美国规划院校在 1960～1970 年代也曾有相同速度的数量增长，当时其城市化率已达约 75%，而且美国至今还不断有新的院校设立规划专业。因此，以中国的现有城市化水平来看，未来国家对规划人才的需求将依然强烈，规划院校的规模与数量预计还将有所发展。

4.2　推进评估认证与适应市场机制

在院校数量增长的形势下，中国规划教育须进一步推进学位评估认证、提升办学质量。美国规划院校当前的学位评估认证率为 79%，即使在 1970 年代激增期也高于 50%；美国 PAB 评估委员会以 2008 年为例的年工作量包括进行 13 所院校的自评报告接收与实地考察、18 所院校的过程评议、11 所院校的开会决议。

中国的规划教育评估开展仅有 7 年历史，共有 19 所院校通过专业评估；最近的 2008 年有 9 所院校通过评

估，并已拟在两年1次的基础上明年增加1次评估，可以说正在加大评估步伐。我们的评估除了需要提速外，在其程序、标准与发布等方面也还可不断地规范化与完善细节；同时，需推进评估与整体规划执业制度的进一步衔接、推进社会对评估的广泛认同。

另外，中国的规划教育在研究市场需求、进行市场营销上也有待加强。美国规划院校注重对毕业校友与用人单位的调研，以此随时调整教学，这也是PAB评估的要求内容。在吸引优质生源方面，哈佛大学每年举行暑期职业教育引导营，向中学生、本科生宣传规划职业；ACSP每年发布规划院校招生指南；AIP更早在1911年就编辑了中学规划教育读本。

4.3 比较学位与学制的异同

目前中国规划院校的在读本科生约为美国的10倍，而在读研究生仅为美国1/3不到。这大约由于两国对于高等教育的认识差异，美国高校多强调本科作为通识教育，而职业教育在硕士阶段、深入研究在博士阶段。相比之下中国的高等教育普遍向下错位一级，硕士生承担更多研究工作以弥补博士培养的不足，而本科生往往被要求毕业后能迅速胜任工作。应该说这是由中国特定阶段的国情需求决定的，但从长远发展来看，我们的规划学生在进行职业技能训练的之前或同时，还应加强通识教育以及多学科知识的掌握。

不论在本科后两年还是研究生阶段，构建1个约两年的规划教育模块，这一点在中国与美国是基本相同的。通过比较，笔者认为中国的这个两年模块存在“前紧后松”的不足。我们第2年的课程教学实际上被实习、考研、就业、创收等冲击严重，导致课程大量挤塞在第1年，这种情况下课程的前后承接关系很难理顺，繁重的学习任务也影响学生对课程内容的理解吸收。美国的2年规划教育相对匀质而循序渐进，学生每学期课程不多、有时间充分深入学习。做到这一点的保障是美国高校产、学、研的界定相对清晰，科研与生产都须围绕教学并符合学期时间安排；学生有3个月暑期专用于公司实习，此外不再占用正常学期；多数院校在校内安排集中的用人单位见面会，节约学生时间等。相较之下，如何有效解决我国规划教育学制中的“两年缩水”问题，急需思考与解决。

4.4 可供借鉴的课程设置经验

(1) 核心课程门数少、但是高度综合。美国规划院校必修课多为4～5门，例如哈佛大学为2门核心课程设计与历史、方法、开发3门必修课，麻省理工学院是规划入门、经济学、GIS 3门必修课加1门自选专业化方向的介绍课。这些核心课通常高度综合，PAB评估也要求核心课由多名教师任教。把多门课程浓缩综合在一起的好处在于，它提供一个平台让院校教师团队能够围绕教学充分交流，调理讲授顺序、搭配作业用量、保证内容全面均衡，夯实人才培养的基本面；同时也腾出更多时间让学生做个性化选修。近年我国建议核心课程方案也从10门减为8门。

(2) 每学期课程少、但是充分深入。美国规划院校学生通常每学期修课4～5门，必修课128学时、选修课64学时，约为我国同类课程的2倍，这还未计入教授或助教每周组织的讨论。而且，由于教师开课多(例如，哈佛大学城市规划与设计系正聘教师25名，年开课约60门)，因此除必修课外的课堂学生规模通常为10～20人，课程的讨论辅导十分充分。

(3) 教学注重多元交流与结合实践。美国规划院校课程方向开阔，往往充分利用整个大学资源，例如哈佛大学规划学生可在其行政、商、法等学院甚至同城大学麻省理工学院交叉选课。在多学科交融外，还注重实践学习，课程作业或设计的选题基本为真实案例，要求学生面对真实地段人群、处理真实数据资料，甚至亲临真实规划听证会现场。PAB评估也规定院校教师中必须包含实践规划师以及外来访问、兼职教师，以保证实践经验与多元背景能够进入教学。

当然由于中美两国国情迥异、发展阶段与所处背景也不相同，以上关于美国城市规划教育的调研启示，仅供我国同行参考，还须充分研讨、谨慎试用。

参考文献

[1] SamuelE Morison. The Development of Harvard University (1869～1929) [M]. Cambridge: Harvard University Press, 1930, 443～541.

[2] Harvey S Perloff. Education of City Planners: Past, Present and Future [J]. Journal of the American Institute of Plan-

ners. 1956，XXII(4)：186～217.

[3] Frederick J Adams. Urban Planning Education in the United State [M]. Cincinnati：The Alfred Bettman Foundation，1954，16～17.

[4] Michael P Brooks. The ACSP-ASPO Guide to Graduate Education in Urban and Regional Planning [M]. Chicago：American Society of Planning Officials，1976.

[5] AIP. Urban and Regional Planning Education in the United States of American [M]. United States Agency for International Development，1974.

[6] ACSP. Guide to Undergraduate and Graduate Education in Urban and Regional Planning [M/OL]. 13rd ed. ACSP，2007. [Cited 2008-05-15] http：//www. acsp. org/Guide/ACSP _ 13th _ Edition _ Guide. pdf.

[7] PAB. The Accreditation Document：Criteria and Procedures of the Planning Accreditation Program；Accredited University Planning Rrograms [M/OL]. Chicago：PAB，2007 [Cited 2008-05-20] http：//www. planningaccreditationboard. org/.

[8] Committee on Planning Education. Content of Professional Curricula in Planning [J]. Journal of the American Institute of Planners. 1948，XIV(1)：4～19.

[9] Harvard University GSD. Catalog 2007-2008 [M]. Hollis：Puritan Press，2007

[10] 九大学通过专业评估 [网站新闻]. 北京：中国城市规划学会，2007. [cited 2008-05-22] http：//www. planning. org. cn/show. asp? db=news&id=172.

[11] 陈秉钊. 谈城市规划专业教育培养方案的修订. 规划师. 2004(4)：10～11.

教育评估导向下的地方院校城市规划专业建设探索
——以山东建筑大学城市规划专业为例

张军民　陈有川　林伟鹏

摘　要： 本文介绍了我国城市规划专业教育评估的现状，分析了地方院校参加专业教育评估的意义，总结了山东建筑大学城市规划专业以专业评估为导向、以评估标准为目标的专业建设经验。

关键词： 地方院校，教育评估，城市规划，专业建设

作为一所地方院校，山东建筑大学在如何提高城市规划专业建设水平方面进行了长期不懈的探索，也取得了良好的回报——成为目前惟一通过6年评估有效期的地方院校。我们愿将参加评估以来的城市规划专业建设经验与大家分享。

1　城市规划专业本科教育评估工作的现状

改革开放30年以来，我国城市规划专业教育从恢复走向了繁荣。根据全国高等学校城市规划专业指导委员会各委员分片统计信息整理，截至2007年7月，中国大陆设有城市规划专业的院校已达到172所。

为保证和提高城市规划教育的基本教育质量，国家住房和城乡建设部从1998年开始组织实施对高等院校城市规划专业本科教育评估工作。经过10年的努力，目前已有18所院校的城市规划本科专业通过了专业教育评估，占到全部院校的10.5%；评估合格的资格有效期为6年的院校有10所，仅占全部院校的5.8%(表1)。

通过城市规划专业评估院校统计表　　　　表1

项目	开办城市规划本科专业学校	通过城市规划本科教育评估的学校	通过城市规划本科教育评估的地方学校	通过6年评估有效期的学校
学校数量	172所	18所	5所	10所
学校名称	略	同济大学、重庆大学、东南大学、哈尔滨工业大学、天津大学、华中科技大学、西安建筑科技大学、南京大学、华南理工大学、山东建筑大学、西南交通大学、浙江大学、武汉大学、湖南大学、苏州科技学院、沈阳建筑大学、安徽建筑工业学院、昆明理工大学	山东建筑大学、苏州科技学院、沈阳建筑大学、安徽建筑工业学院、昆明理工大学	同济大学、重庆大学、东南大学、哈尔滨工业大学、天津大学、华中科技大学、西安建筑科技大学、南京大学、华南理工大学、山东建筑大学
所占比例		10.5%	2.9%	5.8%

资料来源：根据中国城市规划网整理 http://www.planning.org.cn/show.asp?db=news&id=172。

张军民：山东建筑大学建筑城规学院教授，副院长
陈有川：山东建筑大学建筑城规学院副教授，博士
林伟鹏：山东建筑大学建筑城规学院硕士，讲师

2 城市规划专业本科教育评估工作的意义

目前，我国城市规划设计与管理第一线的主要技术和管理人员大多来自地方院校，他们是执业注册师的主要组成人员。以山东建筑大学为例，所培养的20届共591名城市规划毕业生中约有79.7%的毕业生从事规划设计与规划管理工作(表2)。可是，我国地方院校城市规划专业教育评估通过率很低，目前仅有5所通过评估，只占2.9%。

山东建筑大学20届毕业生工作岗位情况统计　　表2

行业	规划设计单位	规划管理部门	大专院校	其他行业
人数(人)	303	168	40	80
比重(%)	51.3	28.4	6.8	13.5

资料来源：全球化下的中国城市发展与规划教育。

为了保证毕业生的专业教育质量，满足执业注册师的基本知识要求，地方院校必须认识专业教育评估的意义，了解专业教育评估对专业建设的促进作用，正确把握专业教育评估与专业建设的关系，以专业教育评估为导向进行专业建设。通过专业教育评估，将会推动地方院校城市规划教育向着规范化、职业化方向发展，调整和完善办学模式及课程设置，使其满足规划教育评估的要求和适应规划师执业资格考试的条件，提高专业教育质量，确保培养合格的城市规划人才。

3 教育评估导向下的城市规划专业建设探索

专业教育评估是对专业教育进行的一种认证或评价，也是国际间专业教育质量互认的依据，还是专业技术人员申请执业注册考试的基础和前提。中国的城市规划专业教育评估注重的是对教育质量、教育过程及教学条件的审核评定。因此，我们从2004年专业初评以来一直坚持以专业教育评估为导向、以教育评估标准为目标，不断探索城市规划专业建设新途径。

3.1 专业定位是专业建设的方向，办学特色是专业建设的灵魂

专业教育评估的基本要求是学生毕业后是否适合进入该专业领域从事职业工作，是否符合未来执业的申请条件。从总体来讲，地方院校的专业定位应该是为地方城市发展与建设服务，培养目标应该是满足执业注册师要求的应用型高级技术人才，人才培养方案和课程体系应该体现地域特色和学校专业特色。

山东建筑大学城市规划专业的生源主要来自于在山东省，毕业生大多在山东省内就业。可是，山东省也是全国经济比较发达的省份，城市数量多、城市化进程快，每年也吸引大量其他高校的城市规划专业毕业生。在激烈的竞争中，山东建筑大学城市规划专业确定了“立足山东、面向全国，为地方经济建设服务”的办学定位；坚持了“以社会需求为导向，以本科教学为中心，以学科建设为带动，以学生为主体、教师为主”的办学方针；体现了“注重培养学生创新设计能力、动手实践能力、团结协作能力”的办学思想；建立了培养具有“勤奋、务实、博学、创新的进取精神和良好职业道德，具备宽厚基本理论知识和扎实专业技能的应用型高级城市规划专业技术人才”的办学目标，逐渐形成了“重能力、强实践、善协作、应用型”人才培养特色。

在教学过程中，一是突出地方性，从人才培养方案的制定、课程内容等方面都要适应地方经济建设的需要；二是突出综合素质，考虑到山东省是对人才吸引较集中的地区，对人才的素质要求较高，学生从业面广，因此为了适应社会需求在培养上必须坚持贯彻“重能力、强实践、善协作”的办学特色，提高学生的综合素质；三是突出设计能力，地方高校城市规划专业大学毕业生主要承担城市规划设计与建设开发策划工作，需要特别注重工程技术与表达能力的培养。

3.2 教学条件是专业建设的基础，师资队伍是专业建设的根本

教学条件是专业建设的基础，它主要包括师资队伍、教学空间与设备(包括实验室)、教学资料和教学经费等。对于城市规划专业而言，教学条件主要是师资队伍与教学空间。

在师资队伍建设方面，学校给予政策倾斜，通过采用引进与培养相结合等措施，逐步建成了一支年龄与职称结构合理、学历较高、教学科研能力较强、以中青年骨干教师为主的师资队伍。城市规划专业现有教授8人，副教授5人，副高以上职称占教师总数45%。值得强调的是，为了培养应用型城市规划人才，我们特别注重教师实践能力的培养，并做了以下四个方面的探索：

(1) 要求青年教师深入工程一线，提高教学水平和科

研水平，争做“双师”型教师。目前师资队伍中“双师”型教师占60%，他们工程实践经验丰富，教学科研能力强，普遍受到学生欢迎。

(2) 鼓励学科带头人、学术骨干领导团队面向工程实践，科研服务于生产实践，走产学研一体化发展的道路。

(3) 我校城市规划专业在办学中与各级政府城市规划主管部门和规划设计单位建立良好的协作关系，获得较好的办学条件与环境。例如，2006年经山东省科技厅的批准与济南市城乡规划编研中心联合申请成立了“山东省城市规划与设计工程技术研究中心”，搭建了专业教师服务地方城市建设的平台和桥梁。

(4) 2006年“城市规划与设计”学科被山东省委、省政府批准设立“泰山学者”特聘教授岗位，成为山东省建筑学一级学科惟一的一个“泰山学者”特聘教授岗位，聘请了清华大学张杰教授担任“泰山学者”特聘教授。通过“泰山学者”特聘教授岗位建设，提高了年轻教师的学术水平与教学水平。

我校于2003年迁到新校区办学，教学空间得到较大改善，建筑城规学院拥有总建筑面积达17000平方米的教学办公楼，其中资料室面积为600平方米。

3.3 教学过程是专业建设的重点，课程建设是专业建设的核心

提高教育质量主要是通过教学过程来实现，教学过程包括教学管理、课程建设、课堂与实践性教学、教学资料档案管理等环节。教学管理与教学资料档案管理的建设重点是教学管理与监督的制度化建设和教学文件、资料档案的规范化建设，这也是教育部“普通高等学校本科教学工作水平评估”的重点，可通过本科教学工作水平评估得到改善，从而提高专业建设的水平。在专业教育评估的建设中，应注重抓好课程建设、课堂与实践性教学环节。

课程建设的内容主要包括课程体系建构、师资队伍、教材、教案、课程内容、等环节。地方院校城市规划专业在课程建设中应突出地方特点、应用型人才培养的要求和学校的专业优势。结合专业教育评估的要求，我们主要做了以下几方面的工作：

(1) 构建了从建筑到规划的全过程设计课程体系。在一、二年级建筑设计初步与建筑设计训练的基础上，组织了由《场地与建筑群设计》、《校园规划》、《居住小区详细规划》、《城市总体规划设计》、《控制性详细规划设计》、《城市设计》和《城市规划设计专题》构成的，由小到大、由松到紧、由简单到复杂的训练空间形体设计能力的设计课程。通过《场地设计》来培养学生的环境设计能力，通过《校园规划》来培养学生的建筑群体组合能力，通过《居住小区规划》来培养学生对技术经济指标应用的能力，通过《城市设计》来培养学生对复杂、尺度较大城市的综合设计能力，通过《城市规划设计专题》来培养学生快速设计与表达能力。由此，使学生循序渐进地提高空间形体设计能力。

(2) 设立课程教学组，明确课程负责人，由职称高、教学经验丰富、科研能力强的教师担任课程建设负责人，带领课程组成员进行课程建设。在课程建设中对建设成绩突出的课程给予重点扶持，鼓励其申报省市重点课程、精品课程。目前，《公共建筑设计与原理》被列为国家级精品课程；《城市规划设计A》被列为校级精品课程；《城市规划原理》获山东省高等学校基础学科建设专项资金项目支持。

(3) 在课程建设中特别注重既符合地方经济建设需要又具有学校专业优势的特色课程的建设，并注重讲课内容的研究，课程内容要以学生毕业后的就业需求为导向，满足执业注册师的要求。

在实践性教学建设方面，重点进行了两方面的尝试：一是将城市总体规划课程设计安排为实践性教学，时间为四年级上学期前8周集中授课。这样安排一则可利用暑期7周与开学后的8周共15周的时间，便于选择真题进行课程设计；二则在开学后的8周内不安排其他课程，便于学生参加与甲方的方案讨论、方案汇报、成果评审等环节，以提高学生的综合素质和沟通能力。二是精心组织“规划师业务实践”课程，按照学生特点安排实践单位。通过“规划师业务实践”课程的实施可弥补地方院校办学在对外交流方面规模偏小和层次偏低的问题，达到开阔学生视野、提升学生信心，展示了我校的办学实力的目的。同时，使国内知名规划设计单位了解了我们学生的专业水平，还接受了我们部分学生就业，取得了良好的效果。

3.4 教育质量是专业建设的目的，学生质量是专业建设的标尺

专业建设的目标是为了实现人才培养的质量目标，因此对教育质量的评估就是对专业建设的效果检验。在我国

城市规划专业教育评估的指标体系中，教育质量标准包括德育标准、智育标准和体育标准，基本涵盖了对专业人才质量的基本要求。我们按照评估指标的要求制定了人才培养方案和课程(实践课)教学大纲，形成自己的教育质量标准，通过多年的建设，我校教育质量得到评估专家的好评。

我校毕业生现已成为山东省城市建设行业的主要力量。据不完全统计，山东省全部17个地市中有15个地市城市规划与建设主管部门的领导岗位中有我们的毕业生；40余名历届毕业生担任我省各级规划院的正、副院长或总规划师、总建筑师职务；在山东省评选出的19名省级优秀规划师、建筑师中我校城市规划专业学生达到8名，占总数的42%；近年还有3名我校城市规划专业在校生获山东省高校十大优秀学生称号；连续数年在全国高等学校城市规划专业指导委员会组织的学生作业评优获得佳绩(表3)；学生考研录取率稳步提升(表4)，取得了良好的社会声誉，得到社会对我校本科教学水平的认可。

全国高等学校城市规划专业指导委员会评优获奖统计　　表3

时间	题　目	获奖等级
2005年10月	城市设计	二等奖2项、三等奖3项、佳作奖1项
	社会调查报告	二等奖1项
2006年10月	城市设计	三等奖2项
	社会调查报告	佳作奖1项
2007年10月	城市设计	二等奖1项、三等奖1项、佳作奖2项
	社会调查报告	三等奖2项、佳作奖1项

城市规划专业学生考研录取率统计　　表4

年　份	2005年	2006年	2007年	2008年
考研录取率	9.4%	9.5%	20.31	30.12%

4 结语

山东建筑大学城市规划专业一直坚持以专业评估为导向，以评估标准为目标促进专业建设水平的办学理念，在人才培养方案的制定、师资队伍建设、教学条件建设、教学过程控制和教育质量考核等方面进行强化建设，取得了一定成绩。总之，以我们的经验看，以专业评估为导向，以评估标准为目标是促进地方院校城市规划专业建设的一条有效途径。

参考文献

[1] http://www.planning.org.cn/show.asp?db = news&id = 172.

[2] 许学强，叶嘉安，林琳等编．全球化下的中国城市发展与规划教育［M］．北京：中国建筑工业出版社，2006.

[3] 赵民，林华．我国城市规划教育的发展及其制度化环境建设［J］．城市规划汇刊，2001，6(136)：48～51.

[4] 童华炜，张朝升．以专业评估促进地方院校土建类专业建设［J］．高等工程教育研究，2008，2：133～136.

[5] 全国高等学校城市规划专业教育评估文件.

[6] 中国城市科学研究会等编．中国城市规划行业发展报告2007～2008［M］．北京：中国建筑工业出版社，2008.

对城市规划专业本科教育评估标准指标内容的理解

姜长征　王　丽

摘　要：“全国高等学校城市规划专业本科（五年制）教育评估标准”是城市规划专业评估的基本依据。本文结合参与城市规划专业评估实践的具体体会，对评估标准的指标内容进行分层次解读，并对相关具体观察点和指标提出自己的理解。

关键词：城市规划专业，本科教育评估，指标内容

城市规划专业教育评估工作已经历时近十年，截止到2008年已有19所高校通过本科教育或硕士教育的评估。从通过评估学校的整体办学实力来看，基本上都是我国城市规划专业办学条件及教学水平一流的学校，为推动我国城市规划专业学科的发展，保证和提高城市规划专业基本教育质量，起到了巨大的引领作用。通过城市规划专业教育评估已经成为土建类高等学校或设有土建类学科的高等院校学科专业建设的核心目标。

城市规划专业教育评估的基本依据，是全国高等学校城市规划专业教育评估委员会所颁布的“全国高等学校城市规划专业本科（五年制）教育评估标准（试行）”。这个评估标准不仅是评估委员会对被评估院校实施评估的标准，更是被评估院校迎评准备的基本内容。因此，全面理解这个指标体系的内涵，是对迎评院校各级领导和学科带头人最根本的要求。

我院是从1983年开始招收城市规划专业本科生，1996年为适应专业评估的要求将城市规划专业的学制改成五年制，并对照评估标准进行建设。经过十年的努力，于2007年向评估委员会提交评估申请并获准，2008年5月接受评估专家来校视察，并顺利通过城市规划专业本科教育评估。以下谈一些我们对城市规划专业本科教育评估标准的理解与认识，同时为进一步完善评估标准提一些个人不成熟的看法，供评估委员会与参评院校参考。

城市规划专业本科教育评估标准指标体系共分三大模块，九项指标与二十二个评估点（图1）。

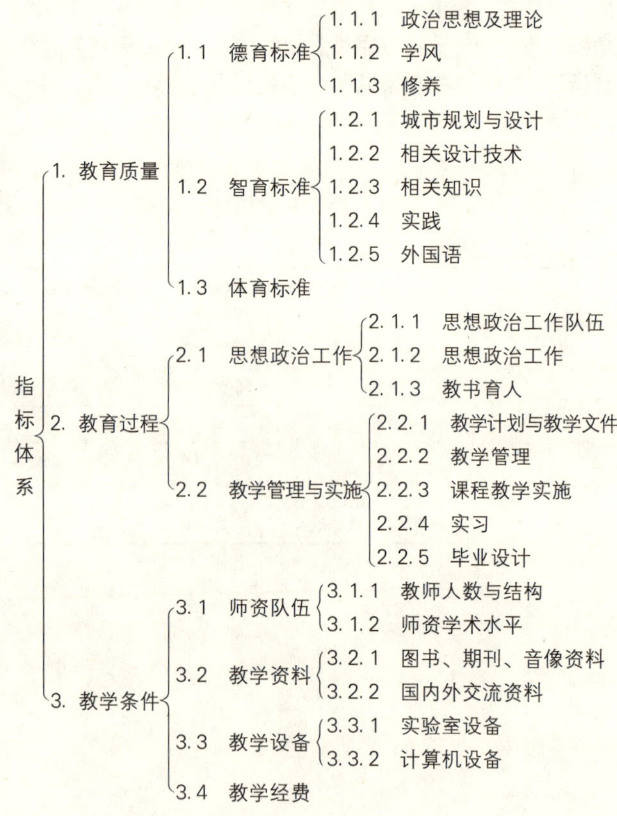

图1　全国高等学校城市规划专业本科教育评估标准的指标体系

姜长征：安徽建筑工业学院建筑学院院长、教授
王　丽：安徽建筑工业学院硕士研究生

1 关于教育质量

教育质量是专业教育评估的核心内容。专业教育教学的最终目的是教育质量，教育质量评估模块包括德育标准、智育标准和体育标准三项指标。从专业评估专家进校观察的角度来看，智育标准的评估是一个比较刚性的考察内容，从迎评院校准备的角度来看，智育标准是一个应该十分重视的内容。至于德育标准与体育标准，我国高等学校本科教育培养有一个比较系统、全面而又规范的统一要求。

1.1 德育标准

1.1.1 政治思想及理论

该评估点包含“政治思想”与“理论知识”的两个观测点。政治思想主要是从院校的党、团组织活动的开展，入党积极分子的培养，以及师生爱国主义教育，科学的人生观与世界观的教育方面来体现。理论知识主要是全面贯彻执行教育部相关德育教育课程的安排。

1.1.2 学风

学风是一个学校办学长期积淀的结果，学风同时也是教风和学校管理作风的综合体现。良好的学风不仅表现在学习纪律方面，更多地反映在学生的精神面貌、团结合作精神、社会实践能力、自学能力、自觉利用实习实验条件以及学习习惯方面。评建工作的重点应该是开放实验室建设、图书资料室利用以及学生社会实践状况等内容。

1.1.3 修养

修养是学生综合素质的集中体现。城市规划专业教育评估不仅关注“健全人”的培养目标，重点尚要关注三个方面的内容：其一是城市规划专业技术人员的职业道德教育与社会责任感的培养；其二是人文素质教育内容的安排；其三是学生社会交往能力锻炼机会的提供。

1.2 智育标准

智育标准是专业教育评估的重点指标。城市规划专业教育评估标准中的智育标准归纳为城市规划与设计、相关设计技术、相关知识、实践与外国语等五个评估点，共49条项。对城市规划本科专业能力教育提出非常全面和非常具体的目标要求，每一条款都非常重要。全面了解并深刻掌握这49项条款，不仅是做好做实评建工作的必需，同时也是城市规划专业课程建设的关键。因此，我的体会：要组织教学管理者和全体教师认真研讨这部分的内容，并对照这个标准，结合本校的办学条件，重新审视现状的培养计划制定、教学内容组织和教学过程安排，并适时作出相应的调整，尽可能符合标准要求。

对智育标准的理解，除尽可能全面了解并符合49项条款要求外，尚需注意以下几个方面问题。

(1) 要注意与高等学校城市规划专业指导委员会颁布的“城市规划专业本科(五年制)培养目标和毕业生基本规格”的结合。

(2) 要注意与国家注册城市规划师考试大纲内容要求的结合。

(3) 要注意与高等学校城市规划专业指导委员会制定的城市规划八门核心课程教学基本要求及基本内容的结合。

(4) 要注意与自己学校的学科类型和办学层次的结合，尽可能塑造自己的课程建设特色。

(5) 要深刻理解标准中的“了解”、“掌握”与“能力”措辞的内涵。

(6) 对不能达到标准或与标准有偏差的条款，要有合理解释。

1.3 体育标准

城市规划专业教育评估的体育标准没有什么特殊的要求。具体有这几个方面内容：其一，体育课程的教学安排应符合教育部的相关规定。其二，达到国家规定的体育达标标准。其三，要为学生开展丰富多彩课余体育健身活动创造必要的场所与环境条件。其四，要有相关体育运动知识与全民健身运动教育活动。其五，要注意养成学生科学锻炼身体和讲究卫生的良好习惯。

2 关于教育过程

教育过程是专业教育评估的重点内容。教育过程的组织是教育质量的保障，教育过程评估模块包括思想政治工作和教学管理与实施两项指标。从专业评估专家进校考察的角度来看，教学管理与实施是重点考察的项目，贯穿整个考察过程，包括会晤学校负责人、会晤院系负责人、会晤师生、考察教学管理以及审阅学生学习成果等各个环节。从迎评院校准备的角度来看，教学管理与实施评估材料的准备是重头戏，要求细致而又深入。

2.1 思想政治工作

2.1.1 思想政治工作队伍

一支稳定的素质良好的思想政治工作队伍是全面贯彻我国教育方针的基础条件之一。稳定主要表现在符合相关岗位设置标准以及学校对于思政人员的相关政策方面，素质良好主要表现在文化素质与政治素质方面。

2.1.2 思想政治工作

高校的思想政治工作是一个很全面而又很系统的工作，涉及学校工作的各个方面。因此，要从学校整体工作的角度考量思想政治工作的成效，主要体现在思政工作制度化、多样化、以及师生精神面貌等方面。

2.1.3 教书育人

教书育人是高校教师与管理人员最基本的素质要求。在专业评建过程中，应注意教师教书育人典型事例的总结，以及管理为教学一线服务制度建设。

2.2 教学管理与实施

2.2.1 教学计划与教学文件

教学计划是专业教育评估的重中之重，要注意几个问题：其一，教学计划的科学性、合理性、完整性与稳定性；其二，尽可能符合专指委颁布的“城市规划专业本科(五年制)培养目标”；其三，落实城市规划八门核心课程教学安排；其四，结合学校的实际努力打造培养计划的特色。

教学文件要按教学管理制度分门别类地进行整理，要注意几个问题：其一，文件的完整性；其二，文件的对应性，尤其是教学计划、课程大纲与教学进度表的吻合；其三，文件的规范性，要有统一的格式，并有完备的审批执行签字。

2.2.2 教学管理

教学管理要注意以下几个问题：其一，执行教学计划的严肃性，对教学计划的任何变动都要有严格的报审手续；其二，教学规章制度的完整性，应分成校和院系两级管理制度，并要有严格的执行要求和完备的记录；其三，教学档案应分门别类按学期归档；其四，学生学习档案，尤其是课程设计作业应分学期、分班级、按作业且按学号存档，方便调阅；其五，要密切关注作业批阅的规范性、合理性与严肃性；其六，学籍管理的严肃性。

2.2.3 课程教学实施

课程教学实施要关注以下几方面问题：其一，教材应尽可能选用城市规划专指委推荐教材，并鼓励一定量的自编教材；其二，教师课堂教学文件的齐备，包括教学大纲、教材、备课笔记、教案以及教学日志等；其三，课堂教学的效果，尤其要注意年青教师的理论课教学及设计辅导类课程教学；其四，充分利用多媒体教学，但要注意不能完全依靠多媒体教学；其五，课程教学组要注意年龄老、中、青与职称高、中、低的结合。

2.2.4 实习

各类实习是城市规划专业重要的实践性教学环节，专业评估主要关注点有以下几点：其一，各类实习安排的合理性，包括时间与方式；其二，应有明确而又细致的教学要求；其三，应有实习总结并有相应的考核结果；其四，校内外实习实践基地建设的协议及成果记录应完备。

2.2.5 毕业设计(论文)

毕业设计(论文)是五年制本科教育最重要的教学成果，是专业评估考察的重中之重。主要要注意以下几个问题：其一，重视选题环节，题目的内容、难度及工作量要有具体的要求，并能体现出一定的综合性，要有完善的审批程序；其二，指导教师的资格及指导学生的数量；其三，毕业设计(论文)过程的管理控制；其四，毕业设计(论文)的质量要求；其五，毕业设计(论文)指导教师批阅及成果预审制度及执行；其六，毕业设计(论文)答辩的组织及成果归档工作。

3 关于教学条件

教学条件是专业教育评估的基础内容。教学条件评估模块包括师资队伍、教学资料、教学设备与教学经费等四项指标。除此之外，“全国高等学校城市规划专业本科(五年制)设置基本条件”也是评估的重要依据。从城市规划专业教育专家进校考察角度来看，师资队伍的评估是重点，教学资料和教学设备建设及教学经费的投入是保障因素，也是密切关注的重点。从迎评地方院校角度来看，师资队伍是一个弱点，尤其值得参评院校高度

重视。

3.1 师资队伍

3.1.1 教师人数及结构

教师人数是一个相对的概念，应对照“全国高等学校城市规划专业本科（五年制）设置基本条件（试行）”条例来考量。以下几个问题应该关注：其一，招生规模应有所控制，地方高等学校城市规划专业本科应控制在二个班六十生规模较为适宜；其二，师生比1：7问题，我们理解应该是不仅仅指城市规划专业教师的师生比，而是能为城市规划专业开设相关课程的教师按一定的比例折算后的师生比；其三，注意外聘兼职教师的职称与学历层次，弥补专任教师结构的不足，尽管在评估指标中不算数，但在实际教学效果中还是较有成效的；其四，要有引进高层次人才和送出去培养的具体措施与年度实施计划和目标；其五，在优先保证核心课程师资力量的配备的前提下，注意师资队伍建设的全面性；其六，要为城市规划专业教师职称晋升创造有利的条件。

3.1.2 师资学术水平

师资的学术水平在某种程度上来说也能反映学校的教学水平。但由于城市规划专业特点，地方性院校城市规划专业教师很难争取到高层次的科研课题，并且论文很难上SCI或EI检索，在地方性高等院校中科研是处在弱势地位。因此，在专业评估过程中应注意以下几方面问题：其一，争取评估视察专家向校方和地方行政教育主管部门呼吁改善城市规划专业学科发展的环境；其二，重视横向课题项目的总结与整理，尤其是对地方社会经济和城乡建设发展具有重大影响的项目，以展示本学科对地方发展的作用；其三，重视教研项目的开展以及获奖成果的汇总。

3.2 教学资料

3.2.1 图书、期刊、音像资料

这方面的评估要求非常具体，即：有关城市规划及相关学科的专业书籍10000册以上，有关城市规划专业的中外文期刊20种以上。在基本满足这个硬性指标的前提下，尚需关注以下几方面的问题：其一，除校级图书馆藏书外，尚需建设好院系图书资料室，并尽最大可能加大对师生开放时间，并有反映师生利用效率的记录；其二，注意加大外文期刊的征订的力度；其三，注意电子版音像资料的建设；其四，注意教学与科研中利用图书资料情况的总结材料。

3.2.2 国内外交流资料

主要是整理好与国内外院校师生交流的材料，包括师生互访、访问学者、开展学术讲座以及其他交流的图文和电子资料等。

3.3 教学设备

城市规划专业教育评估教学设备主要有三部分内容。其一是模型制作室，应有制作工作模型与成果模型的基本设备与场所，同时，还要有方便师生使用的制度。其二是能满足正常教学的多媒体教学设备，并维护良好。其三是能满足计算机基础教学与计算机辅助设计教学的计算机软件与硬件和足够的场所。

3.4 教学经费

教学经费通常统计教学业务费、图书资料费、教学设备费、实验室费用与建设费用等五项费用。在学校教学经费投入的前提下，还应该统计院系自筹经费用于教学以及社会各界在院系设立的奖助学金等投入情况。

由于认识水平的限制，以上所谈的观点难免有失偏颇之处，同时各个学校的办学条件、办学环境以及办学历史都不同，对这个标准指标内容的认识也不尽相同。我们在评建过程中深切地感受到这个评估标准对城市规划学科专业建设巨大的指导作用，全面、系统、具体，可操作性也很强，是指导我们城市规划专业教育评估的纲领性文件。但我也感到某些对专业评估较有影响的评估点在本指标体系内不好归项，如学生管理工作、师生对外学术交流、教学研究以及办学的场地条件和环境条件等内容，希望能结合社会发展与评估经验，不断地完善评估标准，为参评院校提供更为全面而又可靠的评建依据。

我国城市规划教育若干问题的认识与思考

崔　珩

摘　要：本文重点探讨了城市规划教育中出现的与国际接轨的办学倾向、教育教学中存在的缺失、如何保持办学特色以及教育发展需要的制度环境等若干问题，从城市规划教育本体的改进与教育评估标准的完善等途径提出了对这些问题的认识与思考，本文强调城市规划专业教育应立足于培养适应社会需求的人才；教育评估标准应加强价值观念培养的要求，教育评估标准应有利于促进各院校探索多元化的办学特色；规划教学的过程应进一步加强相关知识、工程技术知识的教学环节；规划教育的评估机制要进一步建立与注册规划师管理的对接；以进一步提高专业教育的整体水平。

关键词：城市规划教育，若干问题，思考

1　我国城市规划专业教育发展的现状

我国的城市规划专业教育始于新中国成立之初，即20世纪50年代初期，文革期间曾一度中断，70年代后期再次恢复。到了90年代末期全国设置有城市规划专业的院校不到30所，其中五年制学校仅10所左右。进入了21世纪，规划教育的发展进入了快速增长期，据不完全统计，迄今为止全国有城市规划专业的院校约130余所，每年培养的本科毕业生约4000余名，这显示城市规划专业教育的发展正随着我国城市化进程而不断成长和壮大，也显示了社会和市场对城市规划专业人才培养的巨大需求。

然而，城市规划专业教育并未真正进入健康发展阶段，办学中出现的一些学校追求课程设置国际接轨的倾向，统一的教育标准下办学特色如何保持？规划教育中存在理论与实践的脱节、职业道德教育的缺失等状况，全国城市规划专业130余所院校的办学规模与仅13所院校通过评估的悬殊比例，在一定程度上反映了规划教育发展的制度环境不够完善……等等，这些现象与问题值得进一步认识和研究。

2　对城市规划教育本体问题的认识

2.1　办学目标与方向：人才培养应以现实社会需求为导向

曾经一度许多高校在办学中都十分关注课程设置与国际接轨的程度，似乎国际接轨的课程设置才代表着高水平和高质量。笔者个人认为，课程设置在学习和借鉴国外经验的同时，更应注重中国的社会需求和市场导向。2006年中国的城市化水平为43.6%，中国尚处于城市化快速增长的发展时期，而快速城市化发展期对空间形态规划设计的需求是巨大的。回顾西方西方城市规划发展历程，在二战后50～60年代也正处于西方国家也面临着城市化的进程和对大城市进行结构性变革的发展期，当时的城镇规划是以空间形态规划为核心，以英国1947年出台的《城乡规划法》为主要标志，当时的城市规划教育以刘易斯·吉伯勒的《城乡规划原理与实践》和弗雷德里克·吉伯德的《城镇设计》为主要推荐教材和标准的教科书。城市化的快速发展，预示着城乡之间的空间变迁、人口迁移、预示着城市的扩张和新区的出现，这些均需要蓝图式的规划才能在短期内满足发展的要求。这也正是中国面临的阶段，也是在一定时期内市场对城市规划领域人才需求的一个主流方向。当然在社会发展与城市化进程平稳期后，城乡转移与变迁逐渐萎缩甚至消失，对人才需求的类型与方向也将会发生转移和变化。

因此，城市规划专业教育应结合中国国情和市场需求是根本点，对于西方经验既不能无视，也不能照搬，中国有中国国情，中国目前的城市发展阶段与西方不同，城市发展阶段和面临的问题不同，社会需求对人才需求

崔　珩：西南交通大学建筑学院副院长、副教授

的方向也存在一定的差异，城市规划专业教育应根据社会需要培养实践型、应用型人才。虽然相关的区域规划、城市经济、城市交通等专门化人才也同样需要，但目前对物质空间规划人才的需求还是社会的主流，需要大量从事城市规划编制和设计工作的技术人员；而此类人才培养重视和关注的是城市规划设计的分析、思维和表达能力，这正是物质空间规划教育应关注的重点。

2.2 教学过程：应加强知识的分析与应用能力培养

西方城市规划教育早期进行的是“功能主义”规划教育；到20世纪60～70年代将社会、行为等科学引入规划教育，曾经一度出现教育与实际工作的脱节，出现了规划教育已引入社会、心理、行为等科学，但实际工作中仍然采取传统的“功能主义”方法；之后又过度到关注对规划教育的改进，关注规划教育应正确引导学生处理建筑、工程与社会、行为科学等交叉问题，引导学生处理好设计与分析、规划与分析之间的关系。❶

当前我国的规划教育也面临着教育与实际工作脱节的局面。对相关学科和交叉领域知识的要求在现行城市规划教育评估标准中显示十分清楚，除规划设计与原理外主要知识还有生态环境、地理学、经济学、社会学、工程学、道路交通、景观园林、法规制度、规划技术、建筑原理等，知识面的要求是全面的，而且许多学校在教学计划修订中认真参考了评估标准制定了知识面覆盖完整的课程体系。虽然课程体系较为完整，但在教育过程中，对生态、环境以及经济学、地理学、社会学等相关知识仅限于理论学习和了解，缺乏对相关知识在规划设计中的分析与应用能力的培养，规划设计课程教学中更多的依靠规划基本原理与空间形态的设计思维，许多院校在教学中相关领域的知识和工程技术知识在城市规划设计的转化与应用较为缺乏。虽然当前规划实践主要是进行物质空间规划，但与20世纪50年代西方的“蓝图式规划”相比，今天的科学技术文明又有了新的进步，有了更多的知识与技术来支撑对城市问题的研究，当前的规划不能仅仅停留在形态与形式上，相关知识与工程技术的学科成就已经为我们更理性、更客观地分析城市问题提供了良好手段，我们的教育更重要的是引导学生处理好规划设计与技术与相关知识分析之间的逻辑关系，引导学生更理性、客观地进行城市规划与设计。因此在城市规划教学过程中，应当进一步加强相关知识、工程技术知识在规划设计中的分析与应用，如道路交通、市政设施、生态与可持续、社会与文化、经济与产业等应在各阶段规划设计教学中做为教学环节内容加以明确，而不是停留在学习规划编制的形式层面。

2.3 教育内涵：应关注和强化价值观的培养

英国皇家城市规划学会1991年指定的城市规划教育大纲提出对城市规划专业教育的三个要求，即知识要求、技能要求和价值观念的要求。其中价值观念要求明确指出：具有对规划工作价值和规划师道德的认知。对城市规划专业价值观的认识西方国家也经历了从理论研究到教育应用的转化。20世纪60年代戴为多夫(Paul Davidoff)的“规划的选择理论”和倡导性规划概念出现，提出在社会价值观多样化的现实情况下将导致规划的多样性和规划的合理选择，这成为城市规划公众参与的理论基础，并转化为城市规划的一个重要内容，最终影响到西方国家的人才教育领域。

众所周知，与建筑师面对甲方和具体的使用者不同的是，城市规划实践所指向的群体是看似无形却客观存在的社会公众，社会公众中不同的人、不同的群体具有不同的价值观。城市规划师的主要工作涉及到对社会资源的分配和利用，应正确理解规划工作的价值和意义，正视社会公众的客观存在，并为多种价值观的体现提供可能。在现行的教育评估体系中，评估标准中所明确的主要是对专业知识和专业技能的要求，城市规划价值观的内容和要求尚相对缺乏，仅在实践环节中有所涉及。❷城市规划工作的主要任务是协调矛盾、解决问题，任何规划方案都不是十全十美的，都需要进行合理选择，但该如何选择实际需要依据规划师正确的价值判断。但如果缺乏正确价值观念的教育和引导，那么规划师的实践工作可能会出现或多或少的“偏差”，甚至仅仅是迎合一些权利和利益部门的不适当要求，这样的规划方案不仅不能有效地解决问题，反而可能使现实问题更加复杂化。

---

❶ 陈秉钊．谈城市规划专业教育培养方案的修订［J］．规划师．2004，(4)．

❷ 城市规划专业评估指标体系中第48条规定：通过实践性教学环节了解规划人员执行规划工作任务的职业精神和道德规范。

因此规划教育应当重视价值观的培养，一名城市规划师需要有正确价值观念和思想意识，维护社会公平，关注最广泛的大众需求，体现公众意愿，是起码的职业要求与道德规范。建议在城市规划教育标准中进一步明确对价值观的培养要求。

2.4 教育特色：应鼓励和引导多元化的办学探索

城市规划学科涉及面宽，各学校城市规划办学依托的相关学科基础和专业背景也有差异，因而有条件形成自身的办学特点。相关研究显示，我国城市规划办学类型大致可分为4类：一是物质空间规划类，约占65%；二是经济地理类，约占15%，三是测量与环境科学类等，约占15%；四是农林学科类，约占5%，❶ 客观反映了我国城市规划教育的多元化现象。另一方面，作为专业教育评估又需要制定明确、统一的标准，我国建设部出台了《全国高等学校城市规划专业本科(五年制)教育评估标准》及《全国城市规划本科教育培养目标和培养方案》。总体上该方案非常完整和全面地反映了涉及的知识体系与专业技能要求，尤其突出了设计类课程的教学要求，如核心课程中，建筑设计和城市规划设计要求260～520学时，占核心课程500～1000学时总学时的50%以上，反映了该评估标准注重对城市规划学生的设计分析、思维和表达的培养，注重培养适合城市规划设计机构和技术管理机构的专业人才。

按照评估标准要求，经济地理类的院校以及其他类型的院校要参加评估，就需要调整教学计划，增加设计教学的内容，物质空间规划教育类的院校也需要加强地理学、社会学等相关领域课程的设置，结果是一些院校在这样的计划调整中特色被削弱了，尤其是经济地理类以及其他类型院校，虽然其学科基础和条件并不适合这样的“转型”。因此在一定程度上，目前我国城市规划专业教育在先行评估标准的指导下，偏于面面俱到，没有考虑城市规划大领域下的复杂需要，在一定程度上不利于办学的多元化发展，也不利于办学特色的探索。美国的城市规划界对城市问题的研究大致集中在城市经济、城市社区、城市交通、城市物质建设、城市国际化发展等五方面，其高等学校的城市规划课程设置也是按以上五个大类再往下细分，因此其城市规划教育高等学校的既结合了社会的需求，又保持了各学校的办学特色。

城市的问题多而复杂，虽然我国的规划实践主体上需要的是设计人员，但区域规划、城市经济、城市交通等城市规划专门化的人才也同样重要。只有保持多元化的教育特色，才能满足更广泛的社会需求。这应当是教育评估需要积极引导和关注的。

3 城市规划专业教育发展的制度环境

3.1 城市规划专业教育评估发展面临的问题

在全国130余所拥有城市规划专业的高校中，目前仅有13所院校参加并通过了教育评估，与同属一个大学科的建筑学专业评估相比，无论是参与评估的院校规模还是通过评估的院校数量均有明显差距：截止到2007年6月建筑学专业评估通过学校数量已达33所，而两个专业在全国的办学规模基本相当。专业教育评估是为进一步提高全国城市规划专业教育的整体水平和人才培养质量，但目前大多数院校不积极、不参加，这种局面既不利于自身的办学水平的提高，也不利于全国城市规划专业教育的健康发展。不参与评估虽然存在着自身办学条件不具备等客观原因，但更深层的原因还在于城市规划教育评估的相关的制度条件不完善。

笔者曾组织、并参加了所在学校的建筑学和城市规划两个专业的评估，对比两个专业评估通过后的制度差异，不难看出城市规划专业教育评估在制度环境上尚存在问题。建筑学专业评估通过，所在专业的毕业生可以授予建筑学学士学位(研究生授予建筑学硕士学位)，即评估通过后的院校学生可以取得职业学位。而职业学位相比于同一专业的工学学位而言，具有明显优势：①代表着接受了完整、规范的职业教育，具备从事建筑师执业工作的良好素质；②面对就业市场更有竞争力，设计机构直接从学位类型就可分辨专业教育背景和水平的差异，职业学位可以获得市场较高的认可度；③参加注册建筑师考试的工作年限相对缩短，建筑学学士学位比工学位报考的职业实践年限要求短2～4年。❷ 因此参与评估不仅可以提高学校办学影响和办学水平，更重要的是

---

❶ 崔英伟．我国城市规划教育体系创新构想［J］．规划师．2004，(4)．

❷ 参加一级注册建筑师全部科目考试的报考条件：建筑学学士为3年，建筑学五年制工学士或毕业为5年，建筑学四年制工学士或毕业为7年。

直接使学生受益，培养的学生将更具有市场竞争力，学生就业好，生源条件好，办学的发展前景好……无疑会提高各学校参与评估的动力和积极性。而城市规划专业教育评估通过后学位没有变化，评估通过后仍然授予工学士(研究生授予工学硕士)，面向市场不能显现专业教育背景和水平的差异，在注册规划师考试环节也得不到实质性的优惠政策，因此各学校参与评估的积极性不高也就不难理解了。这样的制度环境对我国城市规划专业教育水平的整体发展和提高十分不利。

3.2 国外规划教育评估制度的认识

关于职业教育认定的制度环境，我们可以借鉴一些西方国家的经验。英国的城市规划专业职业教育认定，是由英国皇家城市规划协会指定准则及组织进行的，此制度始建于20世纪30年代，职业教育的作用是培养毕业生具有素质要求的基本知识、技能和价值观及一门专长。认定的结果是通过或不通过，不分等级。通过认定的城市规划专业毕业生通过一定年限的规划实践可获得职业资格证书，成为皇家城市规划协会会员，反之，则不能成为职业规划师。从中我们可以得到三点认识：①英国的城市规划专业教育评估与城市规划师注册管理制度密切衔接；②英国的职业规划师注册制度更看中的是符合培养要求的教育过程，而非一次性的注册考试环节；③接受规范化的城市规划专业教育是取得职业规划师资格的惟一途径。

英国城市规划职业教育认定的开展原因主要是：随着城市规划学科内涵的拓展，城市规划所涉及的知识领域更加宽泛，对规划师的知识要求更加广博，规划师的素质保证从单一的考试途径转向依赖系统而完整的规划教育体系，即教育过程中的一系列考试来实现的。

3.3 我国规划教育评估制度改进建议

虽然中国的注册规划制度尚不具备认可通过专业认定学校的毕业生直接获取注册规划师的资格，但适当完善注册管理制度，使专业教育评估能够与注册制度更好对接还是可行的。建议：①通过专业评估的学校毕业生注册考试缩短考试年限要求；②减免基本知识类的考试科目；③有条件的情况下，改变通过评估后的学位授予类型。这将有效地促进各院校参与评估的积极性，有助于提高专业教育的整体水平。

4 结束语

伴随着中国城市化的进程，城市规划应用领域的强势发展还将持续十多年或二三十年，发展的大背景为城市规划的人才培养提出了持续的需求和更高的要求。城市规划专业教育应进一步立足中国国情，适应社会需求培养人才；规划教育的标准应进一步加强对价值观念培养的要求，应有利于促进各院校探索多元化的办学特色；规划教学的过程应进一步加强在城市规划设计教学中相关知识、工程技术知识的教学环节；规划教育的评估机制要进一步建立与注册规划师管理制度的对接，使我国城市规划办学的整体水平能够得到进一步提高。

参考文献

[1] [英] 尼格尔·泰勒著. 李白玉，陈贞译. 1945年后西方城市规划理论的流变 [M]. 北京：中国建筑工业出版社，2006.6.

[2] 陈秉钊. 谈城市规划专业教育培养方案的修订 [J]. 规划师. 2004，(4).

[3] http：//oa.jlchina.cn/Article/jianzhu/19812_2.htm. 英国城市规划教育.

[4] 崔英伟. 我国城市规划教育体系创新构想 [J]. 规划师. 2004，(4).

[5]《全国高等学校土建类专业本科教育培养目标和培养方案及主干课程教学基本要求》(城市规划专业) 全国城市规划专业指导委员会编. 北京：中国建筑工业出版社，2003.

[6] 建设部. 全国高等学校城市规划专业教育评估文件 [M]. 北京：建设部办公厅印制. 2003：之“全国高等学校城市规划专业本科(五年制)教育评估标准”.

案例教学方法及在城市规划教学中的应用研究

马文军　李旭英

摘　要：案例教学方法作为一种教育手段，已被广泛应用于管理、法律、医学等领域的教学中，为学习者提供了逼真的环境条件，以积累丰富的经验和知识，也为城市规划的教学开拓了广阔的发展空间。本文提出城市规划案例学的概念，借鉴案例教学方法在管理研究及教学中的成功经验，阐述其应用于城市规划理论与实践教学的可行性及其内容、特点，为今后规划教学工作的完善提供新的理论与方法，并从(1)复杂案例的关键要素与冲突点、解决途径；(2)案例可供类比应用的环境；(3)案例评价的价值准则等方面引导学生自发、主动地学习，激发学习的兴趣，在极具挑战和逼真的环境中，促使学生自行思考、自行处理问题，从而形成自己独立完成规划工作的能力。

关键字：案例教学方法，城市规划教学

1　前言

自从我国改革开放以来，城市空间的设计与规划逐渐成为经济发展和社会进步的重要指南，对城市的发展产生了重大的影响。基地规模的大小、建筑的性质、定位的转变，功能区划的更改、产业结构的调整、基础设施的提供等都成为重要的组成部分。探索符合人类需求的合理空间，推动经济和社会健康发展，为人们的生活、工作提供便捷、舒适的环境，是目前设计工作的重点。但是，伴随全球化和信息化时代的到来，我国城市中的种种矛盾也开始逐渐凸现和激化，传统与个性的丧失、环境污染、利益主体的多元化等问题日益突出，设计工作仅仅依靠设计原理、法定的图则和一般的技术手段，已经远远跟不上社会与经济发展的需要。另一方面，案例教学方法在经济、管理、法律等各个领域的广泛应用和丰硕成果，提示人们开始思索运用案例教学方法来总结城市发展的经验和设计工作的成败得失。设计工作的综合性、复杂性、实践性和不可尝试性使得案例教学方法更具意义，优秀作品的图集、项目招标的方案集、成功设计的汇展、教科书中的设计举例、各种文章中的实证性事例使用等，都是案例教学方法应用于设计理论研究及教学中的尝试。一些学者还进行了更深一步的探讨，如章友德(2003)的《城市社会学案例教程》、彼得·布伦德尔·琼斯(2005)的《现代建筑设计案例》等。案例教学方法具有客观性、目的性、启发性、实践性和综合性的特点，并得到越来越多的重视。本文将就案例教学方法的特点、设计的内涵、设计工作的特殊性等问题进行深入的论述，研究案例教学方法在规划教育中的应用方法。

2　案例教学方法定义

按照德国教育家W·克拉夫基的观点，案例教学是指通过研究的成果，“让学习者从选择出来的有限的例子中主动地获得或多或少可作广泛概括的知识、能力、态度；换言之，让他们获得本质的、结构性的、原则性的、典型的东西以及规律性、跨学科的关系等等，促使理解并解决一些结构相同的或类似的单个现象和问题。”而在规划相关领域，进行案例式实证研究的文章已经很多了，但真正清楚“案例研究”的人并不多。1984年，罗伯特·殷为“案例研究”给出了一个经典定义，即：“案例研究是一种经验主义的探究，它研究现实生活背景中的暂时现象；在这样一种研究情境中，现象本身与其背景之间的界限不明显，(研究者只能)大量运用事例证据(Evidence)来展开研究。”可以看出，案例研究是通过大量资料的收集和积累，通过分析复杂的现象，来获得其他研究手段(实验法、调查法、历史分析方法等)所不能获

马文军：上海交通大学建筑系副教授

李旭英：上海交通大学建筑系城市规划硕士研究生

得的数据和经验知识。案例研究者需要精心设计研究方案，按照步骤和严谨的分析数据，来论证研究假设的正确性。它可以原汁原味地保留现实生活中的真实景象，贴近现实地感受复杂的事物本质，从而整理思路，获得对问题的全面认知。而案例教学就是教学者按照案例研究的思路，在案例研究的基础上进行的教学方式。因此，案例教学方法具有客观性、目的性、启发性、实践性和综合性等特点，可以充分拓展现有的教学方法体系，在专业知识与经验的积累和传承中，起到其他方法不可替代的作用，适用于诸如医学、法律、工商管理等受多种因素影响的实践导向学科。同时，作为一种教学手段，它有助于提高人们的判断力、沟通能力、独立分析能力和创造性解决问题的能力(表 1)。

九种教学法教学效果的排名比较

(效果越好得分越高，满分为 5 分)　　**表 1**

评测维度	知识传授		态度转变		分析能力		沟通能力		接受程度		知识保留	
教学方法	得分	排名	得分	排名	得分	排名	得分	排名	得分	排名	得分	排名
案例教学	3.56	2	3.43	4	3.69	1	3.02	4	3.8	2	3.48	2
研 讨 会	3.33	3	3.54	3	3.26	4	3.21	3	4.16	1	3.32	5
课堂教授	2.53	9	2.2	8	2	9	1.9	8	2.74	8	2.49	8
模拟联系	2	6	2.73	5	3.58	2	2.5	5	3.78	3	3.26	6
电　　影	3.16	4	2.5	6	2.24	7	2.19	6	3.44	5	2.67	7
指导自学	4.03	1	2.22	7	2.56	6	2.11	7	3.28	7	3.74	1
角色扮演	2.93	7	3.56	2	3.27	3	3.68	2	3.56	4	3.37	4
敏感训练	2.77	8	3.96	1	2.98	5	3.69	1	3.33	6	3.44	3
电　　视	3.1	5	1.99	9	2.01	8	1.81	9	2.74	8	2.47	9

3　案例教学方法在城市规划教学中的应用探索

3.1　案例教学方法在我国其他领域中的应用

案例教学方法的使用由来已久，早在我国春秋战国时期，诸子百家就大量采用民间事例来阐述事物的内在规律。希腊哲学家苏格拉底在教学中采用的问答式教学法也是案例教学法的一种表现形式。作为一种全面而综合的研究思路，该方法已经在法律、经济、医学等领域取得了丰硕的成果。尤其是在工商管理领域中，自 1908 年哈佛商学院成立之初采用案例教学法，到 1980 年美国教师团将案例教学法引入中国，案例教学方法在我国工商管理教学与研究中的应用十分引人注目，已经成为工商管理中最为流行的方法之一，是工商管理教育的核心。

案例教学方法之所以因工商管理这片沃土而变得生机盎然，并非出自偶然，它与工商管理的内容、特点有着密切的联系。工商管理学科是指导企业管理实践的应用型理论，它研究的对象是依法自主经营、自负盈亏、独立核算的商品生产经营单位，因此很容易区分出各个企业的单个经营事例来说明问题。同时企业管理需要统计学、运筹学等定量分析方法和处理复杂、多变人际关系的定性分析方法。不同类型的企业，服务的人群不同，其产品、目标、定位、职能、制订的规则、营销手段也各不相同，因而需要根据不同的企业性质，来制定适合本企业的管理制度，培养不同层次企业管理者的领导能力，使他们具备独立、整体的思维方式，来应对经营过程中随时发生的各种问题，组建积极向上的员工队伍，让员工们各就其位、各司其职。案例研究及教学方法，可以为企业管理提供大量真实的实践素材，促使参与研究者和受训者在短期内得到亲身体验的机会，掌握独立、全面的思维方式与方法，获得随机应变处理企业管理中问题的能力，并快速地应用于各自实际工作实践中。

对于城市规划来说，相似的特点同样存在(表 2)。城市规划是一定时期内对城市空间布局和发展方向的全面安排，通过行政的划分、地块的边界，有可能将规划单独界定出来进行研究。通过内容、范围、时间的限定，按照分级管理和审批的原则，可以将规划分为各级阶段和相应规划的调整方案，使每一规划都有严谨的步骤和详尽的内容，能够单独地拿出来作为一个案例进行详细的研究。同时，规划也是一门兼具实践性、综合性、动态性、地方性和政策性特点的学科，深入的案例研究可以使规划者、建设者、管理者置身于高度拟真的环境中去亲身体验整个规划的过程，研究规划的成功与失败之处，为今后的工作积累正确的方法和经验，推动规划过程的合理进行。将案例教学方法应用于城市规划教学中，打破了原有的传统研究模式，提出了符合规划内涵的新方法，既避免了简单的技术定性与过分的经验化问题，又考虑到不可完全控制的影响因素，这促使我们探讨案例教学方法在规划教学中的应用，致力于提高规划与管理工作的可行性与可操作性。

3.2 案例研究与城市规划的学科特点

3.2.1 综合性

规划的复杂性决定了规划工作的综合性。城市规划者需要从城市规划、设计、管理的各个角度来考虑，在进行城市的形态布局时需要考虑城市的性质、规模、自然环境、社会背景等因素，在考虑建筑风貌时需要从建筑艺术和技术的角度同时出发，在研究方案时要考虑经济条件和工程技术的支持，在实施设计方案与管理时，要考虑管理的有效性和组织间协调的重要性……因此，城市规划被公认为是一门高度交叉、多功能的学科，与政治学、经济学、社会学、地理学、数学、统计学、法学、教育学、生理学、心理学等学科有着密切的联系。从宏观到微观，大到区域的规划，小到一个单体项目的设计，不仅涉及地块划分、功能布局、设施安排等物质性领域，更关系到政策的实施、经济的发展、文化底蕴的延续、人们情感的归属等非形态上的分析。规划工作受到方方面面的影响，各种因素既互为依据，又互相制约。也许一个画图人员只需要做好绘图工作就可以了，但要成为一名合格的规划师，则需要更为广阔的视野和知识面，才有可能对城市的各项因素进行统筹优化与安排。

规划也并非靠着定量的工作就可以做好。虽然规划者可以依靠大量的基础资料、运用多种计算方法来分析现状数据，用CAD、GIS等技术手段来进行图纸绘制。但是，感性的另一面在规划中同样重要，规划既是一门科学，又是一门艺术。市民的心理行为、感情因素、社会背景、文化基础、环境条件等等都在潜移默化地影响着城市的发展，代表了人们物质与精神上的需求。因此，人类社会的发展很难用精确的运算方法分析来得到精确的结果，不确定的因素总是不断地出现于规划的过程中，难以进行人为的预料和控制。规划者不仅要掌握先进的技术，还要有“以人为本”的思想、独立而综合的工作能力。以此为基础，再结合管理、经济、政治、政策等领域的理论和实践，方能在规划及相关的各个领域紧密配合，相互协调，共同完成规划的工作。

具体的规划事例由于受到纷繁的因素影响而难以从复杂的背景中分离，也不是可以人为控制的过程，所以运用单一研究方法时，往往有捉襟见肘的感觉。实证性的案例教学方法则提供了一种行之有效的解决办法。在工作中，案例研究不是对分散的内容进行片面的关注，而是通过对大量事例的汇总或是单个规划过程的呈现，进行整体分析，研究复杂现象中各因素的相互影响关系，因而更容易从复杂的现象中抓住根本问题。在学习中，通过对规划案例举一反三的研究，可以激发学习者的主动性与创造性潜能，拓展学习者的知识面，培养从整体出发，处理规划与管理中遇到的问题，达到质变悟道的境界，带来学习与工作能力的升华。

3.2.2 实践性

“实践是检验真理的惟一标准”。规划工作是协调城市空间布局和各项建设的综合部署，它的实践性更突出、更鲜明，强调在实践中检验理论与方法的合理性。在规划工作的前期阶段需要大量的实际调研，后期阶段则需要将规划应用于现实中，充分反映建设实践中的问题和要求。管理与实施的过程就是实践的过程。在不断的城市建设与更新中，规划者要合理运用规划的原则和方法，积累规划与管理方面的案例与经验，并用于指导新的规划实践。

案例教学方法可以将大量的案例原真地呈现在人们面前，对研究者来说，接触到现实的场景，可以减少花费在寻找资料上的时间，更便捷地在大量的案例中寻求正确的方法理论支持体系，从真实的问题情境入手，梳理问题的因果及诸因素之间的联系。对于规划工作者和学生来说，案例教学方法在理论和实践之间架起了一座沟通桥梁，通过对案例的分析，他们充分了解到实际应用的过程与背景，省去了在实践过程中花费的大量时间、金钱和精力，轻松地从实践的环境出发，亲身体验规划与管理的过程，学习如何运用规划的原理、各种技术方法来解决现实中的问题，帮助学生接触更多的实际场景，掌握更多的、全面的知识，以备顺利地进入到工作中。这样，学习不再是纸上谈兵，而是真刀真枪的运用，学生不离开学校就能在短期内接触大量而多样化的实际规划局面，弥补了实践的不足与片面，效果更加生动、真实。

3.2.3 动态性

规划的过程是人类自觉和不自觉地对人居环境进行安排的过程。在不断地人类进步中，城市的规划总是不断地衍生出新的问题和方法。从最早居民点的形成，到

现今大规模的建设开发，人们总是不断地探索有序发展，来满足人类居住、工作的需要，规划的思想也得到不断发展，经历着一次又一次的探索与蜕变，接近正确的方向。作为政府的调节手段和对城市发展的战略部署，规划对城市土地资源进行着动态的配置，这些与时俱进、开拓进取的精神，既是规划的动态性，也导致规划与管理的过程和结果并不能得到完全控制，而包含着一定的探索过程。

而案例教学方法对于研究对象无法完全控制的情况，则很有效果。人们很难通过一定的技术手段完全预测城市的发展状况，但通过大量案例的分析，可以呈现出一种经验的积累和正确的曲线，这比其他的研究方法来得更直接，也更精确。规划案例并不是完全靠着经验来分析，它是在一定的资料基础上，以案例教学方法的系统性思维和分析方法，取得更为准确的结果和更高的靠性。依靠规划案例的积累，不断地、快速地、准确地反映规划与管理中的问题，满足规划与管理的动态性特征。

3.2.4　地方性

不同建筑所处的地理位置、发展历史、资源环境、产业结构、经济发展水平、基础设施条件、文化传统、风俗习惯都不尽相同。水乡城市威尼斯既和非洲沙漠的城市不同，又与苏州的江南水乡也是两个截然不同的概念。我国是一个幅员辽阔，人口众多的多民族国家，各地的情况都有很大的差别，所以在规划时要因地制宜地制定适合本地发展、具有本地特色的规划方案，并根据市民的意愿和政府的筹划，提出可行的行动计划。

不同规划的规则、条件、技术等都要遵循相对稳定的规范，但每个城市的特点不同，具体规划的内容、过程与实施的阶段难以整齐划一，这就造成规划的研究和设计很难按照完全一致的模式进行，需要因时、因地、因情制宜。各种不同类型的管理与规划案例，为研究者和规划者提供了开拓视野的机会，可以从多种多样的案例中吸取精髓，并从中挑选出适合的案例进行参考和研究。正因为如此，案例教学方法的应用对规划学科的发展带来巨大的影响。

4　规划案例学

案例包含了一个或多个真实疑难问题之复杂情境的描述。规划案例，顾名思义，就是对一个或多个城市的各种规划、管理实例进行书面、客观的描述。首先，对于所选案例必须具有客观性，不能随意地想象与规划相关的假设，以保证规划过程的真实再现。其次，在书写规划案例时，必须用客观的态度、平实的文风来书写，措辞恰当、语言清晰，不能妄加评论，也不应该任意分析。对于规划领域的案例教学，则无需原封不动地照搬规划过程，而是围绕教学的某一核心问题，对规划与管理案例进行一定地筛选、精心地组织和编排，以适应教学环节的要求。

规划案例学是对案例教学方法应用于规划与管理中的一种阐述。按照案例能够起到的作用和表现形式来分类，可以分为规划的研究型案例研究和教学型案例研究两大类。

规划的研究型案例研究应该成为规划研究的基本方法之一，与调查法、实验法等其他方法一起，共同构成研究体系。通过案例分析方法的系统性思路，在确定所研究的相关主题后，事先提出问题假设，并为了验证该假设的真伪，预先设计好方案，通过各种渠道进行资料收集，采用时序分析、逻辑模型等分析手段进行分析，最终形成规划案例研究的结论。

规划的教学型案例研究则是服务于教学目的。教师布置案例作业，学员用课余时间进行阅读、讨论、分析准备，课堂上进行交流发言。教学的过程不再是传统意义上保姆式的知识喂养，而是引导学生去思考、探索。“学之者不如乐之者，乐之者不如好之者”。规划案例的学习可以使学生对案例所涉及的事件产生移情作用，融入到情景之中，引导学生自发、主动地学习，激发学习的兴趣。在这种极具挑战和逼真的环境中，迫使自己思考、自己处理问题，从而形成自己独立完成规划工作的能力。同时，还能形成一个学习集体，取长补短，互相启发，提高合作精神和沟通技能。在哈佛商学院，学生们在学习期间必须完成 800 个以上有关企业经营问题的具体案例，并参与 10 个讲座，与 10 个教授一起详细探讨。这一方法不仅对一般学生有用，对于具有一定专业工作实践经验的学员来说，作用或许更为明显。

5　结语

虽然将案例教学方法应用于规划与管理的研究中有很多优点，但也不是完美无缺，还需要避免陷于具体、孤立或表面的经验与情景。因此，在有些研究中，案例教学方法并非万能或者惟一最佳的手段，需要配合其他的方法共同完成研究的主题。在教学中，规划案例教学和其他教学方法各有擅长，并不取代系统地理论学习。同时，由于案例本身质量与数量要求高，师生需具备相当的经验、知识和技能，并需占用相当多的教学准备和讨论学习的时间和精力，规划案例研究与教学方法的这些特点，需要在应用中予以重视。

能否合理地运用案例教学方法，取得如管理研究与教学中一样的骄人成绩，是规划案例研究与教学中的方向。哈佛商学院花了将近20年的时间向其他商学院推广案例教学法，直到1955年才使得案例研究的应用初具规模。可以看到，目前案例教学方法在规划与管理中的应用尚属起步阶段，还没有形成完整的体系和严谨的结构，也缺少代表性的完整案例研究成果。因此，了解规划的特点，找到适合规划学科的案例教学方法还有很长的路要走。但是，规划案例方法的应用前景是广阔的，可以借鉴商学院管理案例学教育与研究中的一些成功经验和模式，如案例研究的组织、案例的筛选与案例库的建立、案例方法与其他方法的协调利用等。美国500强企业中近2/3的经理是从商学院毕业的，他们相信，在那里学到的知识和经验，能够使面对瞬息万变的市场变化和企业发展时胸有成竹。如果将案例法成功运用到规划与管理教学中，对规划学科的发展也将会有同样巨大的推动作用，培养出来的规划工作者也会具有较强的实际工作能力，在各大城市中引领我们城市的健康发展。

参考文献

[1] 罗伯特·殷. 案例研究：设计与方法［M］. 重庆：重庆大学出版社，2004.

[2] 张丽华. 管理案例教学法［M］. 大连：大连理工大学出版社，2000.

[3] 余凯成. 管理案例学［M］. 成都：四川人民出版社，1987.

[4] 陈德智. 管理案例编写与教学［M］. 上海：上海交通大学出版社，2005.

[5] 艾尔·巴比. 社会研究方法［M］. 北京：华夏出版社，2005.

[6] 洪生伟. 现代企业管理［M］. 北京：中国标准出版社，1998.

[7] 圣丁. 哈佛商学院MBA案例教程［M］. 北京：经济日报出版社，1997.

[8] 张学圣，廖紫兰. 以案例式思考探讨台湾地区再发展之规划策略［R］. 中国：台湾　土地管理与开发学术研讨会，2003.

[9] 章友德. 城市社会学案例教程［M］. 上海：上海大学出版社，2003.

规划师的社会责任与人文知识的建构

吕学昌

摘　要：我国的城市规划教育面对的是快速发展变化的外部世界，城市问题层出不穷。与其他专业相比，规划师的职业不仅仅是一项技术工作，还肩负着维护社会公平和城市整体利益的社会责任。本文通过分析当今的规划教育在这方面存在的问题，认为人文知识的建构应该城市规划专业教学体系中得到体现。

关键词：规划师，人文，建构，教学改革

前言

城市规划作为一门复合交叉的边缘学科，其工作内容涉及到经济、社会、工程技术等领域，既有自然科学、工程科学、技术科学的内容，又有社会科学、人文科学的特点。城市规划师不仅需要掌握单纯的工程技术知识，更重要的是还必须具备综合决策能力、团结协作能力和协调各种利益关系的能力。

从我国的教育体制来看，高等教育长期实施的文理工分科，造成专业划分过细，人才培养模式单一。城市规划专业的学生重视技法与表现，轻视人文知识与人文精神，以自我为中心，追求经济价值、功利型的“工匠”成为教育培养的结果，创新精神和综合素质存在严重不足。

从城市规划专业本身而言，各种规范，图则，文本格式等，容易形成模式化思维，加上追求经济效益的功利趋向，使规划师难以准确把握各个城市的不同发展层次和不同的目标定位，难以适应城市自身的复杂性和工作的综合性。

从学科建设分析，城市规划专业超出了单纯的设计类学科的基本范式和层次，成为与城市社会、文化、历史等紧密相关的多学科综合的规划特点。鉴于城市规划的多维性、综合性、复杂性、整体性等基本特征，城市规划教育要求规划师具有扎实专业基础知识和广博的基础学科知识，宽广的国际视野和较高的人文素质，承担应有的社会责任。

长期以来，城市规划专业在人文学科的薄弱状况导致了毕业生缺乏必要的知识和素养，缺乏进行城市规划研究的方法论知识，甚至缺乏规划师的基本素养和应担负的社会责任，以至于最后影响他们后来作为规划师的执业能力。

1　城市规划师肩负社会责任

改革开放30年来，我国社会经济飞速发展，取得了巨大的成就。与此同时，人们的收入差距开始拉大，反映社会公平和社会分配的基尼系数在迅速增长，社会的不安定因素增加。在这期间，许多规划师更多的是为社会的强势集团(如政府、开发商)服务，这使他们成为社会变革的受益者。

城市规划作为一种政府行为，很大程度上拥有着对国家和城市资源的调整或再分配的权力。表面上看规划师经手的项目是为某个机构或开发商服务，实际上往往涉及到广泛的公共利益。因此，城市规划师在其职业行为中承担着为整个社会负责的巨大责任。因而在具体工作中必须体现社会的公正和公平。有职业道德的规划师，应该具有强烈的是非观念和高度的责任感。

城市规划作为一门复合交叉的边缘学科，其工作内容涉及到经济、社会、工程技术等领域的方面，既有自然科学、工程科学、技术科学的内容，又有社会科学、人文科学的特点。与其他专业工程师相比，规划师不仅要完成相关的技术工作，还要肩负战略部署和综合协调的职能。因此，城市规划师作为政府决策的参谋和助手，

吕学昌：山东建筑大学建筑城规学院教授

不仅需要掌握单纯的工程技术知识，更重要的是还必须具备综合决策能力、团结协作能力和协调各种利益关系的能力。由此可见，规划师综合素质的高低将严重影响到城市规划决策的科学性。

2 现行人才培养模式的不足

作为城市规划人才的培养口径，我们通常强调应具有较强的规划设计能力和专业协调组织能力，能够运用多种手段表达设计构思和规划方案，掌握计算机辅助设计的基本技能，具有较高的方案评价、分析能力等技能的层面上，而较少关注在专业素质、社会责任等方面的培养。

随着社会的发展，专业分工的细化，市场对人才类型的需求越来越多样化，同样具有城市规划教育背景的学生，在工作中会有各种各样的专业侧重，有时甚至差别很大。从注册规划师职业的从业分布来看，多在设计院、政府管理部门、开发企业、教育科研等部门，他们的工作对象不同，所需要的知识背景不同。现行的人才培养模式，虽然意识到宽口径培养的重要性，但限于现状的师资水平和办学条件，主要的人才出口仍然是设计类人才的培养。站在专业或行业的角度，城市规划应建立自身的专业标准，拥有管理严格的专业群体，要求从业人员对职业投入感强，置公众利益于个人利益之上，置服务于个人利益之上，并有一套制度化的道德守则。从现有的规划师执业群体来看，距离这一目标是有很大差距的，从造成这一状况的根源来看，反映了在规划师人才培养中，缺少对职业道德和社会责任等方面的教育缺陷。从学科发展现状来看，缺少城市规划领域中各相关学科的交叉与融合。尤其是从城市规划专业的综合性、复杂性与整体性来看，现行的人才培养模式还难以满足现实要求。

3 人文知识的建构

3.1 完善课程体系，增加人文课程

城市规划专业是工科里的文科。在专业理论教学中，应针对城市规划是一门多学科交叉融合的综合性学科的实际情况，在讲授原理、方法等专业知识的同时，注重人文理念(如哲学、伦理、历史文化等)的传授，以充分展示城市规划的多重内涵和广阔外延，深化对城市科学的认识。在课程体系建设方面，城市社会学、城市文化学、城市哲学、城市美学以及城市法学与伦理学，应逐步建设成为城市规划专业的正规基础课。为适应教学计划的要求，应当针对城市规划专业的特点，编制人文科学系列教程。

为拓宽学生对环境、城市历史和民族传统文化的知识视野，培养尊重环境、尊重历史与传统文化的理念，培养民族与乡土意识，在培养方案中开设城市环境与城市生态学、建筑美学、中国传统民居、中国古典园林等课程，并将规划师职业道德教育贯穿于专业教学的全过程。

经济是城市存在的根本，法学则是城市运行的保障。如果没有经济的基本常识，规划就变成了美学任务。规划师就只能是轴线加构图，表现城市的物质规划，而不管城市开发的步骤和战略。没有法学的概念，规划就不能是一个过程，而只是一张图纸。

课程体系的建设是以人为前提和保证的。因此，这首先是师资队伍的建设问题。在城市规划专业招生迅速的扩张过程中，师资队伍建设的滞后制约了课程体系的改革，城市规划专业师资来源和构成过于单一，因人而开设课程，这是许多地方院校面临的问题。在一些相对单一的工科院校中，许多人文类课程难以开出，或者由专业上相去甚远的教师勉强开出，教师一知半解，学生听得一头雾水，因而无法保证相应的教学质量。

3.2 拓宽知识视野，培养创新意识

在要求学生必须按国家各种规范、图则、文本格式等去学习城市规划技术、方法的同时，注重对城市科学研究前沿的介绍，注重培养学生的探索精神和创新意识，达到既要学生学会按照设计规范要求去进行设计训练，又要学生以研究者的素质和探索精神去发现和研究设计对象的特殊性和复杂性，形成求真务实的严谨学风。人文科学基础也是使学生更深刻地理解当代国外许多新规划理论产生的先决条件，更是结合中国国情发展新理论和作出更先进的成果的坚实基础。

在城市规划领域中，往往行业对图则、文本等设计成果均有统一的要求，容易形成规划成果单一的、程式化的表现模式，学生在学习的过程中容易形成照着范本“拷贝”和“临摹”的风气，这会抑制和扼杀学生的探索

精神和创新意识。对此，在城市规划教学过程中，应当增加实践教学和案例教学的环节，不断拓宽学生的视野，向学生展示城市的独特性和多样性，引导学生挖掘和发现城市特色和独有特征，培养学生的探索精神和创新意识。改革现有的规划设计教学方法，强调对社会和文化调查研究及对城市长远发展的评估，针对具体规划项目的规划目标、程序和方法的确定过程的科学化、法制化进行教学，应用人文科学作为工具，分析国内外城市规划具体项目的经验与教训。

3.3 借鉴西方经验，教学计划中强化规划师人文素质的培养

比较我国与西方发达国家的城市规划教育，会发现我国的规划师通常是按工程师的口径进行培养，而在西方则更强调将规划师培养成为社会组织者、管理人才和经济策划师。由于完善的市场经济体系和法制基础，西方对在市场经济中城市规划和规划师的职能有充分的认识。城市规划课程的设置比较合理地平衡着技能训练和思维开拓这两个方面。比如，土地经济学、房地产开发、政府财政预算、地理信息系统、道路交通、人口理论、区域经济分析、规划管理与法规等。

概括西方发达国家的城市规划教育经验，它们十分重视哲学教育，重视城市规划方法论的教育，其核心是培养学生的独立性。西方的教育体制并不在乎给学生一个完整的理论体系，而是提供学生分析问题的方法。因此，西方的教学体系中强调应教会学生如何思考和如何研究问题，强调质疑，而不仅仅是提供正确答案。这是我们应该借鉴的。

城市规划专业的教学计划应注重人才素质的培养。除基本知识和基础能力外，基本素质是今后人才培养的重要内含，人文学科的基础是规划专业人才协作精神、组织才能、交流表达和宣传能力素质培养的基本方面。同时城市规划的价值观念和职业道德教育也必须介入到专业教育之中，包括职业使命感的教育，使学生树立规划师对社会、对城市前途的强烈责任心，对规划师职业的热爱而激发的敬业精神和奉献精神；法制观念的教育，使学生熟悉了解有关城市的各项法律和法规，能够独立判断城市建设中的是非功过；团队观念的教育，使学生充分认识到没有群体的默契合作和社会各界的配合要成功地进行知识广博、专业庞杂的综合性城市规划工作是不可能的；价值观念的教育，实现个人价值不只是以名利来衡量的，个人价值只有最大限度地造福社会和城市才能充分体现，这才是规划师所追求的境界。

我国的城市规划教育面对的是快速发展变化的令人眼花缭乱的外部世界，城市问题层出不穷，社会阶层出现分化，城市中出现一部分既得利益者的同时，一部分人群的利益受损。一些特殊人群包括城市下岗和低收入者、老年人口和残疾人、外来人口等弱势群体，他们的生存状况和切身利益需要得到规划师更多的关注，而这些关注应该在城市规划专业教育体系中得到体现。

参考文献

[1] 周俭．城市规划专业的发展方向与教育改革．城市规划汇刊，1997，(4)．

[2] 唐子来．不断变革中的城市规划教育．国外城市规划，2003，(3)．

[3] 陈秉钊．城市规划专业教育面临的历史使命．城市规划汇刊，2004，(5)．

以课群建设优化整合具有专业特色的课程体系[❶]

李建伟　沈丽娜　尹怀庭

摘　要：城市规划与设计是一门涵盖建筑、地理、园林三大科学体系的交叉学科，专业定位尚处于探索阶段。采用课群建设进行优化整合，可以指导学科发展，突出专业特点。本文从师资队伍、课程体系、课程设置、实践教学等几个方面具体介绍城市规划与设计课群的改革与建设。

关键词：课群建设，课程体系，城市规划

1　发展现状分析

城市规划与设计是一门带有自然性、科学性、社会性、经济性、实践性并贯穿自然、工程、经济、社会的综合性交叉学科，集政策性、社会性和技术性于一体，被称为工科里的文科，涵盖建筑、地理和园林三大学科，专业定位尚处于探索阶段。由于经济持续的快速发展和建设规模的空前繁荣，我国城市规划专业教育在最近10年内从开始的不足30所增加到100多所，其发展速度非常惊人。1999年全国高等学校城市规划专业教学委员会制定了城市规划专业教育培养方案，在实施4年后，于2003年又进行了进一步的修改和完善，将原方案的10门核心课程减少到8门，以便留出更大的空间给各院校自主办学。

随着国民经济的迅速增长，我国城市建设进入了快速发展阶段，新的规划思想方法不断涌现，城市规划专业作为城市建设的龙头专业，如何适应形势的发展，如何构建科学合理的课程体系亦值得思考。目前，我国高校城市规划专业依其学科背景大致可分为3类：第一类是以工科建筑学专业为主的院校，这类院校是在建筑学专业的基础上增设的城市规划专业，自城市规划专业开办以来，一直处于主流地位，占到80%左右，其特点是重视对学生工程设计能力的训练，培养出的学生设计思维能力强，擅长城市空间形态的规划设计，不足之处是对社会经济等宏观城市问题分析训练较少，对专门的规划技术掌握不够；第二类是以理科地理学专业为主的院校，这类院校目前处于异军突起的态势，发展潜力巨大，占到15%左右，特点是注重城乡区域规划理论研究，培养出的学生具有较强的分析研究能力和文字组织能力，但相对来说，图面表达和工程设计能力较弱。第三类是在林学、测绘学、环境学等学科基础上发展起来的院校，占到5%左右，这类院校的城市规划专业各不相同，各具特点。三类院校由于起源背景不同，课程体系相差甚远，即使是在同一背景下的城市规划专业也由于师资、设备等方面的限制，其课程体系不一，致使培养的城市规划学生良莠不齐，差别较大。在此提出整合课程资源，建立课群，组织团队，更新教学内容，完善课程体系，提高教育教学资源使用效益，从而有效保证本科教学质量。

2　优化整合的有效途径：课群建设

课群是一个由几门相邻的、相互紧密联系的课程组成的一个课程群体，主要着眼于课程之间的联系和内容优化，改变目前各课程各自为政的“散沙”无序的教学状态，在课群水平上进行整体优化规划。明确构成课群的课程应具备的条件和特征是开展课群建设首先必须解决的问题。有条件构成课群的课程未能有效地组合，必然影响课群建设的效果，甚至造成课群建设的浪费。

课群改革应使内容体系更加符合现代城市规划领域对学生知识结构和能力结构的需求，强调综合应用多学

---

❶　西北大学教改项目：综合大学城市规划专业教学实践体系研究。

李建伟：西北大学城市与资源学系助教
沈丽娜：西北大学城市与资源学系讲师
尹怀庭：西北大学城市与资源学系教授

科知识的能力，强调多元化的教学模式；同时要缩短课时，提高教学效率，明确办学方向，促进学生扩展思路和深入研究应用。在课群建设中，从21世纪对人才基本要求的高度出发，从剖析城市规划专业所需的知识、能力结构和基本素质的要求入手，从有利于实现专业培养目标的角度出发，摒弃过细、过专、过旧的内容，阐明课群在专业培养计划中的定位，注重城市规划学科前沿发展概况以及与其他课群或课程相关内容的联系，将教学改革和课程体系改革的最新成果反映到改革方案中去，进行教学内容的重组与整合，设计新的课程结构体系，构建出融汇贯通、紧密配合、有机联系的课程体系，实现课程体系的整体优化。

3 课群建设的基本原则

课群的建设实际上是对构成课群的课程的再设计，课程的再设计应有利于教育目的的实现，有利于院校培养目标的实现和课程的有效实施，因此要从几个方面考虑。

3.1 淡化专业界限，打破学科壁垒

转变观念，以“宽口径、厚基础、重应用”的高素质创新人才培养模式为指导思想，构建涵盖工学城市规划学、理学人文地理学以及林学风景园林学的“大城市规划设计”学科体系，该学科体系包括学科基础课、学科核心课、专业方向课和实践课。在构建基础学科的平台上，将学科核心课、专业方向课和实践课的内容打通，以便按学科招生和组织教学，为推行完全学分制创造条件。

3.2 坚持以学为本，贯彻因材施教

课群建设目标的确定必须以学生需要、社会需要和学科发展需要为基础，学生是学习的主要受益者，在课群设计中要注意做到以学为本，以学促教的思想。在努力保证人才培养质量的同时，更加注重学生个性的培养，尽可能包容各类学生的求学目的，根据专业优势和地域特色设置若干方向课，学生可根据自己的特长和今后的就业方向选其中部分课程，以扩大学生的知识面，改善学生的知识结构。

3.3 注重教学质量，形成院校特色

课群内容的选择和组织要以该学科的培养目标和发展方向为指导，课程内容是指各门学科中特定的事实、观点、原理和问题，以及处理论证的方式。修订课程体系的目的在于提高人才培养质量，因此必须坚持求真、务实的作风，把理想和现实科学地结合起来，既要在转变教育思想、教育观念的基础上有新突破新发展，体现教学改革的先进性，又要符合当前本科教学大众化的实际情况，有切实的可行性。在保证教学质量的前提下，根据各个院校的实际情况认真总结以往教学计划修订与实施经验，精心规划，突出院校特色，以直接面向城市规划实践为根本目标。

3.4 缩小目标差距，加强实践教学

课群计划应该付诸实践，使其真正起作用。课群设计得越好，实施起来就越容易、效果也越好。课程群实施过程的实质是要缩小现有的实际做法与课程群设计者所提出的做法之间的差距，使课程群实施者清楚了解新课程计划的意图和课程群目标，参与课程群设计，共同讨论达到课程群目标的各种手段，这样课程群实施起来遇到的阻力就会小得多。实践教学是课群计划优劣的一个重要评价标准，在实践教学中，应严把质量关，对规划设计过程、图纸、论文进行规范化、综合化，形成科学的先进的实践教学质量评价体系。

4 课群建设的主要措施

4.1 引进人才，组建教师梯队

教师既是课堂教学的组织者，也是教学改革的实施者。首先，按照课群组建教师梯队，设立首席、副首席主讲教师和骨干教师，由首席主讲教师负责课群的规划和建设，每位教师和每门课程都归属于某个课群。其次，要不断更新专业知识、掌握先进教育技术、密切结合实际，以适应现代化学科学发展和化学教育发展的时代要求。最后，积极参加相关的科学研究和教学研究，不断汲取科学的最新成就，补充和完善教学内容，同时不断总结教学经验和教训，使教学水平和教学质量不断提高，在教会学生基本知识和基本技能的同时，更重要的是教会学生获取新知识的方法和解决实际问题的能力，以培养出能适应社会需求的多元化复合型人才。在师资上逐步形成一支职称、学历、年龄等结构合理、人员稳定、教学水平高、教学效果好的教师梯队。

4.2 梳理内容，构建课群体系

取消重复课程的设置，对原有教学大纲中多门课程重复讲授，而每一门课程中又都是只讲基本概念，实际应用知识缺乏深度的部分放到一门课程集中讲授，注重学科间的交叉，建立全新的优化课程体系。基于对城市规划专业课程体系建设的主要思路和原则，在对国内重点院校城市规划专业考察的基础上，提出城市规划专业的培养方向为建筑与城市设计、道路与总图规划、风景园林规划、历史文化遗产保护、区域与城市规划、旅游与城市规划、房地产与资源开发等7个方向(见下表)，各个院校可根据实际情况，选择两个或两个以上来组织教学。

城市规划与设计专业课群体系

序号	专业方向	课　群	课　程
1	建筑与城市设计	建筑设计	建筑力学、建筑结构、建筑构造
2		城市设计	城市设计概论、住宅组群设计、城市中心区设计
3	道路与总图规划	道路交通	城市交通规划、城市道路设计、总图规划设计
4	风景园林规划	风景园林	城市园林绿地规划(城市生态与环境)、园林学、中外园林史
5	历史文化遗产保护	遗产保护	中国传统文化、历史文化保护、大遗址保护规划
6	区域与城市规划	区域经济	区域分析与规划、城市社会学、城市经济学
7		人文地理	城市地理学、人文地理学、经济地理学
8	旅游与城市规划	旅游规划	旅游资源学、旅游规划学、旅游地理学
9	房地产与资源开发	资源管理	自然资源学、土地开发管理、城市管理
10		房地产	开发经营管理、估价理论与方法、管理与法规

在完成学科基础课、学科核心课和实践课的基础上，将城市规划专业方向课划分为：建筑设计课群、道路交通课群、城市设计课群、风景园林课群、旅游规划课群、房地产课群、区域经济课群、资源管理课群、遗产保护课群、人文地理课群等10个课群。其中，学科基础课包括第一外国语、高等数学、政治理论、体育等课程，学科核心课包括规划原理、规划法规、中外城市建设史等8门课程，实践课程包括认识实习、规划设计、生产实践、毕业设计等4门课程。

4.3 协调发展，科学设置课程

为拓宽学生的知识面，充分发挥学生的积极性和学习自主性，在教学内容中增加不同类型的课群，使学生由以往仅能解决某一具体问题，变成对相关领域也都有认识，形成学科相互渗透，一专多能的态势。在课程安排上，尽可能错开各方向课的上课时间，使学生可以在主修一个方向的课群的同时，选修其他方向的课程。另外，还要加强教材建设，对于一个课群内的课程最好选用同一系列教材，以最大限度降低内容重复；提倡选用近三年的优秀教材，或国家教育部推荐教材，或国外高水平原版教材，或公认较好的适用性强的教材。

4.4 互相渗透，加强实践教学

理论知识最终是要通过实践来转化为实际生产力的，所以在教学、实践与科研的关系上要注重三者结合，互相渗透，成为一体。城市规划是一门具有很强实践性的学科，其专业教学应以扎实的城市规划设计基本技能培养为主线，结合课群方向组织教学，在理论知识的基础上，渗透工程实践内容，使实践与理论相结合。以理论指导实践，实践验证理论的思路充分调动学生的求知欲和学习自觉性，不断提高学生的动手能力和创新能力，培养和提高学生的创新能力和综合素质。

5 结论

城市规划作为建设行业的龙头专业，需要协调与建筑、结构、给排水、暖通、环境、管理等各个专业的关系，因此，城市规划教学涉及的内容较多，牵扯的课程又很重要，如果教学的内容取舍不合理，教学体系不完善，很容易造成教师所讲的内容脱离实际，学生学到的知识与社会实践又有较大的距离，针对这种情

况，积极探索，提出整合课程资源，建立课群，从师资队伍、课程体系、课程设置、实践教学等几个方面进行了初步的整合与优化，但课群建设与改革是一项长期的任务，在诸如“大城市规划设计”的专业方向、课群以及课程的安排、实践教学环节的设置等方面还需要进一步的建设和完善，才能建成一个具有专业特色的课程体系。

参考文献

[1] 卢新海，张露，余韬. 城市规划专业教育的思考 [J]. 高等建筑教育，2002，3：24～25.

[2] 童道琴. 城市规划专业特色探索 [J]. 林业勘察设计(福建)，2006，1：138～140.

[3] 崔英伟. 我国城市规划教育体系创新构想 [J]. 规划师，2004，20(4)：12～15.

[4] 陈文山. 组建课程群，打造学科优势 [J]. 琼州大学学报，2003，5：73～73.

[5] 范守信. 试析高校课程群建设 [J]. 扬州大学学报(高教研究版)，2003，3：25～27.

[6] 臧秀平，董涛，刘升宽. “大土木”观念下的岩土工程课程群建设研究 [J]. 江苏科技大学学报(社会科学版)，2004，4(4)：106～108.

[7] 柯昌万. 西安工大课群建设有效提高教学质量 [N]，中国教育报，2007 年 5 月 14 日，第 1 版.

城市规划教育如何应对《城乡规划法》——以社会科学研究为主线优化城市规划教学体系

陈前虎

摘　要：中国城市规划面临的问题根深蒂固，其根本要害在于忽视社会问题。新的《城乡规划法》将城市规划工作的社会属性提到了前所未有的高度，为城市规划学科发展与教育转型提供了强有力的法律保障及可能的现实途径。在深刻理解城市社会调研的基本功能，全面认识城市规划学科内涵与功能定位的基础上，从社会科学研究的视角分析了城市规划教学体系建设需要解决的关键问题，并以社会科学研究为主线，针对性地提出专业教学安排、教学内容与方法改革的思路和建议。

关键词：《城乡规划法》，社会科学，城市规划教育，调查研究，教学体系

1　研究背景

当前快速发展的城市化使城市规划在被社会寄予厚望的同时，却一直背负着沉重的社会压力。“规划滞后、规划不如领导一句话”等社会舆论使城市规划时常陷入角色摆布与价值摆饰的实践尴尬；而“理论不适用、方法不好用、知识不够用”的学科发展困惑则使规划界自身也产生了“城市规划学科是否一门科学”的质问与疑虑。笔者以为，解释乃至走出这种困局的关键在于深刻理解以下三个背景及其相互关系，并作出积极回应。第一，**认真回顾中国城市规划的历史背景**。中国的城市规划脱胎于计划经济——其基本特征是政府包办一切，成长于转轨经济——其基本特征是地方政府自利，长期以来人们已经认同规划就是对政府计划目标的执行和落实，规划师也总是习惯于站在政府的角度去考虑问题，而对“社会主义”的角色定位却少有体会。第二，**深刻理解中国城市规划发展面临的现实背景**。当前中国正处于一个“双重转型”(发展阶段转型与体制转型)与“双重滞后”(政府管理滞后与社会管理滞后)的特殊时期，城市规划面临的问题和困境既有主观原因，更具客观背景。第三，**全面正视中国城市规划的专业教育背景**。国内规划专业大都由理工类专业发展而来，受体制环境、改革动力和师资力量的限制，在学科的交叉发展、特别是人文社科类课程的导入方面大都还处在较为初步的阶段，学生对城市规划工作的理解基本停留于单纯的技术领域，重形态设计、轻社会调研是当前国内城市规划院校教与学中的一种普遍倾向。在上述背景下，城市规划作为一种社会发展控制机制的实际效能远未达到理想状态，具体表现为两方面：**一是公共政策属性丧失**，当规划每每成为政府各个部门、各个地区争夺利益的工具时，它已无法弥补市场失灵，难以自主应对日趋复杂的社会矛盾与问题；**二是可操作性丧失**，那些“虚化”的、口号式的战略规划，既缺乏由衷的人文关怀，又缺乏落到“实处”的、有操作性的制度设计，其结果不是**社会抛弃了规划**——巨大的社会摩擦成本与交易成本阻止了规划的实施，就是**规划作弄了社会**——实施的规划制造了更多易于产生社会摩擦与冲突的空间场所。

2008年1月1日实施的新的《城乡规划法》，为城市规划学科发展走出困境、真正迎来一个明媚的春天提供了强有力的法律保障与可能的现实途径。这部法律最基本的精神就是关注民生，它明确地提出城乡规划工作方式要从计划体制下的技术精英垄断规划、转轨时期的政治精英主宰规划，真正走向老百姓的意愿规划；提出各级政府要从包办一切和自利行为中走出来，真正为老百姓提供市场无法提供的公共服务；明确提出公共政策性是城乡规划的基本属性，并相应提出了以公共利益为核

陈前虎：浙江工业大学建工学院副教授

心价值观、强调公众参与为基本途径的城乡规划工作体系。显然，**新法已经将城市规划工作的社会属性提到了前所未有的高度**；相应地，要求城市规划学科从原来的工程技术理性转向以公共利益为核心的社会问题的关注。对城市规划教育而言，最为迫切与可能的工作就是在教学安排、课程组织及教学方法的改革中强化社会科学研究。

作为认识城市的基本原理、方法和手段，社会学课程教学的重要性已为各方所认识，但这种认识的高度和深度却极为有限，远远无法适应**社会发展的需求及《城乡规划法》的要求**，其突出表现就是：建设部高等城市规划学科专业指导委员会并没有将城市社会学课程列为各院校必须开设的8门核心课程之一；许多学校因思想观念或受师资力量的限制而没有开设社会学的原理与方法课程；一些开设了社会调查课程的院校也大都处于一种应对全国年度作业评优的被动教学状态，而并没有上升到将其作为提高学生综合素质的手段这样一个教学地位与教学目标上来认识。本文试图在深刻理解城市社会调研的基本功能，全面认识城市规划学科内涵与功能定位的基础上，以社会科学研究为主线，分析城市规划教学体系建设需要解决的关键问题，并针对性地提出专业教学安排、教学内容与方法改革的思路和建议。

2 社会科学研究在城市规划学科发展中的重要性

城市规划为何会陷入"伪科学"的怀疑？如何理解社会科学研究与城市规划的关系？社会科学发展本身有着怎样的内在规律性？虽然城市规划学科的社会学拓展早已在思想上得到国内外学者的普遍认同，但今天追问这些问题显然有助于我们减少当前行动上的盲目性，理清学科未来发展的基本思路，并作出应有的调整。

2.1 城市问题的根源形式及社会调查研究的基本功能

从制度经济学的观点来看，所有城市问题本质上都是社会问题，而所有社会问题从过程与结果上都可归结于人们在城市资源利用中的不合作与不公平行为，并通过城市设施的拥挤、空间环境的恶化等形式表现出来。如交通拥堵、环境污染的背后是不同社会阶层或利益集团之间围绕城市资源展开的恶性博弈与争夺。不合作与不公平是由信息不完全所决定的，信息不完全既受客观条件限制，又受主观因素影响。客观条件是由任何个体接受与处理我们生活的这个社会的无限信息的能力有限性决定的，个体接受和处理信息能力的差异性导致个体之间财富积聚的绝对不公平；而主观因素则指任何个体追求自身利益最大化而不惜采取欺骗、投机、垄断等隐瞒信息或歪曲事实的行为，这些行为导致个体之间人为的不合作及财富积聚的相对不公平。比如，区域层面的重复建设与恶性竞争，社区里愈来愈多的争吵与纠纷，诸多问题的产生就是因为在没有事前契约的条件下，个体的有限理性及信息不对称使得相互之间都采取不合作的自私行为，结果每个人的"自私"并没有带来"自利"，"恶性竞争"导致"两败俱伤"，个人的理性选择导致了集体的非理性，整个社会为此陷入了"囚犯困境"，矛盾与问题层出不穷。

但如果把"囚犯困境"模型"多次往复"——这一过程大大降低了信息的不对称程度，那么囚犯终究会发现：合作比"自私"更有利；同样地，个体在面对越来越激烈的恶性竞争问题中发现，遵从某种合作规则要比通过投机欺诈或自作聪明地获得少数几次不义之财更有利，此时自下而上式的区域规划与社区规划便会自发地产生。可见，充分的信息是合作得以进行的基本条件，在给定的环境下，每个当事人都必须最少了解到有关当事人的信息和需求，才能够形成一致的行为。据此，我们可以认为，**社会调查研究的基本功能就在于：通过各种途径收集信息，反映各方的偏好和可能行为(调查过程)；借助各种方法整合信息，为大家提供需要的共同知识(研究分析过程)。在此基础上，通过在各类群体中进行沟通、对话，对各种不同的价值观、生活方式和文化传统在空间层面上寻求解释，然后将这些内容转化为不同的土地利用形式与空间组织形态，并通过公平原则下的协商与谈判，建构起一个协同的行动纲领(规划设计过程)。**

2.2 社会调查研究是城市规划工作的重要组成部分

由此可见，社会调查研究是空间规划设计的前提和基础，是整个城市规划工作的重要组成部分；忽视这部分工作，空间规划设计过程就成了瞎子摸象，规划方案也难逃"墙上之画"的命运。然而，就如前文所说，长期以来规划师的工作思想与方法已经对技术精英或政治精英的主观判断形成路径依赖，并习惯于从技术角度来定义城市规划的内容、任务及其作用与功能，而对社会调查研究工作却普遍感到生疏与棘手。如原来的《中华

人民共和国城市规划法》与《城市规划原理》教科书指出，城市规划是根据一定时期城市的经济和社会发展目标，❶ 确定城市性质、规模和发展方向，合理利用城市土地，协调城市功能布局及进行各项建设的综合部署和全面安排。毋庸置疑，城市规划作为一门应用学科，有其核心功能：即土地与空间资源配置。但是，如果人们忽视城市发展与资源配置过程背后的社会利益关系，以及这种关系对城市规划目标造成的影响，那么，再理想的土地利用与形态设计方案也难逃流产命运。因为这些方案没有说明特定的社会关系环境，也就难以直面现实矛盾与问题；制度环境及其社会关系影响着生产的动力和交易的成本，从而影响空间资源配置的实际状况与利用效率。可以这样认为，随着《城乡规划法》的颁布实施，城市规划的内涵必然会从原来狭义的空间规划设计过程，真正走向广义的社会利益关系协调过程。

2.3 城市规划学科内涵与功能定位

毫无疑问，城市规划首先应该是一门社会科学，而社会科学有其自身特征与内在规律性。艾尔. 巴比(2005)认为，社会科学以逻辑实证为特色，逻辑和观察是社会科学研究的两大支柱。换句话说，社会科学对世界的理解必须“言之成理”，并“符合我们的观察”[4]；相应地，科学研究必须经历两道不可或缺的、密切相关的程序，即资料的收集及其分析推理。其中，资料收集处理的是社会科学的观察层面，目的在于最大可能地反映相关各方的信息；而资料的分析推理则是一个通过归纳和演绎等思考方式，比较逻辑预期和实际观察并寻找可能模式的过程，其目的在于整合信息、为人们提供共同知识，处理的是社会科学的逻辑层面。当然，不同的人可以从不同的视角(范式)与方法——世界观，来观察和理解事物，从而形成不同的社会理论。为此，正确的世界观是科学认识论的重要前提与基础，社会科学研究不能随意地混合进人们对周围事物、对事件成因的臆测，它必须以探究事情真相与原因，寻求和发现社会规律为己任。科学发展观的形成，标志着人们对客观世界的理解与认识开始从单一的经济增长视角及片面的精英思想，转向多维、多层次的全面考察。

社会理论研究的目的在于提出社会规范。如果说社会科学理论处理的是“是什么(what)”与“为什么(why)”两个问题，那么，社会规范关注的则是“应该如何(should be)”的问题。对城市规划而言，前期社会调研的目的在于探索社会规律，认识客观世界；后期空间规划设计的任务则在于制定社会规范，改造客观世界。社会科学理论是不能建立在价值判断上，而空间规划设计则必须在人们有了判断事物好坏的标准——价值观之后，才能对事件的进一步发展作出预测和引导；价值观受现有制度环境与技术条件的影响制约，空间规划的理论与方法也随制度和技术的时空变迁而不同。《城乡规划法》的出台，标志着中国历经计划经济、转轨经济之后，以公共利益为核心的城乡规划价值观的最终确立，从而使城乡规划终究成为一项调控社会利益、维护社会公平与和谐的重要公共政策。

由此可见，从社会科学视角来看，**城市规划学科内涵应该包含城市科学与规划哲学两个层次**(图1)，前者从

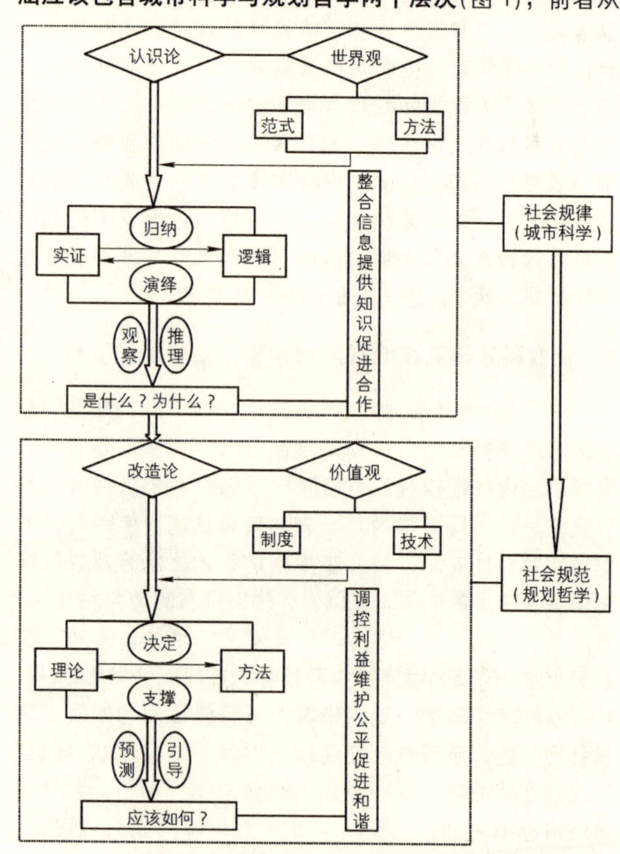

图1 城市规划学科内涵与功能定位

❶ 众所周知，这个目标要么是“五年计划”，要么就是地方政府的“任期计划”，与“社会需求”基本不相关。

认识论的角度探索社会规律，其基本功能在于整合信息，提供知识，促进人人合作；后者从改造论的视角探讨社会规范，在当前社会背景下，其基本功能在于调控利益，维护公平，促进社会和谐。根据这样一个学科内涵与功能定位，**城市规划的专业教育可以相应划分为三个前后继起的阶段性任务与目标**：第一步，引导学生用正确的世界观去观察和感知城市；第二步，培养学生用科学的范式和方法去理解和认识城市；第三步，训练学生用正确的价值观去引导和改造城市。

3 城市规划教学体系建设需要解决的关键问题

根据上述城市规划学科内涵及其功能定位，我们觉得城市规划教学体系建设亟需解决以下三个关键问题：

第一，在教学安排上，如何以社会科学研究的基本程序与规律为导向，确定不同年级的教学重点和目标定位。整体而言，目前的城市规划主干课程，既可以从思维的发展层次上分为原理、方法与应用三类课程，又可以从思维的空间层次上分为与总体规划和详细规划相关的两类课程。在现实教学中，由于缺乏科学的时序安排，前后教学脱节、不同课程组之间互不相干、培养目标不明确等现象大量存在。这里需要解决的关键问题是：如何根据社会科学研究遵循的“观察→推理→预测，简单→复杂”这样一个基本的思维发展程序与规律，确定各年级阶段之间不同的教学重点与目标定位，并为之设计相应的教学模式，从而在教学时序上打造一条不同时期教学目标各有侧重、前后教学环节层层递推的城市规划教学链。

第二，在教学内容上，如何围绕社会科学研究的主要任务与目标，整合优化课程体系。在目前的课程组织中，一方面，各个院校都纷纷扩张城市规划的学科外延，开设了包含经济学、地理学、管理学、林学、信息技术等诸多相关专业的课程，城市规划教育覆盖的领域空前扩大[2]；另一方面，这种简单的“学科交叉”却使学生感到迷茫，使城市规划完全丧失理论研究的主导地位，形成规划理论的空心化局面。究其原因，一是“放出去，收不回”，学科交叉没能“向空间化回归”；二是忽视人的存在，学科交叉没能形成“核心课程”。比如，在8门专业核心课程中，由于缺乏社会学原理课程，忽视了“人与人关系”对资源配置(城市经济学)、人居环境(城市环境与城市生态学、风景园林规划与设计概论)等城市存在形式的根本性影响，使学生对“城市是什么、为什么会是这样，以及应该如何”等问题的理解停留于机械的“原理”，僵化的“程序”、“规范”和“指标”，以及单纯的“形态设计”等领域，只见物不见人，从而难以在城市科学探索与规划哲学的教育中树立起正确的世界观和价值观。这里需要解决的一个关键问题为：如何围绕社会科学研究的主要任务与目标，强化社会科学原理课程，重组整合现有课程体系，明确不同课程组的教学任务与目标重点，从而在教学内容上打造一群课程模块特色明显、不同模块相互联动的城市规划课程组。

第三，在教学形式上，如何根据社会科学研究的基本方法，系统而针对性地开展课程教学的理念创新与方法革新。传统的城市规划原理类和方法类课程教学通常都以教师的“满堂灌”为主要形式，但经典理论模型或思想方法的讲授往往会因古今中外时空背景的差异和学生缺乏生活体验而变得枯燥无味；一旦进入高年级的应用类课程设计环节，由于缺乏实证归纳和逻辑演绎等社会科学研究基本方法的训练，以及相应的观察、推理等能力的培养，学生往往在一通走马观花之后，就埋头做起了方案。这里需要解决的关键问题是：如何根据社会科学研究的基本方法，针对各门课程性质，开展教学理念与方法的改革创新，训练培养学生科学认识世界、合理改造世界的方法与能力，从而在教学形式上打造一套不同课程能力培养各有侧重、不同时期方法训练相互支撑的教学方法集。

4 城市规划教学体系优化思路

基于以上认识，我们以社会科学研究为主线，尝试整合优化教学体系。其基本思路如下：

4.1 明确目标定位，优化教学时序

根据社会科学研究的思维规律与基本程序，我们调整了一些教学环节及其前后的衔接关系，并将其划分成三个相对独立又层层递进的教学阶段与环节，明确每个环节阶段学生思维训练的侧重点与目标，逐步形成一条以社会科学研究为主线的城市规划教学链。

第一阶段，观察与认知城市环节，主要安排在二年级与三年级上学期。要求学生结合城市规划概论、城市生态与环境、城市社会学原理等理论课程的学习，通过

浅层次的信息收集方式，如实地观察、拍照、速写等，记录他们看到的城市现象与空间环境，然后在课堂上做一些简单的交流、对比与分析；教师的主要作用是引导学生着重从社会关系的视角来分析各种城市空间现象的背景与机制，不断引导和启发他们的思维：如果社会关系改变，空间格局将会如何改变？这一阶段的教学目标除了要求学生初步掌握信息收集与整合（简单分析与文字表达）能力外，更为重要的是培养学生用正确的世界观来观察与认知城市。

第二阶段，理解和认识城市环节，主要安排在三年级下与四年级上学期。要求学生结合城市规划系统工程学、数理统计学、社会调查研究方法（含城市专题调查实习）、地理信息系统等方法技术类课程，以及城市规划原理、中外城市发展与规划史、城市地理学、城市经济学等原理课程的学习与实践，全面掌握城市研究的程序、方法及相关技术，用原理、方法和技术来武装调研行动，完成一次系统性思维的初步训练。这一阶段的教学目标是培养学生用科学的范式和方法去理解和认识城市，使学生对城市的理解由感性上升到理性，从而达到整合信息、提供知识、发现规律的社会科学研究目的。

第三阶段，引导和改造城市环节，主要安排在四年级下与五年级。要求学生结合城市规划课程设计、城市规划管理与法规、生产实习、毕业设计（论文）等课程环节的实践锻炼，综合运用各种理论知识与技术方法，全面提升发现问题、分析问题与解决问题的综合能力，不断强化思维的系统性训练与职业道德的规范性意识。这一阶段的教学目标是帮助学生深刻理解城市规划的功能与本质，引导学生树立正确的城市规划价值观，使学生顺利完成从理解城市（知识、原理与方法）到改造城市（能力、修养与情操）的发展过渡，以及从学校到社会的角色转型。

4.2 重组课程体系，梳理功能关系

对城市规划的主干课程进行重组（图2）。首先，从纵向上，根据上述教学时序安排及阶段性目标定位，按社会科学研究的任务与目标将所有主干课程分为理论类、方法类（包括CAD等表达性技术与GIS等分析性技术）与应用类三大课程组，它们分别从宏观上担当着城市规划教学的三个阶段性任务，以确保总体教学目标的连续性；其中尤其需要加强社会学理论与方法在各自课程大组中的地位和作用。其次，从横向上，根据现实操作需要，按现行城市规划体系层次将所有主干课程分为总体规划类（又可分为村镇与城市）与详细规划类（又可分为住区规划与城市设计）两大课程组，它们分别从微观上承担着城市规划教学的两大块内容，以确保总体教学目标的完整性；其中需要突出强调“以人为本”理念和“人文关怀”思想在规划研究与空间设计过程中的重要性。

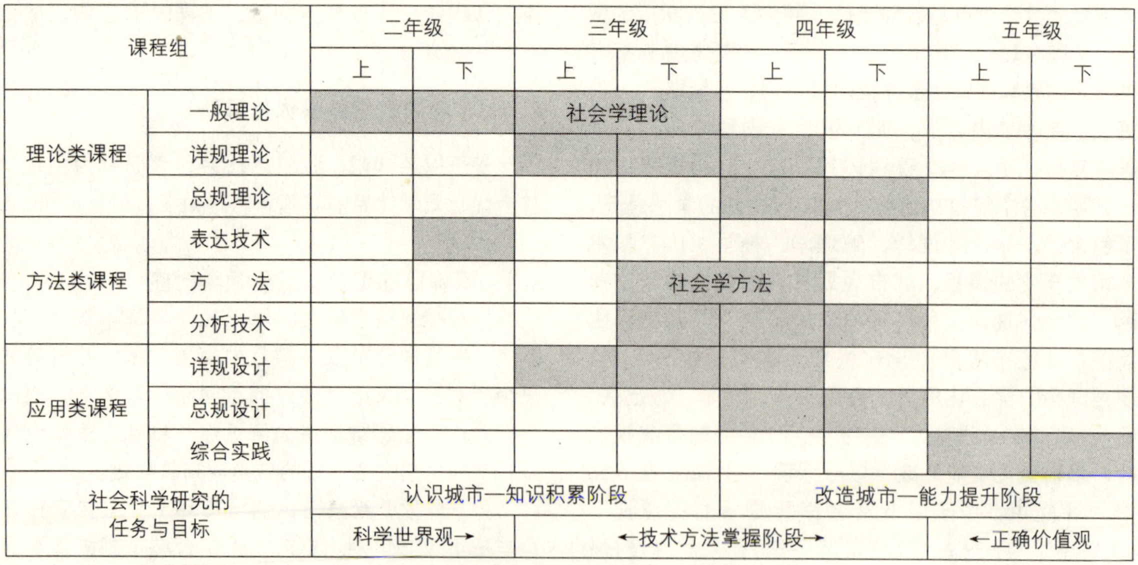

课程组		二年级		三年级		四年级		五年级	
		上	下	上	下	上	下	上	下
理论类课程	一般理论			社会学理论					
	详规理论								
	总规理论								
方法类课程	表达技术								
	方　　法				社会学方法				
	分析技术								
应用类课程	详规设计								
	总规设计								
	综合实践								
社会科学研究的任务与目标		认识城市—知识积累阶段				改造城市—能力提升阶段			
		科学世界观→		←技术方法掌握阶段→				←正确价值观	

图2　城市规划课程组织与时序安排

4.3 创新教学方法，强化能力培养

为了实现上述教学目标及不同教学环节之间的递推联动，必须在教学理念与教学方法上进行改革创新。具体建议措施如下：

（1）全新定位师生角色。对师生角色进行全新定位，突出学生在教学活动中的主体地位，使传统课堂教学，尤其是理论教学中“教师表演，学生观看”的“满堂灌”形式，转变为新的“教师导演、学生表演”的新模式；课堂教学不再是教师的“一言堂”或“一堂言”，而是师生的“同堂共言”。这种新的师生角色定位，能够极大地激发学生自主学习的热情，变被动学习为主动学习。比如，在《中外城市发展史》与《城市规划原理》课程教学中，为了使学生更好地理解和消化书本知识，尽快做到“古为今用、洋为中用、活学活用”的目的，针对前者布置一个城市发展的历史调查作业，针对后者布置一个规划案例分析任务，每次上课按学号由两名学生汇报并组织课堂讨论、点评。这样的教学形式在提高学生课程参与程度、放大知识效应的同时，也推动了理论课、方法课与应用课等不同课程组之间的衔接联动，从而大幅度改善理论课程的教学效果。

（2）重新理解教学关系。基于城市规划学科的社会性，城市理论与规划理论都呈现出动态发展特征，要求教师不断更新教学课件的思想与内容，体现与时俱进的教学原则。做到这一点，仅靠教师一方是非常困难的，需要师生共同努力。为此，应该建立起“以教诱学，以学促教，教学相长”的教学互动机制，改变原来“教师单向知识传输”的教学关系，形成师生之间“互惠互利、礼尚往来”的教学局面。比如，这几年来我校学生结合相关课程完成的关于写字楼、中低收入阶层住宅、居民出行成本与城市交通等问题的调研报告，不仅在“挑战杯”等国家与省级学生课外科技竞赛中屡屡获奖，而且也成为本市规划局来年重大招标研究课题的立项基础；更为重要的是，对学生科研成果的社会经济效益预期，反过来激发了教师的教学热情与教研投入，从而推动教学关系走上相互激荡的良性发展轨道。

（3）创新教学形式与考核机制。针对社会研究特点，一方面，我们在教学实践中构建了一套由课堂教学、现场教学、网络教学以及跨课程组、跨学科等多层面、多样化架构的教学形式体系；另一方面，改变了原来以课程主讲教师与期末考试成绩或最后设计作品为主的考核模式，形成以平时成绩为主、以其他课程组教师考核或学生内部自评为主导的考核机制与考核方式。这么做的总的目的就如Forester（1989）所认为的那样，在引导学生建立正确的世界观与价值观，充分认识规划专业知识教育的多学科性的基础上，进一步改革规划专业传统的灌注式教学方法，优化规划专业的教学理念，培养学生更多地以排解困难者、调解斡旋者、解释者和综合协调者的身份参与社会研究与规划决策，使学生对规划过程的理解从单纯的技术领域转向对社会问题本质与原因的探寻，转向更多关注于为各社会群体面对制度变化和社会环境的挑战提供功能性支撑。

5 结语

以社会科学研究为主线整合优化城市规划教学体系，不仅是城市规划学科本身的特点使然，也是整个城市规划行业应对我国当前社会快速转型的有效途径，《城乡规划法》的出台实施反映了这种发展趋势的必然性。在此过程中，我们既“不能继续走中国‘黑箱式’设计的老路”，以摆脱当前学科发展的困惑；也应该避免走西方“城市研究”的歪路，以防止“学科核心理论的空洞化”。我们已有的教学实践表明，在巩固“空间设计阵地”的基础上，加强社会学理论、方法及其实践在城市规划教学体系中的地位和作用，可以帮助我们找到一条城市规划教育转型的捷径。

参考文献

[1] 赵民．在市场经济条件下进一步推进我国城市规划学科的发展［J］．城市规划汇刊．2004，(5)：29～30．

[2] 陈秉钊．城市规划专业面临的历史使命［J］．城市规划汇刊．2004，(5)：25～28．

[3] 城市规划专业指导委员会编制，《全国高等学校土建类专业本科教育培养目标和培养方案及主干课程教学基本要求-城市规划专业》，北京：中国建筑工业出版社，2004．

[4] (美)艾尔. 巴比著，邱泽奇译. 社会研究方法(第10版)[M]. 北京：华夏出版社，2005.

[5] 吴志强，于泓. 城市规划学科的发展方向 [J]. 城市规划学刊. 2005，(6)：2～10.

[6] Forester，John. 1989. Planning in the Face of Power [M]. Berkeley and Los Angeles：University of California Press.

[7] 梁鹤年. 改革——中国城市规划教育迫在眉睫的选择 [J]. 城市规划. 1995，(5)：13～16.

北京工业大学城市规划本科专业课程体系的优化

李 强 张 建

摘 要：论文分析了国内外城市规划本科专业课程体系特点，给出了北京工业大学城市规划本科专业课程体系优化的具体措施，并初步分析了其运行效果。

关键词：教学，城市规划，课程体系

一、序言

2006年北京工业大学组织了题为“提高教育教学质量，培养创新型人才”的第四次教育教学大讨论，主要目的是研讨在建设创新型国家和适应北京经济建设和社会发展需要的背景下，北京工业大学应当培养什么样的人，怎样培养人的问题。以此为基础，制定了新一轮本科教学计划修订的原则与指导思想。明确指出新的教学计划要贯彻我校“立足北京，融入北京，辐射全国、面向世界”的定位目标，体现“培养基础扎实、适应面宽、实践能力强、综合素质高，具有创新精神，德、智、体、美全面发展的应用型、复合型人才”的办学思想。

北京工业大学建筑与城市规划学院城市规划系在充分调研国内外城市规划专业本科专业教学计划的基础上（重点调研了以美国 MIT＜Massachusettes Institute of Technology，简称 MIT＞为代表的西方研究型大学城市规划本科课程体系，以及国内的同济大学、天津大学、西安建筑科技大学、哈尔滨工业大学等国内知名城市规划本科专业），根据通识教育的理念以及培养适应 21 世纪首都科技、经济、社会发展需要的，厚基础、宽口径、实践能力强的，富有创新精神的，复合型、应用型高级城市规划人才的需要，进行了全新的本科生课程体系优化设计。

二、国内外城市规划本科专业课程计划调研

（一）西方研究型大学城市规划本科专业教学计划的特点：以 MIT 为例

麻省理工学院是西方知名的研究型大学之一，其城市规划教育是西方研究性城市规划教育的典范。

MIT 城市规划本科专业课程计划特点集中体现在以下几点：

（1）重视通识教育，校公共课程占很大比例。

MIT 城市规划理学学士课程计划中，校公共课程与专业课程的学时安排比例为 1∶1（180 学分∶180 学分）。教学计划规定学生必须选修 17 门校规定公共课程。这 17 门课程分为理学（Science），人文、艺术与社会科学（Humanities，Arts，and Social Sciences，简称 HASS），科学与技术选修（Restricted Electives in Science and Technology），以及实验课（Laboratory）四类。其中，理学要求 6 门，包括数学 2 门、物理 2 门、化学 1 门、生物学 1 门，共 72 学分；HASS 要求 8 门，共 72 学分；科学与技术选修要求 2 门，共 24 学分；实验课 1 门，12 学分。

（2）专业课程中必修学分较少，选修学分较多。

MIT 城市规划本科专业的专业课程设置中有必修课（Required Subjects）（57 学分）、限选课（Planned Electives，根据专业方向选修）（57 学分）、选修课（Unrestricted Electives）（105 学分）、现场实习（6 学分）、论文（12 学分）。

（3）本科教学计划中设三个专业方向。

MIT 城市规划本科专业设置城市与环境规划（urban and environmental planning）、城市研究（urban studies）和城市与区域公共政策（urban and regional public policy）三个专业方向。每个专业方向限选 57 学分。

李 强：北京工业大学建筑与城市规划学院副教授
张 建：北京工业大学建筑与城市规划学院教授

(4) 设置了4门交流沟通课程(Communication Requirement)。

其中两门是人文、艺术、社会科学交流强化课程(2 subjects designated as Communication Intensive in Humanities, Arts, and Social Sciences(CI－H)),2门主修交流强化课程(2 subjects designated as Communication Intensive in the Major(CI－M))。

(二) 国内城市规划专业教学计划的特点

我们调研了同济大学、天津大学、西安建筑科技大学、哈尔滨工业大学等这些国内建筑类知名城市规划本科专业的课程计划,国内建筑类院校的城市规划本科专业的课程计划主要特点如下:

(1) 以专业教育为主

国内建筑类院校的城市规划专业目前还是以专业教育为核心,虽然很多院校越来越重视通识教育,但是在现实中还是很难把通识教育纳入办学理念中。在通识教育方面,我国城市规划本科专业课程计划与西方还有很大差别。

(2) 以设计课程为主线

国内建筑类院校的城市规划本科专业基本都是以设计课程为主线,在这个主线下配置专业理论课程以及人文、社会、经济、生态等相关综合知识。这与西方城市规划专业在本科阶段就有规划设计方向、环境政策方向、城市研究方向的分异也有很大差异。

三、北京工业大学城市规划本科专业课程体系优化措施

在充分调研国内外本科课程计划的基础上,并结合北京工业大学的办学理念,我们对京工业大学城市规划本科专业课程体系具体采取了如下优化措施:

1. 减少学分总量,限定每学期总学分量,提高学生自主学习空间。

将五年制城市规划专业学分总量由252.5学分降为236.5学分,并且规定每学期的必选学分总量不超过25学分,每学期选修和必选学分总量不超过30学分。使得学分由更多的自主选择空间,进行自主学习。

2. 改变原教学计划按基础教育、学科基础教育、专业教育和实践环节四个部分课程设置模式,搭建基础教育、专业教育、通识教育和实践创新四个平台。加强学生的通识教育以及学生实践能力和创新能力的培养。

基础教育平台包含公共基础课程模块(校级模块)和学科基础课程模块(院级模块);专业教育平台包括专业必修课、专业限选和专业任选课;通识教育平台包括不少于6学分的经济管理、人文社科和艺术类课程模块和一般通识教育模块。实践创新平台包含实践环节、创新活动和第二课堂三个模块。具体如下:

(1) 校级公共基础课程模块共37.5学分。

(2) 为了实现学院资源共享以及强化城市规划专业基础教育,我们在学院内设置了城市规划专业与建筑学专业共享的基础教育课程模块,共45学分。城市规划专业与建筑学专业在一、二年级完全同步。

(3) 专业教育平台包括专业必修课45.5学分;专业限选课17学分;专业任选课6.5学分。

(4) 通识教育平台规定城市规划专业学生必须选修至少6学分经济管理、人文社科和艺术类课程以及其他通识选修课程16学分。通识教育课程达到22学分,约占总学分的10%。

(5) 实践创新平台规定学生必修50学分的实践必修课程,至少4学分的实践创新学分,以及至少12学分的第二课堂学分。其中,第二课堂12学分不计入总学分中。实践创新环节主要是培养学生利用新技术进行城市规划的能力以及通过参与国际设计竞赛等形式培养竞争意识。第二课堂主要以培养创新人才应具备的进取心、自信心、意志、毅力和协作精神等非智力因素和综合素质为目标。

3. 在学院内建立与建筑学专业共享的教学平台,优化资源配置。

打通两类专业课程,建立两类共享平台。第一类是学科基础课程共享平台。在一、二年级,完全与建筑学专业同步,训练设计基础能力。第二类平台是选修课程共享平台。把建筑学专业的部分主修课程纳入到城市规划专业的选修课程中。

4. 建立以规划设计课为主干,并形成专业基础理论课、规划设计课、实践课、通识教育课四条不断线。四条不断线相互支持,共同打造综合能力、实践能力、创新能力强的应用型、复合型城市规划高级人才。

5. 重视融入北京、服务北京的学校发展目标。

除了要求规划课程设计要尽量选择以北京为主的真

题外，还开设了北京城市发展概论、北京园林与古建、北京四合院等直接与北京相关的课程。

6. 设置了启迪学生从事规划研究以及自学类课程，培养学生的自学能力和研究能力。

为启发学生从事规划相关的研究，本次课程计划在四年级下学期设置了“规划研究专题讲座”课程，可为学生毕业设计选题提供帮助，也可适度引导学生从事研究型规划设计。此外，还设置了文献阅读、城市社会调查等自学课程，启迪学生从事规划研究。

7. 设置“创新实践环节”学分，重视学生第二课堂。

增设规划设计国际竞赛(2学分)、规划交流与表达(2学分)以及规划技术实验(2学分)3门创新实践环节选修课程，规定学分至少选修4学分。此外，要求学生至少选修12学分第二课堂学分。

四、结语

我们修订了我校20006城市规划专业教学计划，并直接应用于城市规划教学中。从目前运行来看，通识教育平台的设置增加了城市规划专业学生的知识面，提高了学生综合分析城市问题的能力，提高了学生的理论水平。院级基础教育模块的建立不仅优化了教学资源的配置，加强了专业基础教育师资力量，而且为不同专业学生创造了良好的交流与学习的平台，取得了良好效果。实践创新环节课程和第二课堂是学生十分欢迎的课程，不仅提高了他们进行自主学习的积极性，而且培养了他们的团队合作能力和创新能力。

城市规划专业基础教学改革初探

白　宁　段德罡

摘　要：现代城市规划学科发展至今已不仅是研究传统意义上属于物质形体的“城市”，由于其日益综合性，传统教学的重工程技术、重艺术的倾向逐步向多学科交叉、渗透的方向转变。在今天城市规划政府职能的深入与规划研究方向日益扩展两个因素下，我们对城市规划专业基础教学进行了富于探索精神的实践，其主要思路是在低年级学生的基本能力培养中，不仅注重观察能力、创新能力，还注重理性的逻辑思维能力和社会洞察力的培养，同时还必须使其具备全面地、整体的认识观。在课程设置中，从基本美学素养的建立过渡到综合调研、分析能力的提高；及早接触规划专业基础知识，进行规划意识和规划方法的渗透与培养；加强学生的分析与认识的主动性；培养学生分析、调研、活动组织的能力与集体协作能力。在具体设计方面，要求学生从城市整体的角度思考问题，关注公共利益，并鼓励学生设定不同的设计前提和需要解决的主要问题，通过相互之间交流与讨论转换思考问题的角度。

关键词：城市规划，专业基础，教学改革

学科的发展自然会影响到教育的变革。城市规划专业教育也同样紧随城市规划学科的发展要求而发展变革着。完善城市规划教学体系，明确专业教育的目标及各阶段的教学重点，培养合格的城市规划专业人才，是我们一直在积极探索与改革的方向。

我校的城市规划专业已经成功办学20余年，在形成专业办学特色的同时，也在全国同类高校中确立了自身的专业地位。历年来在国内外的各种竞赛中所取得的成绩以及优秀通过城市规划专业评估的事实都有力的证明了我校城市规划专业办学的成功。2007年，我校城市规划专业与同济大学一道被批准为国家级“特色专业建设点”，更将大力推动城市规划专业在全国的影响。然而，社会经济与科学技术在进步，城市也随之发展变化，城市规划专业教育也必然不能一成不变。我们只有不断深入进行专业教育方向的调整，使城市规划专业教育不断向深度及广度扩展，同时按时代所需改革教学方法以及教学内容，才能使我校的城市规划专业教育在行业中处于主动的地位，使我们培养的学生符合社会发展与学科发展的要求。

由于历史的原因及学校关于我校城市规划专业的定位，2006级之前，城市规划专业与建筑学专业关系密切而界线较为模糊，尤其是低年级的专业基础教育更是围绕着建筑学专业的纲领展开的，前三年以建筑教育为主，所培养的学生也往往建筑设计功底强，形体塑造能力、创造性思维能力具有一定的优势，而规划专业中更强调的理性、逻辑思维能力以及社会洞察力有所欠缺，学生真正接触规划知识时间滞后。随着国内外城市规划领域新的发展与变化以及对城市规划教育新的要求，这种教学模式越来越反映出一定的弊端与不足。为了顺应城市规划学科的发展变化，使我校的城市规划专业基础教育具有更强的专业性，从2006年起，我校建筑学院成立了城市规划专业基础教研室，对规划专业低年级的教学体系进行了系列教学改革，调整、新开了部分课程，让学生在低年级就得到规划思维的熏陶与规划知识的接触，在一些设计基础课程的教学方法上也进行了大胆的教改尝试，让学生更早的认识到规划专业的特点，掌握更好的学习方法，同时，也将我校规划专业的特色进行了发展和延续。以下是我们在教学改革过程中的一些思考与实践。

1　现代城市规划学科发展对规划教育的要求

1.1　现代城市规划学科发展特点

为解决产业革命导致的城市盲目发展与混乱而产生

白　宁：西安建筑科技大学建筑学院讲师
段德罡：西安建筑科技大学建筑学院副教授

的现代城市规划学科，从19世纪以应对城市病为主要内容的“城市美化规划”至二战之后的区域规划、城市形体规划，发展到现在，已经融入了不同的学科方向。由于城市发展过程的多层次、多向度，现代城市规划不再是传统意义上属于物质形体的“城市”规划，而发展成为多层次、全方位的交叉学科。约翰·M·利维曾经指出，城市规划的存在是因为城市中存在大量的相互关联性和复杂性，城市的健康发展就在于种种复杂关系的顺利协调。也正因为如此，现代城市规划更加注重整体的观念，综合全面的把握城市。

城市规划本质具有公共政策的属性。我国城市规划正处在一个转型阶段，城市规划编制和管理由技术型向政策型和综合型逐渐转变。城市规划也越来越走向宏观与战略的研究，城市空间结构与布局则愈加依靠政策的导向，城市规划越来越成为政府进行宏观调控的手段。

城市规划是一个动态的过程，城市规划管理是城市规划设计的延伸。城市的发展始终处在不断变化之中，因此，城市规划注重的是分析发展的方向，提出规划目标，以及实现这个目标的方法与途径，即对过程进行规划。

概括来说，现代城市规划学科发展至今具有以下特点：

1. 城市规划是一门多层次多方位的交叉学科，综合性较强；
2. 城市规划注重整体观；
3. 城市规划具有公共政策的属性；
4. 城市规划是一个注重分析的动态过程。

1.2 我国的城市规划教育现状

我国城市规划专业教育因学科发展的不同走向，专业办学方向也存在着差异。如北京大学、南京大学等学校具有人文、经济地理的优势，其城市规划专业是以“区域与城市规划”为主导方向，偏重于区域经济、国土规划与区域规划；国内最早开设城市规划专业的同济大学，以“城市综合规划”为主导方向，从传统的建筑领域拓展到社会、经济、文化环境等各学科领域，强调社会经济知识与建筑、工程技术兼容并蓄，更趋向综合性和多学科交叉的特点；而清华大学、东南大学以及我校城市规划专业以“城市形体规划与设计”为主导方向，依托其传统的建筑学科优势，培养具有较强空间形体设计能力的规划专门人才。

全国城市规划专业教育指导委员会成立之后，全国各院校规划专业办学有了较为一致的方向和目标。依照我国国情以及国外城市规划学科发展方向，构建新的教学体系，加强社会、经济、生态环境及可持续发展的教学内容，拓宽和调整专业知识结构，强化能力和素质培养，成为规划专业教育改革的共同方向。同时，各个学校根据传统与优势各有侧重形成办学特色。

1.3 现代城市规划教育改革的要求

城市规划作为多学科交叉的复合科学，其专业知识和工作的跨度越来越大，从宏观的区域规划到微观的局部地段设计，从城市问题的研究到城市规划的日常管理。城市规划专业的教育改革也必然随其发展方向而改革与调整。思考现代城市规划发展特点，我们认为城市规划专业教育也有了以下明确的特点：

1.3.1 城市规划专业的教学注重基本能力的培养与知识领域的拓宽

基本能力的培养是进行城市规划学习的前提。一方面，它包括美学方面的素养与动手能力的培养，是建筑与城市物质空间规划设计的基本功；另一方面，也包括学生思维方面的训练，既注重发散性思维的培养，更要注重理性的逻辑思维能力的培养；同时，也要培养学生的社会洞察力与专业敏感性，需要有政策、理论的素养，组织协调能力，维护社会公平的职业道德。城市规划专业教学既强调学生基本专业技能的掌握，也重视相关知识领域的拓宽。由于城市规划专业的日益综合性，社会、行为科学的大量介入，传统教学的重工程技术、重艺术的倾向逐步向多学科交叉、渗透的方向转变。

1.3.2 城市规划专业教学注重整体观的把握

要求帮助学生树立整体的设计观念，建立清晰的逻辑思维与系统的结构意识。对具体的问题研究要从纵、横不同的方向，从更大的范围加以思考，考虑其间的相互关系，确定对象所应尊重的背景原则。这种整体的观念，一定要结构清晰，层次、关系逻辑性强。因为规划师的职责是对城市各项建设实施整体的控制，这些都深含着对规划专业人才整体能力与价值取向的要求。

1.3.3 城市规划专业教学注重方法教育，注重分析能力的培养

城市规划专业教学要求培养学生面对问题，解决问题的能力，培养学生处理好规划与分析的关系，寻找设计与分析的结合，正确处理建筑、工程与社会、行为科学的学科交叉问题。由于城市是错综复杂，各有特色的，决不是按某种方法模式就能处理的。这就要求我们的教学要帮助学生认识到分析与方法的重要性，逐步树立起正确的思维方式，使学生不仅仅会做，更重要的是学会如何去做。方法论这类课程在西方国家城市规划专业中都占有很重的份量。

1.3.4 城市规划专业教学注重办学特色

城市规划专业涉及多学科多方向，其专业知识跨度很大。我国目前仍处于大规模城市化发展过程中，中国城市在相当一段时间内仍将进行大规模的物质性建设，因此，城市规划专业学生在建筑、市政工程、规划设计方面的基础训练不能丢。同时，城市规划作为一种公共政策，主要涉及到城市土地及空间资源的配置，要求城市规划的专业人才必须具备经济、社会、行政管理等多方面的知识，而随着城市化过进程的成熟与稳定，规划的公共政策属性会越来越重要。它要求规划专业教育必须进一步向社会经济、政治管理等知识领域拓展。因此，城市规划专业教育既不能囿于传统的物质性规划，又不能完全将城市规划办成一种偏重于公共管理型的专业，而是既要注重城市物质性规划的基础，同时注重社会、经济、管理领域的不断拓展和延伸。然而本科的五年很难完成从空间物质性规划到公共管理、区域经济等各个方面的全面系统的学习。因此，教学体系上也应丰富全面而有所侧重，形成办学优势与特色。

2 我校城市规划专业基础教学改革初探

2.1 低年级基础教育在规划专业教学体系中的地位与教改思路

城市规划专业基础教学是在现代城市规划专业教育体系下的基础环节。基于我校城市规划专业脱胎于建筑学专业的发展背景，其专业初步与设计基础课在2006年之前和建筑学专业采用基本一致的教学内容与教学方法，低年级的基础教学与高年的专业教学有如下的链接关系：建筑初步—建筑设计基础—建筑设计—规划设计。低年级基础教学注重建筑设计功底与形体塑造能力以及创造性思维能力，而规划专业中更强调的理性、逻辑思维能力、社会洞察力以及规划专业知识有所欠缺。

在今天城市规划政府职能的深入与规划研究方向日益扩展两个因素下，城市规划专业教育体系也在发生变革。形体空间塑造能力应该成为我校规划专业的一种特色而不是制约其发展的障碍。为使我校城市规划专业低年级教育具有更强的专业倾向，我们对专业初步与设计基础在教学内容与方法上进行了较大的调整，并开设了部分全新的课程。使城市规划专业学生在低年级就得到规划思维的熏陶，让学生更早的认识到规划专业的特点，从而更有针对性的进行专业学习。在保持原有的空间形体设计能力的优势的同时，使低年级和高年级的课程形成良好的衔接。

主要思路是在低年级的专业基础课中及早进行规划意识和规划方法的渗透与培养。一方面在教学内容与研究对象上加入城市规划专业内容，并且开设一些关注城市问题的课程，让学生及早接触规划相关知识。另一方面，在基本能力培养中，不仅注重观察能力、创新能力、社会洞察力，还注重理性思维、逻辑思维以及分析问题的能力，使其在低年级具备一定的城市规划思想，同时还具备全面地、整体的认识观。同时，强调教师的引导作用，将一种城市规划的思维方式方法传达给学生。加强学生的分析与认识的主动性，帮助学生认识到设计内容及过程的重要性，体会其中内在的分析—解决方法；注重系统性、整体性思维方式潜移默化的培养，将综合分析与判断能力的培养作为一重要目标；培养学生分析、调研、活动组织的能力与集体协作能力。

2.2 教学内容与方法的研究

针对专业特点，城市规划专业基础教学分为三个大的环节，分别为：规划专业初步、规划思维训练、专业设计基础。在内容设置上注重整体的逻辑性和系统性，课程设置不仅以专业基础技能培养为目标，更强调学生专业思维的扩展和延伸，突出城市规划专业特色，让学生通过完成作业去加强规划专业基础知识，初步领悟和感受城市社会、经济、文化及审美的内涵。

城市规划的专业基础教育中，传统的审美及空间内容必不可少，但随着时代的发展必须作出相应的优化，

才能符合新时期专业教学的要求。第一年的规划专业初步教学按“认知、表达与专业素养”和“设计基础与思维”两方面设置教学内容，通过一系列的专业课题，以专业认知与素质的培养为主，结合专业基础技能训练，并在其中融合了城市规划专业特点及美学要素；在“什么是建筑设计，什么是城市规划，设计与规划中主要面对的对象与内容的认识”过程中，将设计基础要素与空间知识与创造性思维训练相结合，开发与活跃学生的思维与设计意识。

从二年级开始，让学生接触到规划专业的基础与内涵，了解城市规划的基础知识，尽早奠定初步的专业素养。二年级以规划思维训练为主，系统安排了数字城市-城市密度与容积率、公共政策制定、社会调查、子系统规划、规划设计条件、小型建筑策划与设计等课程，以调研、分析、规划、策划、设计等具体教学环节，使学生了解规划设计的工作流程以及规划思维如何在各个环节中体现。使学生认识到城市规划不单是一个纯粹的空间塑造的专业，要结合经济性和城市管理等多方面来综合考虑。

在接下来的专业设计基础课程中，引导学生运用前面所学过的调研方法，分析发现城市中的一些问题，运用系统的方法去思考其背后的动因，然后进行相应的规划条件分析与建筑策划，逐渐过度到建筑设计的课程上。而在建筑设计的课题设置上，以“切片”解读的方法来强化“方法论”，将场地、空间、建构、材料以及形式等系统进行剖析，使学生学会什么是建筑，建筑与城市的关系，什么是设计，什么是规划。

这样，让学生在两年半的学习中，从基本美学素养的建立过渡到综合调研、分析能力的提高，结合理论和实践了解较为深层次的社会内涵和规划专业知识，通过完成作业去领悟和感受城市社会、经济、文化及审美的内涵，从城市整体的角度思考问题，关注公共利益，并鼓励学生设定不同的设计前提和需要解决的主要问题，通过相互之间交流与讨论转换思考问题的角度。

设计教学研究

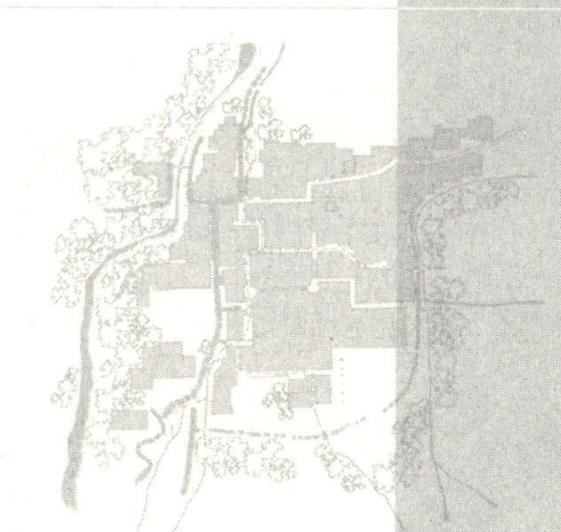

总体城市设计与总体规划相结合的教学体系探索❶

杨俊宴 王兴平 王海卉

摘 要： 本文阐述了城市规划转型期总体规划理论方法的转变，提出在重视城市整体发展、重视三维空间形态、重视城市文化特色的规划新形势下总体规划教学体系的调整与创新，并分析在引入总体城市设计理念的条件下，总规教学体系探索的经验与思考。

关键词： 总体城市设计，总体规划，教学体系

1 现代城市总体规划理论的转变和相应教学体系的问题

1.1 现代城市总体规划理论方法的转变趋势

(1) 从重视物质形态规划向重视城市社会整体规划转变。随着当代城市发展决策的民主化，城市总体规划逐渐向多元化、整体化的多学科规划发展，历史文化、景观形态等非物质空间要素作为城市核心竞争力的重要组成部分，日益受到规划者的关注，城市总体规划也逐步吸收城市社会整体发展思想，规划对象延伸到生态、文化、风貌、历史等领域。

(2) 从重视二维平面规划向三维空间规划转变。现行城市总体规划体系划缺乏在形态层面的总体控制与引导，一个重要原因是规划技术的滞后。控制总体城市形态上需要处理海量图形文件和三维地理信息数据，而近年来，以数字信息自动化处理为基础的技术手段则成为现代城市总体规划落实空间形态规划的有力保障，应用城市地理信息系统(GIS)、城市空间虚拟技术(VR)以及各种专业规划软件，大大提高了总体规划在三维空间形态控制方面的力度、速度和准确度，数字技术的成熟使空间形态的控制需求逐渐成为可能。

(3) 从重视城市产业经济发展向重视景观文化特色转变。在当前城市快速发展的同时，暴露了许多令人深思的问题：城市格局特色遭到严重破坏，历史文化环境得不到有效保护，形式单调雷同的城市建筑满目皆是，城市风貌景观混乱……昔日纷呈异彩、各具特色的城市风貌正日益丧失，城市环境质量日益下降。所以，当前城市总体规划编制中一个迫切需要解决的问题就是如何重塑城市特色，改善城市景观环境。因此，在现代城市规划理论方法的转型的大趋势下，总体规划教学如何调整成为高校迫切需要解决的问题。

1.2 我国总体规划教学体系的学科基础和问题

新世纪以来，我国开设城市总体规划教学的高校已经超过 100 所，这些高校按照学科背景分别以建筑学、地理学和农林学为其学科基础(表 1)：

可以看出，开展城市总体规划教学的院校学科基础并不相同，但在教学体系上都把培养重点放在了同样的方面：城市性质与规模、城市用地布局以及城市产业发展。这在培养学生编制法定规划能力的同时，也带来了一些局限性问题：

(1) 学生在固定程序下编制出的法定文本和图则普遍存在城市特色不够鲜明的问题，有必要从整体的角度系统地研究如何结合自然资源、城市历史和环境特点发展自身的独特风格。现状特色资源和规划城市环境质量方面都存在许多问题，其中包括对城市自然特色资源、历史文化资源潜力的研究和利用不够，城市外部环境要素的规划设计水平较低，城市环境艺术质量不够等，这些都有待于在全面的空间形态设计原则指导下综合提高。

❶ 本文受江苏省自然科学基金(项目批准号：BK2007120)课题资助。

杨俊宴：东南大学建筑学院副教授
王兴平：东南大学建筑学院教授
王海卉：东南大学建筑学院讲师

总体规划教学的学科基础分类 表1

学科基础	课程培养体系	学科特色	代表院校	总体规划教学重点
建筑学	建筑设计—基础设施规划—城市交通规划—城市历史—城市形态	空间设计能力强 美学观念深 工程规划齐全 创造性思维活跃	同济大学 清华大学 东南大学 天津大学 华南理工大学 重庆大学	城市性质与规模 城市用地布局 城市产业发展
地理学	城市地理—产业经济—规划法规—城乡规划	数据分析能力强 城市宏观经济发展判断 数字技术水平高 逻辑性思维强	北京大学 南京大学 中山大学	城市性质与规模 城市用地布局 城市产业发展
农林学	园林绿化—景观规划—生态规划—城市规划	城市生态环境规划能力强 大地景观规划设计	北京林业大学 华南农业大学 南京林业大学	城市性质与规模 城市用地布局 城市产业发展

(2) 教学重点的雷同使学科基础各不相同的高校难以发挥自身学科优势与特点，不管所规划城市等级大小和自然人文特色大相径庭，都只是在“产业分析—城市性质—规模预测”基础上划定地块组织交通，这种总体规划的教学只满足了总规编制的基本要求，缺少城市总体规划应有的研究特色，成果套路化现象比较普遍，容易形成新的“八股文”学风。

(3) 虽然在总体规划阶段已经对城市总体形态空间布局有所考虑，但其内容和思考深度远远不够，尤其对城市总体风貌控制普遍缺失。各项专项规划还都缺乏有效的整体调控，缺少整体城市形态设计框架的原则指导，难以实现整体环境协调统一。

2 总体城市设计理念的引入

2.1 总体城市设计的理念与原则

总体城市设计是以城市整体作为研究对象的城市设计，其任务是研究确定城市空间的总体布局，建立长远的城市可视形象的总目标，以形成良好的具有特色的城市空间发展形态与人文活动框架。

总体城市设计的基本技术原则是将总体城市规划与城市的建设发展实践相结合，以对城市空间风貌的组织、引导和控制为契合点，将城市美学问题转化为空间划分和指标体系，进而将这些原则落实到文本和图则中去，并实现城市管理的科学化和规范化。

2.2 总体城市设计的工作内容

(1) 城市风貌特色研究，包括对城市发展历程、山水环境和城市形象特色等方面的研究、提炼和归纳总结。在城市几百年甚至几千年的发展沿革中，山水人文等各要素对城市格局的变迁有十分重要的影响，形成了各具特色的城市风貌形象，总体城市设计要求分析其中驱动机制和影响重要度，凝炼城市特色，使之对未来的城市发展起到关键的调控作用。

(2) 城市空间格局研究，包括山水格局、生态环境、区域与城市交通、土地经济等要素与城市形态结构方面的研究，具体内容包括以土地利用规划形式表达城市生态环境形态结构(控制非建设用地和建设用地的图底关系)；城市结构形态(山水格局、区域与城市交通)；明确山水环境与城市形象特色及城市不同建设区域形象特色。许多内容的研究是与城市总体规划的相关内容相衔接的。

(3) 城市文化环境研究，是总体城市设计的重要表现，任何城市都有其独有的社会文化氛围，它们在一定程度上难以系统地表达，但却不难体会和感觉。总体城市设计从一开始就应着力于社会文化氛围的挖掘与创造，这是总体城市设计最有意义的步骤。城市社会文化环境的设计既偏重于软件研究，又结合硬件，如城市开敞空间体系、城市标志体系、城市门户体系的布局，是对城

市原有文化元素的有机组合。

3 新总规教学体系的调整与创新

为了保证城市总体规划在城市特色方面的有效性，总规教学体系应吸收总体城市设计理念，拓展现有的总规教学体系中，以使学生获得对城市总体规划的全面认识。

为了更好的把握城市总体形象特色，在进行总体规划的专题研究的同时，我们按城市风貌特色的提炼、城市文化环境的剖析和城市空间格局的构建等不同层面入手进行总体规划教学的拓展深化，着重研究城市形态结构、城市景观体系、开放空间和人文活动空间的组织，加强对城市整体社会文化氛围、空间环境形态、形象运作机制等方面进行的专项研究，为总体规划的编制提供指导依据(图 1)。

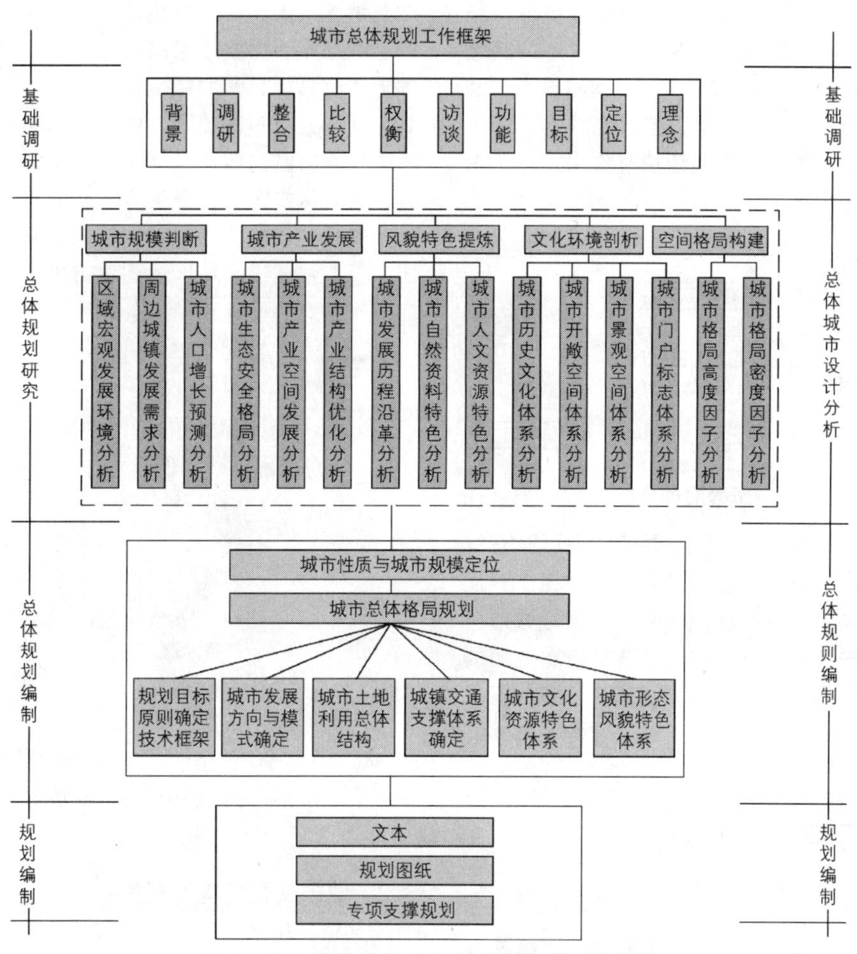

图 1 结合总体城市设计的总规教学体系调整

3.1 城市风貌特色的提炼

总体城市设计首先要研究城市的特色，就是城市的内涵及其表征明显区别于其他城市的个性特征。城市的内涵是指城市性质、产业结构、经济特点、传统文化、民俗风情等，城市内涵的表征即体型环境。独特的风貌和特色是城市及其文化的个性表现。任何城市都应有自身的特色，具有独特的城市环境所传递的信息多，可识别性强，具有较强的感染力、影响力，能引发市民大众的归属感和自豪感，而没有特色的城市则单调乏味，如同没有灵魂一样，会减弱城市的凝聚力。事实上，任何一个城市都有自身的历史积淀、文化传统、环境资源、

风土人情等独特的风貌特色资源，对这些特色元素进行挖掘提炼，有机组织到城市发展策略中，就可以在发展中创造鲜明的城市特色。

(1) 城市发展历程沿革的分析。在许多城市历史沿革的研究过程中，我们注意到城市格局演化总是与山、水、城、河、路等各种特色要素的重大转变密切相关。从中可以探寻历史仍然活在今天并持续影响后世的那些特色要素。这种探寻的一个根本意图，是通过将城市结构发展置放在其赖以诞生的特色要素背景中，考察其发生、发展及对未来演化的影响(图2)。因此可将城市的演化与城市特色要素的关系进行重构、整合与解构，探索城市特色要素对城市发展所发挥的结构性作用，并从中提炼城市特色要素。

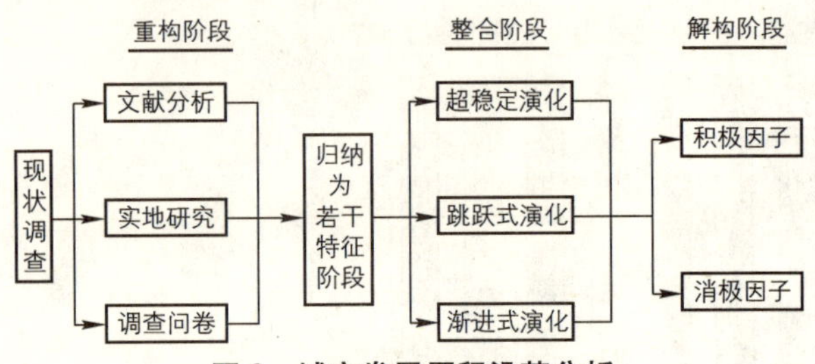

图2　城市发展历程沿革分析

(2) 城市自然资源特色的分析。要使城市更富有鲜明的特色，就是要保护和利用好这些自然文化遗产，使其在城市发展和现代化建设中展现新姿。加强对城市自然山水格局的问题与潜力分析，突出对自然山水资源的生态保护，使其发挥对城市的积极作用(图3)。在进行城市建设时，应使城市重要的公共活动结点能在视觉上与山水景观进行沟通，同时尽量增加城市其他区域与其的视线通廊。此外，应通过各类绿色通道、开敞空间等使城市与其生态背景在空间上紧密结合，并使市民休闲活动体系有可能扩大到山水之中。

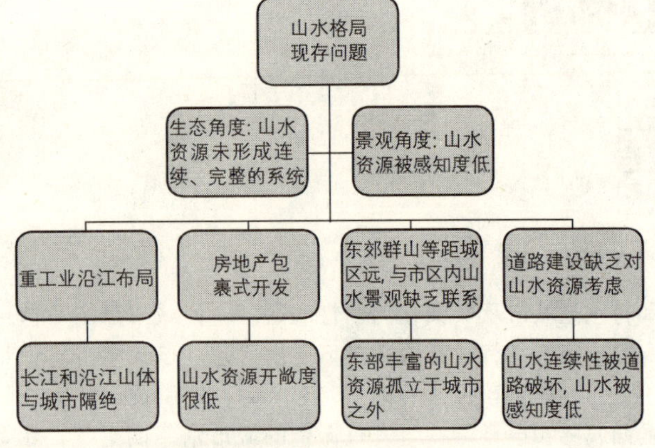

图3　城市自然资料特色的分析

(资料来源：学生总规专题分析成果)

(3) 城市人文资源特色的分析。人文资源是城市生活风貌的反映，也是城市风貌特色中最有活力的因素。在归纳城市人文资源特色的基础上，进行特色景观片区的空间划定。需要注意的是这些重点控制的特色片区不同于传统总规教学的绿地系统规划或者公共空间系统规划，其研究范围应该是对城市总体空间形象的塑造起到影响作用的重点城市空间要素。城市特色片区包括特定区、历史保护区等。特色片区是城市中具有特殊风貌特征和景观价值的相对完整的区域，它们设计主题比较突出，重点强调该区域能体现城市地区文化的特色，同时应提出特殊的设计政策和控制手段(图4)。

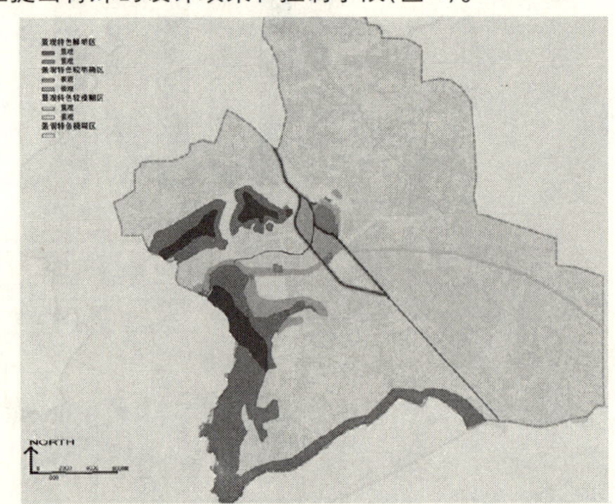

图4　城市人文资源特色片区的划定分析

3.2　城市文化环境的剖析

构筑城市整体的社会、文化氛围，全面关注城市市民活动，是总体城市设计的重要任务，从整体上有机组织富有意义的行为场所、建立各个有活力的场所之间的有机联系，发挥场所系统的整体社会效益也是在总体规划过程中应加以深入研究的问题。

为了更深入、全面地研究城市，城市总体规划教学可进一步分为以下几个相对独立的系统引导学生进行系统思考：历史文化体系、开敞空间体系、城市景观体系、

门户标志空间体系。在总体规划确定宏观控制结构阶段，这些空间子系统将借助总体城市设计的理念与方法进行有目的性的深化设计。

历史文化体系是形成城市特色的历史遗存，它们共同构筑了城市的历史文化体系，能使城市的文化价值得到升华，增添城市环境的魅力。此外，在城市总体规划实践过程中，我们逐渐认识到：如果忽视了非物质文化的存在，城市历史文化将丧失自身的生命力。因此，近年来在城市总体规划的教学工作中，指导学生重视对城市传统的社会生活、民间习俗、生活情趣、文化艺术等人文环境特征的研究。而城市轴线(Axis)、天际线(Skyline)、视廊(Visual Corridor)均属于城市景观系统。对这一层面的系统控制，应根据宏观层面总体目标和策略要求，制定其具体目标，并要求对景观系统提出设计措施等指导性要求，以形成城市设计策略的图示解释(图5)。

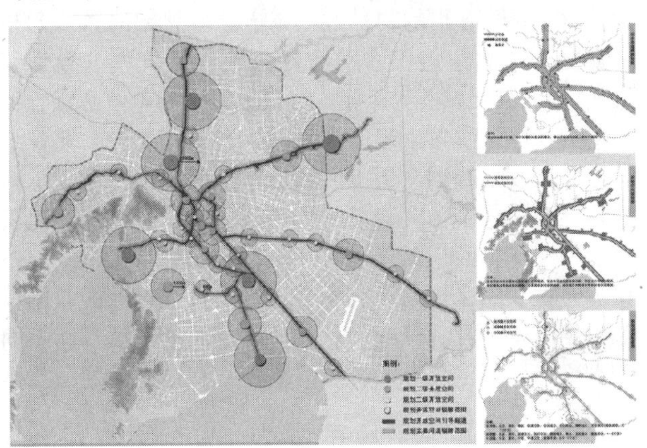

图5　城市文化环境子系统的引导策略

3.3　城市空间格局的构建

城市空间结构布局是城市特色和文化环境在空间上的投影，主要是指城市用地功能分区、城市道路系统、城市河湖绿化系统等的综合布局形态。首先要研究城市空间形态的结构，图底关系，即城市的整体自然生态背景和城市建设区的关系，它反映的是自然的“图形”和人工建设的“图形”关系，也体现了城市和周边自然的融合程度。在具体的实践操作过程中，应该合理的评价各种空间影响因子，并建立相互间的有机联系，并结合各高校目前的学科特色展开城市形态结构的研究，以高度和密度为基本控制要素进行必要的深化(图6)。

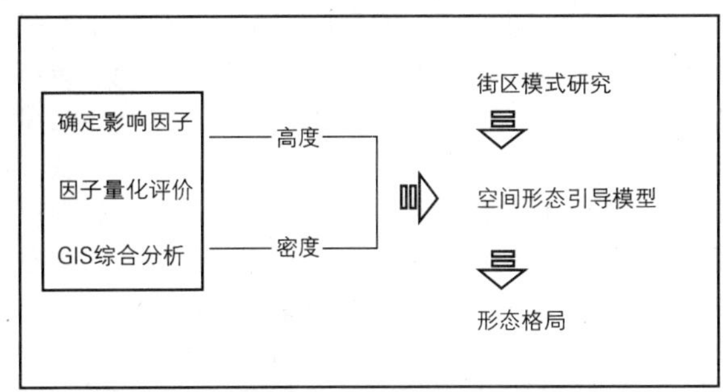

图6　高度与密度决定城市形态格局

(1) 高度因子。对于整体城市而言，高度决定了城市的空间聚集关系和天际轮廓线，从而起到对城市形态的决定性作用。对于城市内部，高度因素往往标示了城市的中心，是市民展开公共活动的重要场所。城市中具有绝对高度的建筑物往往还是城市的地标，是人们识别城市的一个重要的标志。城市中的土地价格随着与城市中心距离的变化而变化，也代表着城市不同地段的繁华程度，决定着不同的城市空间形象。城市的高度控制应依据城市发展的客观规律，原则上呈现一种由中心区到边缘区高度递减的趋势，这样也有利于烘托中心区有别于城市一般地段的城市形象。在满足总体原则的前提下，城市中各个分区、组团的中心的高度应略有增加，强调出其在一定地段范围内的控制作用图。高度的控制除满足突出各级中心的要求外，还要总体考虑其余周边地段，特别是自然环境的协调，综合考虑城市建设区域周边自然的山、水、林地等的关系，共同形成良好的城市形态、城市景观(图7)。

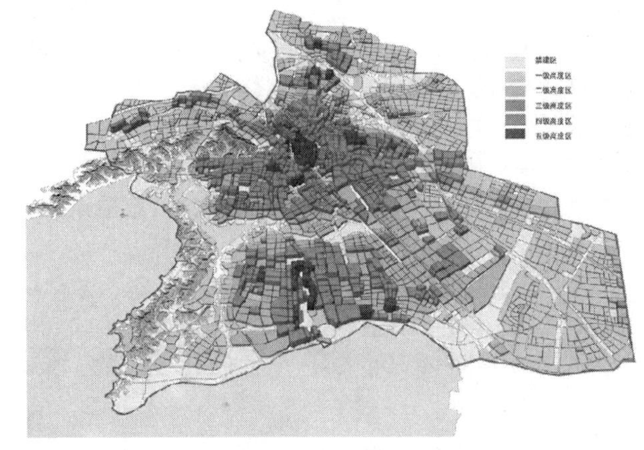

图7　城市空间格局的构建模型

(2) 密度因子。控制密度的初衷是确保城市空间的紧凑程度，既能保证充足的日照、良好的环境，给市民提供一个良好的工作生活环境；又能够集约利用土地，充分发挥城市土地的效益与职能。密度客观的反映了城市中各地段、地块的开发强度及建、构筑物的疏密程度，不同的密度必然会形成不同的城市形态景观。同城市中的高度因素相似，密度也与城市经济规律关系密切，因为地价的差异，不同的地段有着不同的建设密度的要求，总体上呈现距中心区越近，建设密度越大的趋势，在城市的各分区、组团的中心，密度也会适当增加。通过城市建设的密度和高度的控制，其实就是决定了容积率—决定了城市不同地区的开发强度，客观的反映了城市不同地区的性质特征。

这样，总规教学体系借鉴总体城市设计的思路方法，学生在完成产业、人口、定位等总规要求的基础上，还从城市总体层次提炼城市风貌特色、剖析城市文化环境、构建城市空间格局等等，对城市形态环境系统进行宏观构筑，从而更好地把握城市的总体格局，形成整体协调的环境特色。

4 总规教学体系探索的经验与思考

调整后的总体规划教学体系将更加强调总规在城市建设中的控制作用和学生综合能力的培养，真正发挥了“规划龙头”的作用。在教学实践中，我们也在不断的探索、验证和反思，总结了以下四点经验。

(1) 规划指导教师的人员多方配合参与。城市总体规划是一个学科交叉、不断深化优化的编制过程，要保证这一过程的交融完整和动态连续，关键在于各不同学科背景的教师的共同参与，形成多视角的教学切入点。在源于地理学、生态学、经济学、社会学、交通学、规划学等各知识重点和技术方法的紧密配合前提下，才能保证基础研究的全面而实用。借鉴总体城市设计也必须有针对性，要有原则与底线，不能随意或无限应用以至影响法定规划本身的控制力。

(2) 师生双方的充分互动。总体来看，采用总体城市设计的理念与方法是在刚性的法定规划体制中加入弹性的人文关怀作为补充和完善，其目的是为了更好地适应城市发展中日益复杂的综合要求。在这个总的教学目标下，充分调动教师和学生的积极性，在不断提出问题—分析问题—解决问题的过程中形成的良性互动，教学相长。在此研究基础上，规划者提出相应的解决方案，协调各方需求与矛盾，从产业、用地、形态、环境、景观等各方面有效驾驭城市发展方向。

(3) 编制过程的创新。总体城市设计伴随着城市总体规划的快速发展而产生，能否严格按照法定体系要求稳步纳入总规编制程序才是问题的关键。在现有规划体系下，为了保证研究成果的有效性，应在教学过程中将城市总体规划的编制过程加以拓展，将关于整体城市风貌景观规划的内容反映到总体规划中去，基础研究部分也可以作为总体规划的编制前提，以更好地融合总体城市设计的成果，获得对城市发展的刚性控制力和一定的控制弹性。

(4) 教学应用的特殊性。城市总体规划的教学归根到底是一个教学过程，所规划的城市是一个“教学假题”，因此应当发挥其不受政府意见影响和市政基础设计制约的优势，引导学生充分发挥创造思维特色，允许一些学生在规划编制中适度脱离现实束缚，更好地凝炼特色。此外，各个特定城市的基本条件、发展需求和建设问题都不尽相同，仅仅以一个统一的研究内容来规定不同城市的实际工作是不科学的。总体城市设计的教学体系只要有一个较为统一的基本框架，而不同城市和不同规划组可以根据各自的特定情况进行具体内容的调整与增减。

参考文献

[1] Clandia J. Coulton，Julian Chow：Geographic Concentration of Affluence and Poverty in 100 Metropolitan Areas 1990，*Urban Affairs Reviews*，Vol. 32. No. 2，1996.

[2] Donald N. Rothblatt：North American Metropolitan Planning *A. P. A*，1994，Autumn.

[3] (英)城市和区域规划. P. 霍尔著，邹德慈译. 北京：中国建工出版社，1985.

[4] (美)城市：它的发展、衰败与未来. E. 沙里宁著，顾启源译. 北京：中国建筑工业出版社，1986

城市总体规划设计课教学组织改革

陈有川　林伟鹏

摘　要：本文从划分设计小组、分配设计任务、补充相关实例、重视用地布局、组织集体讨论、点评最终成果和客观评定成绩七个方面，探讨了城市总体规划设计课教学组织改革的具体措施，以便达到“激发学习热情、熟悉编制内容、培养研究专长”的教学目标。

关键词：城市总体规划设计，教学组织，改革

城市总体规划设计，包括城市现状调查、发展研究、战略选择、性质确定、规模预测、用地布局、交通组织，以及绿地系统规划、工程设施规划、抗震防灾规划、环境卫生规划和近期建设规划等内容，是学生理解城市规划、认知城市问题、进行城市研究的起点，对城市规划专业素质培养至关重要。

在这样一门知识面广、工作量大、综合性强的课程设计中，需要同学之间合作完成一份成果，要求他们既要完成自己分担的任务，又要了解、配合其他同学的工作，还要掌握城市总体规划编制基本程序和主要内容，便于将来能够主持城市总体规划编制工作。为此，我们围绕“激发学习热情、熟悉编制内容、培养研究专长”的教学目标，不断改革城市总体规划设计课教学组织，并取得了初步成效。下面我们按照教学顺序，介绍教学组织改革的具体措施，与大家商讨。

1　均衡配置力量，创造竞争环境

在城市总体规划课上，通常将每个班分成 3～4 个设计小组，每组有 8～10 个同学。在分组时，任课教师应尽量保证各设计小组实力相近，容易在教学过程中形成你争我赶的竞争氛围，产生设计小组之间比着干和小组成员之间较着劲学的现象，从而激发出了同学的学习热情。否则，实力较弱的设计小组会自暴自弃、应付了事，会严重影响着全班的学习氛围。因此，在城市总体规划设计课上不宜根据座次草率分组。近年来的教学实践表明，任课教师事前对班内同学学习状况有所了解，并均衡地划分设计小组是调动班级学习积极性的关键。

2　根据学生兴趣，安排设计任务

城市总体规划设计课不但涉及到城市经济学、城市社会学、城市生态学城市、交通学，以及工程规划、防灾规划等内容，而且与这些内容相关的课程不少是与城市总体规划设计课同步进行的。对于已受了近 3 年建筑设计训练的同学而言，总体规划设计课就显得更难、更陌生、抽象与复杂。

兴趣是成功的梯子，只有根据学生的爱好来分配设计任务，才能调动起他们的积极性，适度超前学习某些课程的部分内容，广泛阅读相关研究文献，逐步形成研究专长，渐渐培养城市研究能力。例如，对于数学比较感兴趣的同学，可安排他预测城市人口，引导他逐渐了解人口研究领域的主要内容；对于经济比较感兴趣的同学，可安排他选择城市主导产业，引导他逐渐了解城市产业发展研究领域的主要内容；对于综合能力比较强的同学，可安排他确定城市性质，引导他了逐渐解城市发展战略研究领域的主要内容；对于空间形态比较感兴趣的同学，可安排他做城市用地布局，引导他了解城市空间研究领域的主要内容。通过本科阶段这种有目的的培养，力争使学生学有所长，为今后继续深造打好基础。

3　讲解相关实例，规范文字组织

在城市总体规划原理课上，主要告诉同学应该怎么做，而没有时间去介绍如何做，那么城市总体规划设计

陈有川：山东建筑大学建筑城规学院副教授
林伟鹏：山东建筑大学建筑城规学院讲师

课就应该结合实例，让学生学会怎样做。我们在总体规划设计课中，安排了城市产业选择、城市人口预测、城市用地布局、城市交通规划和城市给排水规划五个典型实例评析，让学生不仅学会基础资料汇编、规划设计说明书、规划文本的写作方法，而且掌握如何识别城市问题、分析城市问题和解决城市问题。

通过邀请不同专业背景的教师和工作在一线的工程师详细讲解规划实例，学生认识问题的深度、分析问题的广度和解决问题的合理性明显提高，能够与教师展开讨论，做到了“知其然又知其所以然”，避免了过去“填鸭式”教学的尴尬。

4 重视用地布局，掌握核心内容

城市规划的核心任务是城市土地资源配置和城市空间管理，城市土地利用规划是城市总体规划的核心内容。为使同学们都能掌握城市土地利用规划的基本方法与设计要点，我们倡导集体完成用地布局方案的做法。

在规划结构阶段，小组成员每人完成一个方案。经过评比，相近的两个方案整合为一个方案，两位同学共同完成一个用地布局初步方案。再经过评比，相近的两个方案又整合为一个方案，四位同学共同完成一个用地布局深化方案。再经过评比，选出在用地布局最终方案，全组成员共同优化这一方案，并由善于城市设计、熟悉城市交通的同学负责细化设计。通过这种方案由浅及深而主创人员由多到少的过程，不但不影响学生所分担的工作，而且为所有小组成员创造了学习城市用地布局的机会，有利于学生掌握城市总体规划的核心内容——土地利用规划，也有助于提高学生的合作与沟通能力。

5 组织集体讨论，熟悉规划编制

在城市总体规划设计课上，我们采用单独辅导与集体讨论相结合的教学方法。集体讨论主要安排在城市建设评价、城市发展战略选择、城市土地利用方案优化、城市转向规划确定、近期建设项目优选等环节。每次讨论之前，分担此项工作的同学提前一周将自己的成果发送到其他同学手中，给大家留有熟悉规划内容、发现工作不足以及查阅相关资料的时间，便于形成自由讨论的氛围，让学生在争论中彼此学习、共同提高。

通过集体讨论，催促同学既要认真完成本职工作又要尽可能了解、参与其他同学的工作，达到了解总体规划编制程序、熟悉总体规划编制内容的目的。同时，在争论中同学介绍方案的水平明显提高，学习积极性进一步加强，因为谁都不愿意在讨论课上一言不发。

6 点评最终成果，整合相关知识

对城市总体规划设计成果批改之后，任课老师在班内组织作业点评，一方面使同学们认识到自己的工作好在什么地方，理由是什么？错在哪里，原因又是啥？另一方面，在学生全面了解规划编制程序和内容之后，可以对城市总体规划中的某些内容进行综合分析，把相关知识串联起来形成解决问题的综合方法。例如，在推敲城市土地利用规划方案时，给同学讲加强方案的远近期结合则显得很抽象；等做完远景规划和近期建设规划后，通过不同发展阶段用地布局的比较，城市土地利用规划的远近期结合问题就很具体、生动了，并且还可以根据近期建设规划而对远期规划提出修正。

7 客观评定成绩，密切师生关系

对于由集体合作完成的城市总体规划设计来说，小组长和负责用地布局细化的同学往往容易得高分，因为他们与教师的交流机会比较多，老师给他们修改方案的次数也必然多一些，作业评分时往往获得好印象，存在一定的感情分。可是，感情分会打击大部分同学的学习积极性，恶化师生关系，必须尽快找出相对客观的成绩评定方法。经过几年来的探索，我们最终选择了从“学习态度、学习能力和成果质量”三个方面综合评定城市总体规划设计成绩的方法。

学习态度分值主要根据教师课堂观察，并结合设计小组组长的建议来确定；学习能力分值，主要根据同学在集体讨论课上的发言来评判；成果质量分值，既要通过组与组之间的比较，又要在组内进行排序。把以上三项分值根据事先商定的权重加和，即可得出每位同学的最终成绩。采用定性与定量结合的方法计算成绩之后，学生对城市总体规划设计成绩的争议大幅度减少，师生关系更为融洽。

8 结语

城市总体规划成果中研究性成分逐步增多，不但要

求城市规划专业同学要熟悉编制程序、内容和方法，而且要具备研究城市问题的素质，推动学校从培养“工程型”规划师转向培养“研究型”规划师。在学生素质降低、学风不尽人意的情况下，任课教师任重道远。大家要多从自身找原因，通过改革教学组织方式来激发学生学习，让同学扎扎实实地掌握城市规划专业的这门核心课程，从而全面理解城市规划和系统认知城市问题，为我国城市化健康而快速地发展保驾护航。

城市总体规划设计课程教学的困惑和对策

曹恒德

摘　要：对《城市总体规划设计》课程教学中课题选择、教学组织和教学方法等存在的问题进行分析研究，提出对该实践性较强的课程在教学方法上的改进；通过建立教学基地和加强与地方部门的联系，并在教学过程中注重把握学生对理论与实践的结合和对学习过程的控制，达到提高教学质量的目的。

关键词：总体规划设计，实践性，教学组织，教学方式

《城市总体规划设计》是全国高等学校城市规划专业指导委员会确定的城市规划专业的一门核心课程。从人才培养方案上看，该课程最能体现城市规划专业的特征，尤其是在建筑类院校中，该课程的学习明显区分了其他相近专业，如建筑学等。该课程的特点是具有很强的综合性，政策性、学术性、概括性、团队性等。

根据多年来的教学实践和对其他院校的了解，该课程的教学一般都是通过一个真实的城镇来编制总体规划，通过编制过程来掌握编制的理论和方法。因此，该课程教学具有很强的实践性、真实性和与时代发展关系紧密的特点。从教学效果中可以看到，《城市总体规划设计》课程的主要作用是使学生全面了解了城市规划，能更深刻、更直观地从宏观上综合性地把握城市。然而，在课程教学中仍然存在许多困惑和不足。本文由此提出自己的一些认识和见解。

1　真题教学的问题

1.1　小城镇作为总体规划设计的课题较为合适

选择真题教学就是选择一个甲方委托的总体规划项目进行教学。从过去的教学实践看，它的优点是突出的，明确的和肯定的。我国众多的小城镇作为课程教学的对象，提供了实践性教学的广泛性和可行性，并且小城镇虽小而“五脏俱全”，其编制的深度和强度上，较适合学生在教学时间内完成。本人所在院校由于地处长三角地区，小城镇建设相对发达，该课程较多是选择一个真实的小城镇来编制总体规划，从而达到在编制过程中使学生掌握编制方法的目的。

1.2　在近些年的教学中，真题教学产生了一定的困难

但随着城市规划设计市场的发展，市场竞争的激烈，以及甲方委托单位对规划编制要求的提高，要获得一个可以供教学的总体规划项目越来越困难。真题难觅，增加了教师的教学困惑。从全国大多数高校情况看，一般都或多或少存在这种状况。另一方面，随着城市总体规划编制在程序上，技术上的要求越来越严格，也使总体规划设计要获得真题不容易。

1.3　真题教学在实践中也存在一定的教学矛盾

1.3.1　时间上的矛盾。作为教学对象的甲方委托项目，一般需要与甲方单位有很好的配合才能完成。而实际上，首先会在时间上会存在差异，甲方单位委托编制的时间，却不一定是课程教学的时间，若勉强安排就有可能临时改变本学期的教学次序。虽然调整教学时间，并不会是困难的，但这毕竟是打乱了原有的教学安排，给其他课程的教学增加了麻烦。而在教学过程中，项目规划设计进度与课程教学的进度不一致，更是常有的事，以至于学生会认为教师仅仅为项目的完成而忽视课程教学的连贯性，对教师的教学有一定的意见。

1.3.2　方案上的矛盾。真题真做的城市总体规划设计课题，能够给学生创造了一个真实的城市总体规划设计环境与学习平台，能够让学生感受同地方决策者、部门领

曹恒德：苏州科技学院讲师

导人和工程技术人员面对面交流的机会，从而深刻体会城市总体规划决策形成的背景。然而，这样的“真实性”有时具有局限性。课程方案如果完全按甲方要求做，有时会与技术规范和科学性相悖，其缘由是多方面的，包括现今城市规划领域中存在的学术问题。如城市规划很大程度上是当权者和政府部门的代言者，而忽视公众利益。学生如果按照自己的学习和理解编制规划，则方案就可能不被甲方接受，或被说成脱离实际。由此往往使初次接触总体规划设计的学生感到无所适从，影响教学效果。

2 教学基地的尝试

2.1 建立《城市总体规划设计》课程教学基地，是解决该课程真题教学途径的一种尝试

该基地建设的主要设想，就是与城市规划设计研究院建立实习基地的关系，或与城市(城镇)地方政府部门建立联系。利用规划设计院项目，或地方政府已编制的总体规划，为教学提供课题进行“真题假做”。也可以让学生部分参与规划设计院的规划项目，从而为教学提供便利。学生根据题目仍需要对现状进行踏勘调查，现状调查的经费由学校和学生共同承担，或由设计院，地方政府部分支持。

2.2 “真题假做”的特点

由于“真题假做”是非甲方委托项目，在教学内容和教学进度的安排上不受甲方制约，教师就完全掌握了教学主动权，并且保持了教学实践性强的特点。

2.2.1 题目的合适性。首先在于提供的题目是否适合教学需要，仍然是第一位的。是否有合适的基础资料，是否便于学生开展工作等。真题已经完成的现状基础资料，一般可以提供给学生，但需要学生结合资料进行踏勘研究，掌握第一手的感性认识。

2.2.2 基地作用的发挥。由于真题假做，课题的真实感和现状踏勘调查的难度增加，如城镇部门能否为学生调查给与配合和提供方便，这在教学中有一定的体现，需要通过“基地”方面的帮助，这也是建立实践教学基地的主要目的和作用。

2.3 真题假做的效果

“真题假做”的方式，是否会因此降低教学质量。在教学实践的过程中，我们认识到如果处理得当，真题假做是可以达到并不逊色于真实项目的效果，并且更具有教学研究的特点。例如，本人在教学中，将太仓市浏河镇的总体规划作为真题假做，该项目实际已由上海某设计单位完成并通过论证，但该方案较明显地体现了地方政府的发展意图，在布局发展上有一定的缺陷。而作为课程设计，就可以不受甲方领导的影响，可以根据教学目的，让学生探讨不同的发展布局方案，由此使学生提高了认识。

2.4 真题假做可以成为总体规划设计教学的主要途径之一

显然，“真题假做”的方式不应被看成是该课程教学的一种权宜之计，而应该是教学方式中的有效途径之一。在很多教学方式中，模拟教学就是其中之一。如果把该课程的教学，类比成驾校的学习(不完全相同)。“真题假做”，就像在模拟汽车上训练，而一般的真题设计，也只能像在教练车上的学习，离不开教练。能够真正学好成为合格的驾驶员，在驾校的学习质量才是非常关键的。否则，就像少数驾校学员一样，即使拿到了驾照，初次上路也是“胆颤心惊”的。所以，加强课程学习的效果才是《城市总体规划设计》课程教学的关键。

2.5 对设计课题选择的一点建议

作为担任课程教学的教师来选择课程设计的题目，其局限性还是明显的。如果将教学基地的建设和与地方政府的联系放在一个高度重视的地位，无疑对该课程的教学的是一个很大的帮助。高校实践性教学，如果能够像设计单位有一个专门负责对外联系的领导负责，并投入较大的人力、物力，则实践性教学是会收到更好效果的。

3 教学组织的问题

3.1 总体规划设计教学的特殊性

在《城市总体规划设计》课程教学的组织上，采用与详细规划设计教学一样的方法来对待，即由一名(或两名)教师指导指导一个小组(10～15 名左右)学生进行设计，是该课程教学中长期存在的一个误区。

该课程的教学对教师自身素质的要求非常高，特别

表现在指导教师的综合能力上。在多数高校中，一般该课程的指导教师同时担任某专业理论课的主讲，这就使该教师在该专业课方面有相对的专长或研究，而相对其他理论课程则可能较弱。那么，如何发挥各指导教师专长来指导学生的课程设计，是一个重要的认识。

3.2 教学组织上的一个改进建议

由此，我们提出建立以学科带头人为首的多学科专长的教师组成《城市总体规划设计》课程教学团队，增强教师教学之间的相互配合，改变该课程单一教师指导的教学模式，完善教学组织，提高教学质量。

这一设想也可以理解成“复合指导”。所谓复合指导，就是将各分组教师在教学过程中，或中间环节中进行交叉指导，并在成果形成后组成“评审委员会”，对学生的总体规划方案进行模拟评审，从而让学生达到做“真题”的感受，增加学生向不同老师学习的机会。这样，学生在遇到相关问题可以向该方面有所专长的教师请教。如：遇到城市区域、经济发展问题，就可以接受教授城市地理学、城市经济学的老师指导；遇到人口规模预测或经济、容量预测方面的问题，就可以向城市系统工程学的教师学习请教等。

3.3 学生团队的学习需要教师团队的支持，需要调动教师的积极性

这一教学组织的设想，体现了城市总体规划项目的完成是由多专业人员组成的团队完成的概念。学生团队需要教师团队的支持。另外，该教学方式不会增加学生的课时数，但肯定会增加教师的教学工作量和教学难度。原来教师只需要指导一个组的方案，现在需要熟悉多个组的方案，其工作量是显而易见的。因此，这一教学组织的实施，在于如何调动教师的工作积极性，在于适当增加教师工作量的计算，保证教学工作的开展。

3.4 设计课程的教学需要与理论教学的支持

在该课程教学组织方面，设计课程与理论课程不协调也是一个重要问题。由于每学期的教学时数限制和人才培养方案中一些课程安排失当，在课程开始时，相关的重要专业理论课却未开始，如四上(五年制)安排总体规划设计时，《城市地理学》未上，《区域规划》同步进行，这无疑增加了该课程的教学指导的难度。总体规划设计中涉及到一些其他理论知识，则需要课程指导教师另外补充。因此，一些高校将该课程置于专业理论教学完成后的最后学年进行教学较为理想。

4 教学方式的问题

4.1 忽视对总体规划编制的实质性问题的理解

《城市总体规划设计》课程教学，一般也遵循总体规划编制的一般程序，即由调查分析—方案构思—成果编制进行。这一方式强调了编制过程，但对学生如何编制一个“理想”的城市总体规划方案往往认识不足，或者较为困惑。如学生能够完成总体规划全套图纸的绘制，依样画葫芦般地编写文本，但不会创新，不知道怎样的编制才是更好的方案。

4.2 分工协作的方式与学生对全面知识掌握的矛盾

在教学中，由于总体规划需要学生分工协作完成。这对于那些学习态度相对较差，学习主动性不够的学生，会只关注自己的内容而对编制的其他内容不了解，由于分工不同而影响学生对总体规划设计的学习效果，这是在教学中确实存在的问题。如搞市政工程设施调查和设计的同学，可能不了解人口与经济分析如何进行等。由于分工的不同，如何评定学生学习成绩的问题也同样存在。

4.3 加强学生在学习过程中的相互交流和对关键问题的专题研究以提高教学质量

在《城市总体规划设计》教学实践中，加强学生之间的交流，加强学生对专题的学习和研究，增加分析研究的过程，是提高总体规划设计教学质量的有效方法。具体而言，就是每个负责专项的同学，需要向设计组其他同学交流自己的成果，介绍自己的规划设计方案，每次介绍都作为学生的平时成绩记入，从而既促进学生的学习热情，也使同学了解了其他的设计内容和知识。

加强分析研究过程，就是要求每个学生结合课程设计题目，收集大量资料，对总体规划的专题进行学习和研究。如，该城镇的区域地理位置和经济发展对城镇性质规模的影响；城镇空间发展优势、劣势分析；城镇公

共服务设施存在的缺陷和规划对策等等。改变总体规划设计教学，仅仅让学生完成编制的一般要求，而对城市发展的深层次问题进行思考，达到提高教学质量的目的。当然，限于本科生的能力和教学时数的制约，这样专题分析研究不可能达到像研究生的相似要求，但对学习质量的提高是不可低估的，尤其是提高了学生对城市规划理论与实践相结合提高了认识。每一次的专题研究，都要求学生写出报告，作为学生的平时成绩并为学生最终课程成绩确定提供依据。

4.4 将《城市总体规划设计》与最新的学科发展动态相结合

在该课程设计的教学中，限于教学时间的制约，该课程设计不可能面面俱到。但学科的最新发展和最新动态，应该首先给学生了解和掌握。如新的《城乡规划法》的实施，必将影响城市总体规划编制的要求。对一般城市总体规划设计的教学，还需要根据本科教学特点，加强对总体规划中的技术规范，强制性要求，以及空间管制等要求的认识。抓住该课程教学的重点是保证教学质量的重要方法，抓住总体规划在当今最新发展要求，符合时代发展要求，也是该课程符合实践性课程的重要特征。

5 结语

总而言之，选择合适的课程设计题目，注重教学过程的把握，组织良好的教学秩序，运用良好的教学方式，是提高《城市总体规划设计》教学质量的重要对策。

参考文献

[1] 陈有川，崔东旭，张军民．城市总体规划课程设计教学改革探索．高等建筑教育．2006，15(3)：74～77.

[2] 刘倩如．城市规划设计教学改革探讨．科技信息．2007，6：160～161.

[3] 谢涤湘．高校城市规划教育改革思路探讨．广东工业大学学报(社会科学版)．2007，增刊(7)：8～9 [6].

阶段过程双管齐下——城市设计教学优化研究

高 源 杨俊宴 雒建利

摘 要：针对东南大学建筑学院城市规划系四年级城市设计课程教学情况，分析学生中普遍存在的方案理念笼统、设计手法单一、成果表达单薄、合作交流表象等问题，以我国古代孙子兵法中的相关计谋为参照，提出“3+3”阶段措施与过程措施双管齐下的教学模式，即设计前期注重理念生成，中期强调合理借鉴，后期突现设计表达；过程中致力营造愉悦的教学环境，允许思维的展示以及培养默契的配合，以此形成点线结合、重点突出的系列举措，向城市设计教学优化的目标迈进。

关键词：城市设计教学，阶段性，过程性

1 总述

东南大学建筑学院城市规划系城市设计课程（设计课），通常安排在四年级春季学期，以同期开设的《城市设计概论》等课程为理论依托，以全国高等院校城市规划专业本科生课程作业竞赛为奖励机制，采用集体授课、分组辅导的形式进行。

授课过程中，学生们常常呈现出一些共性的问题，教学也常常采用一些共性的对策。具体可以划分为两个方面：其一为阶段性问题与对策，即问题的显现与对策的使用具有明显的时段特征；另一为过程性问题与对策，即问题与对策的出现贯穿设计始终，具有全程性特征。

2 阶段性问题与对策

如果用时间阶段来划分城市设计教学过程，大致可以划分为前期理念形成、中期方案生成、后期方案表达三个阶段。其中每个阶段易出现的问题与应对措施如下。

2.1 抛砖引玉

设计前期，学生们常常踌躇满志，希冀提出一个惊世骇俗的理念，然而错误常常也在这一时段悄然而至。

一方面表现为理念提出过大过泛，难以成为指导后期设计的行动纲领。例如在历史城市或地区的设计中，将“联系古今”作为设计理念，在山水城市或地区的设计中，将“强化生态”作为设计理念等等。诚然，这些说法在意义上是正确的，但是因涵盖范畴过宽而只能称为概念，如果学生不能深入其中、针对具体用地提出如何联系古今、如何强化生态的理念，空有概念于事无补。

另一方面表现为凭空移植理念。较之低年级学生，四年级同学更习惯于阅读与思考，这也导致他们常常沉浸于前人的作品与理念无法自拔，并不自觉地将其应用于所有的场地，而无视特定场地是否能够接受这一先验之说。

对于上述问题，教学提出“抛砖引玉”的解决措施。即从前期笼统的、移植的、不成熟的概念中找寻经过深思熟虑的、符合设计用地的理念：

(1) 以设计地块为出发点。强调用地的现场调研与分析，要求学生能够扎入设计地块寻找设计理念，同时鼓励进行理念的自我衡量——即如果提出的理念不仅适用于自己的方案同时也适用于其他的方案，则基本表明理念需要进一步深入细化。

(2) 以相关案例为辅助。这一阶段的教学并不反对借鉴其他案例，但要求学生在熟读这些案例后能够将其作为设计方法或局部资料搁置一边，继而重新以设计用地为基准开始设计过程，而非以借鉴内容为根本，套用

高 源：东南大学建筑学院讲师
杨俊宴：东南大学建筑学院副教授
雒建利：东南大学建筑学院讲师

设计用地。

2.2 围魏救赵

围魏救赵是一种不正面进攻，而以侧面、背面包抄的方式克敌制胜的兵法计谋。这种计谋在城市设计中期教学中也有应用。

设计中期，教学的主要任务在于依循设计理念细化方案。然而对于大部分学生而言，由于三年级才接触规划类设计课题，其中最大规模为 $10hm^2$ 左右的住宅小区，❶ 因而在猛然面对 20～$40hm^2$ 的城市设计深化时，往往显得手足无措，不知如何将构思转化为城市物质空间，设计进展缓慢。这种“无米之炊”的背景要求学生能够在广泛搜集相关案例资料并学习其城市空间建构的方法，通过侧面的借鉴方式完成设计。

这种借鉴常常就是学生口中的“抄”，然而“抄”并不简单，成功的借鉴离不开教师的合理引导，具体包括以下方面：

(1) 内容借鉴须合理。学生对于作品的选择往往是缺乏辨别力的，只要是刊登在杂志期刊上的作品，几乎都是可以模仿的对象。所以，学生开始借鉴的作品常常是良莠不齐，或者借鉴了作品中设计一般甚至不足的地方，精华之处却抛之不顾。这就需要通过引导对借鉴作品进行合理的分析与评价，取其精华，剔其糟粕。

(2) 内容借鉴须一致。学生借鉴的内容常常来自不同的作品，有时甚至多达七八份。这种碎片式的借鉴方式常常导致设计内容缺乏一致性，例如东边地块采用小体量建筑组合，西边采用巨构建筑形式，南侧呈现历史风格，北侧展现西方现代风格等等。因而教学中需要及时对相关内容进行把关，确保作品的整体感与统一性，同时参考作品以不超过三份为宜。

(3) 内容借鉴须掌握。借鉴毕竟是方法，掌握才是教学的真正目的。所以，在学生合理借鉴相关内容的基础上，教学必须引导学生去理解设计的内在原因，将借鉴内容转化为学生所有，从简单的复制走向深层次的修改创作与灵活应用。

2.3 擒贼擒王

设计后期的主要工作在于方案作品的表现。学生们在这一阶段往往呈现出“求多不求精”的毛病——图面内容虽多但思路不清，亮点常常也忽略不提。对此，教学提出“擒贼擒王”的概念，即要求学生能够针对设计的核心部分与独特部分进行清晰展现，具体可以采用以下理论方法与技巧原则。

其中，相关理论方法如下：

(1) 连接理论。强调城市不同部分之间的联系，要求学生能够将交通、生态、空间等多种结构系统表达清晰，建立方案的整体架构。

(2) 图底理论。在既定的方案结构系统前提下，通过对空间虚实的理解与分析，强化地域物质空间的有序性与方向感。

(3) 场所理论。依循文化及人文特色进行设计的原则，提醒学生在物质空间表达的基础上，展现对其背后文化内涵的尊重与寻求，完成空间的塑造。

相关技巧原则包括：

(1) 尖锐原则。主要针对方案分析部分。鉴于学生常常罗列出一大堆问题而没有主次之分，要求能够花重点笔墨使关键问题尖锐化，突现后期的设计应对措施。

(2) 清晰原则。主要针对方案生成部分。要求对方案生成的原因做到合理有交待，同时各生成步骤之间连贯无断档。

(3) 全面原则。主要针对方案诠释本分。要求学生对自己的方案设想有尽可能全面深入的描述与诠释，以表明对方案的周详考虑。

(4) 生动原则。主要针对方案形体与细节展示部分。对于方案的空间精华，需要通过节点放大、局部透视、整体鸟瞰等形象化的手段进行展示，增强作品的感染力度。

3 过程性问题与对策

相对阶段性问题与对策，过程性问题与对策贯穿城市设计教学的始终，是全过程都必须关注的焦点。

3.1 釜底抽薪

釜底抽薪的本意是从锅底抽掉柴火，现代社会则喻

---

❶ 东南大学建筑学院城市规划系课程设计安排：一、二年级与建筑学学生设计课程相同；三年级课程设计：化学试验楼设计、住宅组群设计 2～3ha、广场设计、居住小区设计 10ha；四年级课程设计：总体规划与设计；城市设计与控制性详细规划。

为从根本上解决问题。对于城市设计课程，要真正达到教学目标，促使学生掌握城市设计的相关方法与技巧，营造一个令人愉悦的教学环境是必备的要素之一。

东南大学四年级的城市设计教学是以小工作室的形式展开的，除了定期的年级大课与工作室之间的交流外，任课教师与其辅导的5～6组学生主要在独立的固定空间内完成教学过程。如何利用这一固定空间营造良好的氛围，可以从以下方面入手。

(1) 激发热情。设计是一项创造性的工作，在缺少激情的情况下是很难用强制力将学生固定在座位上完成设计的。所以，教师应该引导每一个学生去热爱自己的设计，鼓励其为了设计的优化不断努力。为实现这一目的，即使是面对四年级这样的高年级学生，善于发现作品中的优点当场提出表扬鼓励是必要的，尤其是对于方案能力中等甚至更弱的学生。

(2) 加强交流。实践证明，学生的设计想法除源自教师与自身外，更大成分来自于彼此间的切磋与争辩。因此，交流是刺激灵光闪现的重要途径，教学应该尽可能地寻找与利用这样的机会。为此，可以不定期地以组内交流的形式代替一对一的师生讲图，一方面刺激学生在小规模交流与评比的机制下努力学习，另一方面也借助组内所有成员的力量加强探讨、集思广益。

(3) 强化纪律。与战士一样，纪律是行动与成果的保障机制。然而在经历了一至三年级刻板的课堂纪律后，学生们一心向往着毕业设计与生产实习貌似自由的学习作息，于是四年级成为提前的演练，迟到早退、自由散漫等现象普遍。对此，教学应该本着年级越高越不放松的态度，加强纪律教育与检查，促使学生在严格、刻苦、自律的氛围下，学习不懈。

3.2 欲擒故纵

前文已述，由于学生刚刚接触到一定规模的规划类型，设计想法、表达方式常常不着边际，各种错误的出现非常普遍。

对于这些错误，是否开始就应将其扼杀于摇篮之中?如果答案是肯定的，很多学生将因此思维受限，不知如何继续。“欲擒故纵”的做法也许更加有效，即允许学生按照自己设想进行一段时间的设计，将错误暴露得充分、全面，继而再指出其中的毛病，这既有利于调动学生的积极性，又使相关答案更具说服力，具体可以参考以下要点:

(1) 动口不动手。为了实现“纵”的目的，在作业相关阶段的构思过程，语言启发的授课形势可能比直接的手绘图式更加适合。因为在思维的成型期，任何书面形式的教诲，甚至是一根线，也会起到意想不到的限制作用。曾经有不少学生，拿着教师第一节课勾勒的图纸，贴在墙头作为典范。殊不知开始的指导意见大多是模糊与试探性的，需要在后续设计过程中进行验证与深化，而不是作为后期设计的禁锢与牢笼。

(2) 必须要动手。同样的，为了实现“擒”的目的，更好地指出学生的毛病所在，教师在学生提交了一部分阶段性成果或是设计的后期阶段更适合进行手把手的教诲，即在指出相关错失的同时，勾勒出更加完备的结果。实践证明，这一环节常常深受学生的喜爱，当教师进行现场地块修改勾勒时，常常为学生包围得水泄不通。

(3) 只动部分手。必须指出的是，教师的直接动手只能针对设计地块的局部。如果将全部用地修改殆尽，学生又将落入无处下手的窠臼，将其奉若神灵般地保持到作业递交的时候。因此教学可以选择一小块用地(约整个用地的四到五分之一)进行修改示范，再要求学生在理解掌握的前提下辐射到其他，直至全部地块。

3.3 李代桃僵

城市设计作业系两位同学合作，由于缺乏合作经验，彼此间互相顶撞、互不相让的情况时有发生。然而合作项目中，合作者间的默契程度至关重要，其直接影响到设计过程的愉悦性与结果的质量高低。在此，课程强调“李代桃僵”的计谋本意，即彼此间患难与共，相爱相助。

(1) 优化分组机制。分组常常是导致学生矛盾的源头，一方面，由于课程作业与全国相关竞赛挂钩，学生中普遍流行“强强联合”的做法，以致部分设计能力中等、偏下的学生组认为自己根本无望，缺乏设计兴趣。另一方面，如果班级人数出现单号则更加麻烦，因送选作品必须为2人而出现的单人与三人组历来难以收获良好的教学效果。对此，教学小组也试行了一些措施，如鼓励设计能力较强的同学单独成组，入选后可以自由选

另一位同学，或是分别与2位同学合作完成2份设计等等，但事实证明收效不大。可以认为学生分组问题一直是困扰课题组的一个难以妥善解决的难题。

(2) 培养合作意识。由于学生合作经验不足，加强团队意识的培育很有必要。在学生间出现争执时，可以将双方的意见暂放一边，转而引导学生放弃来自单方的各种优势，通过平心静气、公平公开的分析沟通，主动达成共识。当然，这需要特别为学生灌输包容、协调的思想与为了整体利益放弃个人表现的精神。这种教育有助于获得良好的教学效果，同时也为将来多数学生从事的规划设计职业奠定了良好的团队基础。

4 结语

综合以上可以察见，城市设计教学面临的问题是复杂的，解决方法也是多样的，这里将其归结为“3+3”阶段措施与过程措施并重的教学模式(图1)，具体即：设计前期注重理念生成，中期强调合理借鉴，后期突现设计表达；过程中致力营造愉悦的教学环境，允许思维的展示以及培养默契的配合，以此形成点线结合、重点突出的系列举措，向城市设计教学优化的目标迈进。

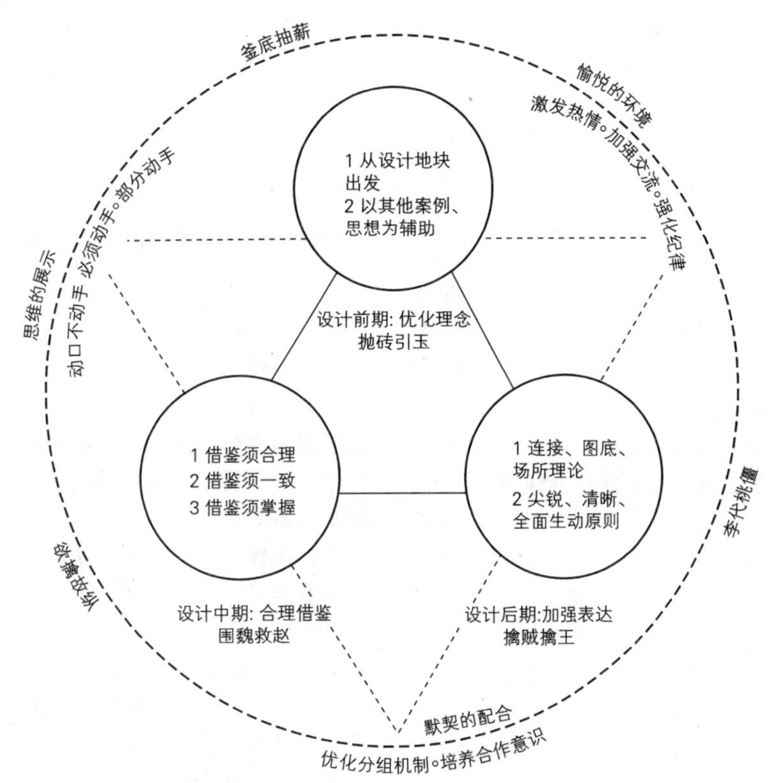

图1 城市设计教学优化相关措施示意

(资料来源：自制)

参考文献

[1] 刘博敏. 城市规划教育改革：从知识型转向能力型 [J]. 规划师，2004，(4)：17～18

建构主义学习理论在城市设计课程教学中的应用

陈 朋 葛 丹 孔亚伟

摘 要： 城市规划学科具有较强的应用性。毕业后短期内面临的实践工程压力，导致规划教育多注重专业知识的灌输和制图技能的培养。表现为技能型教育的特点。但随着高等教育由应试教育向素质教育转变、职业教育向终身学习转变、技能教育向创新教育转变的趋势，以及城市规划本身多学科介入、日趋综合的学科特点的形成，城市规划教学，特别是设计类课程教学的设置迫切需要进行适当的调整。建构主义学习理论作为三大学习模式之一，以其对学生自我学习、自我建构，从而独立处理现实问题能力的培养，成为高等教育阶段教学设置的重要理论基础。本文着重从建构主义学习理论的角度出发，考察传统城市设计教学的设置，探讨其在新的城市设计教学设置中的应用。

关键词： 城市设计，建构主义学习理论，教学设置

1 引言

城市设计的概念自20世纪80年代引入我国，在经济持续繁荣、城市快速发展的背景下，其理论和实践都有了实质性的发展。城市设计的思想观念和工作方法也日益为社会各界所接受。与此同时高等院校的专业教育也纷纷把城市设计课程纳入教学计划。1985年，清华大学与美国麻省理工学院举办城市设计研究生课程。次年，清华大学、同济大学、东南大学等高等院校开始开办城市设计课程。此后，随着人们对城市设计认识的逐渐深入，国内设有城市规划专业教育的高等院校大多都开设了城市设计课。二十年的教学，培养了一批具有城市设计思想和技能的专业人才，为我国城市建设的发展做出了应有的贡献。

但是在实践教学中，城市设计教学通常采用先给题目然后进行方案设计，之后进行方案修改，最后形成设计成果的教学方式。这种方式对应的教学往往过分关注成果的表达，导致学生一味地追求炫目的表现手法。培养出的学生往往成为“产品包装的高手”，而不是高素质的设计师。然而城市设计教学不仅应告知学生设计的产品应该是怎样的，还应该告诉他们设计的过程是怎样的。从而进一步引导学生形成自己的一套应对新项目、解决新问题的方法体系。

2 传统城市设计课的教学取向

2.1 应试教育取向

一些院校的城市设计课安排在考研学期。教学设置中采用快题训练的模式，强调设计能力和表达技法。图案化的方案、华丽的说明书和眩目的表现手法，由于更容易吸引眼球、更容易在接下来的应试中取得高分，成为学生们争相追求的东西。但是，弱化前期设计研究、忽视方案本身的内涵逻辑、过分追求后期表现，往往导致设计课程中出现前松后紧的情况。唯分数而设计的应试教育模式，也难以培养出高素质的设计师。

2.2 职业教育取向

由于城市规划的建筑学背景，以及城市设计所特别强调的对物质空间的设计能力，长期以来在城市设计的教学中，更多注重培养学生的空间设计能力。而缺乏综合分析和研究的能力培养。这种教学模式在一定时期适应了城市高速发展对城市规划工作者的要求。但随着规划学科内容的不断更新，这种教学方式，已不能适应日新月异的社会变革。单纯面向职业要求的教育模式，其

陈 朋：山东建筑大学建筑城规学院讲师
葛 丹：山东师范大学建筑城规学院助教
孔亚伟：山东建筑大学建筑城规学院讲师

培养出的学生当面对工作中新出现的城市问题时，由于不能在以前所学的知识中找到相对应的理论，而常常感觉束手无策。

2.3 技能教育取向

在城市设计教学中，一般使用“师徒传承”的技能教育模式。学生在教师手把手的经验传承过程中，逐步了解设计的过程。经过多年的“浸泡”成为技艺精湛的工匠。而能否理解设计的真谛，在应对新的设计项目时，能否创新思维、以新的设计手法解决问题，就只能看学生们自己的领悟能力了。设计教学中常常提到的“悟与未悟”为设计添加了神秘感，却削弱了设计内部隐含的理性。

3 学习理论的主要模式

在众多的学习理论之中，行为主义、认知主义和建构主义可视为三种基本的学习理论。

3.1 行为主义学习理论

行为主义源于实验心理学，它关注显性行为，不考虑人的主观能动性、自由意志、情感体验和创造性。它认为人的行为是由机械原理决定的，生物和人类学习的原理就是反应的获得和强化。行为主义的教育教学观点主要包括：在积极参加到任务之中时人们学习的最好(做中学)；教学和评价必须基于明确而具体的行为目标，要重视结果，保持目标，策略和评价的一致性等。

3.2 认知主义学习理论

认知学派源于格式塔心理学，它的核心观点为：学习并非是机械的、被动的刺激——反应的联结。认知学习理论认为人的行为是由有机体内部的信息流程决定的，学习实质上是由获得信息和使用信息构成的，是主动地形成认识结构的过程，即学习者对来自环境刺激的信息进行内在的认知加工的过程。认知主义的教育教学的观点主要有：强调直觉思维，帮助学习者形成丰富的想象，防止过早语言化；强调信息提取，要对信息进行组织，以便于提取；在学习方法上主张给学生以最充分的指导，使学习沿着仔细规定的学习程序进行。

3.3 建构主义学习理论

建构主义观点认为，世界是客观存在的，人对世界的理解和赋予意义却是由每个人决定的，是以自己的经验为基础来建构现实，每个人的经验都是由自己的头脑创建的，因此每个人的经验及对经验的信念是有差异的，从而也导致了对外部世界理解的差异。

建构主义学习理论是建构主义哲学在教育学中的体现，它主要站在学习者的角度，关注个体如何以原有的经验、心理结构和信念为基础来建构知识，因而更加强调学习者的主体作用，强调学习的主动性、社会性和情境性。学习不再是单向的知识传输，而是学习者在一定的情境即社会文化背景下，通过与他人(包括教师和学习伙伴)积极的交流合作，利用必要的学习资料，通过意义建构的方式而获得的，这种建构既包括对新信息的意义的建构也包括对已有知识的重组。

历经行为主义、认知主义、建构主义，学习理论越来越强调学生的主动性，可以说，整个教育发展的趋势就是从以教为主向以学为主转变。

4 城市设计教学设置的发展方向

城市设计的教学设置应顺应高等教育的发展趋势，积极地完成由应试教育向素质教育转变、由职业教育向终身学习转变、由技能教育向创新教育转变的教学设置更新过程。

4.1 应试教育向素质教育的转变

加强素质教育已成为教育界乃至整个社会的共识。就城市设计课程教学而言，素质教育就是在强调设计能力和表达技法的同时，强调设计思维的训练，加强“设计作为研究城市问题的方法”观念的培养，培养学生综合处理城市问题的能力。因此，教学改革主要基于以下两点理念：一方面，城市设计课程应该重视交流技能的训练，加强学生设计中的研讨和团队能力的培养，以激发活跃的思想。另一方面，作为研究生层面的教学工作，必须着重培养学生运用理论知识研究城市问题，在设计过程中挖掘城市问题并探寻解决城市问题方法的能力。

4.2 职业教育向终身学习的转变

在网络化的今天，知识的更新和传递非常迅速，传统的学校职能正在发生变化。高等教育在西方被称为职

业初始教育(Initial Education),是终身学习(Lifelong Learning)的开始。❶ 在这种背景下,设计能力和技巧等职业教育的培养重点在设计课程的教学过程中已不再像以前那么重要,而应偏重于培养学生将设计作为一种研究方法,一种主动发现并解决问题的能力。教学中应培养学生综合的看待城市问题,系统的分析问题以及创造性地解决问题的思维方式;培养学生的社会责任感和职业道德精神。使其获得终身学习的"金钥匙",在今后的职业生涯中,不断地自我更新,获取所需的最新知识。

4.3 技能教育向创新教育的转变

创新教育在重视技能培养的同时,更加强调培养学生独立思考能力和创新能力,以及严谨、务实的科学精神。在教学过程中,充分利用设计课特有的互动性,在学生与教师的沟通和交流中,鼓励学生敢于发前人不敢发之想,运用丰富的想像力,勇于探索,对既有的方法不断进行再创造以获得解决城市问题的新途径。

作为一门实践性很强的课程,城市设计教学活动在建构主义学习理论的指导下,能够真正发挥其培养具有创新思维和独立应对实践问题能力的城市设计工作者的重任。

5 建构主义学习理论在城市设计教学中的应用

在建构主义学习理论的框架下,城市设计的学习并非是主体(教师、学生)对客体(教学内容)简单的、被动的反映,而是一个主动建构的过程。知识不是通过教师传授得到,而是学习者在一定的情境即社会文化背景下,借助教师和协作同学的帮助,利用必要的学习资料,通过意义建构的方式而获得。以下从教学主体、教学内容、教学目标、教学方法和教学成果评价几方面具体论述。

5.1 教学主体

以学为主的教学设置在不否认教师主体地位的同时,更强调学生的主体地位。教师的主体地位体现在教学过程中,教师不再是知识的灌输者,而是教学环境的设计者、学生学习的组织者和指导者、课程的开发者、意义建构的合作者和促进者、知识的管理者。比如,城市设计课程中教师的作用不是告知学生设计应该怎样做或者设计的成果应该是怎样的,而是在设计过程中,与学生平等的沟通,协助学生展开思想的碰撞,发挥出学生自身的创造力和想像力,并引导学生建构自己对于设计过程和设计思维的认识。教师要从前台退到幕后,要从"演员"转变为"导演"。学生则要发现问题、形成观点、设计问题解决方案、收集材料、筛选资料、表达观点等。在每个环节中,学生都必须独立思考,而不像原先那样简单地记忆教师传递的设计经验。

5.2 教学客体

建构主义认为,学习总是与一定的社会文化背景即"情境"相联系的,在实际情境下或通过多媒体创设的接近实际的情境下进行学习,可以利用生动、直观的形象有效地激发联想,从而使学习者达到对新知识意义的建构。城市设计课程的情境建立有赖于设计课题与社会现实联系的紧密度。因此,城市设计课题一般应以实际项目为研究对象,注重研究和解决现实问题。同时设计课题的选择,既要考虑题目的知识深度和广度,又要考虑设计课时安排,以及学生个人能力的具体情况。此外,还应注意题目的多样性,有目的地选择不同方向的题目。在总的教学内容确定的情况下,教师应该根据课程时间安排具体的教学进度和每个阶段内具体的教学内容。

5.3 教学目标

本研究认为城市设计课程的教学目标包括设计能力培养、思维方法培养和职业道德与素质培养三个方面。

5.3.1 设计能力的培养

城市设计课程属于一门实践性的设计课程,因此设计能力的培养是城市设计课程教学的主要目标之一。主要体现在:设计意识和视觉分析理论、调查分析、观察阅读、设计表达能力、图示交流能力等方面。能力与思维是相辅相成的,能力的背后暗含着一定的思维方式,因此,城市设计的教学中不仅要重视表象的能力,更应注重解决问题的方法与思维。

5.3.2 思维方法的培养

根据设计过程中思维方法的不同,具体又可分为创造性思维的培养和理性思维的培养。城市设计过程不仅

---

❶ 崔英伟. 论我国高等城市规划教育的专业化与多元化. 高等建筑教育 2004,(3):23.

包括设计过程，还包括实施管理的过程，与此相对应，城市设计的课程教学对思维方法的培养包括创造性思维和理性思维能力的培养。

5.3.3 职业道德与素质的培养

城市设计的目标就是为城市居民塑造出理想的城市空间，其主旨是为城市居民服务，因此城市设计师应该具有正确的价值观，在教学中培养城市设计师良好的职业道德也是城市设计课程教学的目标之一。职业道德与素质培养主要表现在：职业道德塑造、团队合作能力、健康的身体与心理素质的培养等。

5.4 教学方法

基于建构主义学习理论的教学方法，其核心是发挥学生学习的主动性、积极性，充分体现学习者在教学过程中的认知主体作用。教学中可以使用案例教学法、启发式教学法和互动教学法。

5.4.1 案例教学法

案例教学的开展，通常是由教师事先选择教学案例，通过教学案例的呈现创设一个具体的教育问题情景，课堂教学就是在围绕这个具体案例开展分析、讨论、解决问题中进行的。学生面对案例中涉及的各种各样的问题，在潜移默化中便逐渐学会了如何分析问题，遇到类似的情景或问题时该如何对待，从哪些方面着手解决。因此，案例教学强调培养学生的问题意识和分析问题、解决问题的能力。

5.4.2 启发式教学法

启发式教学的教学方式以讨论为主，强调对学生思考的启发和引导，教师不是知识的源泉，而是扮演着学习的促进者和帮助者的角色。城市设计过程中要求学生们自始至终都要依据自己的观点进行设计，即使团队合作也是各成员自己组织和沟通。教师们自始至终就是一个客观的评论者、引导者的角色，从来都是顺着学生的方案进行指点，谈自己的看法，以丰富的经验和正确的观点来指引学生，让学生认识和学习到正确的东西和方法。然后由学生自行修改方案。这种师生共同研究、平等讨论的教学体制，还有助于建立民主讨论制度，可以为学生未来的工作作风和方法打下良好的基础。

5.4.3 互动教学方法

在城市设计课程中，小型的设计团队可以成为课程设计的基本单位。团队内成员间的不断沟通以及指导教师的参与，推动设计工作的开展。这种共享式、基于团队的教学环境，有利于培养学生的协作能力。团队内的讨论都是公开的，任何老师和学生都可以自由参加，大家坐在一起讨论每个人的想法，增加了实际锻炼的机会，也利于培养学生的表达能力。在阶段性的集中讨论之间，指导老师还可以针对每个学生遇到的困难给以直接辅导，引导设计向更深层面发展。

5.5 教学成果评价

教学评价是教学设置中一个极其重要的部分，通过客观的、科学的评价，教学设置工作将不断得以检验、修正和完善。传统城市设计课程是以学生交一份作业，老师给一个成绩而结束。作业考核大多依靠对设计正图的评判及教师指导过程的印象评出设计成绩。学生们辛苦半年后，并不知道自己的设计好在哪里，又存在什么缺陷。对设计作业传统的评分标准与体系由于缺乏鼓励创新机制，导致学生只注重成果的表现，而不注重设计的内涵逻辑，往往限制了学生的主动性和创造性的发挥。

城市设计课程应用建构主义学习理论后，在日常教学中，应采用公开汇报和教师终评相结合的评议方法。强调学生的参与，使学生有机会表达自己的设计，了解自己设计的优劣，并明白今后努力的方向。同时，在评议中如能邀请有实践工作经验的设计师、开发商、政府部门等其他方面专业人员参加，则有利于从不同角度思考设计方案。阶段性评议过程，也使学生们相互了解其他人的设计构思，从而启发思考，激发创作激情。设计过程中存在的困难和问题，也可以向其他同学“借脑”。在最终成绩平定中，则应使用内容丰富的评价标准。[1]这一方面使指导教师可以全方位的考核学生的成绩，同时又可以督促学生在设计的每个阶段都毫不懈怠。

总之，城市规划专业具有较强的实践应用特点，培养人才多直接投身于现实的城市规划管理、设计和咨询等工作。在实践中发现现实问题、解决现实问题的能力尤为重要。建构主义学习理论在城市设计教学中的应用，

[1] 《21世纪高等教育展望与行动的世界宣言》提出：要考虑多样性和避免用一个尺度来衡量教学成果的质量。

可以视为一种对设计类课程教学改革的借鉴。以期培养出真正具有现实工作能力、终身学习能力和职业道德素养的城市规划从业者。

参考文献

[1] 唐子来. 不断变革中的城市规划教育. 国外城市规划. 2003，(3).

[2] 陈秉钊. 城市规划专业教育面临的历史使命. 城市规划汇刊. 2004，(5).

[3] 吴志强.城市规划学科发展展望. 城市规划汇刊. 2004，(5).

[4] 崔英伟. 论我国高等城市规划教育的专业化与多元化. 高等建筑教育. 2004，(3).

[5] 金广君. 我国城市设计教育研究. 同济大学博士学位论文. 2004.

城市设计教学体系中的培养重点与方法研究[1]

杨俊宴　高　源　雒建利

摘　要： 本文系统阐述了在学科交融的新形式下城市设计专业教育的方向转型，提出城市设计教学体系以理性分析能力、创新设计能力、团队合作能力、综合表达能力为主要培养重点；以一体化的教学大纲、主题化的教学单元、理性化的教学专题、整体化的教学考核、节点化的教学进度、多元化的教学表达作为主要培养方法，将城市设计教学和城市规划专业人才培养有机地融合。

关键词： 城市设计，教学体系，培养重点，培养方法

1　城市设计理论方法的转变

1.1　城市规划学科的发展拓展了城市设计教学体系的理论内涵

城市设计的领域与城市规划密切相关。直到 19 世纪，西方城市规划仍然以物质形态规划为主，而城市设计是它的核心任务。工业革命后随着城市的急剧膨胀，各种城市问题应运而生，城市规划更加注重社会、经济与地域等问题。现代城市规划思想的发源地英国，在 1950 年后的二十年中城市规划专业教育的内容从传统的建筑学和工程学扩展到地理学、经济学和统计学等领域。进入 20 世纪 70 年代后在教育内容上，形成了社会—经济，建筑—工程，方法—技术三足鼎立的课程结构。德国规划教育在 19 世纪末就开始从建筑学中独立出来，至二次世界大战之间成为与建筑学教育平行的独立专业，1970 年代后经济、社会、工程、生态学科群已经发展成为城市规划专业的学科支柱。

虽然城市规划的外延与内涵不断的扩大，城市规划的重心也逐渐偏向社会、经济、环境与地域发展，但城市空间及物质形态作为城市规划思想的物质体现和城市建设的直接成果，始终是城市规划的重要内容。纵观百年来的城市规划理论演进，城市设计始终是城市规划学科的支柱之一，特别是近年来城市文化的趋同和城市个性的缺失，使人们又重新认识到城市设计在城市规划中的重要地位。因此，城市设计在城市规划学科和教育体系中占有重要的地位。目前，英国的规划教育体系中 62% 的院校设置城市设计专业，在英国规划院校的主体研究课程中位居第二位。

我国目前的城市规划教育基本上分为两种类型，一种是由地理学科发展而来，注重城市规划中的经济、社会及生态环境等问题，侧重于从更为宏观的角度探讨城市自身及其与地域的关系；另一种由建筑学科发展而来，注重城市的物质形态与工程技术方法等，侧重于解决城市空间形态和工程技术问题。这两种教育模式之间缺乏密切的联系，并且两者在规划与建筑设计之间都存在着大量的工作空白，因此，在新的形势下，建立新的以城市物质空间为核心的城市设计教学体系，必将对我国的城市规划学科建设起到巩固和发展的作用。从而对我国的城镇建设具有重要的意义。

因此，城市设计在城市规划学科建设中占有重要地位。城市设计教学体系的完善，将有助于以城市设计为核心的 21 世纪广义建筑学学科的研究探索，有助于巩固我国城市规划学科的发展。对我国的城市建设的指导具有重要的实践意义。

[1] 本文受江苏省自然科学基金（项目批准号：BK2007120）课题资助。

杨俊宴：东南大学建筑学院副教授
高　源：东南大学建筑学院讲师
雒建利：东南大学建筑学院讲师

1.2 城市建设的发展拓展了城市设计教学体系的实践意义

城市设计主要考虑建筑周围或建筑之间的空间，包括相应的要素如风景或地形所形成的三维空间的规划布局和设计。从古至今城市设计一直在城市建设活动中起着重要的作用，特别在工业革命之后，城市生活、结构、形象发生了巨大的变化，经济的增长、技术的进步促进了城市的快速发展，也催生了现代城市规划学科的发展与成熟，20世纪60年代后，欧美城市机体的高度复杂化和大规模的开发建设使得城市设计发展成为相对独立的学科领域。当前，城市设计也不再仅仅是城市物质形态的设计，同时更应着眼于城市发展、保护、更新等形态设计，站在更高的角度，从更加全面的范畴指导城市的建设。

目前，我国城市化的飞速发展带来了对城市设计方面的人才的大量需求，近年来，随着对城市建设认识的加深，使得城市设计与建筑设计、城市规划一样，成为城市建设中必不可少的前期指导性工作，这也要求设计者不仅熟知城市规划的内容，更要具备建筑设计的知识与能力、同时还应具备与经济、工程、环境生态等多方面专业人员合作的团队意识。新的规划需求需要我们用新的眼光来重新审视城市设计教育，建立新的城市设计教学体系，使城市设计教育适应于城市建设的各阶段需求。这些对当前以建筑学和城市规划为主导的专业教育提出了新的任务和难题，为了适应国家的建设需求，完善我国自身的城市设计课程体系的研究，明确城市设计教学培养目标与重点，建立城市设计教学方法已成为迫切的任务。

2 城市设计教学体系的培养重点

社会各界从观念上、实践中都认识到了城市设计在建筑与城市规划方面的重要作用，也对高校的教育提出了更高的要求，相应的城市设计教学计划安排不应当仅仅停留在理论问题的探讨与设计手法的总结层面上，而应强调能力的培养。对于城市设计观念的系统训练完全可以并且应该从本科教育开始，重点培育学生以下四方面能力。

2.1 理性分析能力

当前城市设计理论的转型首先体现在从感性设计理论向理性规划理论的拓展。尤其在大尺度城市设计中，以理性分析和科学决策为基调，重视规划设计的严密性和方法的科学性，这成为学界普遍认可的规划技术路线。在城市设计教学中，同样要培养学生在设计过程中的理性分析能力，主要体现在两个方面：一是善于理性全面地分析相关案例(Case Study)，借鉴MBA课程的教学方法，通过大量案例分析说明设计对象的现象与问题，总结城市设计经验与教训，为城市设计的课程学习奠定理论基础和积累实证借鉴。二是善于运用数字技术深入分析空间构成规律，空间调查、数据统计、判断预测是必须掌握的技能，应用Mapinfo和Arcview等GIS软件和Excel、Spss等数据优化软件，分析地形空间信息，处理数据表格，为复杂现状的城市设计提供重要依据，提高设计的科学性。

2.2 创新设计能力

在空间形态设计方面，城市设计教学又十分注重培养学生的创新设计能力。只会规划设计理论和逻辑分析是不够的，更重要的是将前期的结论应用到城市设计结果中去，对空间结构的组织、空间序列的设计和空间节点的处理都离不开学生的设计灵感，创新是贯彻在设计课程始终的重要教学要求。同时在课程设置上应突出工程设计型人才的培养特色。同时有足够的市政设施、交通组织、竖向设计等工程技术能力的支撑，学会动静交通规划、场地设计、土方平衡计算等基本技能。

2.3 团队合作能力

城市设计是一门需要多学科、多工种合作完成的工作，复杂的现场调研、问卷分析、专题研究、空间设计、专项规划、细部处理和后期表现需要多人的配合完成，团队精神和合作意识对于一个合格的规划师是必不可少的。因此在教学过程中，应加强学生团队合作的学习，妥善处理好设计过程中出现的各种矛盾、分歧，协调不同设计观点。避免两种不良倾向：一枝独大的模式会使其他学生长期处于配合地位，各种能力得不到充分培养；各持己见的模式会导致学生争执过多影响正常的进度安排，甚至影响同学之间的关系。这些倾向都应在教学过程中及时发现和处理，对于一边倒的团队，要经常提点不同观点，引发学生之间的观点争论，对于固执己见的团队，要经常说服学生做出判断，引导团队朝共同的设计目标进发，并避免将学术观点的争执延伸到其他方面。通过大量观点的

争执与解决，学生逐渐养成互相尊重、互相协调、互相融合的意识，学会求同存异、共同工作的技能。

2.4　综合表达能力

规划专业的综合性决定了设计者需要有较强的综合表达能力，城市设计的方案介绍非常重要，规划设计的概念是否明晰，成果表达是否全面、语言介绍是否具有感染力，往往决定了规划设计的结果成败。尤其在信息技术发达的今天，虚拟现实(VR)、电脑动画(CG)、影像汇报(PPT)等多媒体手段成为规划设计表达的新模式，也是学生应当学习的重点。综合表达能力的培养包括口头表达技能、文字表达技能、图纸表达技能、模型表达技能和多媒体表达技能。这些技能并不是只在城市设计的最终成果中出现，而是贯彻于课程教学的各个时期，通过月评、中评等教学节点考核，在教学大纲的安排下统一进行，学生在教师的指导下可以完整体会不同表达模式对设计方案的影响，最终决定最适合自己规划成果的表达模式。

3　城市设计教学体系的培养方法

就城市设计教学培养重点和对上述问题的思考，我们提出了有针对性的整合型教育培养模式，即以一体化的教学大纲、主题化的教学单元、理性化的教学专题、整体化的教学考核、节点化的教学进度、多元化的教学表达作为主要培养方法，重点培养学生的规划综合能力(图 1)。

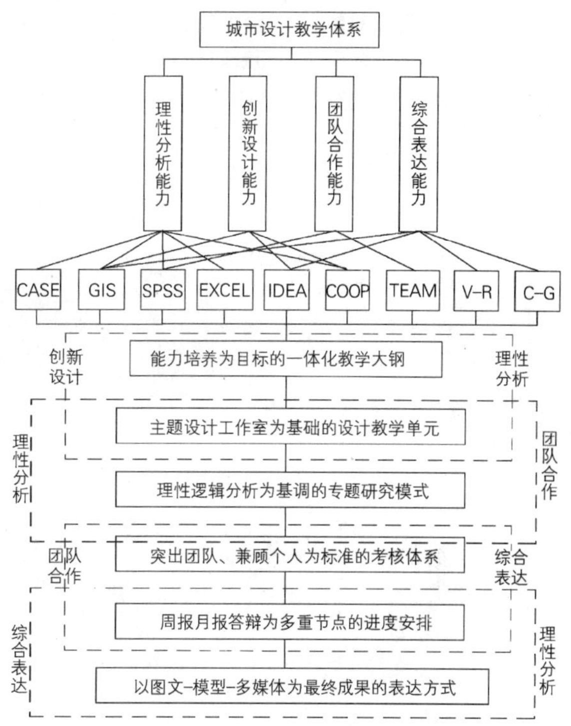

图 1　城市设计教学体系的培养重点与方法框架

3.1　以能力培养为目标的一体化教学大纲

教学大纲的调整，首先是把四年级的城市设计教学和中心区规划、市政工程、交通规划等专业课程作为一个连续完整的过程来看待，从一个整体的角度来建立一个城市设计的教学大纲。在这个一体化原则之下，我们将全部专业课程作统一的规划，将通识教育以外的专业课程归纳为五个大模块，并确定各模块在城市设计教学大纲中所占的比重。这个明确的大纲框架有助于我们更清晰地认识到原来的教学大纲中存在的各种问题，比如工程技术学科的课程相对于规划理论课程而言比重不足，城市中心规划课程与城市设计进程不匹配等。大纲调整的关键在于确定一组主干课目标明确、相关专业工程课程配套并进的交叉课程体系，避免开设过多的课程而造成知识面的重叠和课程结构的松散冗长。在课程体系中还建立了外请规划师的专业讲座制度。每一模块在城市设计主干课中设置主题讲座，不仅点明了下一模块的工作主体，而且可以更好地衔接设计专业课程和相关课程内容。

3.2　以主题设计工作室为基础的设计教学单元

打破大教室混合教学的模式，采用教师负责制的设计工作室单元教学，在课程设计开始就公布各工作室的设计题目和教学主题，进行教师与学生的双向选择。这种固定岗位的工作室制度使每个学生拥有自己的独立设计场所和共同的交流平台，学生在设计课之外能有大量机会独立或合作讨论分析，有利于师生之间以及学生之间的学术交流，培养学生的职业精神和团队意识。同时，教师在教学过程中可以根据自己的研究重点，整合自己的规划成果设置相应的 PPT 讲解，学生可以根据各单元的课单交叉听课，这样的设计工作室教学既保证了学生的综合知识的培养，又突出了设计教师的个人研究特色，充分强调了“一专多能”的能力培养。

3.3　以理性逻辑分析为基调的专题研究模式

鼓励学生进行现场调查研究，并将调研的结果与规划资料相结合，每类对象都建立相关案例分析库，对大量案例的分析研究成为学生城市设计训练的一部分，通过对个案的分析(包括格局形态、功能分布、空间构成、建筑特色、交通组织等方面)，总结个案的优点和规律，发现存在的问题，并尝试以专题研究的模式展开分析，获得针对设计对象的结论，在此基础上寻求解决的途径(图2)。

模式	案例	概　况	图　示	借鉴意义
铁路枢纽线	里尔	“欧洲里尔”通过在老火车站与其北侧将新建的火车站之间，建设巨型商业中心来解决经济衰落问题。这个项目极大地促进了里尔社会、经济、文化等各个方面的复兴，塑造了崭新且富有个性的城市景观形象。		交通：通过交通集散广场、高架桥与各火车站和城市快速路在空间上保持紧密联系，使商业综合中心具有极佳通达性。 公共空间：通过充满活力的城市公园、公共广场的设计，为城市带来新的生机。 建筑：独树一帜的各公共建筑造型，具有鲜明风格和个性。 空间策略：综合多样化的产业发展策略，集商业购物、休闲娱乐、会议展览等为一体。
	法兰克福	法兰克福火车站是法兰克福市区轨道交通的集散地。火车站地下、地面地铁、轨道网络密集，车站周边人流、车流繁杂。 车站的改造规划将铁路引入地下，空间让给中心绿地。		业态：改造方案呼应城市会展业的盛誉，在方案中重点开发会展展馆及办公服务设施。 公共空间：铁路下穿地下，将地面留给绿地空间，绿地周边做商业、商务、综合性开发。 交通：火车站铁路交通、地下轨道交通、城市地面汽车交通组成流畅便捷的网络。
	沈阳	位于城市中心部位的沈阳火车站周边地区同样面临交通、环境等各种问题，与郑州类似，城市通过建设地铁缓解交通压力。	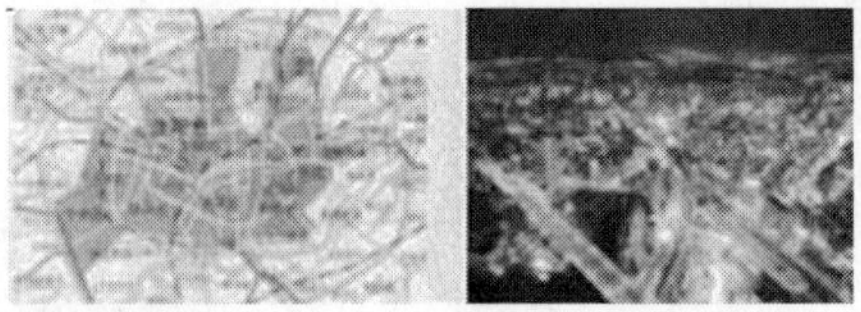	规模：与国际城市相比，中国城市的火车站地区相对较混乱、交通拥堵、市民出行结构不合理。周边用地结构混杂现象突出。
信托量发布场	义乌小商品城	义乌小商品城过去10年连续位居全国各大专业批发市场榜首，销售辐射全国以至海外其物流发达，是浙江省三大物流中心之一。 以义乌为中心在金、台、温、雨等地区形成国际性的小商品产业带，促进了市场产业箍群式发展。		业态：拥有先进而发达的市场体系、会展业发超早、影响力大。 规模：箍群式发展有助于进一步巩固和扩大市场在国际产业分工中的地位。
	临沂	临沂批发城商品购销辐射26个省、市、自治区，其规模、交易额、综合效益在全国十大工业品市场中排列第三，成为鲁苏预皖地区最大的商品集散地。		规模：建成集批发、经营、仓储、商住、运输、配板等综合服务为一体的综合性大型商品基地。 综合：带动了第三产业及基础产业如运输业的发展，扩大了地区影响。

图2　城市设计的个案分析总结

在专题研究教学环节，理性逻辑思维模式和数据量化分析手段是教学主基调，学生通过问卷调研、文献资料和互联网调查等手段对基地的城市环境、风貌特色、历史文化、人群行为模式、社区结构等方面进行分析；应用 Excel、Spss 等数据软件对产业经济、社会心理、交通组织、场所活动等方面进行分析；应用 Mapinfo 和 Arcview 等 GIS 软件对空间形态、地形坡度阴影、地理信息等方面进行分析；应用 Sketch up 等三维建模软件对轴线序列、视觉廊道、开敞空间等方面进行分析，为城市设计的展开建立坚实的分析基础(图 3)。

图 3　城市设计的视廊空间分析

3.4　以突出团队、兼顾个人为标准的考核体系

作为教学课程，学生最终设计课程得分的考核政策具有指挥棒一样的重要作用，在能力培养的教学目标下，课程得分打成平时成绩、中期答辩成绩和最终成果评审成绩三部分，比重分别为 10%、20% 和 70%，并结合各人在整个城市设计过程中的表现有 3% 的上下浮动。这样的评分考核体系并不以最终的几张图纸作为学生半年的评价标准，而是突出考察学生在教学整个过程中的学习状况。同时城市设计的团队采用相同的评分以突出团队整体效应，鼓励学生在设计过程中既要凸现个人学习特色和能力，又在关键时刻以大局为重，适当妥协与容让，养成团队整体精神。

3.5　以周报—月报—期中答辩—期末答辩为多重节点的进度安排

在一个学期的城市设计过程中，控制学生进度是十分重要的，避免出现前期散漫设计、后期熬夜赶图的“前松后紧”毛病。尤其在以主题设计工作室为基础的教学单元模式下，如果不能协调好各工作室进度，还会造成各组深度不一的混乱局面，如何统一学生的设计安排更显重要。因此我们将 16 周的城市设计过程分隔为周报—月报—期中答辩—期末答辩的多重节点，每周以各工作室为单元进行团队交流答辩，每月各工作室之间进行交叉交流答辩，期中设置教授级专家参与的中期大答辩，最终进行整年级的成果评审答辩，聘请外校学者和著名规划师参加。在每重节点设置不同的设计进度和深度要求，学生针对不同节点的教学要求总结自己设计特色，编制汇报文件 PPT，制作虚实模型进行公开答辩，讲解规划设计要点、特色和疑问，回答教师和同学的提问，最终由教师总结点评。通过不同节点要求的汇报—反馈—评价模式，很好地锻炼了学生的口头表达能力和多媒体表达能力，使之更清醒地认识到自己设计方案的特色与优缺点。

3.6　以图文—模型—多媒体为最终成果的表达方式

丰富的城市设计教学过程最终需要有丰厚的设计成果相匹配。鼓励学生采用多元化的手段表达自己的设计成果，设计图纸、实体模型、虚拟现实、CG 动画等手段以及学生的各种创新表达都应当得到肯定和鼓励。教师本身在授课过程中也加强课件的多元化表达，使学生在平时上课中得到潜移默化，习惯针对自己方案的特色采取针对性的表达方式。需要指出的是：在信息技术日新月异的互联网时代，各种软件和表现手段层出不穷，教师不仅要鼓励学生积极投身于技术的创新，也要虚心向学生学习新技术、新方法。在教学实践中，教师和学生也确实从相互学习过程中体会到了“教学相长”的交流乐趣。

4　结语

我国自 20 世纪 90 年代开展城市设计教学工作以来，取得了丰富的成果与理论，培养了大批从事城市设计的职业规划师。此次城市设计教学方法研究的内容，着眼于新世纪城市设计人才的培养重点，从教育的角度重新审视城市设计的能力培养目标与重点。需要指出的是，在城市高速发展的今天，各高校城市设计课程的培养方案与教学计划多处在探索阶段，需要各位学界同仁针对我国的城市现状，在系统性和实践性上对城市设计的教学方法加以整合与优化。

参考文献

[1] (美)E. N. 培根等著. 城市设计. 北京：中国建筑工业出版社. 1998.

[2] Makoto Yokohari，Kazuhiko Takeuchib，Takashi Watanabec and Shigehiro Yokota(2000)，Beyond greenbelts and zoning：A new planning concept for the environment of Asian mega-cities, Landscape and Urban Planning，47(3～4)：159～171.

[3] 周俭. 城市规划专业发展方向与教育改革. 城市规划汇刊. 1994，4.

[4] 吴志强，于泓. 城市规划学科的发展方向. 城市规划学刊. 2005，6.

[5] (苏)E·C·普洛宁著. 杨葆亭，赫崇骥译. 城市中心规划设计与实施［M]. 北京：中国建筑工业出版社，1988.

[6] 王茂湘. 西方城市经济管理［M]. 大连：大连出版社，1991.

立足需求　强化拓展
——五年级上城市规划设计课教学改革研讨

赵　健　孙雯雯

摘　要：文章在介绍原有教学计划的基础上，指出原有教学内容单一，学习周期较长，难以有效激发学生学习激情，并且由于缺乏针对性训练和必要的教学环节，使得同学们在接下来的工作应试考试中和研究生初试和面试中，出现不适应局面，严重影响到就业工作和考研成绩。因此提出教学改革计划，目的是通过加强实战训练——增加多个快题设计，提高同学们的快速设计和快速表达的能力(包括快速设计和口头表达等)。通过从教学内容、教学特点和难点两个方面详细总结了教学改革过程设计，阐述了几点实践教学经验，并对教学改革的成功与不足进行了总结。

关键词：快题设计，教学计划，实战训练

引言

根据2008年新版教学大纲，山东建筑大学建筑城规学院改革后的五年级上学期城市规划设计(A3)课，共计128学时，学分总数4分。包括两个设计单元，即控制性详细规划单元(含重点地段城市设计)和快题设计单元，其中快题设计单元分为三个训练模块。课程设计的主要教师，均参与设计教学指导的同时参与设计实践，通过教学改革研究，将设计实践方法与经验用于教学。

快题设计模块的引入主要是结合国内规划行业特点和规划教育发展的趋势，研究规划设计方法和创作实践过程，从而形成新的教学思路。通过每年的不断修正与完善，现已日趋成熟，并建立了开放式的讲评机制，完成了与相关课程的教学整合。该设计单元侧重培养学生的综合思维能力和快速构思表达能力。作为课程设计城市规划设计(A3)的特色教学，下面详细介绍五年级上城市规划设计课教学改革的实践教学经验。

1　城市规划设计(A3)原有课程教学情况

1.1　原有教学计划

五年级上学期城市规划专业设计课城市规划设计(A3)，作为教学体系中的关键环节，学习知识框架中必不可少的组成部分，教学改革前，按照原有教学大纲，共计128学时，学分总数4分。

1.2　原有教学内容

原有教学内容分为控制性详细规划与重点地段城市设计，其中重点地段城市设计占24学时。控制性详细规划内容包括图纸和文本两部分内容。

1.3　原有教学目的

(1) 掌握控制性详细规划的编制内容、原则和方法。

(2) 掌握城市重点地段的城市设计方法。

(3) 进一步提高方案表达和计算机应用水平。

2　教学改革出发点

2.1　教学反思

经过多年教学经验的积累，反思该课程教学情况与教学效果，发现原有教学在一定程度上存在以下现象：过程与实践要求脱节的现象；多年以来一学期布置一个作业，设计内容单一；学生设计周期漫长，不紧凑，较难适应某些快速设计需求；计算机辅助设计的广泛应用，逐渐忽略了手绘等基本功训练，使得同学们在日后的考研和就业应试中，难以发挥出应有水平。

赵　健：山东建筑大学建筑城规学院教授

孙雯雯：山东建筑大学建筑城规学院助教

2.2 实用需求分析

五年级上学期正处在关键的学习阶段，马上面临考研中的设计初试，研究生设计初试要求快题设计。本学期末和五年级下的开始阶段正是同学们应付各单位快题考试的关键时刻，教学学习和训练如何应对这种需求，就成为检验教学效果的客观标准。

从以往教学的反思和实用应对的需求中改革教学计划和过程，实战训练应对实用需求，增加快题设计训练模块，旨在适应客观需要，提高同学们的快速设计和快速表达能力。

3 教学改革过程设计

3.1 教学内容

教学内容包括体系结构和组织方式两个方面。

3.1.1 教学内容体系结构

由于每个设计模块侧重点有所不同，教学内容体系结构将分模块从设计题目可选范围、设计时间、设计成果、训练重点和教学要求五个方面加以介绍。

(1) 快题设计模块一

设计题目可选范围：以地块小，用地功能相对单一的居住小区设计为主(图1)。

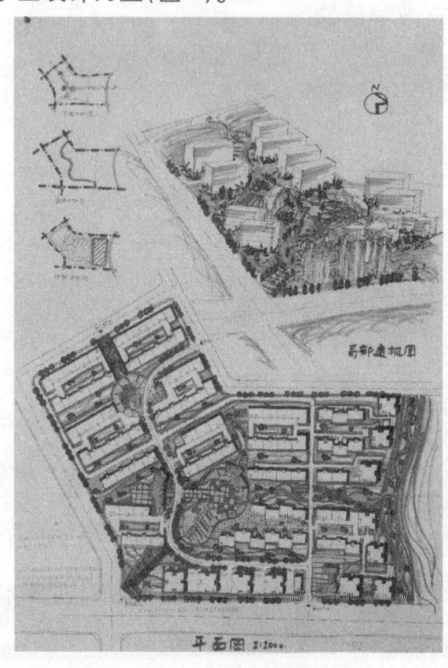

图1 居住小区快题设计

学时安排：6学时

设计成果：包括总平面、分析图、鸟瞰或局部鸟瞰图、技术经济指标及设计说明。

训练重点：居住小区规划结构、不同形式的道路交通组织、公共服务设施的规划布置住宅群体组合及绿化环境设计的方法等。

教学要求：通过居住小区的规划设计能复习居住区规划的理论知识，进一步熟悉居住小区各项经济技术指标和居住小区规划设计规范。

(2) 快题设计模块二

设计题目可选范围：以用地功能复合的城市商业文化中心地块为主(图2)。

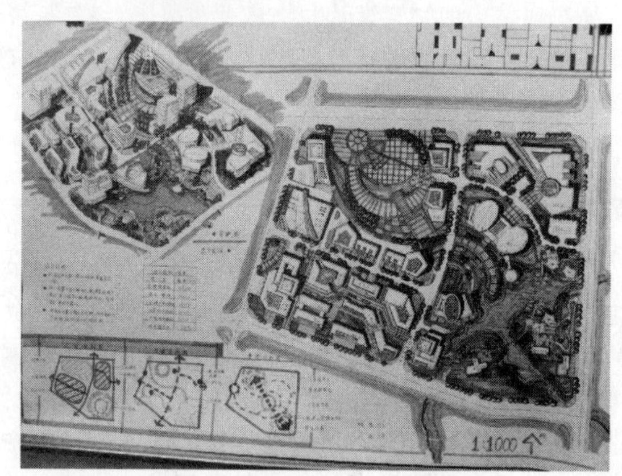

图2 商业文化中心快题设计

学时安排：8学时

设计成果：包括总平面、分析图、鸟瞰或局部鸟瞰图、技术经济指标及设计说明。

训练重点：熟悉城市商业文化中心相关公共设施配置的要求，掌握公共建筑的群体组合、公共开敞空间组织、道路网布置及绿化景观的设计要求，明确各项技术经济指标。

教学要求：掌握城市中心的设计方法，提高场地分析能力，并进一步提高快速方案构思能力。

(3) 快题设计模块三

设计题目可选范围：选择现状用地较复杂的旧城中心区地块为主(图3)，可以结合实际情况通过设计要求进一步增加设计难度。

学时安排：9学时

设计成果：包括总平面、分析图、鸟瞰或局部鸟瞰图、技术经济指标及设计说明。

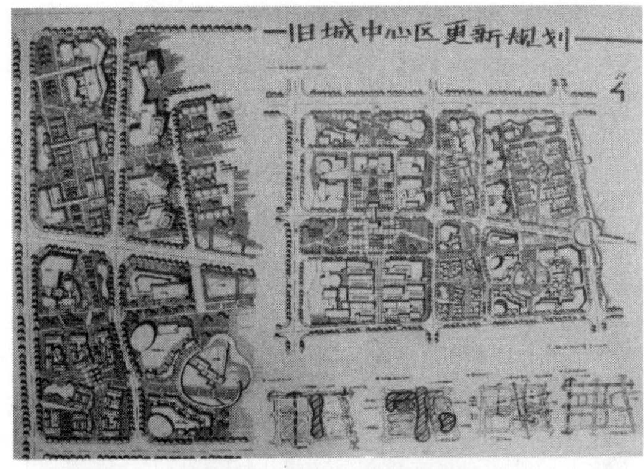

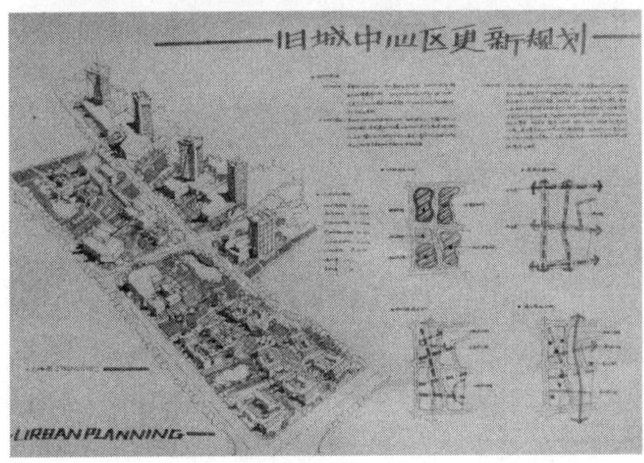

图 3　旧城更新快题设计

训练重点：重点掌握对于旧城原有空间肌理的分析，道路网组织，原有建筑的保留、利用和改造以及旧城功能结构的更新和完善。掌握公共建筑的群体组合、公共开敞空间组织、道路网布置及绿化景观的设计要求，明确各项技术经济指标。

教学要求：通过这次快题设计使学生掌握旧城中心区更新的原则和设计方法，进一步训练快速方案构思能力。

(4) 以 2008 年快题设计为例三个模块类比分析，见下表。

2008 年快题设计模块比较表

	快题设计模块一	快题设计模块二	快题设计模块三
快题设计时间	6 小时	8 小时	9 小时
题目	某居住小区规划设计	某城市商业文化中心规划设计	某城市中心地段旧城改造概念规划及重点地段城市设计
用地面积	12 公顷	15 公顷	20 公顷
训练重点	居住小区规划设计	城市商业文化中心规划	旧城中心区更新
难易度评价	易	较难	难

3.1.2　教学内容组织方式

教学内容组织方式重点从师资分配、开放式讲评和评分机制三方面详细介绍。

(1) 师资分配

每个自然班配备 2 名指导教师，并有 1～2 名研究生辅助指导，将班级学生分成 2～4 组，班级教师共同指导。

(2) 开放式讲评

由年级大课展评、班级点评和小组辅导三个环节。为锻炼学生口头表达能力，学生先自述方案设计要点(图 4)，然后由教师讲评。

首先是班级点评(图 5)，主要由自然班指导教师针对

图 4　学生讲述方案要点

图 5　班级点评课堂

本班同学的设计和方案中普遍存在的问题作详细讲评(图6、图7)，内容包括：

图6　教师点评方案(一)

图7　教师点评方案(二)

① 优秀作业中好的方面。如规划结构清晰，道路网均衡，出入口设计符合交通流向，布局合理，环境绿化设计细致等。

② 方案构思中可能存在的问题：理念不突出，设计缺乏创新点和新意。规划布局不甚合理，功能组织不够完善，规划指标不全。道路网及出入口设计不合理，静态交通组织有问题。公共空间设计存在的问题，如空间围合，空间尺度等。

③ 设计表达中可能存在的问题：设计图面整体深度不够，如停车场表达，公共开敞空间细部表达，重点环境表达不细致等。色彩表达，图面不和谐。图面不整洁、不统一。图内缺层数，建筑内容，图例，比例等。

然后，对每个自然班中优秀的设计方案进行年级大课展评，展评以观摩讨论为主，鼓励学生针对具体方案表达自己的看法，教师最后作总结发言，点评方案中值得借鉴和学习的方面(图8)。

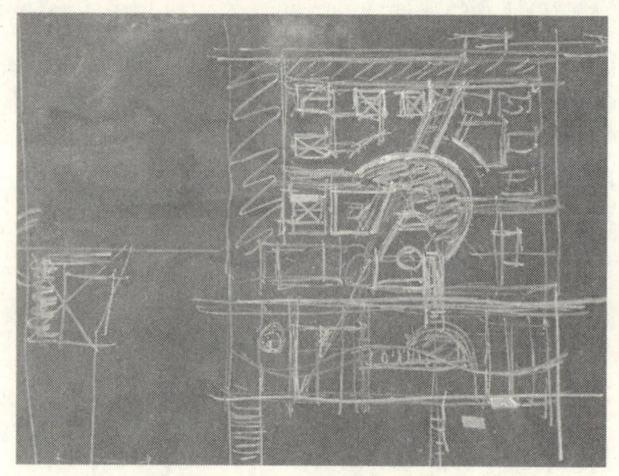

图8　指导教师讲解草图

最后小组辅导，主要为自然班教师一对一设计辅导，针对个别同学设计中存在的问题，进行一对一个别辅导和交流。指出个别同学设计中的优点，存在的突出问题，及设计表达中问题和优点。

(3) 评分机制

三个快题设计模块在城市规划A3课程设计总分中各占10分，即整个单元占本课程分值的30%。

3.2　教学特点与难点

3.2.1　教学特点

(1) 由易到难层次递进

所谓单元就必须使模块与模块之间教学内容的衔接自然，实现层次递进。可以通过三个设计模块题目由易到难，基地面积由小到大等实现。如去年快题设计题目为某居住小区规划快题设计、北方某城市商业文化中心修建性详细规划快题设计和某中等城市旧城中心区更新规划快题设计，三个题目间实现了由易到难的层次递进。

(2) 模块紧凑重复强化

在每个模块的训练目标清晰、训练方法一致、训练条件满足的强化训练情况下，通过连续三次高频率快题设计，在徒手表达速度、图面颜色搭配、设计制图的规范等问题上取得丰富的经验和长足的进步，甚至形成一些带有惯性的动作和具有自身特色的表达方式。

(3) 融会贯通举一反三

通过三个快题设计模块，是对过去所学知识的总结

与复习，通过接触到的不同类型规划设计，扎实把握不同功能用地的空间形态和景观序列的基本形式，在未来的规划设计中再遇到商业地块、行政办公地块、居住地块、城市开敞公间地块及其四种功能地块的组合地段的规划设计能够依靠前期训练扎实的基本功，做到举一反三。

(4) 总结问题寻求突破

三个模块的高频率强化训练，由于前期知识背景层次的差异，使个别同学存在的个别问题逐渐突显出来，如一些知识盲点，理论漏洞，或者设计常犯的习惯性错误等，这就需要引导学生把问题总结下来，针对自己的问题寻求突破。

3.2.2　教学难点

(1) 协调与控制性详细规划的关系

快题设计单元与控制性详细规划关系的协调是难点之一，关于如何设置快题单元能使两者相互依存，融为一体的问题，我们曾多次在教研室会议上进行讨论，比如快题设计一是否可以作为控制性详细规划重点地区的城市设计；快题设计选取控制性详细规划中的相关地块在一定程度上降低了设计难度，是否影响学生全方位多角度地得到锻炼等等。

(2) 使更多的学生取得更大的进步

不同的学生在设计上优点不同，不足也不一致，我们的教学难点之二就在于如何让更多的学生在经历设计单元不同模块的训练过程中发现自己的缺点和不足，找到自己的优点和特色，形成属于自己的设计体验和积累，从而取得更大的进步。

4　教学改革效果

4.1　学情分析

学生普遍认为这个学期的快题设计与即将面临的升学和就业关系紧密，学习的积极性被调动起来，同学们学习热情较高。

通过快题设计三个模块的强化训练，90%以上的同学基本技能得到提高，实践能力得以加强。

4.2　用人单位

高校毕业生的就业情况是学校定位、办学特色、教育质量的重要标志。用人单位的反馈意见是指导学校办学的宝贵经验。通过多方渠道了解，在招聘考试与录用后的设计工作中，设计院考试反馈信息普遍较好。

4.3　考研率

通过教学改革近几年毕业生考研率逐年上升，2008年共有28名学生考上同济大学、东南大学、浙江大学、天津大学、华南理工大学、华中科技大学、哈尔滨工业大学等著名高校，考研率达到30%，而之前考研率只有百分之十几。同时，考研中设计成绩明显提高。

5　结语

总结规划设计课教学改革的整个过程，成功之处一是三个快题设计模块的引入丰富了教学内容，相同的学时，教学内容的增加使教学过程更加紧凑；二是立足当前实际需求，有针对性地加强实战训练，大大提高了快速设计和表达能力，以此为目的的教学改革有效地激发了学生的学习热情，更好地达到了教学目的。

不足之处在于紧凑的教学过程要求学生有较强的自制和自学的能力，如果不注重平时的知识积累，没有扎实的设计基础，在学习过程中会倍感吃力，提高较慢甚至跟不上节奏。尽管有些不尽人意之处，但五年级上学期的城市规划(A3)课程设计里引入快题设计模块，这一教学改革尝试，从整体上看是比较成功的。

法国教育学家第斯多惠曾说过：“教学艺术的本质不在于传授，而在于激励、唤醒和鼓舞。”❶ 我们认为成功的根本原因也在于准确地把握了学生的知识需求点和时间，激励、唤醒和鼓舞了学生的学习热情。

参考文献

[1]　唐子来．不断变革中的城市规划教育［J］．国外城市规划．2003，(3)：30～35．

[2]　赵民．我国城市规划教育的发展及其制度化环境建设［J］．城市规划学刊．2001，6：6～11．

[3]　刘博敏。城市规划教育改革：从知识型转向能力型［J］．规划师．2004，6：4～9．

[4]　郄瑞卿，李春林，聂英等．城市规划课程多维教学方法探析［J］．高等建筑教育．2005，3：51～55．

❶　王月明谈音乐教学中学生创新素质的培养［J］．艺术教育，2007，5：21～22．

城市规划专业毕业设计课教学组织的几点体会

赵 健 范 静

摘 要： 城市规划专业毕业设计是本科教育的重要环节，是由学校教学阶段向实际工作之间转换的最好锻炼机会，组织好教学过程对提高毕业设计质量有着重要作用。针对目前大多数院校毕业设计面临的问题，本文从 2008 年毕业设计的控制措施、革新教学方法等教学组织方面，总结了保证教学质量的成功经验。

关键词： 毕业设计，教学组织，革新教学方法

毕业设计是学生从学校教学阶段向实际工作之间转换的最好锻炼机会，是将学习、实践、探索和创新相结合的综合性教学工作，是对学生大学五年所学知识和技能的全面检验，也是对学生综合运用所学知识分析问题和解决问题能力的考核；同时，还是学生进入规划工程设计、管理和科研领域的开始，也是为大学生将来独立工作进行职业准备。毕业设计质量的高低直接影响学生毕业后在工作岗位上能力的发挥，也是一所高校教育质量的直接反映。因此，毕业设计对于全面提高学生的专业理论水平，设计水平及设计表达等能力，具有至关重要的作用，也是各学校教学管理中的重点内容。

1 毕业设计的教学特点及教学中存在的问题

1.1 毕业设计的教学特点

近几年我院规划专业的毕业设计选题大多为真题假作，其教学要求也随着时代的发展不断提高和更新，教学特点可概括为以下五个方面：

(1) 综合性—对各学科理论知识的融会贯通，综合运用。

(2) 研究性—培养关注社会的意识，加强综合素质锻炼，提高毕业生的全面执业能力。

(3) 实践性—发现和分析现实中的各种矛盾，锻炼解决实际问题的能力。

(4) 创新性—鼓励在设计手法、内容、技巧及表达等方面的创新。

(5) 规范性—熟练运用相关规范，以及表达内容与格式的规范性。

1.2 毕业设计教学中存在的问题

为了保证毕业设计的教学质量，我院一直不断地总结经验，完善不足。但在近几年的毕业设计教学中仍面临以下问题：

(1) 因找工作、考公务员、研究生复试等原因，不少学生难以保证上课时间，影响毕业设计工作进度和质量。

(2) 这期间部分同学在设计单位工作，不能保证毕业设计时间，也难以保障精力的投入。

(3) 真题假做针对性不强，与实践有些脱节，缺乏深入的调查环节以及汇报反馈的过程，也较难激发学生的学习激情。

(4) 师资紧张，师生比过高，大大超过建设部专指委规定的 1∶8～10 规定。

(5) 有些设计选题难度小，设计题目偏离毕业设计要求。

(6) 传统的中期检查和答辩前验收教学管理环节不够严密，教学检查过松，且缺乏相应的处罚措施。

上述毕业设计教学中的问题严重影响毕业设计的教学质量。其中，如师资短缺，师生比过高不是短期内可以解决的，而强调真题真做也需要一定的条件，但通过教学组织的合理改进，有助于激发学生学习热情，保证良好的教学秩序，增加毕业设计的难度和深度，从而大

赵 健：山东建筑大学建筑城规学院教授
范 静：山东建筑大学建筑城规学院副教授

大提高毕业设计教学质量。

2 毕业设计教学组织的改进措施

结合毕业设计教学目的和要求，针对近几年毕业设计教学中存在的诸多问题，在原有教学组织的基础上，2008 年毕业设计教学组织做了以下改进措施，试图从毕业设计的各个环节完善管理机制，革新教学方法，规范教学成果，提高教学质量。

2.1 严格考勤制度

频繁的缺课无法保证正常的教学秩序，严重地影响了毕业设计教学质量，所以 08 年毕业设计考勤作出如下规定：

(1) 平时考勤按总成绩 15%比重，计于最后总成绩。

(2) 缺课达到总课时 1/3 时间，不得参加答辩。

(3) 规定时间完不成设计成果，不准参加答辩。

制定严格的考勤管理措施，结合阶段检查控制，比较有效地保证了毕业设计上课时间及设计正常进度。

2.2 控制实施过程

较前几年只有中期检查和答辩前预审的常规做法，现采取前期、中期、后期、验收等四个环节的过程控制，分段控制教学过程和进度，将整个毕业设计教学按过程要求和阶段进度细分，强调每个环节的具体内容和进度要求，每期考核定出成绩，按 30%计于最后总成绩。

2.3 革新教学方法

现代城市规划学科的内涵演变，及城市建设日新月异的发展，使得规划设计已从崇尚科学理性的技术性角色，转变到在公共事务扮演组织群众意见和协调不同利益团体的角色，规划正逐步从一个终极蓝图变为一个实施过程。这就要求毕业生尽快地适应变化了的社会需求。为了适应城市规划从传统的静态规划方式代之以动态的、综合的分析、寻找对策的方式转变，设计教学中较以往更加侧重了以下几个方面的教学方法革新。

(1) 选题与教学组织

2008 年的毕业设计选题在真题假作的基础上，拟题特征可概括为：强调前期研究的规划设计及侧重实际工程的规划设计两个类型，将以往的强调进度控制演变为强调阶段任务、专题研究与总体进度相结合的控制。

(2) 系统调研、综合分析以及团队协作等能力的培养

现代城市规划需要运用跨学科、跨行业的综合知识来分析和解决城市问题，通过组织部署、分工调查、合作交流、汇总讨论、专题研究等过程，关注政策、体察民情，了解投资与收益、了解建设开发程序等；树立全面而系统的研究观念。相当于控制实施过程中前期阶段的任务。

(3) 专项问题研究能力的提高

每个设计题目都有重点专题讨论这一环节，通过案例分析、理论研究、重点问题分析等展开讨论等，如构思主题、设计定位、开发容量控制等，来提高学生研究和分析问题的能力。

(4) 独立解决问题能力的培养

或许源于我国应试制度及长期灌输式教学方式的原因，五年级的学生仍然对老师有着过分的依赖，责任心不够强，独立工作能力不强。通过布置不同阶段的任务，利用“逼”的方法，整个过程中适当放手，只要结果，充分调动学生独立思考、独立分析和解决问题的能力。

(5) 快速设计能力的训练

安排组织一天的时间，对设计题目的整体或局部进行快题设计，提高快速设计和表达能力，促进设计进度，图 1、图 2 是威海市滨海文化娱乐中心规划快题设计总

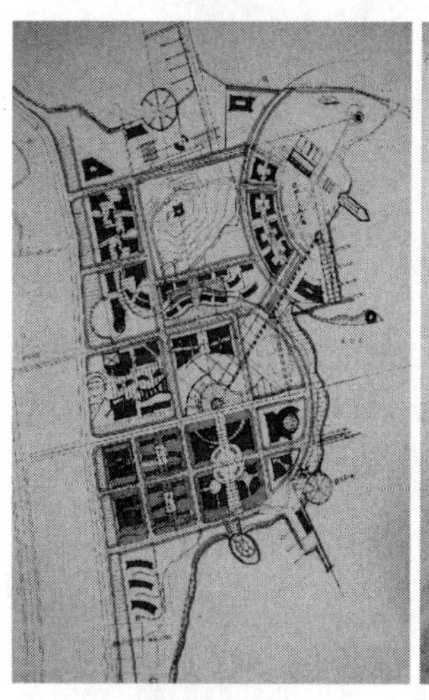

图 1 威海市滨海区中心区城市设计一(6 小时快题)

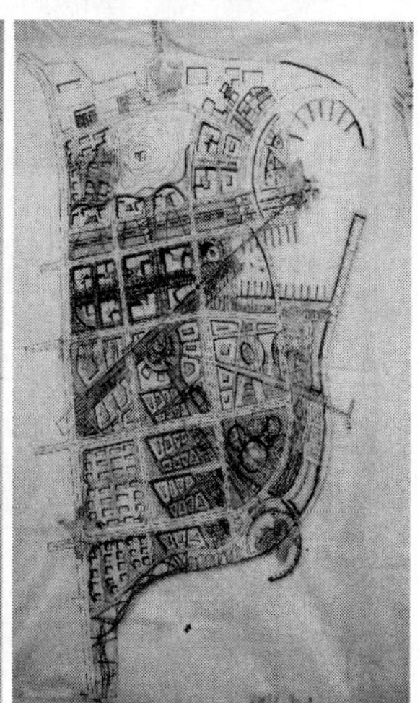

图 2 威海市滨海区中心区城市设计二(6 小时快题)

图；图3是一个废弃厂区的改造规划快题设计；图4是禹城市新城中心区城市设计快题设计。通过这种快题设计训练，可改变平淡的学习节奏，增强学生日后考研复试和就业应试的应变能力。教学时间虽短，但事半功倍，效果极佳。这对应于控制实施阶段中期检查的部分内容。

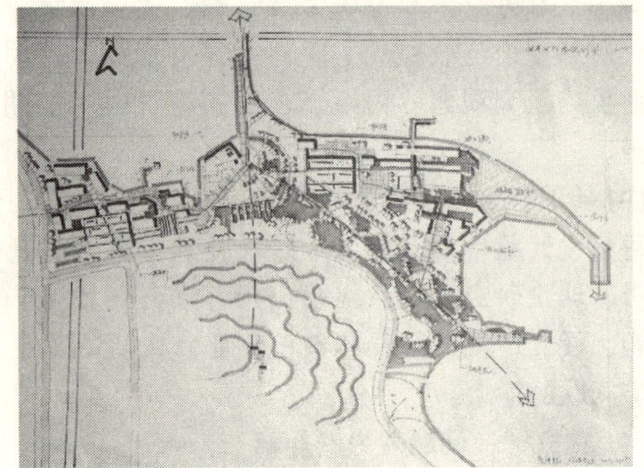

图3 某旧厂区改造规划设计(4小时快题)

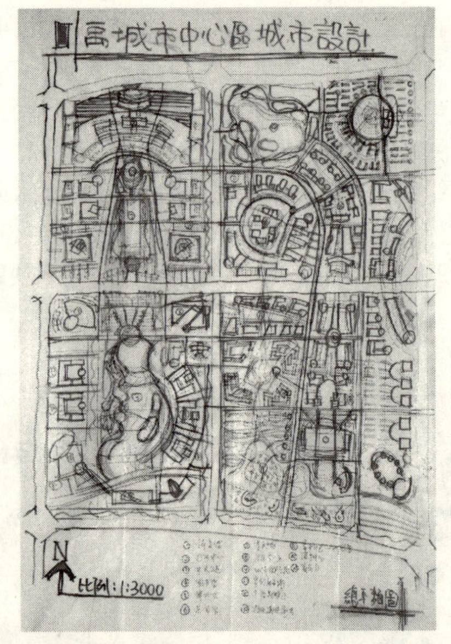

图4 禹城市新城中心区城市设计(8小时快题)

(6) 设计表现交流

包括对说明书和图纸两部分的交流和观摩，促进相互学习，提高成果表达能力；并检查督促设计进度，图5～图8为禹城市新城中心区城市设计的图纸表现，展示的是手绘表达和与计算机结合的表达效果。这一过程对应于后期检查阶段的内容。

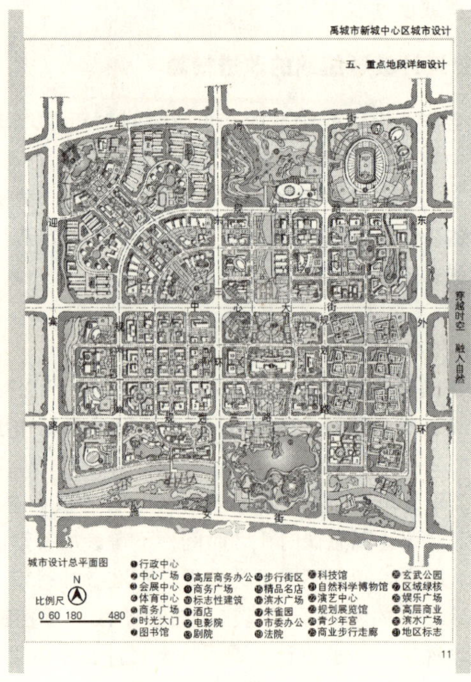

图5 中心区规划总平面

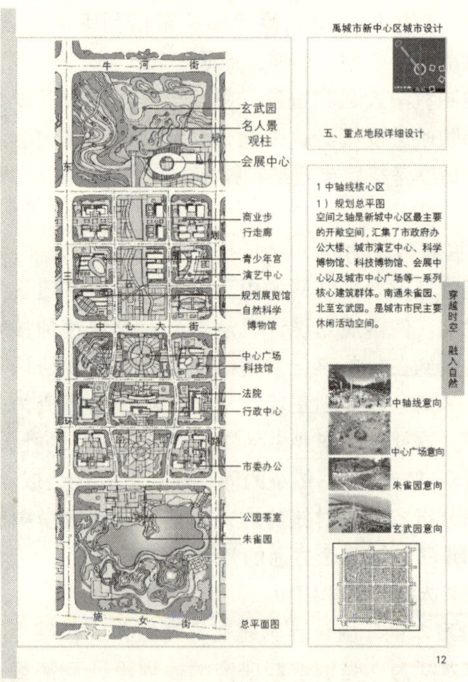

图6 中心区重点地段详细设计

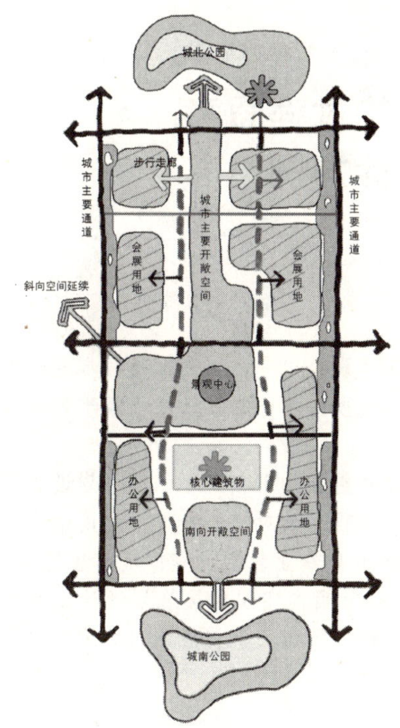

中轴线核心区结构图

图 7　重点地段结构分析

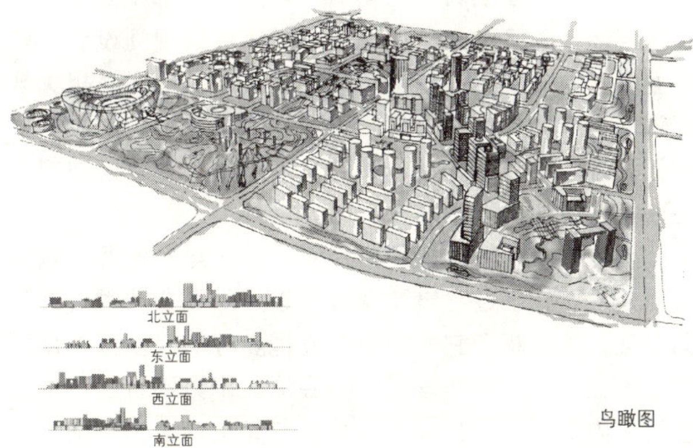

图 8　中心区鸟瞰图

2.4　规范设计成果

严谨规范而清晰准确的设计成果是整个毕业设计的完美结束，也是控制实施过程中成果验收阶段的重点内容。重点检查设计内容的规范性：是否符合任务书的内容要求、是否满足各类规划设计的规范要求等；以及设计成果表达的规范性：图纸表达是否规范、表达深度是否符合要求、文字说明部分是否符合要求等。

2.5　施行淘汰机制

为了保证毕业设计的教学质量，除了采取以上控制与检查措施，以及常规的答辩制度以外，还引入竞争机制，施行优秀毕业设计的公平竞争制与末尾淘汰制，具体做法是：每设计小组挑选出 1～2 名优秀设计及 1～2 名最差设计，再进行全年级比较筛选，按照 3%和 6%的比例选出 3 个优秀设计和 6 个不及格设计候选人(共 101 名毕业生)，参加大组答辩，最终确定两名优秀毕业设计和三名不及格毕业设计。

3　结语

毕业设计是城市规划专业本科教学中重点和难点。以上是针对当前毕业设计因诸多因素而很难保证教学质量的情况下，采取的一系列较为严密、紧凑的全过程控制措施；并按进度、阶段内容、出勤率制定了计入总成绩的比例，目的是有效地保证学生设计水平的提高和设计成果质量，较好地完成了毕业设计的教学任务。

当然，毕业设计的教学工作是一个承上启下的系统工程，每所院校、每个时期会面临不同的问题。应该不断总结毕业设计各环节的经验与教训，健全和完善各项管理制度，革新教学方法，有效而规范地控制设计质量。从而达到提高教学质量，培养合格规划专业人才的目的。通过实践检验，这些教学改革措施已经取得了明显的成效，并期待在学习先进院校经验的同时，不断完善和提高。

参考文献

[1]　柏兰芝. 反思规划专业在社会变革中的角色. 城市规划. 2000，4.

[2]　王建国. 中国建筑教育发展走向初探. 建筑学报. 2004，2.

[3]　刘中，张东辉. 加强管理　注重过程. 全国建筑教育学术研讨会论文集. 2006.

[4]　王韶宁. 话语权力体系与建筑教育. 建筑学报. 2007，1.

基于教学课程资源整合利用的过程思考
——以住区规划课程设计为例

顾大治

摘　要：住区规划设计是城市规划专业学生修建性详细规划课程的重要课程设计之一，往往也是城市规划专业的学生由建筑转向规划的重要过渡时期，但由于住区规划设计课程涉及相关内容较多，单一的设计课程教学效果难以令人满意。因此，有学校研究提出形成新的服务于住区规划设计的教学课程群。

本文尝试换位思考，即将切入点定在对专业教学计划中相关课程资源之整合利用，结合住区规划设计及上下两个学期共三个学期的相关课程，从课程资源整合利用和提高理论课程与设计课程高效对接的角度出发，结合本院的实践教学研究，分别从思想交流、制度建设、课程安排、内容对接四个方面提出对专业教学计划中现有主要课程资源(大多数院校城市规划专业教学计划中均设置的相关课程)进行整合，从而在短时间内实现住区规划设计课程教学效果的整体提升。推而广之，对课程设计教学具有一定的借鉴意义。对于大多数院校既有利于其短期内的改良，也有利于其长期的改革与发展。

关键词：教学计划，资源整合，高效对接，住区规划

1　引言

近些年来，我国高等教育发展迅猛，高校不断扩招，学生数量日益增长。城市规划专业教育在本轮大发展中也获得了长足的进步。据统计，全国目前共有近50所院校设有城市规划本科专业，但较多的院校均是新设立的城市规划专业，历史较短，专业师资相对缺乏，整体力量较为薄弱，教学计划的设置与一些著名院校相比也相对较为简单。而这些都对城市规划学生的专业素质的培养必然造成一定的不良影响。

2　现状与问题

从课程的设置来看，国内各院校城市规划本科专业的设计课程设置大多涵盖了由建筑基础到修建性详细规划、控制性详细规划、总体规划乃至区域规划的内容。在大多数院校，修建性详细规划是城市规划专业学生由建筑概念转向规划概念的重要阶段。而城市住区规划设计作为城市详细规划的重要内容之一，其课程内容和对学生的转型作用均十分重要。

对于此，不少著名院校均在多年专业教学研究的基础上，结合专业的建设发展与时代的需求，研究转型期学生的规划专业教育。此类研究多是从研究设立新的教学课程体系入手。如东南大学进行了住区规划设计“转型教学”模式研究，提出了以专业设计主干课同相关理论课的耦合为特征的“课程群”的建设体系。该体系的课程设置注重前后衔接、贯穿，不失为一个较为理想的住区规划设计课程体系。

新的教学课程群体系研究对于专业建设发展的意义自然是很大，不过它需要学校有较好的专业教学资源作为基础，这限制了它的能量的发挥。对于众多城市规划专业设立时间不长的学校，则会体现出力不从心，难以在短期内形成完善的课程群体系与相应的教学队伍。因此，完善的“课程群”体系作为专业建设的长期目标较为合适，但短期的效果并不理想。对于此，我们可能需要换位思考，正如我们解决问题通常的两种思路，一种是根据需求增加新的内容，使体系更加完整，往往时间较长，但整体效果较好；一种是对现有资源进行充分利用，通过整合实现改良性利用，能够在短时间内取得较

顾大治：合肥工业大学建筑与艺术学院讲师

好的成效。后者正是我进行思考的出发点与归宿点。

3 过程思考

我正是基于以上的角度出发，结合我院城市规划专业的教学计划及教学过程来进行思考。本文就如何实现对现有资源进行充分利用归纳总结我院所采用的几种基本方法，以供大家商榷。

3.1 课程设置架构

我院城市规划专业教学计划中与住区规划设计(住区规划设计属于修建性详细规划1的内容)相关的课程设置主要架构如下：

三年级上学期：城市建设史、建筑设计3、城市规划原理1、场地设计等

三年级下学期：(城市修建性详细规划1)、城市道路与交通、城市规划原理2、城市绿地系统规划等

四年级上学期：城市工程系统规划、城市修建性详细规划2、城市控制性详细规划、城市设计概论等

从居住区规划设计与相关课程的相互关联中我们发现，众多内容的重复性、相关性及相关课程的连贯性，为课程资源的整合利用提供了极大的可能和坚实的基础。

在实际的教学过程中，我们从以下几个方面对相关课程资源的整合利用做了一些探索性的尝试。

3.2 思想交流

首先在思想上，我们强调教师之间的交流，特别是相关课程教师之间的交流。我院每2周定期(周三下午)召开一次教学法的研讨活动，主要就是让老师之间对教学过程中一系列的相关内容有充分的交流，通过口头介绍、PPT汇报、作业交流等一系列形式使各位老师之间进行充分的思想交流，互相了解授课的内容、方法及教学特色，并且考虑如何更好地将自己授课的内容与整个专业培养体系相适应，这就为实现相关课程内容上的高效衔接打下坚实的思想基础。例如通过思想交流，住区规划设计的教师就可以和城市规划原理、场地设计等老师就相关联的问题有思想上的共鸣，也是下一步内容高效对接的开始。

3.3 制度建设

我院采取了二项相关制度建设以确保实现资源整合的良好运行。一是上文提到的教学法研讨会制度；二是教师之间的互相听课制度：即要求每位老师每学期必须去听其他几位老师(特别是相关联课程的老师)的课堂授课。通过互相听课，一方面，可以使老师之间有更好的互相学习的机会，使年轻教师可以更快的成长；另一方面，可以使相关联课程的老师对课程内容之间的贯通、融合有更好的理解。例如，住区规划设计的教师在听了城市规划原理2中的居住区一章的内容后，就可以结合自己的设计课程提出有针对性的建议。

3.4 课程安排

教学计划及课程上课时间的合理安排是实现资源整合利用的重要环节之一。在教学计划中应合理安排教学课程，在安排学生课表时，应合理安排各门相关课程的开课时间。例如，三下首先开设城市规划原理2和城市道路与交通两门理论课程，修建性详细规划1安排到第三或第四周开始上课，这样，在修建性详细规划1的居住区规划设计开始时，城市规划原理2刚好已经讲述过城市居住区这一章的内容，学生对城市道路系统也有了基础的认识，这些将为居住区规划设计课程教学提供良好的基础，这样，设计课程教师再讲授相关住区规划的内容时也就事半功倍了，同时也使学生对之前所学的内容有一个更深的认识，从实际效果看，学生掌握的情况也会比较好。

3.5 内容对接

各相关课程的内容衔接是重要的关键点。在相关课程的老师互相交流、听课、了解相关课程老师授课内容的情况下，大家共同讨论相关章节内容的设置及衔接，这样，各位老师在讲授相关内容时，能够更好的抓住自己课程的重点，避免与相关课程内容上的简单重复。例如，场地设计课程在讲述到总体布局和竖向设计时，就可以多讲几个住区规划设计的例子，既简单易懂，也利于学生在住区规划设计中的继续深入。对各门课程之间相关内容的高效对接，是实现相关课程资源充分整合的关键阶段之一。

4 结语

当代是一个创新的时代，对于学生的培养，离不开

创新，但适当的换位思考，我们从故纸堆里寻取到我们所需要的东西，同样能产生很好的效果。

基于教学课程资源整合利用的这一思路，从实际运用效果看，整体效果较为良好。我院城市规划专业虽设立时间不长，但起点较高，注重对各课程资源的整合利用，培养的学生整体素质较高。就从考研情况看，每年都有多名同学考取著名院校的研究生，例如今年城市规划专业毕业生考取了包括同济大学、东南大学、天津大学、华南理工大学、哈尔滨工业大学、浙江大学、华中科技大学等一系列著名院校，成绩斐然。

本文仅以住区规划设计为例，结合我院实际教学情况和个人的感受，谈谈个人对课程资源整合利用的教学过程的思考，不是很成熟的想法。若能抛砖引玉，则心满意足了。

参考文献

[1] 王承慧，吴晓，巢耀明．适应时代需求的住区规划设计“转型教学”模式研究．2007年度全国城市规划专业指导委员会年会优秀论文．重庆．2007.9.

城市规划专业景观设计课程教学方法研究

李峻峰　张晓瑞　瞿　伟

摘　要：在城市规划本科教学体系中景观设计课程是重要的主干课程之一，其涉及面广，且对城市规划课程中总体规划、控规、详规以及城市绿地系统规划等均有着较大的影响。本文分析了城市规划专业课程体系设置及景观设计课程在该体系中的地位和作用，结合教学实践对景观设计课程的内容、组织、教学方法等方面的教学改革进行探讨。

关键词：城市规划专业，景观设计课程，教学模式

1　城市规划专业主干课程结构分析

截至 2007 年 7 月，全国(大陆地区)设置城市规划专业的高等院校已达 172 所。在这些众多的高等院校中，按其学科背景基本可分为建筑类、工程类、理学类和林学类等 4 类(赵民 2001)。这些不同的学科背景使得各高等院校在具体的办学理念和教学方法上存在较大的差异。基于这种情况，建设部高等规划专业指导委员会制定了城市规划专业培养方案，在 2004 年城市规划专业培养计划的调整中，主干课程从原先的 10 门调整为 8 门，即城市规划原理(含城市道路与交通)、中外城市发展与规划史、建筑设计(课程设计或评析)、城市环境与城市生态学或风景园林规划与设计概论(供选择)、城市经济学、城市规划课程设计、城市规划管理和法规、城市规划系统工程学等。这次调整集中体现了在市场经济建立和完善过程中对城市规划工作提出的新的要求，城市规划越来越向着集资源整合、经济控制、政策制定和行政管理等多方面于一体的政府调控手段发展。这也对城市规划专业学生培养更加全面的知识结构和对于城市综合问题的掌握和处理能力提出了新的要求。而景观设计课程因其独特的环境视角和研究方法也得到越来越多的重视。

2　景观设计课程在城市规划专业课程体系中的地位与作用

景观设计学和城市规划学科的渊源由来已久，甚至早期的城市规划专业更直接脱胎于景观设计学专业，1923 年哈佛大学在其景观设计系首次开设了城市规划研究生课程(弗里德曼 2005)。作为一门偏重于研究城市的物质形态部分的学科，城市规划不可避免的涉及景观的概念。无论是城市总体规划还是详细规划都给与景观以相当的重视。从景观出发的城市规划设计方法也成为城市规划中的重要的方法论之一，更是某些城市规划类型，如城市设计的重要的理论基础。因此，虽然各规划院校有着不同的培养定位，景观环境教育也有着不同的侧重点，但各规划院校都把景观环境教育作为自己的课程体系中重要的一部分来体现。在 2004 版的专指委城市规划专业培养方案中，景观设计学科重要的两个组成部分：风景园林规划设计和城市生态环境和生态学被设定为 8 个主干课程的互选项之一。

在当前景观设计课程存在着景观学和风景园林两种不同方向的理解，在这里景观学(Landscape Studies)的概念由景观规划设计学扩展而来，涉及建筑、城规、风景园林、环境、生态、地学、林学、农学、生命、社会、艺术等多学科领域，是一门建立在广泛的自然科学和人文艺术学科基础上的应用性学科，核心是协调人与自然的关系(刘滨谊 2005)。虽然具体课程名称因校而异，但在实际教学内容的组织上，通常建筑类、工程类和理学类院校较多地倾向于选择与规划和建筑关系更为密切的景观学方向，而农林类则倾向于风景园林方向。由于前者在城市规划教育中往往占据了主导地位，因此目前景观学方向也相应地成为了城市规划教学中和园林、景观

李峻峰：合肥工业大学建筑与艺术学院城市规划系副教授
张晓瑞：合肥工业大学建筑与艺术学院城市规划系讲师
瞿　伟：合肥工业大学建筑与艺术学院城市规划系讲师

环境相关的课程的主要方向。

3 当前景观设计课程的主要内容和基本教学方法

3.1 城市规划专业中景观教育的基本类型

作为人类聚居环境学科三元关系中重要的基础学科之一，景观学所涉及的内容非常庞杂。但当其引入城市规划教育之中则必须符合规划教育的特点和要求。目前规划院校中景观学教育有两种主要类型：一种是将景观学作为背景知识加以介绍，并结合景观学的一些基本理论对城市规划中园林绿地规划等方面内容加以支撑。这种课程设置淡化景观二字，某些时候更加强调传统园林的影响，在景观教育方面不够系统化，但作为城市规划教学的主体内容却得到充分强化，学生的知识结构在规划领域而言相对传统。典型的如山东建筑大学规划专业的课程设置，其课程体系总的来看和04版专指委所定培养计划非常接近，而与景观学密切相关的课程主要有限定选修课园林绿地规划、城市环境与城市生态学以及任选课中国古典园林等。此外，选修课城市开敞空间和地理学等也可视为其景观教育的部分外延。另一种类型则将景观规划设计作为城市规划设计的重要的组成之一，强化景观学科的自身完整性，只是限于学时略加简化。其好处在于学生对景观学能有一个较为完整的认识，并能较为深入的进行一些以景观规划方法为依托的城市规划方法的探索和思考。典型的如同济大学的城市规划本科教学课程设置，其与景观学直接相关的课程有园林植物与应用、景观建筑工程、景观规划理论与方法、城市绿地规划原理、城市生态与环境保护、工程地质与风景地貌和城市地理学等，约占总的课程的1/5。

3.2 景观设计课程的基本组成和核心内容

以南京大学景观规划设计进展课程为例，景观设计课程通常有以下几个主要内容：景观设计基本介绍；景观设计发展史(其中重点在自然保护思想发展和园林绿化史)；风景区制度与发展；信息技术应用；开敞空间配置(重点在公园体系规划)；关于景观规划的方法论；事例介绍；课程报告与答疑等。与此相比，同济大学景观学专业本科核心课程则更多地突出三大主干：(1)人居环境的空间规划设计；(2)景观资源与景观生态学；(3)景观植物配置与园林工程。主要课程有：景观规划设计理论、景观规划设计、景观资源学、景观生态学、风景区规划原理、建筑设计、中外园林史、园林植物与应用、城市绿地规划原理、种植设计、城市规划、景观建筑与园林工程学等。城市规划专业的学生没有必要按照这种方式和内容进行景观学习，但对于空间(尤其是开敞空间)的规划方法和景观生态环境基本理论的学习和研究则是必须的。

通过一定时间的教学实践和总结，我们设计了以下的针对城市规划专业的景观设计课程教学结构：

年级		基本课程	外延课程	交叉影响课程
三年级	上	景观建筑、园林植物与应用		城市规划原理、建筑设计
	下	景观规划与设计	场地设计、城市地理学	城市修建性详细规划
四年级	上	城市生态与环境规划、城市绿地系统规划		城市修建性详细规划
	下	风景旅游区规划		城市总体规划、城市设计、城市控制性详细规划
五年级(毕业设计)		景观规划与设计、风景旅游区规划、城市绿地系统规划		城市总体规划、城市控制性详细规划、城市修建性详细规划、城市设计

在这个课程体系里，景观规划设计课程是整个体系的核心课程，我们在课程设置上将其放在三年级的下学期，考虑到5年制规划专业学生第一年基本为公共基础课的学习，第二年基本为建筑类基础课程的学习，在三年级才初步接触规划和景观的概念，在这之间特地安排了景观建筑的课程，试图将建筑与景观环境概念进行交叉，初步建立起建筑依赖于环境而生的基本概念。而在此之后，通过三年级在设计过程(包括同时期的详细规划设计)中的积累，四年级则重点在理论角度予以外延，并逐步将景观设计的基本方法运用于城市设计、城市总体规划、控规和详规中。而到了五年级，则根据学生的情

况适当地安排部分以景观为主导的毕业设计课题。在整个约三年的学习过程中，重点处理各课程之间的充分交叉，时刻以培养学生的综合分析、协调解决城市问题的能力为主线。

3.3 问题与改进

在实际教学过程中发现，在城市规划专业引入的景观设计课程也面临着一些问题。首先就是对景观自身概念的模糊理解，有的学生把景观视为单纯的种花植树；也有些把景观完全西化，将景观与传统园林直接对立起来；还有的学生片面地追求规划方案的景观视觉效果。这些都对景观设计教学的概念陈述和框架的完整性提出了较高的要求。由于社会审美情趣的转变和部分景观学西化教育的影响，传统园林的教学基础被极大削弱，这也直接导致景观设计乃至城市规划设计本土化、地方化特色的丧失，而过多的商业化的表现也使得景观设计更多地注重于图面表现而对深层次的内容缺乏探索。另外，规划专业的景观设计教育毕竟服务于城市规划教育，因此，在景观设计教育中还应加强对规划的影响或支撑作用。

针对上述问题，我们在实践中着重在以下几个方面对规划专业的景观设计教学过程给予加强：

(1) 加强以自然保护思想为代表的景观学思想的培育，这是景观学对城市规划学科贡献最大的部分之一。在实际教学中，我们曾不止一次的提出：作为接受过景观学基本教育的学生，无论将来从事何种职业，必须时刻牢记自身的环境责任，在工作和生活中以正确的环境观去面对社会。而这也是规划师的基本职业素养培训的重要组成部分；

(2) 建立起普遍联系的观念，将城市问题放入人类聚居环境建设的大背景中加以认识和研究。时刻不忘城市问题的综合性和关联性。借用景观生态学等学科的主要思想对学生的城市观加以深化和拓展；

(3) 培养学生发展正确的审美情趣和观念，理解人与自然和谐共生的城市美、环境美的基本源泉。深入认知人类聚居环境的生成之道，珍惜传统，爱护自然。

4 展望与结语

与2001年资料相比，2007年新增加的城市规划专业高校中，工程类院校、理学类和农林类院校的比重明显加大，这些院校的建筑学专业教学基础较为薄弱。在进行城市规划教育中，出于师资和院校自身特色的考虑，在课程体系上更重视园林、绿化等方面的教育。如安徽农业大学的城市规划专业即设置于林学与园林学院之中，在城市规划专业课程设置中涉及景观类的课程也达14门之多，其实习工作中园林部分所占比重也较大。而北京林业大学的城市规划专业也设置在园林学院中，在其主要课程设置中城市生态学、城市景观规划设计、城市绿地系统规划、风景名胜区规划、风景园林设计、风景园林建筑设计、观赏植物学、风景园林艺术、风景园林工程等。这些院校的城市规划教育更多地被认为是非主流体系，但对于当前城市规划集大成式的教育而言，这种针对性强，专业特点突出的教育更适合特定部门如园林部门对城市规划专业的人才需求，这些毕业生既具有基本的城市规划专业知识，又得到了较为系统的园林知识的培训，在特定部门发挥了比传统规划专业学生更为突出的作用。

比较各规划院校的景观设计教学经验，景观设计正越来越成为城市规划专业学生的学习热点，并能够对城市规划专业的学习提供有益的补充。未来，对景观设计课程的设置应更注重其系统性并突出其在人类聚居环境科学中的支撑作用。

参考文献

[1] 全国高等学校土建类专业本科教育培养目标和培养方案及主干课程教学基本要求 [R]. 城市规划专业高等学校土建学科教学指导委员会城市规划专业指导委员会编制.

[2] 赵民，林华. 我国城市规划教育的发展及其制度化环境建设 [J]. 城市规划汇刊. 2001，6(136).

[3] 陈秉钊. 谈城市规划专业教育培养方案的修订 [J]. 规划师. 2004，(04)：10～11.

[4] 刘滨谊. 景观学学科的三大领域与方向——同济景观学学科专业发展回顾与展望 [A]. 景观教育的发展与创新——2005国际景观教育大会论文集 [C].

[5] 吕静，赵苇. 五年制城市规划专业人才培养及课程体系整体优化的研究与实践 [J]. 高等建筑教育. 2007，16(3).

城市规划设计类课程评价体系研究

孔俊婷　许　峰　孟　霞

摘　要：文章通过分析城市规划专业的特点、设计类课程的性质内容和教学模式，提出规划设计类课程评价的意义。根据城市建设需求和对学生综合创新能力培养的要求，构建一种合理的知识结构体系下的课程评价体系，提出一种科学、客观的设计类课程的教师、学生“自评·互评”式教学评价办法，并诠释了规划设计课程评价的原则及评价指标的体系内容。

关键词：城市规划，设计类课程，评价体系，评价指标

一切教学活动的最终目的是为了达到教学目标的要求，因此科学的评价指标的确定也必须紧紧围绕教学目标的要求。规划设计类课程是城市规划专业的一门专业设计课，是专业教育教学十分重要的教学环节，教学目的是通过各个阶段不同的课程设计实践，巩固和加深学生所学的理论知识，使学生逐步学习和掌握各类规划设计的环节、设计方法以及相应的表现技巧，培养和提高学生运用所学知识分析问题、解决实际问题的能力，为日后从事规划设计工作、科学研究打下坚实的基础。

1　我国城市规划专业的特点及设计类课程的教学

回顾我国城市规划专业的发展历程，总结我国100多所院校开设的城市规划课程，根据其隶属学科，基本可以划分为两种培养方式，一种是依托工科院校，基于建筑学专业基础平台的培养方式；第二种是依托理科院校，基于经济地理专业或环境学、园林景观基础平台的培养方式。有资料显示，我国的城市规划专业依其学科背景大致可分为4类：一是建筑类，约占65%；二是工程类，如测量、环境等，约占15%；三是理学类，以地理学科为基础，约占15%；四是林学类，约占5%。❶

依托不同学科而设的城市规划专业，在教学模式、教学侧重点、教学组织等方面都有所不同，尤其在城市规划设计类课程教学方面差异较大。规划设计类课程作为城市规划专业的主干课程，一般院校从二年级或三年级开始，到五年级终，贯穿于整个教学体系中。总学时在整个培养计划中所占比例最大，平均每周8学时。课程的题目大多是“假题假做”，很少有“真题假做”或“真题真做”。教学模式一般均是在每个设计类课程开始时，任课教师针对该课程讲述设计的要求与任务，同时列出相关参考书目和文献资料，组织学生有目的查阅相关资料和规范，归纳总结并提出要解决的问题，在教学过程中指导学生结合模型深化延拓设计思路，不同阶段要求不同深度，强调设计过程、步骤，加强过程训练，分类分专题的讨论总结，最后成图。然因该课程的性质使得课程教学的方式随意性大，多缺乏具体量化的课程教学评价指标体系，也使得从事专业设计课程教学的教师在开展教学时往往无章可循。部分学生也对课程作业成绩的评定持疑异的态度，有些学生拿着作业要老师当面评判，个别学生还产生不满的情绪，这也是多年来困惑设计课教师的问题。

2　规划设计类课程评价的意义

设计类课程教学成果的好坏直接影响相关课程的效果，所以对规划设计类课程的教学效果进行科学公正的评价，具有现实意义。设计课程的评价一般包括教学过程和教学成果的评价，从知识和技能、过程与方法以及情感态度三个维度对教师教学、学生知识掌握程度以及

❶ 赵民，林华．我国城市规划教育的发展及其制度化环境建设［J］．城市规划汇刊，2001，6：48～51.

孔俊婷：河北工业大学建筑与艺术设计学院系主任，教授
许　峰：河北工业大学建筑与艺术设计学院讲师
孟　霞：河北工业大学建筑与艺术设计学院助教

教学目标的达成情况进行评价。

2.1 可以规范、指导和督促专业教师的教学改革

城市规划设计课程教学是一门社会实践性很强的课程，通过建立科学合理的设计类课程教学的评价指标体系，可以将培养计划、教学目的中宏观性的目标、原则具体化为微观的、可操作的标准和方法，这样对教师的专业设计类教学具有较强的规范和指导作用。另外，设计类课程教师的教学工作不同于独立的一门理论授课的方式，相对具有复杂性和创造性，教学方式具有群体性特点，制定科学有效的评价体系有利于指导和规范教师的教学，也促进教师的对教学问题进行改革的认知程度。

2.2 可以明确学生学习的目标，促进学生学习

教师的教和学生的学是密切联系、不可分割的统一体。目前，影响规划设计类课程教学质量的主要原因：除了与教师的授课方式和教学模式有关之外，还有一个非常重要的原因，那就是很多学生对这种专业设计类课程的教学方式还不太适应。由于学生习惯了传统的接受式的被动学习，因而在进行规划设计类课程学习的时候，往往会觉得无所适从，不知道该了解哪些知识，不知道怎样进行方案理念的思考，不知道如何进行设计构思等等。通过建立专业设计类课程教学的评价指标体系，根据评价指标的考核内容和学生要掌握的知识结构，依据课程的特点，强调把设计课程的学习设置到复杂的、有意义的实际问题情景中，鼓励学生通过自主学习和集体讨论、相互协作来分析、解决问题，从而学习到相关的规划设计理论知识和专业技能。尤其是让学生参与课程的评价，可以使学生了解课程性质、教学的目的任务、基本过程、考核的基本内容、基本要求及知识技能掌握的程度，从而促进学生的学习。

2.3 评价、检验设计类课程教学目标的达成度

规划设计课程的评价是整个设计课程教学体系的有机组成部分，该环节指标内容的评价能及时起到反馈、矫正、激励、评判、驱动的功能作用，增强不同过程环节专业设计教学的针对性与实践性，真正检验课程教学目标达成度。

2.4 全面改进、提高和完善设计类课程的教学质量

课堂教学的质量直接影响学生的培养质量，通过对设计类课程进行系统的评价，一方面可以使专业教师了解自己的教学能力和水平，发现自己教学环节的优势及不足；另一方面还可以了解学生的对专业课程设计的相关知识的认知程度和学习态度，以及学生理论联系实际、分析问题与解决问题的能力，从而针对学生的问题特点，不断改进和完善自己的教学，以提高教学的水平，全面提高教学质量。

3 规划设计课程评价遵循的基本原则

如何科学公正的评价规划设计类课程，既是专业教学研究的重要内容，也是课程教学改革的关键问题。为规范规划设计课程的教学，提高该课程的教学质量，保证课程教学任务的顺利完成，规划设计课程评价应遵循以下基本原则：

3.1 定性与定量相结合

规划设计类课程一般安排两个学生共同完成一个设计项目，教学方法要求学生合作去研究、分析设计的背景资料，判断问题的所在，讨论以提出解决问题的方法，共同协作完成方案的构思设计和成果图纸的绘制。规划设计内容十分复杂，一般没有惟一正确的答案，也不存在标准的逻辑程序与最佳解决方案。因此在对规划设计课程进行评价的时候，首先必须针对教学过程与结果评价采取定性评价的方法，把既能反映教学过程因素的指标，又能反映教学成果因素的关键指标内容概括提取出来，如：学生平时表现，教学设计过程记录、学生提交的设计成果表达等，对其好坏程度做出一个大致的评判。其次，在定性的基础上，再根据指标内容的相对重要性，分别赋予不同的分值，将这些定性的指标量化，针对这三方面学生自评、指导教师和教学组给出相应的分值，并就存在问题给出评语，这样就保证课程教学评价具有可操作性与客观性。

3.2 自评与互评相结合

学生是课程教学活动的直接体现者，他们对教师的教学思想、教学态度、教学方法的感受最深，对自己掌握知识程度最有发言权。来自学生方面的评价和反馈是

课程教学评价体系中不可缺少的重要组成部分。让学生参与评价，一方面调动学生学习的积极性，另一方面还可以使学生知道知识能力掌握的程度，并按照课程教学评价的指标内容的要求找出自己的不足之处，并改进学习的方式与方法，不断提高学习的质量。

3.3 评价与指导相结合

评价的主要目的并不仅仅是对教师的教学情况进行总结，更重要的是不断提高教师的教学水平，促进学生的学习，评价本身不是目的而是手段。为此，在对设计类课程教学进行评价时，要做到评价与指导相结合。既要导教，将评价结果反馈给教师，指出其教学过程中的优点与不足，提出改进的意见与措施；又要导学，帮助学生端正学习态度，养成良好的学习习惯。

4 建立科学合理的规划设计类课程评价指标体系

根据城市规划专业对规划设计类课程培养目标的要求，为确保该类课程评定的科学合理，经过反复论证分析，评价指标的设计，应充分体现专业培养目标和课程改革的导向精神，反映评价主体(教师和学生)在知识技能、过程、方法、情感、态度、价值观方面的认知程度，起到正确的激励和引导的作用。制定设计类课程教学效果的评价体系，分三个层次：第一明确考核评价主体，包括学生学习状况和课程的设置情况及相关的成果；第二确定考核评价方式，由教师、教学组进行评述，学生进行自评和互评；第三，制定量化的考核评价指标，这是规划设计课程评价体系的核心。

4.1 制定科学合理的评价指标

根据规划设计课程评价应遵循的基本原则，评价指标的选取来源于二个方面：一是针对学生设计过程与结果制定评价指标；另一个是学生根据所学课程知识和能力的掌握程度进行自评、互评。

学生设计过程与结果的评价指标(表1)，包括：平时

城市规划设计类课程教学过程和成果评分指标　　表1

院标	建筑与艺术设计学院	系				档案号							
	作业题目：	（　张）							学年　第　学期				
	班　级	姓名							学号				
	指导教师		完成日期										
成　绩　评　价		学生自评	指导教师评分						教学组评分				
平时表现(5分)	出勤(2分)		1		1.5		2						
	课堂表现(3分)		2		2.5		3						
设计过程(45分)	前期资料调研(15分)		9		12		15						
	模型制作(10分)		6		8		10						
	各阶段草图控制(20分)		11	13	15	17	19						
成果表达(50分)	设计的立意、构思(10分)			5	7	9				5	7	9	
	结构组织的合理性(10分)			5	7	9				5	7	9	
	设计内容的规范性(12分)		5	7	9	11			5	7	9	11	
	图纸工作量及设计深度(10分)			5	7	9				5	7	9	
	图纸版面设计与绘图质量(8分)			4	6	8				4	6	8	
合　计													
最终成绩													

评语：	指导教师签名：
	教学组长签名：
	系主任签名：

表现、设计过程和成果表达。其中平时成绩包含出勤和课堂表现；设计过程包括：前期资料调研、模型制作和各阶段草图控制；成果表达则包括五方面：设计的立意、构思、结构组织的合理性、设计内容的规范性、图纸工作量及设计深度和图纸版面设计与绘图质量。学生根据本阶段设计课程的学习，给出自评成绩。

学生的自评和互评(表2)，主要从三方面进行考核评定：综合素质能力、设计能力和项目实施能力，学生和合作者分别对这三方面详细的知识结构进行指标量化，对其掌握程度进行评价。

学生对规划设计类课程中相关知识和能力掌握程度的自评及互评表 **表 2**

作业题目：								合作者	
班级		姓名	学号					学年　第　学期	
考核基本内容	知识结构	学习的具体目标(素质、能力)	设计者自评掌握程度			合作者互评掌握程度			备　注
			识记	理解	掌握	识记	理解	掌握	
			懂得	学会	熟练	懂得	学会	熟练	
综合素质能力(50)	自然、社科的基础知识(14分)	系统思考能力	0.5	1	2	0.5	1	2	具有获取、运用基础知识的能力
		问题解决能力	0.5	1	2	0.5	1	2	
		归纳总结能力	0.5	1	2	0.5	1	2	
		写作能力	0.5	1	2	0.5	1	2	
		批判的、创新的、分析的能力	0.5	1	2	0.5	1	2	
		提出并验证一个假说的能力	0.5	1	2	0.5	1	2	
		外语运用能力	0.5	1	2	0.5	1	2	
	专业理论知识(12分)	理论知识掌握程度	0.5	1	2	0.5	1	2	具有把社会、环境、技术和美学等方面的考虑综合在一个紧凑而统一的整体之中的能力
		掌握前沿发展方向的能力	0.5	1	2	0.5	1	2	
		设计创新能力	0.5	1	2	0.5	1	2	
		综合分析能力	0.5	1	2	0.5	1	2	
		处理专业问题能力	0.5	1	2	0.5	1	2	
		计算机应用能力	0.5	1	2	0.5	1	2	
	交流能力(10分)	用不同的技巧、工具交流的能力	0.5	1	2	0.5	1	2	具有交流和表现技巧。在整个设计过程中，能够以书面和口头的形式充分地表达和交换设计的理念和依据
		辩护论点的能力	0.5	1	2	0.5	1	2	
		团体中的有效工作能力	0.5	1	2	0.5	1	2	
		为达到目的进行的企划和交流能力	0.5	1	2	0.5	1	2	
		总结能力	0.5	1	2	0.5	1	2	
	实践能力(10分)	理论与实践结合能力	0.5	1	2	0.5	1	2	能尽快适应各项工作需要且具有创新意识。能够运用所学知识做一些实际生产项目
		科研能力	0.5	1	2	0.5	1	2	
		实践组织	0.5	1	2	0.5	1	2	
		技术的应用	0.5	1	2	0.5	1	2	
		创新意识	0.5	1	2	0.5	1	2	
	自学能力(2分)		0.5	1	2	0.5	1	2	自学相关知识的能力
	管理方面的工作能力(2分)		0.5	1	2	0.5	1	2	

续表

作业题目:									合作者
班级		姓名	学号			学年	第	学期	
考核基本内容	知识结构	学习的具体目标(素质、能力)	设计者自评掌握程度			合作者互评掌握程度			备　注
			识记	理解	掌握	识记	理解	掌握	
			懂得	学会	熟练	懂得	学会	熟练	
设计能力(30)	调研能力(5分)		1	3	5	1	3	5	掌握设计方案各环节的设计能力
	方案设计能力(设计的立意、构思)(8分)		3	5	8	3	5	8	
	模型制作能力(5分)		1	3	5	1	3	5	
	绘图制作能力(6分)		2	4	6	2	4	6	
	方案的可实施能力(6分)		2	4	6	2	4	6	
项目实施能力(20)	安排项目进度的能力(2分)		0.5	1	2	0.5	1	2	掌握项目设计的每一环节，要严肃、认真
	鉴定环境和获取信息的能力(2分)		0.5	1	2	0.5	1	2	
	计划和确定用途和技术因素的能力(4分)		0.5	2	4	0.5	2	4	
	评定各方面质量能力(4分)		0.5	2	4	0.5	2	4	
	提出和发现可行性方法的能力(4分)		0.5	2	4	0.5	2	4	
	完成进度的能力(2分)		0.5	1	2	0.5	1	2	
	制定计划书的能力(2分)		0.5	1	2	0.5	1	2	
合计分值									平均分

注：识记(懂得)——能初步认识并记住相关具体的知识、概念和识别项目任务的设计过程；理解(学会)——对知道了的知识有进一步的认识，掌握设计任务的要领，能理解给出的设计项目任务内容，整理背景资料和相关设计理论并能将所学知识初步应用于设计中；掌握(熟练)——能运用所学知识进行分析、综合、比较、论证，并能顺利自如解决相关实际问题，完成设计课程的任务；(在相应指标分值中√)。

教师评价和教学组评价(表2)：教师根据学生的平时表现和整个设计过程，给出具体的量化评价分数，教学组根据学生的设计成果，设计的立意、构思，结构组织的合理性，设计内容的规范性，图纸工作量及设计深度，图纸版面设计与绘图质量五个方面给出合理的分项分数。

4.2　不同评价主体的权重

根据设计类课程教学效果评价的基本原则，最终教学成绩的评定由任课教师和教学组针对教学过程和成果评定三个成绩确定，学生对掌握知识的程度自评和互评作为教师教学和成绩考核的参考，他们的权重分别为：教师过程评价占总评分数的50%、教师成果评价占总评分数的25%、教学组成果评价占总评分数的25%。

结语

影响设计类课程成绩评价的因素是很复杂的，尽管在评定过程中采取合理的措施，但也不能完全地消除所有主观因素的干扰。因此，必须进一步加强对转业设计类课程评价的研究，树立起正确的评价观，全面认识评价的效应，建立科学、合理、公平的规划设计类课程的评价体系，并继续不断地探索评价过程中出现的新情况、新问题，调整和完善评价指标体系和评价实施方案。

参考文献

[1]　赵民，林华. 我国城市规划教育的发展及其制度化环境建设 [J]. 城市规划汇刊. 2001，6.

[2] 赵万民，李和平，李泽新. 城市规划专业教育改革与实践的探索［J］. 规划师. 2003，5.

[3] 黄天其. 构建新世纪城市规划教育体系的再思考［J］. 规划师. 1998，4.

[4] 住房高等教育城市规划专业评估委员会. 全国高等学校城市规划专业教育评估文件［Z］. 2001.

[5] 崔英伟. 我国城市规划教育体系创新构想［J］. 规划师. 2004，4.

理论教学研究

城市规划理论教学中的专业思维训练
——《城市规划导引》[❶]课程探索

韦亚平　高　峻

摘　要：应对综合性高校本科教育的大类招生趋势，对面向本科一、二年级开设《城市规划导引》课程进行了探索。提出：需要在通识性理论教学中为后期专业教育打下良好基础，并为研究生教育阶段创造更宽的生源渠道。为此，应在课程内容设计上围绕城市空间主题，在教学目标上集中于专业思维方式的训练。并介绍了“城市与空间”、“城市问题与土地利用”、“城市规划概论”、“实践教学”四个模块的教学组织经验。

关键词：城市规划导引，专业思维方式，课程探索

对于综合性高校来说，本科生前两年主要学习大类基础课和通识课。由此，大类招生已日渐成为一种趋势。从规划实践主要体现为多学科知识的综合应用性质来看，大类招生对专业培养目标的实现具有积极意义。目前，尽管规划专业还未实行大类模式，但一二年级期间基本是与建筑学等专业合班授课的，并在二三年级已允许一定比例的各专业生源流动(如接受部分公共管理类、农林景园类、人文社科类学生的转入)。所以，面向低年级学生开设《城市规划导引》(以下简称《导引》)类课程，并重视实效，是一个值得探讨的问题。

1　面向低年级本科生开设《导引》课程的要求

无论是否将规划专业本科纳入建筑学大类招生，以及二年级下学期后适度开放生源流动，规划专业教育都需要面向本科一二年级学生开设通识性的《城市规划导引》课程，并合理安排理论教学内容。课程设置目的为：①加强学科、专业的宣传，在发展专业兴趣、吸引合适生源的同时，先期培养专业思维方式，为专业教育打下良好基础；②通过将《导引》课程纳入不同大类学科(如公共管理类、农林景园类)的通识课平台，加强学生的知识基础，更好体现综合性大学“宽、专、交”的人才培养要求，并为规划专业的研究生教育阶段创造更宽的口径。应对这两方面目的，对《导引》课程的要求集中表述如下：

1.1　具有思考的趣味性

所谓趣味性要求，固然是指能引发学生的某种感情因素、引起注意力，或使愉悦，或使感到有意思，但这不仅是缓和课堂气氛的调剂技巧，更重要的是能引导学生思考，并获得思考的趣味性。为此，课程内容的选择和组织就不宜按照传统的《城市规划原理》来展开。因为《原理》基本是以规划设计原理、方法和步骤为主要内容的(孙施文 2007)。在修详、控详、总规等专业设计课程未进行的情况下，学生与教师，或者学生相互之间难以进行专业沟通，学习也就很容易变成枯燥的知识记忆过程。这也就是说，课程安排要有利于教学群体的互动交流，并经由互动探讨使学生获得思考趣味。

1.2　体现实用导向

实用性就是要求在知识讲授的同时，体现专业的学以致用特点和前景。概念理解和理论思考都是智力与精神的活动，但其本身往往表现为“无用型”活动。而且，与通用基础课程相比，关于城市规划的概念和理论并没

❶ 该类课程也称为《城市规划导论》，各校名称不一，如在同济大学分设为《城市导论》和《城市规划导论》，在浙江大学则定名为《城市规划导引》。

韦亚平：浙江大学建工学院区域与规划系副教授
高　峻：浙江大学城市规划与设计研究所讲师

有逻辑上的充分严密，所涉及的理论内容在形式上也并不复杂。因此，如果课程以城市经济、景观、交通、生态等专题形式进行组织，那么将难以体现规划专业的内在逻辑，也难以使学生真正意识到分析城市空间问题的综合方法和多种解决可能。这样，就易于使学生认为这个专业就是一个大“杂烩”，什么都涉及，但又什么都不深。为此，课程设计中需要区分出城市研究、城市空间研究、规划过程研究和规划设计之间的逻辑层次，使学生认识到专业中真正复杂的是如何应用各种知识和技能分析、改造真实城市世界，并充分了解专业具有非常宽的发展方向和领域。

1.3 突出社会意义

青年学生的思想观念正处于比较单纯的阶段，对未来承担社会责任有比较强的意愿，但又不是很清晰和明确。因此，为使学生较全面地了解专业，领会不同专业工作层面的社会意义，进一步增加对专业的兴趣，就需在课程的内容设置上围绕城市空间主题，将相关城市问题、城市研究和城市规划的完整理论知识体系简明扼要地介绍出来；同时，在教学中多联系生活中的常见城乡空间现象和问题，并与我国城乡经济社会发展的重大主题相结合；此外，在讲授形式上要结合专业实践内容，给出一定量的案例分析，进而使认识到专业实践在国家崛起和社会和谐发展中的重要意义和历史使命。

2 训练专业的思维方式

思维是人的大脑对客观事物概括、反映的认识和过程，具体表现为概念、判断、推理等形式的认识活动；而思维方式则是指导人们进行思维的途径和行动模式。当我们说在思维的过程本着什么样的原则，是采取归纳、演绎或比较等方法时，就是指的是思维方式。

2.1 专业思维方式

当一般性的思维方式与专门的问题或领域联系在一起时，就可以称为专业思维方式。思维方法越灵活，越符合思维的客观规律和专业特点，对专业的学习能力和应用能力也就越高。规划专业的高度综合性和实践性决定了，学好专业并不在于要掌握或牢记大量的相关知识，更重要的是能否掌握专业的思维方式。显然，这是属于方法论范畴的，它能对具体的各类规划工作给以指导，为专业学习和实践中出现的各种问题提供思路和知识探究的方向。

从能力培养的角度看，前文对《导引》课程的三方面要求又可以集中到一点，即规划专业思维方式培养。如果没有良好的专业思维方式训练，那么学生在以后的分项专业学习中将难以体会到综合思考的乐趣以及专业的广泛实用意义，也难以在今后工作中将具体的规划工作和更深远的社会意义有效联系起来。

因此，专业思维方式无论是对于后继的专业学习，还是今后的工作实践，都是至关重要的。比如在详细规划、总体规划这样的专业学习环节中，学生许多时候会出现这样的感觉：很难在空间布局和方案表现上满足规划设计理念和任务(作业)的要求；老师不能“理解”自己的规划思路和方案意图；规划设计的主要工作就是精绘图纸和成果表现等等。从而产生畏难、抵触甚至得过且过的情绪。而这一切并不是因为学习态度的问题，相反，很多学生的学习非常用功，一心想把专业学好，只是抓不着要领。结果就会事与愿违，养成了按部就班的坏毛病，不能理解和掌握规划实践内在的灵活性，进而直接导致了走上专业工作岗位后的困惑(韦亚平，赵民2008)。出现此类问题的原因，其根源就在于专业思维方式未能得到前期训练。

2.2 《导引》课程中的专业思维方式培养

加强专业思维方式的先期训练，并不是把各种专业思维方式总结为知识点进行讲授，而是应内化在课程内容之中，实现潜移默化的培养。

为此，在《导引》课程的内容上需要注重：①强调对相关概念的辨析和讨论，并通过举例、类比、延伸等方法加以强化；②在城市空间形态和城市问题的描述基础上适当引入相关理论和方法论的内容，并基于此介绍不同种类的规划工作内容、特点和其内在的价值冲突；③安排一定量的课后实践环节，让学生尝试将课堂上介绍的概念和一些理论运用于具体的城市空间分析。

值得注意的是，这并不是要将规划专业的相关内容通盘给出，而是要在课程设计中充分考虑如何和接下来的各专业课程合理衔接与呼应。为此，应把握三个原则：一是讲清城市空间组织和功能运行的基本概念和原理，不强调理论细节，重在引导学生对城市问题背后的复杂

空间关联性进行思考；二是在介绍专业实践的主要内容和实践方式时，不强调技术细节，重在使学生能了解不同专业实践方面的特征，以及其在推动城市和谐发展中的作用；三是在学生运用课堂知识分析现实的城市空间问题时，不强调分析的完善和结论的准确，重在训练观察城市空间的专业视角，培养对城市空间问题的敏感性，领会解决城市空间问题所面临的多元价值选择。

3　四个模块的教学组织

在我们的探索中，将课程设计为3个讲授模块和1个实践模块(图1)。

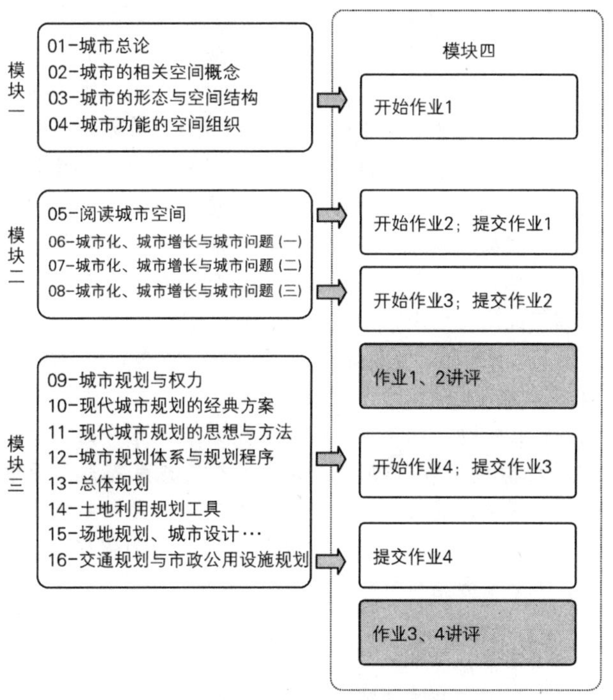

图1 《城市规划导引》课程的教学组织

3.1　城市与空间

在内容设计上注重每讲的概念和逻辑联系，教学目的是使学生在清晰理解概念的基础上，能以专业的眼光考察城市。共4讲：

01讲为城市总论。介绍不同的城市定义，将城市概念纳入到经济、社会、政治和文化范畴中进行辨析，使学生理解城市概念使用的不同语境；介绍城市起源的各种假说，并引入城市起源的系统分析和经济解释；由此介绍城市发展在不同阶段的特征。02讲为城市的相关空间概念。首先介绍“城市的(urban)”与“乡村的(rural)”空间特征以及不同国家和地区的定义，然后进一步从国际比较研究的视角，介绍“城镇”、“城市”、“都市区”的概念和不同定义标准，以及城区(urban areas)内部的一些城市空间研究概念，如、城市中心区、郊区、CBD、贫民区、城中村等。03讲是城市的形态与空间结构。介绍城市形态的概念，类型以及与自然地理环境的关系；分析城市功能和土地利用的特点并解释城市功能区的形成机制；进而从空间结构上讲解城市空间的组织方式与一般规律。04讲为城市功能的空间组织。首先从城市功能区衍生出城市职能的概念，解释空间功能和服务人口规模、人口分布之间的联系；指出城市的不同等级、不同等级城市的功能差异等现象，并简要从区位理论、中心地理论解释城镇体系的组织方式与一般规律；进一步扩展到城市内部服务功能区的范围嵌套以及世界城市体系和区域城镇体系的形成。

3.2　城市问题与土地空间利用

内容设计重在使学生认识到城市问题的多重性质，以及其形成的复杂因素，并理解城市问题和土地空间利用之间的关联性。共4讲：

05讲为阅读城市空间。首先介绍大脑的认知特点以及城市空间阅读的对象，并指出不同主体对城市空间的感知和兴趣点是不一样的；解释空间阅读是一个由陌生到熟悉的经验积累过程，进而启发学生注意城市的信息是如何通过空间传递的；通过图片和相关理论介绍引导学生对城市空间进行精读，并衍生出相应的空间表象问题和其形成的一般原因，分别为：地域的城市(城市特色)、感觉的城市(城市意像)、活动的城市(城市活力)、权力的城市(城市政治)、市场的城市(城市营销)等五方面。06～08讲集中于“城市化、城市增长与城市问题”。首先通过举例指出，大部分城市问题是相关的，一些问题的产生能够造成其他问题的进一步恶化。这些城市问题又要受到土地利用方式的影响，同时也影响土地利用方式。然后结合我国的城市化和城市发展，逐步介绍主要的城市问题及其表现，并从城市土地利用和空间结构上分析它们之间的关联，包括城市贫困、城市交通、城

市住房、精神紧张、城市老龄化、城市环境、城市公共安全等问题。使学生在巩固第一个模块学习内容的同时，深刻认识到城市问题的治理需要综合措施，并且空间的理解是必要的。

3.3 城市规划概论

内容设计重在使学生理解城市规划的专业特征与意义，了解城市规划的相关工作内容与特点，发展专业兴趣和方向。共8讲：

09讲为城市规划与权力。首先介绍城市规划的定义，解释专业的工作范围和工作目的。进而介绍土地利用管理(开发控制)、规划方案、规划过程(程序)作为规划实践的三要素，都与权力的运作相关。使学生认识到，脱离权力运作基础的规划活动难以达到相应的目的，并由此给出规划专业工作在规划活动中的定位，以及专业人员可以扮演的不同角色。10—11讲介绍现代城市规划的经典方案、思想与方法。重点指出，经典的规划方案模型总是面向未来且具有理想主义色彩的；方案实现在很大程度上取决于规划过程和规划实施过程；规划的工作方法具有政治意识形态倾向。12讲介绍我国的城市规划体系与规划程序；13—16讲分别介绍“总体规划”、“土地利用规划工具”、“场地规划、城市设计、城市更新与社区开发”以及“交通规划与市政公用设施规划”。在这几讲中注重与模块二中的城市问题联系起来，并引入国内城市的成功或失败的案例，使学生切实认识到规划专业在解决城市问题中的作用以及社会意义。

3.4 实践教学

在以上三个讲授模块中间，穿插4个连续性作业，共同构成一个大作业。并相应安排2次讲评和研讨，以加强课程知识的结构性掌握，训练专业思维方式(图1)。

作业要求是选择一个街区或具有某种整体性特征的城市地段，借助地图、卫星图片(google earth)、出版物和照片，但主要是自己的观察和思考，应用课程知识，阅读、分析这块场地，并提出相应的框架性规划建议；以4～5人的小组为单位，在小组协作和讨论的基础上完成和修改作业；涉及不同的观点和意见时可以一并立出，并标明具体的贡献人；要求作业具有良好的组织，集中于发现场地特征，并逐步扩展与这些特征所相关联的主题；不仅仅是描述和罗列信息，每一个论点都有专门的实际资料支撑，并很好地契合场地的背景。

(1) 选择一个场地。选择一个500m×500m左右面积的街区，运用01—03讲的知识内容，描述场地位置，估算面积(尺度感)，回答为什么对它感兴趣，或者想从中发现什么问题。500～800字，附1～2张地图或图片。

(2) 阅读场地特征。运用04—05讲的知识内容，选择一天的不同时间段，深入到场地内部走一走，并和各类路人进行一些交谈询问。在此基础上描述场地内部的特征，并将空间阅读的结论整理出来。包括场地的自然地理特征(历史和现状)，功能构成和变化，场地内部的功能联系，以及场地和城市其他地区，甚至其他城市(镇)的联系。1500～2500字，附必要的数据、图片。

(3) 分析场地中的城市问题。运用06—07讲的知识内容，分析场地中的城市问题，做必要的场地补充调查。思考这些问题的关联性，以及与周边地区和城市其他地区的关联性。分析和推测这些问题是何时出现的？缓慢还是突然？分散的个人因素还是集团因素？背后的可能机制是什么？未来会产生什么样的变化？2000～2500字，附相应数据和图片。

(4) 对场地的规划建议。运用08—14讲的知识内容，假想作业组就是一个规划政策小组，提出应该采取的规划建议和行动。如，物质空间有无必要调整？如何调整(布局、功能)？由谁来做？采用什么方法和措施？逐项分析所提建议的可行性在那里？如果实施会产生什么样的可能影响？对谁有利？对谁有损失？1500～2000字左右，附必要数据和图片。

4 小结

应对国内的专业实践发展，对规划教育的入门性课程已有若干较好的探索。但因为规划专业的综合性和宽领域特征，此类课程必然要结合具体培养单位的专业特色，院系设置以及师资等情况，进行具体设计和组织。本文从综合性高校的大类培养需求出发，简要论述了《导引》课程的要求，并提出课程应围绕城市空间主题，集中于专业思维方式的训练。同时，也介绍了四个模块的教学组织经验。这是我们的一项尝试。因此，在意图与兄弟院校进行经验交流的同时，更希望能获得中肯的批评和宝贵的建议，以使我们不断改进

和完善。

参考文献

[1] 陈友华，赵民. 城市规划概论 [M]. 上海：上海科学技术文献出版社，2000.

[2] 孙施文. 面对新生的专业入门课程探索——城市规划专业一年级《城市概论》课教学研究 [C]. 城市规划专业指导委员会2007年教师教研论文，2007.

[3] 韦亚平，赵民. 推进我国城市规划教育的规范化发展——简论规划教育的知识和技能层次及教学组织 [J]. 城市规划，2008，6：33～38.

[4] (美)怀特海著，刘放桐译. 思维方式 [M]. 北京：商务印书馆，2003.

[5] (美)约翰·M·利维. 现代城市规划 [M]. 北京：中国人民大学出版社，2003.

[6] (法)让-保罗. 拉卡兹. 城市规划方法 [M]. 北京：商务印书馆，1996.

[7] Richard T. Legates and Frederic Stout，The City Reader(3rd ed.)，New York：Routledge，2003.

“讨论式”教学在《城市规划概论》课程中的探索与实践

孟 霞 孔俊婷 许 峰

摘 要：文章通过客观科学地分析《城市规划概论》课程的特点，梳理该课程教育教学的目的和方法，分析该课程教学中存在的问题；根据课程性质提出主动、开放、有效的“讨论式”教育教学模式，构设合理适宜的分模块“讨论式”的整体性教学改革方案，并制定“讨论式”城市规划概论课程学习的评价标准。

关键词：城市规划概论，讨论式，教学模式，评价体系

“城市规划概论”是学生一年级入门的专业基础理论课程，传统的教学方法是单向的“海量灌输”模式，存在一些弊端。相对自由灵活的“讨论式”教学方法，注重从实际出发，易于培养学生逐步具备成熟理性的专业知识思维能力，增强学生自主学习的动力和探索创新的能力，真正意义上的实现理论与实践相结合，从“知识型”到“能力型”的培养。

1 国内“讨论式”教学方法的研究和发展

1.1 “讨论式”教学方法的内涵及研究现状

“讨论式”教学是以启发式教学思想为基础，通过教师预先设计、组织，启发学生经过自学，积极主动地思考问题，在教师指导下就某一问题在同学之间、师生之间进行相互讨论交流，发表自己的见解，主动探寻知识、掌握教学内容、提高认识的一种互动式教学方法。其对于学生在学习中活跃思维、拓宽学生学习的思路、培养学生学习的主动性和积极性、发展独立性和批判性思维等具有重要意义。

近些年来，我国高等学校在教学中已经开始注意探索讨论式教学方法，也出了一些研究成果，但就实施情况而言，这种讨论式的教学方法的应用领域和推广仍然具有一定的局限性，一般只集中在文科类院校或者个别专业，比如法律、社科、英语等。在理工科院校的绝大部分专业理论课程还在延续“灌输”式的教学模式，学生亲身经历、体验、探究的太少，不能很好的架构在实践的基础上，使很多理论课的教授和学习成为课程学习中最枯燥的部分，从而失去了理论学习的目的和意义。

1.2 目前国内《城市规划概论》课程的教学模式探讨

《城市规划概论》课程作为城市规划专业学生在初学期间接触的第一门专业理论课程，对于初学者的专业入门、对于其他专业理论课的接口具有举足轻重的意义。各大高校纷纷探讨对于规划概论授课模式的优化，也出现了一些教育模式的改革，如：“专题研究”型，将课程分解为相应专题，按照专题形式组织授课内容；或者“学术报告”型授课模式，将一门课程由几位资深的相关研究领域学术带头人分别讲授，综合授课。这些授课模式的优化虽然对于知识领域的拓宽有很大的改进，但在实际授课效果上依然沿用“灌输”的方法，且在某种程度上增大了授课容量和难度，对于初学者而言，很难将理论和实际通过单纯意义上的课堂讲述而融会贯通。

目前，将“讨论式”教学方法引入城市规划概论等适当的理工类专业理论课程的研究仍在探索阶段，专业理论课程的教授作为认知实践的平台和理论基础，在教学内容、范围、课堂容量等方面都具有比较严格的“规范性”和“强制性”，而讨论式教学方法则提倡“自由主动”的学习状态，这要求在课题研究中结合实践，将讨论式的教学方法科学合理地运用到城市规划概论的理论

孟 霞：河北工业大学建筑与艺术设计学院助教
孔俊婷：河北工业大学建筑与艺术设计学院城市规划系系主任，教授
许 峰：河北工业大学建筑与艺术设计学院讲师

传授课程中，使之成为学习专业理论的有利途径以及通向实践的桥梁。

2 在《城市规划概论》课程中构建讨论式教学方法的目标和特点

2.1 构建目标

提出适宜《城市规划概论》课程的“讨论式”教育教学模式，其目标是将专业理论基础课程与实践相联系，引导培养学生逐步具备成熟理性的专业知识思维能力，增强学生自我学习能力、发掘能力和探索创新能力，培养其成为综合素质人才。研究的目的以期对高校众多专业概论课程的教学改革有着示范和带动作用。

2.2 主要特色

2.2.1 从课程实际出发

符合城市规划专业培养目标要求，顺应《城市规划概论》课程自身特点，从课程内容的实际出发，用相对自由灵活的教学方法加深学生对专业理论学习的实际意义，真正意义上的实现理论与实践相结合，更好的加强学生综合素质的培养。

2.2.2 采用灵活适宜的教学模式

跳出传统的“海量讲授”的单向教学模式：课前提出“问题”加以引导，使学生课前有很好的准备；课上留出专门时间作为“讨论”阶段，既解决课前“问题”，继而进行理论知识的传授，又同时锻炼学生“讲”这一项城市规划人员必备的专业素质。

2.2.3 理论联系实践

课程期间设置“图解城市”“城市问题调研”等实践环节，成果同样以讨论的形式进行探讨，使理论很好的与实践相结合，增强学生的自我学习能力、对于城市问题的发掘研讨能力、团队配合能力、表述能力等综合素质。培养学生将所学知识与实际应用相联系，加深对文化知识的理解，提高学生的自主创新能力。

3 “讨论式”教学方法在《城市规划概论》课程中探索

3.1 梳理《城市规划概论》课程知识结构

通过系统梳理“城市规划概论”课程教育教学的目的、范畴、方法、实践，和全方位的讨论和评价，提炼出该课程教学的合理目标和定位：城市规划概论课程是城市规划专业的基础理论课程，授课对象为初入城市规划专业大门的初学者，是一门“启蒙入门”的课程，其基本任务就在于使初学城市规划的学生能够了解专业的特点和学科特点，从而有针对性的把握学习方向，调整学习方法。遵循课程的目标定位构建合理的专业知识结构框架，将授课内容系统为城市的形成与发展、城市规划学科的形成与发展、城市规划的内容与任务、城市规划体系等知识模块，将具体理论知识融汇其中。

3.2 构设以“问题”为引导、以“讨论”为手段的授课模式

针对课程所属知识模块框架的结构体系，构设以“问题”为引导、以“讨论”为手段的授课模式，具体如下：

3.2.1 讨论前准备

(1) 根据教学大纲，结合实际内容，设计好不同知识模块讨论题目；

讨论式课堂教学的关键在于教师通过设计教学讨论题目来引导学生参与讨论，可以说讨论题目的设计直接关系到课堂讨论的质量。在开展讨论式教学时，设计的问题应根城市规划初学者特点，符合学生的实际，在此基础上紧扣教学目标和知识构架。

通过构建对相关城市理论、城市问题的：讨论沟通——理论传授——实际调研——进一步讨论研讨的“讨论式”教学过程，对城市规划理论课程进行优化，使理论与实践更加紧密结合，同时使初学者在学习城市规划相关理论的同时以家乡城市，所在城市或特殊城市为蓝本，形成专业的视角，锻炼学生的自我学习能力、对于城市问题的发掘研讨能力、团队配合能力、表述能力等各项综合能力，培养高素质人才。

(2) 提出题目后，对讨论的主题范围、讨论的标准等做出一个相对明确的说明；

题目在每堂理论课程之前提出，结合相应的知识构架，在提出题目的同时提出要学习的理论知识专题，给学生留下一定的时间让其在课下查找相关资料，如通过推荐相关网络、书籍、期刊等途径去搜集资料，整理自己的认识和体会，写出自己的发言提纲。

(3) 制定讨论式规划概论课程学习的评价标准，以

期达到对课程进行科学客观的价值判断，来改进学生的学习方式、促进学生的全面发展。

3.2.2 根据授课内容和阶段提出多样化适宜性的讨论模式

(1)“问题型”讨论模式

在每个知识结构讲解之前，通过公共信箱提出相关理论知识概述以及相关问题，学生利用课下时间搜集相关资料，整理回答提纲，在上课前预留10～15分钟进行回答和讨论。在讨论式课堂教学中，主要采用一位或几位同学发言主讲，其他同学进行小组讨论或全班讨论的方式。一般说来，小组讨论比较灵活，每个学生都有发言的机会。可以由各小组推选出代表，对本组的讨论进行总结，然后再进行组间讨论。对于部分适合学生自学的内容，我们还可以采取学生自学自教的方式，在讲解过程中，倾听各种不同的观点、意见，教师要做好笔记，对学生的观点做出综合分析、合理评价、正确引导。在主讲同学发表完自己的观点讨论时，可以让学生阐述各自所想，但应加以引导，不应偏离主题太远，致使课堂混乱。

学生讲完、讨论结束以后，教师就做出总结性的发言，对讨论中学生忽视和挖掘不深的问题逐一指出，然后结合实际情况再进行比较细致的讲解和分析。帮助学生整理课堂讨论时的一些重要观点，把涉及的理论问题体系化、清晰化。在此基础上，要求学生根据讨论的内容，再重新整理自己的认识，以使课堂讨论式教学达到最大效果。

(2)“报告型”讨论模式

理论知识讲授期间，结合知识构架和教学目标设置如“图解城市”“城市问题调研”等实践环节，对于家乡城市或所在城市提出相关城市规划问题，学生结组，利用课上及课余时间进行实践调研，结合相应文字和图片资料的搜集整理，形成书面文字成果和报告成果。报告成果同样以课堂讨论的形式进行探讨，使理论很好的与实践相结合，增强对学生的自我学习能力、对于城市问题的发掘研讨能力、团队配合能力、表述能力等综合素质。

3.3 设置科学的评价体系，并通过对教学实例的分析加以论证

科学的评价体系是引导教学方式方法发展、推动其不断前进的重要手段。处于不同发展阶段的教学方法研究，其科学评价体系应有适时的评价目标和评价重点及对原有的体系进行必要的调整的能力，以确保教学目标的实现。另外，利用一套行之有效的科学评价体系对教学研究活动进行监控，也是对教学研究活动进行有效控制和管理的重要手段。

针对城市规划概论课程中“问题型”和“报告型”讨论教学方法和实践调研制定相应的科学评价体系，其中包括讨论评价表、学生自评表和教师控制评价表等，以期达到对课程进行科学客观的价值判断，一方面改进学生的学习方式、促进学生的团队配合能力，实现学生综合能力的全面发展。另一方面对于讨论式教学方法在城市规划概论课程中的探讨与实践也起到监控和管理促进作用。

4 结语

有位教育家曾说：教学既是一种科学又是一种艺术，是一种创造性的劳动，没有固定的格式。随着我国素质教育的不断推进，在本科教学尤其理工类院校的专业理论课程中开始越来越注重运用这种“讨论式”教学模式。作为以培养高素质技能性的城市规划人才为目标的城市规划相关理论课程，这种以培养学生的创新精神和实践能力为重点的教学模式，更应该得到大力的推广、大胆地尝试和不断探索。

参考文献

[1] 张健．实施“讨论式”教学的几点思考［J］．四川教育．2001，7：52～53．

[2] (捷克)夸美纽斯，傅任敢译．大教学论［M］．北京：人民教育出版社，1984：2．

[3] 张传萍，叶平．“讨论式教学”探析［J］．新课程论坛．

[4] 刘伦钊．高校课堂讨论式教学探讨［J］．襄樊学院学报，2005，3．

[5] 陈照辉．对讨论式教学方法的探讨［J］．重庆科技大学学报(社会科学版)，2006，增刊．

[6] 钱长伟．钱长伟谈高校教学改革［J］．成才导报，2001，3．

建筑学专业《城市规划原理》双语课程改革方案

王　芳

摘　要：《城市规划原理》是建筑学专业的专业基础核心课程之一，但因本校2004版教学计划安排课时不足，在全面介绍规划学科框架和突出学科重点、介绍学科前沿等方面存在矛盾。从2004年开始，本校建筑学专业以建筑学的教学为基础分成建筑学和城市规划两个专业方向并行培养，原有的课时和学期设置无法兼顾专业入门指导和基础原理教授这两个方面的要求。本文将从这两个方面入手，结合本课程的双语建设和教学实践提出可行的教学改革方案：在建筑初步课程中加入规划抄绘——弥补规划初步课程的缺失，将原有规划课程一分为二：城市规划导论（双语）+城市规划原理，分别建设成为专业入门指导课程和专业基础核心课程，安排在适当的学期，这样既为学生选专业方向提供更加全面科学的专业指导，又保证了基础核心课程的系统理论讲授的要求。

关键词：城市规划原理，核心课程，导学课程，双语教学，专业方向

1　课程现状总结

1.1　课程性质

根据高等教育建筑学专业指导委员会提供的建筑学专业课程设置方案，《城市规划原理》课程是建筑学专业必修基础课程之一，一般在高年级开设，例如华侨大学建筑学专业在三年级第二学期开设，东南大学建筑学专业在四年级第一学期开设。同济大学城市规划专业则分成原理1，2和专业讲座三部分进行，设置时间横跨了三、四、五年级。这门课程主要是系统讲授城市规划设计及其管理的基础知识，引导学生们全面认识城市和城市规划科学，对于建筑学学生的专业视野可以说是一次全面拓展，对于城市规划专业而言就更是专业基础的重中之重了。

1.2　课程设置及教学现状

本校建筑系《城市规划原理》课程设置在本科三年级第一学期，课时为32学时，以讲授为主，考核方式为闭卷考试。自2004级开始，因为学科建设的需要和相应的时机，建筑学专业分设建筑学方向和城市规划方向，目前两个方向设置的《城市规划原理》课程内容和学时暂时延用建筑学的大纲。

1.2.1　课时偏少

《城市规划原理》课程有全国统一的高等教育统编教材，篇幅较巨，内容详尽，通常城市规划专业课时设置不少于64学时，同济大学的《城市规划原理》是国家精品课程，课时安排也相对较多，总数达到了92学时，东南大学和华侨大学建筑学专业设置有48学时。目前本校的建筑系两个专业方向学时安排皆为32学时，学时设置偏少，在实际教学中，通常只能对教学内容有选择地介绍，难免顾此失彼。而规划与时代生活政策的同步性较强，需要有一定的灵活度以便联系实际，现有的学时数难以有效地安排，总的来说在教学实践中学时明显不够。

1.2.2　先修课程缺失

在《城市规划原理》课程之前，本校建筑学专业只有一门理论课程《中国建筑史》开设在二年级，而建筑学包括城市规划方向的学生接受的初步训练都是建筑初步训练，所以学生在三年级第一学期刚接触《城市规划原理》时几乎没有什么先修课程作铺垫，在有限的课时中要从专业的角度来接受规划的系统理论，难度很大。在庞杂的内容和考试的双重压力下，学生往往产生实用主义的反应，不能真正提起兴趣来学习。

1.2.3　后续课程不完善

《城市规划原理》课程之后，建筑学在四五年级开设

王　芳：中国矿业大学建工学院建筑系讲师

了诸如《城市设计》、《居住小区规划》等有限的规划相关课程。总的来讲相关课程偏少，而且没有构成完整系统，特别是对于城市规划方向的学生来讲，缺少区域的、地理的、经济的、社会学方向的专业选修课支撑，而这些在原理课程中只能点到为止，学习的重要知识点得不到强化，远不能满足专业培养的要求。建筑类专业如东南大学的专业课程设置至少包括：城市中心区发展与规划、城市环境与城市生态、城市道路与交通、城市地理学、城市规划管理与法规、房地产经济导论、居住环境与住宅设计原理等。总的来讲，除了拟开设的总体规划设计课程，城市规划方向的教学还应该在后续课程设置上加入多层次的规划设计课程。

1.3 原因浅析

学科的建设直接影响到课程设置的完善程度，本校建筑学自成立以来，一直隶属于建工学院，建筑学并不是其重点发展的专业，学校的建设投入客观地来讲还是比较有限的。自2004年开办城市规划方向以来，学校加紧对建筑学学科进行建设，但是城市规划专业要求与建筑学具有的差距和有限的资源很难短期就改变。

从一门专业课程教学过程中产生的一些表面现象稍加分析，我们可以发现一些更深层次的影响因素。在目前高考选择志愿的环节中，学生们并不能够做到完全自主，学生入学前，学生对于自己的专业了解并不充分，入学以后有很多学生并不满意自己的专业，觉得与自己的兴趣和志向不符而想要转换专业。目前本校针对一些高分录取的学生开设了理科高分班，在学习的前两年并不涉及专业领域的学习，三年级再根据自己的兴趣和特长来选择专业。虽然这样对于专业训练有一定的影响，但是这样的选择往往是学生真正热爱并愿为之努力的专业方向，就目前实行的效果来看还是很好的。

而目前建筑学的课程设置，学生在三年级进行专业分方向之前，基本接触不到规划专业的知识，那学生的选择无疑又产生了盲目性——盲目地选或者不选。这就需要在低年级对其进行必要的规划基础知识的普及，以便给学生选择专业方向提供必要的导学知识。

2 课程建设的必要性

根据本学科专业以及学生发展的需要，对于《城市规划原理》课程宜进行分方向、分层次、分阶段建设改革。

2.1 建筑学专业发展的需要

目前我院的建筑学专业蓬勃发展，硕士点也已经增加至两个，本科也已经在建筑学高年级(三年级以后)开设了城市规划方向，即将迎来第一批毕业班学生，对于城市规划方向的学生来讲，核心课程《城市规划原理》课时和内容深度的拓展是必然的，而对于建筑学，在目前城市化日益加速的大建设的背景之下，强化关于城市规划基础知识和系统理论也是极为必要的。

2.2 学生发展的需要

首先是提供专业的引导，这也是充分考虑现阶段分专业教学的实际需要。目前在经过两年的建筑学专业基础训练之后，二年级期末学生们面临入学后的第二次选择——分专业方向，因为没有接触规划知识的专业学习渠道，绝大多数学生对于规划专业的了解还是比较贫乏肤浅的，所以在这样的情况下做出的选择还是仓促和盲目的。这就需要在二年级设置导学课程的来补足这个缺失。

2.3 课程体系建设的需要

2.3.1 课程自身建设的需要

目前《城市规划原理》的目标是建设成双语教学课程，但是在建设过程中，由于这门课程的一些特点，建设完整的双语课程存在一些难点：由于现在的原理课囊括了规划历史、设计、管理、实施、法规等诸多的内容，各部分内容差异相当大。有些内容非常适合用英语教授，如现代城市规划理论、城市化历程等，基本上由国外引入国内的；而关于规划管理和实施，城市规划法规等的知识，这是城市规划原理非常重要的一部分内容，但国内外由于国情特别是行政制度的差异巨大，基本上很难用相应的英语注解或者解释。总的来讲，如果开设较为浅近的导学课程，不必涉及深刻的社会制度、严格的专业技术、繁琐的法规条文，对于本科阶段的学生而言，则设置成双语课程更为合适。

2.3.2 完善课程体系的需要

无论从建筑学方向还是城市规划方向来看，目前的

城市规划原理课程的学时都是偏少的。对建筑学方向而言，由于现在的从业环境是快速城市化的建设大发展，所以更应该了解城市规划的知识，在目前增设规划专业系列选修课程比较困难的情况下，适当加大原理课程的学时就可以暂时弥补这个紧缺的情况。对于城市规划方向来讲，逐步建立起完善的专业课程体系是必然趋势。目前初步课程的缺失，对于城市规划原理的教学产生了直接的不良影响，所以在原理课程之前安排适量的专业基础课程，适当增加学时数，延后原理课程开设的学期，逐步建设足够的后续课程来消化基础知识，是非常必要的。

3 课程建设方案

综合上述问题的提出与本系未来学科发展的需要，提出以下将原有《城市规划原理》分解重组优化的一套课程设置方案："规划初步"环节+"城市规划导论(双语)"+"城市规划原理"。

3.1 《规划初步》——结合建筑初步，设置在建筑学一年级

在目前的情况下，城市规划本科专业尚未设置《规划初步》，考虑到工科类城市规划专业的初步训练课程与建筑初步有较大的重合，包括：线条、色彩、渲染、钢笔字等，可以在建筑初步的课程中，加入城市规划抄图的训练作业，首先可以培养学生对于规划图形图例的感性认识，这对于建筑学方向的学生也不无裨益。当然在现有的课程较为完善的情况下，可以列为学生选做的作业，给学生一定的自主选择权，学生可以根据自己的时间和兴趣来决定是否选作此项。

这样一来，学生在一年级的时候被动地认识了某一层次规划设计的初步形态——有别于建筑设计的一种设计图形，对于规划应该会产生初步的认识。

3.2 《城市规划导论》(双语)——规划知识导学课程，设置在建筑学二年级

3.2.1 设置规划导学课程的必要性

《城市规划导论》课程应设置为城市规划知识的导学课程，建议学时16~24，主要介绍城市规划发展的背景、当前国内国际规划领域的热点、发展趋势等，不涉及专业性较强的原理和技术知识。这样可以使学生对于城市规划专业有一个较为现实的概念，给学生二年级学年末的分专业方向提供了个比较科学的参考，在这个基础上学生可以根据自己的爱好程度和未来发展目标选择专业方向，避免盲目选择。而这样的课程对于建筑学的学生来讲也是拓展视野、了解建筑师的从业大环境的一条途径。

3.2.2 《城市规划导论》设置成双语课程的有利条件

从二年级上学期开始，学生开始英语考级，这个时间学生的英语学习花费时间很多，比其他年级更有积极性和学习氛围，此时开设一些与专业相关，又不过分深奥博杂的专业导学双语课程，可谓非常适时。目前专业课程的某些内容，比如《城市规划原理》当中很大部分涉及到政府管理和规划实施以及规划层面的知识，往往很难也没有必要使用英语解释，无谓地加大了教学的难度。而《城市规划导论》课程却很合适使用双语教学，很多规划的研究热点聚焦于社会民生问题，学生很容易从目前的主流媒体渠道获得认知，同步的英文资料也比较丰富，这样也有利于学生的理解和学习兴趣的培养。

3.3 《城市规划原理》——专业核心课程，适时设置在两个专业方向的高年级

经过一年级和二年级的入门和导学课程之后，可以在三年级以上开设《城市规划原理》，系统地讲授城市和城市规划的基础知识和专业理论。参考国内其他高校的课程设置方案，可以在城市规划方向三年级以上设置不少于64学时的原理课；而在建筑学方向，则建议在四年级开设不少于32学时的原理课程。这样一方面可以补充目前规划专业方向专业课程设置偏少、不够完善的不足，也针对建筑学的特点，在进行一定的专业理论知识的学习之后在进行这门课程的教学，有利于学生更好地消化所学的知识点。

4 结语

无论是从专业学科和双语教学发展的需要，还是从学生发展的实际需求出发，这样的课程分层设置，逐级递进，更加容易取得好的教学效果，也更有利于建筑学专业的多元化发展。

参考文献

[1] 高等教育建筑学专业指导委员会建筑学专业课程设置方案.
[2] 东南大学建筑学专业04版教学计划(本科五年制).
[3] 华侨大学建筑学专业04版教学计划(本科五年制).
[4] 中国矿业大学2004版本科教学计划大纲汇编(本科五年制).

《中国城市化发展与文化遗产保护》的教学设计与思考❶

李永浮　孙　玉

摘　要： 现代化，就是从传统农业社会向着重利用科学和技术的城市化和工业化社会的一种巨大转变。它是人类历史上最为剧烈的、深远的且无法避免的一场社会变革，传统社会模式受到冲击和破坏，无一例外。文化遗产也同样未能幸免，包括我国在内的世界各国，不知有多少珍贵的文化遗产被摧枯拉朽般无情摧毁。就我国时下而言，快速城市化发展与遗产旅游大众化，可算是文化遗产的无情杀手。所以加强文化遗产的保护、宣传和教育已是刻不容缓，提高公众认知也是文化遗产保护的重要环节。

基于上述认识，本课程的教学内容安排如下：①世界文化遗产在中国——通过图文与视频等多种教学方式，对我国35处世界遗产进行点评和鉴赏，加强学生的民族自豪感和责任感。②文化遗产的旅游与保护——探讨遗产保护的原因、遗产旅游的影响，遗产保护利用的类型与方式等。③历史文化村镇保护纪实——以乌镇、南浔和同里等江南水乡名镇为例，分析现代化进程对文化村镇保护的冲击与挑战，以及合理制定文化村镇保护规划的紧迫性。④北京历史文化名城的保护与发展——以建国以来北京城墙与四合院的命运为线索，阐述旧城改造中文化遗产保护的严峻现实和强大阻力，正视现代化进程对文化遗产保护的冲击，和文化遗产保护所面临的困惑和抉择。⑤简要阐述城市建设与加强文化遗产保护的战略思考。此外，因为学生大都来自美术专业，在教学内容、教学方法和期末考核等方面，都有别于工科的建筑院校，具有鲜明的美术院校特色。

关键词： 城市化，现代化，世界文化遗产，历史地段，历史文化村镇

1　引言

2002年10月22日至23日，中国高等院校首届非物质文化遗产教育教学研讨会在北京中央美术学院举行，会议由联合国教科文亚太地区机构和国家教育部主办，中央美术学院非物质文化遗产研究中心承办，主题就是非物质文化遗产与大学教育、学科建设等相关问题的探讨。这次大会标志着中国教育体系真正开始把民族、民间文化资源引入高校教育教学体系中，预示着多元文化在大学教育中的实现，与文化遗产相关的新学科也必将诞生。

2006年6月10日，作为我国第一个“文化遗产日”，必将永远载入文化遗产保护的史册。通过“文化遗产日”的一系列纪念活动，进一步增强了全社会文化遗产保护意识。这次纪念活动也促使城市规划工作者进一步思考，城市化进程的加快会对文化遗产保护带来怎样的冲击？文化遗产保护与城市规划、建筑设计和城市发展与管理有着怎样的关联性？以经济利益为首要目标的旅游业，同样也给文化遗产保护事业巨大影响，我们又该如何趋利避害呢？不仅我们苦苦思索这些问题，有许多专家为文化遗产保护大声疾呼并身体力行。阮仪三教授就是其中的杰出代表，他只身介入具体矛盾之中，以学识匡正谬误，以行动解决问题［2：序言］。他的学术专著《护城纪实》和《城市遗产保护论》更使我们获益匪浅。

早在1998年春季，北京大学就开设了《世界遗产》课程，当时为全校选修课。从1999年开始，《世界遗产》课已经入选首批“素质教育通选课”，由于选课学生特别多，故而从每学年开1次改为每学期开1次。这门课程的开设，得到了联合国教科文组织驻北京办事处的大力

❶ 基金项目：国家自然科学基金项目（50678088）、国家科技支撑项目（NO. 2006BAJ14B08）和北京自然科学基金项目（4063038）。

李永浮：上海大学美术学院建筑系副教授
孙　玉：上海大学美术学院建筑系副教授

支持，办事处代表与师生见面，介绍教科文组织世界遗产委员会的工作情况，赠送有关世界遗产的书籍和图册，还对成绩优秀的学生给予奖励。几年来，教科文组织的赠书和奖励做法一直没有中断。

当美术学院提出，要新开设一门全院选修课时，有关文化遗产保护专题就成为我们的首选：如前所言，积极保护文化遗产的社会环境正在营建；兄弟院校已经奠定了良好开端；专家学者作为先行者，进行了理论和实践方面的有益探索；我们美院建筑系新开设了城市规划与设计本科专业，等等。笔者认为，新开设的这门课程，应该以快速城市化条件下文化遗产保护的现状、问题与对策为重点内容，因此课程名称定为《城市化发展与文化遗产保护》。如此看来，既是机缘巧合，又可谓水到渠成啊。

2 教学内容的安排

选修这门课程的学生，都是来自版画、雕塑、油画和美术史等专业。对城市规划和城市发展的相关理论缺乏了解，但可以从美学角度来欣赏和诠释古建筑、古村落等文化遗产。美术史专业除外，学生们大都美术功底较强，能临摹课上所讲的古建筑和古村落，绘出水彩画、铅笔画或油画等。这样便把美术绘画与古建筑保护巧妙结合起来，大大增强了学生的参与意识。所谓因材施教，就是针对学生之各异，施以不同的教育。为此我们重新编排了教学内容，理论部分压缩，加强乡土教学内容。努力建成美术院校特色显著的文化遗产课程。

2.1 中国的世界遗产项目评介

主要介绍世界遗产地的历史沿革，主要旅游线路设计、主要景点和景区、以及遗产地的优秀游记。当然，截止2007年，中国共有35处世界遗产项目，我们只能有选择地加以评介。还对遗产地的保护现状与存在问题，引导同学们进行讨论。

2.2 历史文化村镇保护

主要江南水乡古镇为例，如周庄、同里、黎里、甪直、南浔、乌镇等。这些古镇虽然现在声名远播，中间却有着规划、开发和保护的曲折过程，发生了许多鲜为人知的故事。分析案例主要选自阮仪三教授的《护城纪实》，从规划师的独特视角和经历来讲述，更具说服力和感染力。在纪实性的讲述之后，再阐述古镇保护理论与方法。

以黎里为例，1985年春，阮教授一行向镇长表示愿协助他们做建设规划，却被镇长蛮横拒绝，“怎样建设由镇上说了算，不用你们来过问。老街古宅没有必要保护，妨碍现代化的一律要拆除。你们这些知识分子脱离实际，到我们这里来搞什么教学，我们不欢迎”。末了，镇长还叫食堂不卖饭，以羞辱他们，让其难堪。后面的盛泽和震泽二镇也是境遇相似，大败而归。这些古镇的许多古建筑都在现代化建设中毁灭了，让人痛心疾首，几欲落泪。再后来，他们改变策略，去了周庄、乌镇这些交通不通畅的地方，才有了保护规划的实现。这些生动的事例，在课堂上引起了强烈共鸣，同学们义愤填膺，感慨良多。他们对此进行了深入思考，在期末小论文中阐述了自己的观点，有些观点颇有见地。

2.3 旅游开发与文化遗产保护的冲突

因有良好的社会经济效益，文化遗产旅游开发得到各地政府的高度重视。比如，在扩大就业机会、增加税收、增加地区收入以及刺激本地企业活动等方面，都有极大潜力。遗产旅游素来为专家学者所诟病，因为政府近乎杀鸡取卵，或是大拆大建，推倒旧建筑，代之以仿古建筑，用假古董博取短期利益；或让历史街区居民统统搬迁走人，把民居改作旅游和文娱设施，以表演性的仿古活动来取代真实的传统生活方式和习俗。遗产旅游支持者总是声称旅游业为遗产保护提供资金支持，实际情况却相反，欠发达国家与地区的遗产旅游收入往往用于那些与遗产保护不相关的项目了。

以宏观为例，其旅游经济权出让给黄山京黟旅游开发总公司，出让期限一签就是30年。据黄山市旅游局介绍，在1999年，京黟公司曾经分别与宏村镇及宏村村委会签订过一个补充协议，规定每年门票收入的95%为公司所有；1%归宏村并由京黟公司再支付9.2万元；4%归镇政府并由京黟公司再支付7.8万元。显然，公共利益与经济者利益之间已经大大失衡，如何保证不让公有财产蜕变成“图例他人”的工具呢？其实，不仅古村落如此，大城市也遭遇同样的困惑，协调旅游发展与文化遗产保护之间的关系，乃是本课程的教学重点之一。

2.4 城市化发展对文化遗产保护的冲击

20世纪90年代，在房地产开发的冲击下，许多大城市的历史街区被拆建重建，受到严重破坏。传统民居成片拆毁，仿古建筑取而代之，既破坏了旧城整体环境，又使居民因拆迁而生活重陷困境。如沈阳市，几年内就将保留着城市原来历史风貌、文化遗存和地方风情的旧城区基本拆迁改建完毕，传统风貌荡然无存。还有杭州的清河坊街，推倒真古董，修建假古董，实足一条粗俗的仿古旅游商业街。此外，绍兴古城、福州的三坊七巷、徐州的汉街，类似情况时有发生。

通过讨论让同学们理解，历史街区保护规划的目标，是在改善居民生活环境基础上实现街区社会的良性循环，街区整治既要保证传统风貌的真实性、整体性、历史连续性，更要保证街区的活力。

2.5 北京历史文化名城的保护与发展

这是收宫之笔，以前面的水乡名镇和文化名城为铺垫，再讲北京文化名城保护与发展，将会激起他们的好奇心与求知欲。北京文化遗产的保护，同样是问题与成绩并存。从建国初的“梁陈方案”说起，师生直面北京城墙和牌楼等古建筑的多舛命运；1990年代以后，北京四合院遭遇更大的不幸，在旧城改造与更新的大旗下，许多质量完好的名人故居都被野蛮拆毁，有识之士尽力呼救但收效甚微。更为恶劣的是混淆视听，把在古城进行房地产开发等同于“发展”，而“发展是硬道理”。把剃光头式的拆除古城机体的“旧城改造”说成是为了提高居民生活水平，给老百姓办实事。更有一些人，把拆除原有真正的古建筑，例如四合院，再造新的“仿古四合院”，叫做“保护历史文化街区”。只把旧皇城里6.3%的建筑“保护”下来，号称“整体”保护皇城等。

一幕幕城市遗产悲剧的上演，让同学们清醒地认识到，旧城改造中文化遗产保护的严峻现实与强大阻力，现代化进程对文化遗产保护的冲击有多么可怕，无论现在还是将来，城市文化遗产保护都面临着巨大困惑和痛苦抉择。

最后，简要阐述城市建设与加强文化遗产保护的战略思考。包括历史街区的整体保护和有机更新，区域整体协调发展，跳出旧城和发展新区，注重保持和发扬城市特色、扩大文化遗产保护领域、注重保护与利用相结合等等。

3 教学手段与教学方法的选择

3.1 鼓励学生独立思考，积极参与讨论

围绕古老建筑和深宅大院的拆保之争，使城市旧城区演变成不同利益集团激烈交锋、狼烟四起的战场。政府和房地产开发商处于强势，旧城区的居民永远处于劣势，他们纵然使用浑身解数，到头来也只有挨刀的份，管你什么“钉子户”、“联名上访”、“诉诸法律”，“专家学者声援”，全都白搭，不治罪算你走运。每每讲到这里，教师似有鲠在喉，胸有块垒，不吐不快；同学们更是义愤填膺，偶尔听到几句骂声。因此，我便抓住时机，结合实际案例，引导同学们独立思考事件背后的玄机，大家积极参与讨论，各抒己见，气氛热烈，效果甚佳。

以舟山市定海古城为例，1999～2000年，浙江定海古城的拆与保之争惊心动魄。舟山市政府不顾市民、专家、国家文物局和建设部的反对，将古城推倒铲平，野蛮行动使花园变成废墟。他们打着“旧城改造”的幌子，声称“广大居民要求改善居住环境的呼声很高；城市的面貌需要不断更新；舟山市土地资源十分紧缺”。面对市民、专家、钉子户、主流媒体、省文物局、省建设厅、省人大教科文卫委员会、国家文物局、国家建设部等强烈反对、抗议和干预，舟山市“五套班子”毫不示弱，统一认识，加快“旧城改造”的拆迁工作，于2000年5月15日，将各方竭力保护的刘宅强行拆毁。这个案例为我们提供了许多值得思考的问题：“权大于法”，“法院不依法行事，以长官意志办案”。试问，连国家法律法规(《文物保护法》和《历史文化名城保护条例》)都无能为力，还有什么能够保护文化遗产？更可悲的是，类似闹剧也在其他城市重演。

3.2 结合科研项目，实行范例教学法

浙东宁海县前童古村落是我们建筑系的实习基地，以前童村南大街历史地段保护与更新为题，毕业生真题假做，共分6组进行毕业设计，其中优秀作品装订成册，供内部交流使用。❶ 因此，我们就把该项目与文化遗产

---

❶ 上海大学美术学院. 上海大学美术学院建筑学2008毕业作品集（内部稿）[M]. 2008.

教学结合起来，作为案例教学素材。在讲授江南水乡古镇文化遗产保护时，先简要介绍前童村的区位条件，以及历史、文化、商业等发展概况，再把它与南浔、周庄等古镇相比较，分析前童村的不足与优势。把建筑系6组同学的毕业设计方案在课堂上展示，请大家各抒己见，评头论足。这样，古村落文化遗产保护就不再是纸上谈兵。最后，老师针对大家的意见与分歧，加以总结归纳，力求简明扼要，画龙点睛。

这些毕业设计方案，本来就不是定论，允许同学们指手画脚，高谈阔论，他们的积极性和创造性得到极大地发挥，其中不乏创意和真知卓见。通过案例教学，还培养了学生多向的、发散型思维方式。

3.3 多种教学形式互补使用，大大改进教学效果

在课堂教学中，我们灵活运用图表、图片、视频等多种信息载体，把讲座、演示和视听教学等多种形式彼此穿插，相辅相承，大大改进了教学效果，而且始终贯彻“以学生为中心”的教学思想。以武当山古建筑群为例，先对武当山的概况和主要特点做简要介绍：丹青长卷、天下奇观，道教名山、推崇真武，政神合一、皇家大岳。接着，配合图片播放，对古建筑群中太和宫、南岩宫、紫霄宫、遇真宫4座宫殿，以及玉虚宫、五龙宫2处遗址，进行简明扼要的点评，重在说明它们的艺术特点和历史价值。然后，播放片武当山世界遗产的视频片断，[1] 长约为15分种。最后，再用一幅武当山旅游路线图，把主要景点、景区串联起来，从而对武当山古建筑群构成整体印象，还可温故而知新。当然，上述内容的演示，都可通过“计算机+投影仪”组合来完成。

4 教学考核的方式与效果

在《城记》中有这样一段“北京外城墙从1952年开始被陆续拆除，在不到10年的时间里即被拆光。那个时候，有一位年轻人背上了他心爱的画夹，踏上孤独的旅程。他要为他所热爱的古城墙作最后的“遗照”。在城墙被陆续拆除的岁月里，这位年轻人以写实的手法绘制了大量古城楼水彩画，它们在今天已成为不可多得的研究北京古城墙的珍贵史料……他就是北京市文物研究所顾问、北京电影制版厂一级美术师张先得。”在心灵受到强烈震撼和感动之余，我们也深受启发，要针对同学们的美术背景，灵活选择考核方式。

我们采取两种考核办法，同学们自由选择。第一种，写一篇学术论文，字数要求为4000～5000字，题目自己拟定，主要探讨某个文化遗产地保护的现状、问题与对策。这主要针对美术史专业的同学，他们几乎没有绘画基础。第二种，写一篇1000字以上的小短文，介绍某个景点、景区或古建筑等，对这些文化遗产提出自己的保护建议。在文章后附上一幅绘画，要与文中所介绍的遗产地有关，素描、水彩画或油画皆可，这主要针对版画、油画和雕塑等专业的学生。

从期末考核的实际情况看，同学们的选择与上文分析基本相符，美术史专业的同学擅长撰写论文，选择第一类；非美术史专业的选择第二类。只有几个同学例外。30个同学中，有13位选择第二类考核方式，有的绘画作品真是让我有几分惊喜(图1、图2)。

图1 北京的古建筑(作者：于洋)

谁曾想到，一个美术师用他手中的画笔，在工作之余赶赴拆除现场，记载下古城墙的风烛残年，却成为将来研究古城墙不可多得的珍贵史料！相信我们美院的同学也能像前辈一样，用手中画笔，为文化遗产立此存照。更重要的是，学习前辈对祖国文化遗产的痴情和衷爱。

---

[1] 这部纪录片由国内多所重点大学和专业研究机构参与撰稿，历时5年制作完成，它集思想性、知识性、趣味性于一体，有很高艺术水准，实为难得的教学资料。

图2 天坛(作者：应莺)

5 总结与讨论

5.1 主要教学特色

5.1.1 使用旅游线路把遗产地的内容串起来，并把文字、图表和视频等多种媒介结合使用，讲解生动有趣，大大增强同学们的好奇心和学习兴趣。所谓“知之者不如好之者，好知者不如乐知之者”。

5.1.2 内容逐层展开，由浅入深，由总到分再到总，形成“合—分—合”的结构。世界遗产公约简介、世界遗产的中国项目就是总论，让同学们先对课程全貌有所了解。其次，有选择地讲述我国的世界遗产项目，从水乡古镇和文化名城二方面论述文化遗产保护现状、问题与对策，此为分论。最后，以北京历史文化名城的保护为例，探讨文化遗产保护中城市化和现代化带来的巨大冲击，提出城市旧城和历史街区等文化遗产保护的策略，此为总结。

5.1.3 弱化理论，加强案例分析，帮助学生了解我国文化遗产保护所面临的严峻现实。之所以如此，是考虑到学生美术专业背景。而且，归纳法也是学生获取知识的重要途径。

5.1.4 结合时事，加深对书本知识的理解。在授课过程中，恰逢汶川大地震给中国人民造成巨大灾难，不但群众生命财产损失惨重，文化遗产也遭到重创。我们从网上及时查找相关资料和图片，补充到教学内容中。同学们内心再次受到强烈震撼，对文化遗产的巨大损失深感痛心，对文化遗产的脆弱性、遗产保护的重要性和紧迫性有了更深的体会。

5.2 讨论

随着工业化与城市化进程的加快，特别是全球化时代的到来，人类珍贵的文化遗产受到强大冲击。城市老城区和古村落的传统建筑、装饰和风格在现代化建设的浪潮中消失，取而代之的是大型钢筋水泥建筑——这些现代与后现代建筑风格平淡乏味，缺乏传统建筑的个性风格、独特魅力与艺术价值。因此，文化遗产保护成为全世界的共识，《保护世界文化和自然遗产公约》的签署，就表明国际社会有责任通过集体援助，共同参与保护具有突出普遍价值的文化遗产和自然遗产。

公众认知是遗产保护不可或缺的重要环节，通过教育使当地居民认识到文化遗产保护的重要性，并理解现代化与文化保护之间建立平衡关系的必要性和紧迫性。为此，我们开设了《城市化发展与文化遗产保护》课程，加强学生的素质教育，适应和满足社会需求。

作为美术学院的全院选修课，学生来自美术史、板画、油画和雕塑等非城市规划专业。我们在教育方法、教学内容和教学考核等环节，都进行了有益探索。从考核结果看，收效较为满意，但同时也暴露了诸多问题，以后将逐步改进，进一步提高教学质量。

参考文献

[1] 陈孟昕，张昕. 中国高等院校首届非物质文化遗产教育教学研讨会综述 [J]. 湖北美术学院学报. 2002，4：61～62.

[2] 阮仪三. 护城纪实 [M]. 北京：中国建筑工业出版社，2003.

[3] 晁华山. 世界遗产 [M]. 北京：北京大学出版社，2004.

[4] (英)戴伦. J. 蒂莫西，斯蒂芬. W. 博伊德. 程尽能主译. 遗产旅游 [M]. 北京：旅游出版社，2007.

[5] 阮仪三. 城市遗产保护论 [M]. 上海：上海科学技术出版社，2005.

[6] 古民居考察记. http：//www.southcn.com/weekend/culture/200407010050.htm. 南方网：2004-7-1.

[7] 陈志华. 五十年后论是非 [A]. 见：梁思成，陈占祥等. 梁陈方案与北京 [M]. 沈阳：辽宁教育出版社，2005.

[8] 单霁翔. 城市化发展与文化遗产保护 [M]. 天津：天津大学出版社，2006.

[9] 定海古城不见了. http://www.people.com.cn/GB/channel6/492/20000623/115966.html. 人民网：2000-6-23.

[10] 王军. 城记 [M]. 北京：生活. 读书. 新知三联书店，2003.

[11] 何学林. 中国世界文化遗产和自然遗产. 南京：江苏人民出版社，2002.

基于 Google Earth 等信息网络技术的规划教学改革探索——以“外国城市建设史”为例

章光日

摘　要：近年来随着 Google Earth、Microsoft VE 等一批具有高清晰度城市卫星影像、可以便捷查询与使用的地球信息网络技术的崛起与普及，人们认识城市与区域的方式与视域正发生着巨变。如何将先进的信息网络新技术应用于城市规划的专业课程教学实践已成为当前教学改革的一个重要而行之有效的探索方向。本文以“外国城市建设史”课程教学为例，初步总结了基于 Google Earth 等信息网络技术的专业教学改革、探索经验。实践证明，在教学过程中，利用学生对新信息网络技术的痴迷与热爱，合理应用 Google Earth 等，不仅可以更新传统的教学内容与方式，帮助学生获取大量丰富而直观的学习素材，拓展学生的学习视野，还可激发学生学习的积极性与主动性，增强其专业学习的兴趣与信心，并有效推动其学习方式的转变，提升其学习研究能力。

关键词：Google Earth，信息网络技术，规划专业教学，课程整合，教学改革，外国城市建设史

1　引言

从上世纪 90 年代开始，随着电脑与互联网等的推广与使用，国内规划教育界开始感受到了信息技术的影响；跨入新世纪后，随着国家信息化战略的制定与实施，信息化迅速成为推动规划专业教育改革的主要力量之一，通过以网络技术与多媒体技术为核心的信息技术与专业课程教学的整合，规划传统的教师教学方式、学生学习方式与师生互动方式等得到了全面的革新，教学质量与效率明显提高；近年来，随着 Google Earth、Microsoft VE 等一批先进的地球空间信息软件的出现与普及，人们又进一步体会到了信息新技术对规划教育、教学的强烈冲击。

2　Google Earth 的发展及其特点

2.1　Google Earth 的发展回顾

Google Earth 是一款近年来才发展起来的虚拟地球仪软件，它最早是由一家成立于 2001 年，主要从事数字地图测绘等业务的 Keyhole(钥匙孔)公司开发出来的，直到 2005 年 6 月才由收购了 Keyhole 公司的 Google 向全球推出。这一款软件把卫星照片、航空照相和 GIS 布置在三维的地球模型上，它允许用户通过网络免费浏览全球各地高清晰度的卫星影像。目前 Google Earth 的用户已超过 3 亿，是世界上最为成功的软件之一。

2.2　Google Earth 的特点

2.2.1　影像清晰

目前 Google Earth 全球地貌影像的有效分辨率至少为 100 米，通常为 30 米，但针对大城市、著名风景区、建筑物区域，其分辨率可达到 1 米甚至 0.5 米，其影像清晰度之高已完全能满足城市研究与规划教学的需要。

2.2.2　信息丰富

Google Earth 提供了全球的地貌影像与 3D 数据，其中针对城市的高精度卫星影像总计大于 1000GB，同时它还通过图层(Layers)管理着边界、公园、学校、医院与机场等地理空间信息；另外，通过浏览与 Google Earth 链接的网站，用户还可以方便地查询到许多与地理位置相关的视频、照片与日志等内容。可以说，Google Earth 已成为规划教学取之不竭的信息知识宝库。

2.2.3　使用方便

Google Earth 是“一个可以带你环绕地球飞行并且发现新东西的浏览器”，其界面设计友好，使用操作方便。用户不仅可以随意转动、放大或缩小虚拟地球，可以通

章光日：南京大学城市与区域规划系讲师

过多种方式便捷地搜寻、观察目标地点或区域，可以方便地查询相关图层的信息或链接上相关网站，还可以自由地下载、存储或打印相关数据、网页与影像等。

2.2.4　开放互动

Google Earth还是一款完全开放、互动的软件，用户不仅可以通过其论坛进行交流互动，还可以制作、共享地标，可以上传图片、视频等并将其“钉”在Google的在线地图上，可通过Google Map Make、SketchUp等工具，方便快捷地建立、修改与更新有关城市、街道等的地图。目前其已成为全球参与人数最多的地球信息交流平台之一。

3　Google Earth对城市规划专业教与学的影响分析

如果说网络技术与多媒体技术等信息技术彻底改变了规划传统的教学方式，那么以Google Earth为代表的地球信息网络新技术将再次重构规划专业教学的基础环境，并将进一步引起教学理念、方式与内容体系等方面的革新，因为Google Earth等不仅直接为我们提供了极其丰富的教学素材，也彻底改变了人们认识城市与区域的方式与视域。可以预见，如何将这些先进的信息新技术尽快应用于规划教学的实践必将成为今后改革探索的一个重要的方向。

图1　Google Earth：改变了我们认识城市与区域的方式与视域

（图片来源：http：//www.google.com）

3.1　Google Earth对城市规划专业“教”的影响

长期以来，规划课程的教学普遍面临着一个难题：即无法获得城市地图、照片、影像(特别是高清晰度的卫星影像)以及视频等教学必需素材。Google Earth等的问世可以说从根本上解决了这一难题。通过这些新技术，目前全球主要的城市都已很清晰地展现在人们面前，而与这些城市相关的信息资料更是铺天盖地。对于规划教师而言，目前的苦恼则是如何在浩如烟海的信息网络中尽快找出教学所需的素材。

Google Earth不仅为教师提供了极其丰富、直观、有效的教学素材，极大提高了其工作效率与质量，并明显提升了其教学效果，从长远看，它还将逐步改变教师的角色与作用。传统的教师主要作为知识的传授者、专业的权威者在规划教学中始终扮演着主导的角色，而在信息网络高度发达的环境中，教师与学生在信息知识的占有、使用等方面可以说已经完全或基本平等了，在某些方面教师甚至还处于相对劣势。在这种情况下，专业教师必须更新教学理念，调整教学方式，并尽快实现从“知识的灌输者”向学生专业学习的辅导者与支持者的转变。

3.2　Google Earth对城市规划专业“学”的影响

Google Earth一经问世就引起了规划专业学生的喜爱，并迅速成为他们专业学习超级的信息知识宝库与强大的辅助工具。学生对其痴迷程度甚至超过了某些专业课程。通过Google Earth，他们足不出户，就可以“身临其境”地看到远比理论教科书中描绘的更为全面、真实、清晰的城市空间景象，也可以见识到许多在课堂上不曾介绍过的城市具体案例，并可以随意与远在万里之外的“同学”交流信息与心得体会，这不仅极大拓展了他们的学习视野，也极大地激发了其专业学习的兴趣与信心。另外，学生在接受、体验、使用新的信息网络技术过程中，也逐步改变了其传统的学习方式，他们在教学中已不再完全是被动的知识接受者，数字化的研究式与合作式的主动性学习则将成为其主导的学习方式。

4　Google Earth在外国城市建设史教学中的应用探索

4.1　对外国城市建设史传统教学的反思

外国城市建设史是城市规划专业一门重要的理论基础课程，然而该课的教学也长期面临着不少突出的问题：一是教材建设滞后，国内目前广泛使用的教材❶还是在

---

❶　指由沈玉麟编，中国建筑工业出版社1989年出版的《外国城市建设史》。

上世纪 80 年代编写的，内容已相对陈旧，而有价值的教学参考图书也很少；二是由于无法对国外城市进行实地考察调研，任课教师往往缺乏实际体验与感受，授课主要引用二手资料介绍；三、受历史、传统的影响，教学内容长期以西方为中心，不够系统、全面；四、普遍缺乏地图、影像、照片与视频等直观、形象的教学素材。因此，从总体上看，国内该课的教学仍以课堂知识传授为主，教学方式较为单一，教学效果有待改进。

4.2 Google Earth 教学应用的基本思路

Google Earth 不仅提供了大量的城市空间信息(包括众多高清晰度的城市遗址、城市历史街区、城市历史建筑等卫星影像)，也为师生“现场”考察、了解与研究历史城市案例创造了良好的条件，因此，其对外国城市建设史的教学具有十分重要的应用价值，既可以提高教师的工作效率与教学效果，也有利于将学生对新技术的痴迷与热爱更有效地引导到专业的学习当中，并直接推动其学习方式的转变。

为充分发挥 Google Earth 等先进信息技术的积极作用，必须实现其与课程教学最大程度的整合。这要求我们不能仅仅将 Google Earth 作为一个教学信息资料库、一种辅助性的技术工具，而必须将其全面融入到整个课程的教学体系当中，使其不仅成为推动变革以老师为中心的传统教学模式的重要力量，而且也成为促进学生自主学习、探究学习、合作学习等的有力工具，从而从整体上提升课程教与学的效果与质量，并达到培养学生探索创新精神与研究实践能力等专业教学目标。

(1) 乌尔遗址

(2) 巴比伦遗址

(3) 特奥蒂瓦坎遗址

(4) 波斯波利斯遗址

(5) 克诺索斯遗址

(6) 提姆加德遗址

图 2 Google Earth：让城市遗址的“现场考察”成为现实

(图片来源：http：//earth. google. com)

4.3 Google Earth 教学应用的具体做法

如何将 Google Earth 有效地整合到外国城市建设史的教学当中？笔者经过近一、二年的探索，取得了一定经验，其具体做法如下。

4.3.1 教师课堂讲授与学生自主探索相结合

随着网络的普及，特别是 Google Earth 的问世，规划学生的信息知识来源已不再仅仅局限于书本、教材或课

堂而日趋多元化。在这种情况下，历来注重知识传授的外国城市建设史的教学面临着转型的压力。为适应新的教学环境，笔者认为首先有必要对传统的教学计划与方式等进行适当调整，其关键是要充分尊重学生在教学中的主体地位，把教师课堂讲授与学生的自主探索有机结合起来，逐步使课程教学的重点从以往单纯的知识、理论讲授转向学习资源的安排与协调、学习任务的设计与组织、学习研究方法的训练以及学习目标的控制与效果的评价等，而学生对国外城市及其历史的认知则更多是鼓励他们根据教学要求通过Google Earth等现代信息网络技术自主来发现、获取和丰富。不过，学生利用Google Earth等进行自主探索，必须紧密结合专业的需要与教学的要求，必须要有明确的学习目标和阶段性的任务安排，否则很容易使他们终日沉湎其中，浪费大量宝贵的时间。

4.3.2　区域性研究与专题性研究相结合

研究性学习是专业教育的基本特征与本质要求，这也意味着，在专业课程的教学中能力的培养要比知识的传授更为重要。在以往的外国城市建设史的教学中，由于受客观条件的限制，研究性学习的开展十分困难。Google Earth的出现不仅为我们对绝大多数重要的历史城市进行“现场考察”提供了方便，也为学生开展相关课题的研究创造了条件。比如，为了不使学生认识停留在对个别城市的层面上，我们在教学的过程中，就先后要求学生利用Google Earth等对特定区域的城市进行研究，以从总体上把握城市发展、建设与规划的特征；在开展区域性研究的同时，我们又要求学生利用Google Earth与其他信息技术分别就宗教、政治、经济、社会、文化、技术以及自然环境对城市发展、建设与规划的影响进行专题性的深入探究，以帮助他们建立科学、系统的城市观与规划观。以“城市起源与早期城市发展”单元的教学为例，我们不仅要求学生在Google Earth上找到各个区域的主要城市遗址，还要求他们通过分析比较与文献阅读，总结归纳出各区域城市发展的基本特点与规律；在此基础上，我们还进一步要求他们分析这些特点与规律形成的原因，以便从整体上更好地认识城市发展、建设与规划和区域环境之间的关系；最后，我们要求学生将研究的收获、体会与心得撰写成学习报告，并将其作为学生重要的学习成果纳入课程的成绩考核。通过区域性研究与专题性研究的结合，学生的思考、分析能力提高了，对知识、理论的理解也加深了。

4.3.3　典型研究与比较研究相结合

典型案例在外国城市建设史的教学中具有举足轻重的地位。以往的教学内容基本上都是按历史分期进行组织的，实际上人为割裂了这些在规划、建设史中具有重大影响的典型城市、区域的空间完整性与历史延续性，不利于学生建构全面、合理的知识框架体系。针对这一问题，我们在教学过程中，专门安排学生利用Google Earth等，选择自己感兴趣的某一个具有历史代表性的城市(由教师提供名单，主要包括雅典、罗马、巴黎、伦敦、阿姆斯特丹、莫斯科、纽约、东京等)进行重点研究，要求他们通过网络等收集相关的地图、影像、照片及其他文献资料等，然后通过整理分析理清该城市的发展脉络与空间格局，并深入剖析各个历史时期的规划建设特点，最后形成该城市历史的学习报告。运用这些典型案例的研究成果，我们又进一步要求学生通过相互交流开展一些比较研究，如中外城市的比较研究、东西方城市的比较、东西欧城市的比较、欧美城市的比较等，以逐步加深其对城市发展、建设与规划特点与演化规律的认识。

4.3.4　个别学习与合作学习相结合

将Google Earth等新技术整合到课程教学中，不仅为学生开展个别化的研究性学习创造了条件，也十分有利于推动学生的合作学习。我们在教学改革的过程中，就十分注意利用Google Earth等媒介，积极组织学生进行合作学习、集体学习，如针对区域性或专题性的学习课题，我们就先安排小组对特定区域或某个专题进行研究，然后通过课堂的相互交流，实现知识成果的共享；而典型研究即允许个人独自承担，也鼓励通过合作的方式完成，比较研究则主要是通过交流合作的方式集体完成的。通过个别化学习与合作性学习的结合，不仅提高了学生们的学习效率，也有利于营造良好的教学氛围，并培养了他们的团队协作精神。

4.4　Google Earth教学应用的实践体会

将Google Earth应用于外国城市建设史的教学实践时间尚短，还不能全面评价其影响，不过，从学生的学习效果看，其作用还是比较明显的：①激发了学生学习的热情，增强了其课程学习的兴趣与信心；②拓展了学生的知识视野，有利于其建构全球城市发展的整体观念，

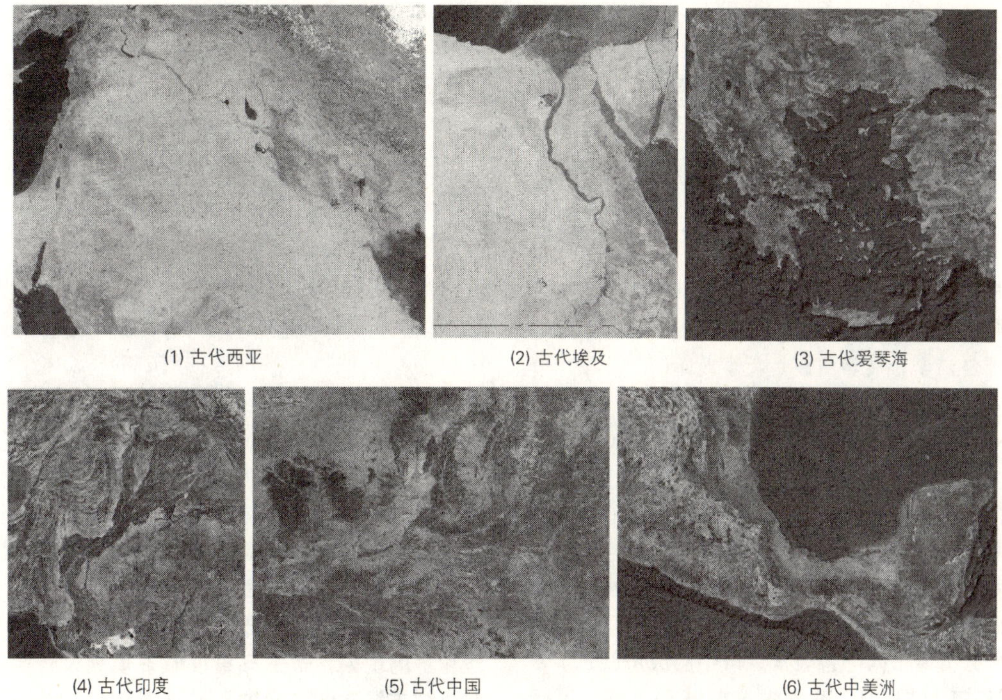

(1) 古代西亚　(2) 古代埃及　(3) 古代爱琴海

(4) 古代印度　(5) 古代中国　(6) 古代中美洲

图 3　Google Earth：早期城市发展的区域环境比较研究

（图片来源：http：//earth. google. com）

有利于其加强对城市区域发展环境与城市形态历史演变规律的全面认知，有利于其深入了解、研究典型城市、区域的发展特征及其空间格局等；③有效推动了其学习方式等的转变，并提升了其学习、研究的能力。

5　结语

信息化是教育有史以来最为深刻的变革，信息网络技术与专业课程教学的整合是城市规划教育改革今后最为重要的发展方向之一。与规划专业密切相关的 Google Earth 等的崛起与普及又让我们进一步感受到了新技术的强大影响。当然 Google Earth 也不是万能的，它并不能解决规划教学中的所有问题，但无论如何，我们必须正视它，毕竟，在信息时代，谁也无法抵挡数字化学习方式的巨大魅力。

参考文献

[1]　陈秉钊. 中国的城市规划与城市规划教育 [J]. 城市规划汇刊. 1994，4：9～11.

[2]　祝智庭. 教育信息化：教育技术的新高地 [J]. 中国电化教育. 2001，2：5～8.

[3]　宗秋荣. 基于现代信息技术的教育改革与创新 [J]. 教育研究. 2001，5：41～45.

[4]　Martin C. Brown. Hacking Google Maps and Google Earth [M]. John Wiley and Sons Ltd，2008.

[5]　王东，赵忠贤. Google Earth 使用详解 [J]. 工程地质计算机应用. 2006，1：23～31.

[6]　丁卫泽. 现代教育技术条件下教师的角色定位 [J]. 电化教育研究. 2002，3：16～19.

[7]　何克抗. 信息技术与课程深层次整合的理论与方法 [J]. 电化教育研究. 2005，1：7～15.

[8]　何克抗. 建构主义的教学模式、教学方法与教学设计 [J]. 北京师范大学学报(社会科学版). 1999，5：74～81.

[9]　刘博敏. 城市规划教育改革：从知识型转向能力型 [J]. 规划师. 2004，4：16～18.

[10]　顾明远. 教育技术学和 21 世纪的教育. 学校教育现代化建设 [M]. 北京：中央广播电视大学出版社，1998.

城市经济学教学实践与改革研究

尹宏玲

摘　要：城市经济学是城市规划专业课程体系的重要组成部分。笔者通过总结4年多的教学实践中所存在的问题及其教学反思，针对山东建筑大学城市规划专业教学工作的实际需求，探讨了城市经济学教学改革的内容。

关键词：城市经济学，教学实践，教学改革

1　前言

城市经济学是运用经济学的方法和原理，分析解决城市发展和城市运行中的问题，其授课内容主要包括城市发展经济学和城市部门经济学两部分，其中城市发展经济学是从整体上来研究城市形成和发展中的经济问题，城市部门经济学则是分析城市内部各要素运行中的经济问题。

该课程旨在通过学习，使学生掌握城市发展、运行的经济要素和经济规律，了解城市发展的经济学分析方法、城市内部各要素的经济分析模式，建立解决城市特定问题的经济学理论基础，增强学生社会经济分析能力。

山东建筑大学(以下简称山建大)城市规划专业城市经济学为专业限定选修课之一，按照02级教学计划，城市经济学开设在第9学期，共32学时，其中绪论部分2学时，经济学基本原理4学时，城市发展经济学18学时，城市部门经济学8学时。

自2004年以来，笔者一直承担山建大城市规划专业城市经济学教学，通过总结4年以来的城市经济学教学实践，深感到其中存在一些亟待改进的地方。特撰写本文从我校城市规划专业的教学工作实际出发，力图找到促进该课程教学发展的相关教学策略。

2　城市经济学教学实践中的反思

4年多的教学实践中，笔者一直在思索、反思“学生学习兴趣”、“教学内容”、“课程衔接”等方面的问题，这也是组织城市经济学这门课程的出发点和关键所在。

2.1　反思之一：如何提高学生的学习兴趣？

这应该说是这门课程教学实践中所遇到的最大挑战，也是授课中所极力想改善的状况。学生缺乏学习兴趣，具体表现在学生的出勤率不高，课上参与课堂讨论的主动不高；作业存在应付的现象；学生的疑问主要集中在考研复习中所遇到的城市经济学相关的问题。

出现这种情形主要有两个方面的原因：一是主观方面，山建大城市规划专业学生普遍存在着“重设计、轻理论”的现象，学生只重视城市规划设计类课程，而对包括城市经济学在内的理论课重要性认识不足；二是客观方面，城市经济学授课在第9学期，除日常学习外，学生还面临“考研、找工作”的双重任务。在权衡之后，学生往往是放弃该课程学习，而选择上辅导班或者去面试。

2.2　反思之二：如何调整教学内容以适应教学发展的需求？

这是笔者在教学实践中一直在思考的问题。自承担该课程以来，尽管有教学大纲作为依据，其他教师的指导，但是受笔者自身专业知识背景和教学经验的限制，对城市经济学的教学内容宏观把握不够，在教学过程中，对教学内容也没有做到很好的有的放矢。如对城市发展经济学和城市部门经济学这两部分主要内容授课时数，是严格遵循于教学大纲，还是在教学大纲的基础上，有所调整；如果有调整的话，那么这两部分所占的比例是多少。另外，城市部门经济学与实践联系较为紧密，其内部各部分，如土地经济学、交通经济学、住宅经济学等方面学时如何分配？授课重点如何紧跟时代的发展变化？教学内容如何才能提高学生的积极性？在每次授课

尹宏玲：山东大学建筑城规学院讲师

之前，笔者都对这些问题进行思考。

2.3 反思之三：如何加强城市规划专业主干课程的衔接？

这实际上要正确处理好城市经济学的学科地位，即城市经济学在城市规划专业课程体系中到底扮演什么样的角色？城市规划专业的培养目标与城市经济学的教学任务，决定了城市经济学课在专业课程体系中承担着“配角”角色，应该当好“服务”于主干课程的作用。

在城市经济学教学中，首先要明确与其联系紧密的主干课程，强调与城市规划专业主干课程，特别是设计课程的衔接。但是在02级教学课程设置上，山建大城市经济学教学设置时序不合理，导致了城市经济学教学内容与城市规划主干课程教学实践需求的脱节。如城市经济学与城市规划设计A2(即城市总体规划设计)的联系较为紧密，而城市总体规划是对城市社会经济和空间全面统筹安排，学生应在具备一定的城市社会经济分析能力之后，才能较好地编制城市总体规划，因此在课程设置上应在城市总体规划设计之前或者同步进行，但是目前，山建大城市经济学开设在第9学期，这样使得学生在缺乏城市经济整体认识和基本知识的情况下编制城市总体规划，而在城市经济学授课中，城市发展经济学的部分内容已在城市总体规划编制中讲授，大大降低了城市经济学课程的教学效果和课程衔接。

3 城市经济学教学改革研究

3.1 调整教学计划、合理设置教学时序

根据教学实践中所发现的问题，城市经济学教学改革的首要任务就是要调整城市规划专业的教学计划、合理的设置城市经济学在城市规划专业课程体系中的教学时序。在2006年底，山建大城市规划专业对5年制本科教学计划进行修订，形成06级城市规划专业本科教学计划。在教学计划修订过程中，笔者根据教学实践中对城市经济学的反思与认识，适时地提出了城市经济学的修订意见，即根据城市经济学的教学性质与任务，调整城市经济学上课时序，从原来的第9学期调至第7学期。城市经济学教学时序的调整，可以更好地保证学生学习这门课的精力和时间，而不至于让城市经济学的学习在“考研”、“找工作”等事情的“夹缝”中困难进行，影响学生的学习兴趣。但是06级教学计划仍存在“逆序关系”，即城市经济学依然在城市总体规划设计课之后，不能很好地实现城市经济学与主干课程的很好衔接。所以，教学时序应进一步有所调整。

3.2 修订教学大纲、完善教学内容

首先，教学大纲是组织教学的依据，因此城市经济学教学内容的调整首先要修订教学大纲。在06级城市规划专业本科教学计划调整的基础上，笔者对城市经济学教学大纲进行了修订，其内容主要包括：一是调整城市经济学学时分配，绪论和经济学基本原理学时不变，城市发展经济学由原来的18学时调整为14学时，而城市部门经济学由原来的8学时增至12学时；二是细化各部分授课内容，明确各部分授课的基本要求与重点难点。

其次，城市经济学以城市为研究对象，这就决定其授课内容应适时进行调整，以紧跟学科和时代的发展变化。过去我国城市重点在于发展，与之相应的城市经济学授课内容强调城市发展的经济学分析。近年来，随着我国城市特别是大城市的快速发展，城市人口膨胀、交通拥挤、环境恶化等问题日益凸现，城市重点也由原来的“发展”逐渐演变成“发展”与“改造”并重，因此城市经济学在授课内容也要做出相应的调整，适当增添有关城市问题的经济学分析内容。

再次，城市经济学作为城市规划专业课题体系重要组成部分，在教学内容调整上还应该加强与城市规划专业主干课程衔接，根据主干课程授课内容，适当调整城市经济学的教学内容，以便当好“服务”于主干课的作用。如，城市总体规划设计中城市发展条件分析和城市发展战略确定等城市经济分析的内容与城市经济学联系紧密，那么城市经济学在授课内容上应突出培养学生的社会经济分析能力有关内容。另外，作为城市规划专业社会经济类课程的组成之一，城市经济学还应加强与其他社会经济类各门课程之间在授课内容上的衔接。对于授课内容相似的课程，根据课程性质和授课时序的不同，确定各门课程授课重点与难点。如对于产业分析，城市经济学和区域经济与区域规划两门课程都有相应内容。如果两门课程彼此独立的话，势必造成授课内容的重复，因此需要加强课程之间的衔接，即根据课程性

质，调整教学内容。城市经济学主要是从经济学角度分析城市发展与城市问题，在产业分析上，重点强调产业的形成与发展、产业结构、主导产业选择以及产业重组；而区域经济与区域规划重点在于区域各门部的布局分析，因此在产业分析上，重点应强调产业的空间布局与规划。

3.3 改进教学方法、提高学生学习兴趣

教学方法是在教学过程中，教师与学生为实现教学目的，完成教学任务而采取的教与学相互作用的活动方式的总称，是课堂教学的基本要素之一。4年多的教学实践中，笔者主要从以下几方面努力改进教学方法，以提高学生的学习兴趣。

(1) 启发式教学，鼓励学生主动参与

长期以来，城市规划专业理论课的教学模式就是教师“主讲”，学生“主听”，违背了“教师为主导、学生为主体”的原则。长此以往，学生在学习上依赖性增强，缺乏独立思考问题和解决问题的能力，最终导致厌学情绪，致使学习效率普遍降低。因此，要充分发挥学生的主体作用，就必须鼓励学生主动参与，课堂上多给学生留出一些让他们自主学习和讨论的空间。为此，在教学中采用了分组讨论模式，这样一方面可以启发、引导学生对知识的发生、形成、发展的过程中进行探究活动，逐步培养他们分析问题、解决问题的能力，激起他们强烈的求知欲，让他们乐于学习城市经济学，另一方面也可以培养学生团队意识。

(2) 加强实践教学环节，结合城市规划问题新课导入

城市经济学是一门实践性较强的课程，在教学实践中，除了理论知识的讲解以外，应特别重视理论知识在实践中的应用，也就是要引导学生明了学习理论知识可以解决城市中的哪些问题。如城市经济结构中主导产业这部分内容，可以在讲授主导产业选择方法基础上，以某一城市为例，讲授具体城市主导产业是如何选择的，这样学生在今后的工作、实践中遇到类似的问题，就可以学以致用。另外，在新课导入中，可以先借助城市中的实际问题，引发学生的求知欲望，然后再介绍理论知识，这样可以加深学生对知识的融合贯通。如城市土地经济这部分内容，可以通过图片讲授目前我国城市土地蔓延扩张的趋势和土地供给严峻性，这样让学生带着“问题”、“疑惑”去接受城市土地经济学相关知识，可以增强学生学习的主动性。

(3) 充分利用多媒体，精心设计教学课件

多媒体教学集声音、文字、色彩、图像功能于一体，为学生提供了“看、想、做”的机会，通过多媒体教学，可以增强学生感性认识，激发学生的学习兴趣，促进学生发挥学习的积极性和主动性。如城市交通问题管理这部分内容，交通问题有目共睹，但是口述城市问题如何严重的话，并不能引发学生对城市交通问题的重视。如果采用多媒体教学，在讲授过程中配以济南或者学生熟悉城市的交通拥挤的实例图片，从而使学生一目了然，增强学生对解决城市交通问题措施知识的兴趣，从而达到事半功倍的教学效果。另外，多媒体的功能非常强大，其不同的表现形式所起到的教学效果有极大的差异，因此在教学实践中，应根据教学内容的不同，精心设计多媒体教学课件。如在讲述经济学基本原理时，对于供求变化曲线图，如果直接放一张供求规律图，可能使学生理解不了价格变化所引起的供求曲线如何的变化，但是如果采用多媒体教学中的动画播放，把价格所引起的供求曲线的变化过程图一步一步地描绘出来，学生就可以一目了然，印象也比较深刻。

(4) 改革考核方式，注重考察学生综合能力

城市经济学采取论文考核的方式，这样往往造成学生忽视平时理论知识的积累，而在最后上交论文中，借助网络文章而应付完成，所以很难用最后的论文反映学生实际的水平。因此为了全面考核学生的综合能力，教学实践中采取了“论文＋平时课堂讨论”考核同时计分方法，这样平时课堂讨论主要考核学生对每一章节理论知识掌握情况，以及是否可以做到学以致用；而最后的论文主要是考核学生对整课程的整体掌握情况，以及运用所学的理论知识，处理城市综合问题能力。

参考文献

[1] 高等学校土建学科教学指导委员会城市规划专业指导委员会编制. 全国高等学校土建类本科教育培养目标和培养方案及主干课程教学基本要求［M］. 北京：中国建筑工业出版社，2004.

[2] 彭震伟. 城市规划专业社会经济类课程体系建设. 高等工程教育研究. 2000, 1.
[3] 尹宏玲. 城市规划专业社会经济类课程教学改革研究——以山东建筑大学为例. 人本、质量、特色、创新——山东建筑大学教育教学研究文集 [M]. 济南: 山东大学出版社, 2006.
[4] 张艳明, 马永俊. 城市规划课程设计的教学改革. 高等建筑教育. 2006, 2.
[5] 袁媛. 对城市规划专业教学的思考. 中山大学学报论丛. 2003, 23.

关于城市社会学的课程价值及教学研究

岳 艳

摘 要：随着我国城市(镇)的加速发展以及它在整个社会中的主导地位，迫切要求学术界加强对城市的系统研究，我们必须正视这一现状，从而探索和思考该课程教学改革的新思维。

关键词：城市社会学，课程价值，教学研究

1 城市社会学的课程价值

城市社会取代农村社会是社会发展的必然趋势，这一过程也是城市化的过程。当前我国正处于城市化的加速发展阶段，在城市化的进程中，巨大的人口负担和日益紧缺的资源将在很长的历史进程中成为我国经济社会和城市化发展的重大制约因素。如何在经济社会可持续发展的同时，解决好几亿农民从农村到城镇的地域流动，从农民到市民的生活方式转变；解决好几亿城市居民的安居乐业，是我国21世纪城市化发展的重大课题，它的成功解决有赖于城市社会学的建设和发展，只有这样才有助于我们澄清认识，合理进行城市规划和管理，科学进行城市建设，推进城市社会的和谐有序发展。

城市社会学也叫都市社会学，是一门以城市社会为研究对象的社会学分支学科，社会学家普遍认可，凡是带有城市色彩的任何社会现象都应看做是城市社会研究的内容，主要包括城市的产生、发展以及城市社会结构、社会组织、社会群体、社会管理、社会行为、社会问题、生活方式、社会心理、社会关系以及社会发展规律等内容。可以说，城市社会学是帮助人们理性认识城市社会的一门学科。

城市规划专业的设置目的及其基本指导思想是通过城市设计的应用，营造有利于以人的行为活动为主体的空间环境的合理有序的发展，并促进社会经济发展和生态保护的需要。现代科学日益发展的情况下，城市规划的核心问题是实现城市综合动态系统的相对平衡，要想达到这个平衡，对于城市社会学的研究和学习就显得十分重要。该专业的学生必须了解城市社会学所研究的问题，通过对城市社会的起源和发展、城市地域结构、城市化、城市生态系统、城市社会结构、城市文化、城市社会问题、城市发展、城市规划与城市管理等城市社会的不同层面进行理论和实证研究等内容的系统掌握和吸收，使城市社会学的理论思想渗透于城市规划的各个层面，引导合理的规划思想，并对规划实践中的一系列问题做出理论上的解答，找出解决这些课题的有效途径和方法，促进城市规划专业学科建设理论与实践的实效性发展。

2 城市社会学的教学研究

2.1 以教学多样化来保证教学效果最佳化

教无定法，因而应根据不同的教学内容和教学要求，采用多种教学手段和教学方法，最大限度地使学生处于激活状态，使他们主动地动眼、动耳、动口、动脑，积极地去体验和表现。

2.1.1 运用多媒体技术，创新教学模式

随着信息技术的迅速发展，计算机、Internet网、多媒体技术等被越来越多地融入到教学过程中来。在教学过程中应意识到科技的“双刃剑”特性，避免应用信息技术可能带来的讲课形式单一、机械等负面影响。运用多媒体技术进行教学模式的创新，是指在教学效果上的提升而并非仅是教学形式的更新，同时，所谓“创新”并不是对传统教学模式的抛弃，而应当将新的教学观念、教学技术与传统的教学模式予以整合，切实提高教学质量，体现信息传递的形象性和快速性。

岳 艳：山东科技大学土木建筑学院助教

2.1.2　理论联系实际，改革教学方法

教师在讲课过程中对教材应当是若即若离，即，是指应符合教材中的知识体系；离，是指授课内容不应完全依托教材，该拓展的要拓展，应增加一些新的内容，特别是一些具有典型性、前瞻性的案例。这就要求教师在备课的过程中注意理论与实践的结合，增强信息意识。城市社会学中所研究的问题与人们所处的社会文化背景息息相关，因此它具有了很强的实践性特征，教师除了平时切身实践的积累，还可以间接的通过看报纸、杂志、听广播、看新闻，学习党和国家有关方针政策，将社会现实及热点问题引入课堂，挖掘其深层次的形成原因、对其进行分析和探讨并给出针对性的解决方案及对策，以此来增进学生对理论知识的学习并激发他们的学习兴趣。

教师还可引导学生利用课余时间发扬团队协作精神，亲身参与社会实践，切身主动地去发现社会问题、调查社会问题、研究问题根源及解决方法，加深课堂理论知识学习的印象。

2.1.3　培养学生自学，优化教学方式

"授之以渔"，而非"授之以鱼"的教学模式已被普遍接受。众多研究发现，高校传统的以"老师讲——学生听"这种"填鸭式"教学为特征的教学模式具有许多缺点，由于追求以增加学生的知识储存量为目的，只注重知识的传授与灌输，而忽视了对学生创新能力、独立思考能力、团队协作能力的培养，最终导致学生的素质结构出现严重缺陷，"高分低能"、"眼高手低"的现象严重。教师之所以要进入教学过程，根本的目的是为了学生的"学"；"学"能最终摆脱开教师的"教"，走向独立地、自主地获取知识的过程。因而我们教学活动中，应当优化教学方式，积极培养学生的自学能力。

由于上述城市社会学所具有的实践性特征，在该门课程的教学过程中，教师可根据章节特点，将一些章节的重点、难点，有的放矢地以提问的方式，编写成提纲发给学生，先让学生首先带着问题课下预习课程内容、查阅相关资料完成自学过程，疑难部分力争独立解决，对遗留问题，通过课堂讲解或集中答疑辅导解决。

采用课堂讨论的方式，学生还可在教师指导下，将有疑惑的问题拿到课堂上采用集体讨论等方式，作为课堂讲授的补充实现教学方式的多样化。这样的教和学，学得生动活泼，各方面的能力也得到了锻炼和提高。经过学生自己的眼、耳、手、脑共同参与能够达到理想的理解和记忆效果。

2.2　改革考试办法，革新评价方式

学习城市社会学的目的就是为了能够深入、系统地掌握其理论体系，将相关知识运用到城市发展的实践中去，促进城市的和谐发展，从根本上实现提高学生素质、实现真正意义上的学以致用。因此，应当转变传统的考试观念，树立以"能力测试"为中心的现代考试观，不单纯以课程考试的卷面分数来衡量学生的学习效果，避免评价方法与方式的单一性。

要保证评价主体多元化，必须重视学生的主体地位，不但要评价学生对专业知识的掌握，而且要评价学生的学习态度、学习能力等。评价方法上，可以采取多种多样的形式：可以采用笔试(笔试既可以是闭卷形式，也可以是开卷的形式)，也可以采用口试等。对学生的评价不仅要重视结果，更要重视发展和变化过程，把"形成性评价"和"终结性评价"结合起来，即应加强学生平时成绩的权重，使其发展变化的过程成为评价的组成部分，切实培养学生分析问题、解决问题的能力。

参考文献

[1]　向德平．城市社会学．北京：高等教育出版社，2005．

[2]　李海廷．信息技术发展与高校教学模式创新．教育探索．2007，2：109．

地方院校城市规划系统工程学课程教学研究

佘丽敏

摘　要：一种科学只有在成功地运用数学时，才算达到了真正完善的地步。本文在分析我国城市规划学科引入定量分析方法的必要性和迫切性的基础上，分别从教师和学生的角度出发，提出在教授和学习城市规划系统工程学过程中的惑，在此基础上，提出城市规划系统工程学教学的四点建议。

关键词：城市规划系统工程学，定量分析，教学研究

1　引言

在经济全球化发展的国际背景下，全球城市出现并逐渐主宰世界经济发展，城市的竞争日趋激烈，城市的发展更加需要从区域、国家甚至国际大环境中去协调与定位。我国已进入快速城市化发展阶段，城市现代化水平不断提高，城市功能趋于多样化，城市问题亦趋于复杂化，作为驾驭整个城市建设和发展的基本依据和基本手段的城市规划，也迅速由形体规划或物质规划向社会、经济与生态环境相结合的综合规划方向发展，无论是政府还是社会各界都对城市规划工作提出了更高的要求。规划学界迫切希望提高规划工作的科学性和可信度，以期用更高质量的规划成果来维护城市规划的严肃性、权威性，证明城市规划作为一门学科及一项专业存在的价值及其重要性。

马克思曾指出："一种科学只有在成功地运用数学时，才算达到了真正完善的地步"。城市规划学科研究的主要对象——城市，是一个非常复杂的巨大系统，包含大量的偶然现象和非精确现象。大量传统研究方法——定性分析方法(主要依靠归纳，所得结果是一种描述、说明、解释)在规划中的应用，使苛刻的批评者认为规划更多是一种描绘性的学科，而不是分析性的学科。而描绘性的学科被认为不是完全合格的科学，起码不是真正成熟的科学。要深入研究城市，必须运用统计描述、统计分析等定量分析方法，使传统的定性分析方法与定量分析方法相结合，才可能使这门学科趋于完善。

系统工程学是以定量化的系统思想和方法处理大型复杂的系统问题，是一门横向组织的学科，横跨数学、计算机学和某些应用学科。近年来，系统工程的应用领域日益广泛，系统工程的应用几乎遍及工程技术和社会经济的各个方面。系统工程在城市规划领域的运用便形成了城市规划系统工程学。2004年出版的《全国高等学校土建类专业本科教育培养目标和培养方案及主干课程教学基本要求》首次规定城市规划系统工程学为城市规划八门核心课程之一，进一步明确了城市规划科学引入定量分析方法的重要性和迫切性。

目前，由于众所周知的原因，我国大部分地方院校城市规划专业本课程教学由非城市规划专业背景的教师担任。笔者来自于人文地理学专业，所在单位的城市规划专业脱胎于建筑学，下面将八年来从事该门课程教学的惑与解和盘托出，抛砖引玉，期待得到更多同仁的关注和指导。

2　教师教授本课程面临的主要问题

担任城市规划系统工程学教学的非城市规划专业背景教师一般来自于地理学、经济学或数学领域，这部分教师对定量分析方法了如指掌，但是对城市规划专业特色及专业对定量分析方法的需求了解不尽相同，在教学中普遍面临以下三个问题：

一是教学内容的选择。系统工程学的哪些方法是城市规划专业学生必须掌握而且是能够掌握的，是以定量方法介绍为主还是侧重于定量分析方法的应用。

佘丽敏：山东建筑大学建筑城规学院讲师

二是教学案例的选取。每一种定量分析方法能与哪些城市规划专业的实际问题相结合，如何让武装了定量分析方法的学生举一反三，运用所学“武器”去解决教师举例以外的城市规划专业问题，让学生真正做到学以致用乃至终生受用，充分体现本课程开设的价值，这是教师目前面临的最大问题。

三是教材的确定。1991 年同济大学陈秉钊教授编著出版的《城市规划系统工程学》是我国高等学校土建学科教学指导委员会城市规划专业指导委员会推荐的教材。该书内容非常丰富，对学生的数学要求较高，这与当今地方院校城市规划专业学生的实际数学水平有较大出入，且该教材出版至今已过去了 17 年，中国城市发生了巨大的变化，教材中的许多案例已过时。如何编撰一本难易适中，适合地方院校城市规划专业师生需求的《城市规划系统工程学》教材是一个亟待解决的问题。

3 学生学习本课程面临的主要问题

学生在一门课程的学习中通常会有以下几个疑问：WHY? WHAT? HOW? 即为什么？是什么？怎么学？对于城市规划系统工程学课程学习来说，上述三个问题对学生的困扰较一般课程来得更大也更为突出。

3.1 为什么

为什么要学习城市规划系统工程学？这实际上是课程价值问题。绝大部分城市规划专业课程重形态、以定性分析为主，而城市规划系统工程学重逻辑思维、讲究定量分析，学生对本课程开设的价值认识程度差异较大。在接触之初，学生就能感觉到本课程与其他专业课程的巨大差异性，这种差异导致一部分学生从学习之初就产生抵制情绪，加之“重设计”的观点在我国建筑学背景出身的城市规划专业非常流行，只要设计做得好，图画得漂亮就能在规划行业占据一席之地，且我国绝大部分地方院校城市规划专业本科规定以毕业设计作为毕业考核的对象，本课程学习到的定量分析方法在本科毕业就业单位很难用到(用人单位一般聘请地理学、经济学等相关专业的毕业生完成这部分工作)。基于以上种种原因，“无用论”像一颗“毒瘤”深深地植入到了一部分学生头脑中。在“无用论”的驱使下如何能学习好本门课程?

3.2 是什么

对于城市规划专业的学生来说，“城市规划”和“工程”这二个词语比较熟悉，“系统”一词也不陌生，电视、网络等媒体经常能接触到，一旦将这三个词语组成一门课程，学生们拿到课表时头脑中就产生了疑问：城市规划系统工程学是什么？它与前期课程城市工程系统规划有什么关系？本课程的内容是什么？如果教师没有对这些问题进行及时彻底的解答，有些学生甚至到课程结束后仍不明白何谓城市规划系统工程学，各章内容之间的联系是什么。笔者曾经就“城市规划系统工程学给你的第一印象是什么”这一问题在学生中展开调查，发现大部分学生的答案是“高深”、“新奇”、“虚无缥缈”之类的描述。

3.3 怎么学

当然，事实也并非如此悲观，越来越多的学生在教师的引导和启发下，认识到了城市规划专业面临到的一些问题和挑战，看清了城市规划学科发展的方向，并对课程产生了浓厚的兴趣和学习热情。但是，城市规划系统工程学对数学功底、计算机技术有一定要求，教学内容中有大量的数学模型，工科城市规划专业学生对数学兴趣普遍不大，数学根基较为薄弱。笔者所在学校城市规划专业本科为五年制，在第一学期开设高等数学 C1，统计学、概率论没有纳入教学内容，城市规划系统工程学一般放在第七学期，即使在高等数学中加入统计学、概率论内容的教学，两门课程开设时间相隔长达三年，作为城市系统工程学前置课程的高等数学能发挥的作用亦非常有限。

由于本课程学习内容和方法与其他课程的巨大差异，随着课程内容的加深，数学知识准备不足严重影响了本课程学习的积极性，畏难情绪蔓延，最初的学习热情就会消退，一些学生从最初的“万丈豪情”、“兴致勃勃”转变为“心灰意冷”。在这个过程中，教师如不及时采取方法进行疏导，学生们会在无助和焦躁中丧失学习的信心。

4 课程教学内容改革及教学建议

在教授城市规划系统工程学的过程中，前述教师面

临的三个问题以及学生学习过程中碰到的四个问题悉数呈现在师生面前。师者，所以传道受业解惑也。这要求教师对上述问题的答案了然于胸，且需要在适当的时候选择恰当的方式逐一给予解答，才能保证城市规划专业本科生树立科学的系统观念，在面对具体的城市规划问题时，能够采用定量与定性相结合的方法进行科学分析。我们可以从科学安排教学计划、调整教学内容、突出定量分析方法的应用以及改革课程考核方式，重视其在毕业设计(论文)环节的作用四点出发，对城市规划系统工程学教学进行改革，尽量解决本课程教与学中存在的问题。

4.1 理顺关联课程关系，科学安排教学计划

我国地方院校城市规划专业开设的与城市规划系统工程学相关联的课程较多，以笔者所在单位为例，除前文提到的高等数学以外，还有城市总体规划原理、区域分析与区域规划、城市社会调查、城市总体规划设计、毕业设计(论文)等等。

高等数学、城市总体规划原理两门课程是与城市规划系统工程学关系非常密切的前置课程，必须在本课程开设之前完成。城市社会调查、城市总体规划设计、毕业设计(论文)是与城市规划系统工程学关系非常密切的后续课程，其中，城市社会调查为教学实践环节，一般为一周时间，城市规划专业指导委员会已连续多年组织社会综合实践调查报告的交流及评优活动，城市规划专业院校教师和学生参与的热情持续高涨。建议将其放在城市规划系统工程学开课学期的期末或者下一学期的期初进行，一来可以为学生提供方法论支持，二则可以在对调查数据的汇总和分析中及时巩固城市规划系统工程学所学定量分析方法，验证教学效果。城市总体规划设计课程涉及城市职能和城市性质的确定、城市人口规模和城市化水平的预测等内容，正好能运用城市规划系统工程学教授方法对其进行分析，建议紧跟其后开设。区域分析与区域规划、城市经济学两门课程与本课程的关系可前可后，可根据各个学校的具体情况设定开课学期。

4.2 从专业的切实需要和学生的实际情况出发，调整教学内容

2004年出版的《全国高等学校土建类专业本科教育培养目标和培养方案及主干课程教学基本要求》对城市规划系统工程学的教学内容进行了规定(以下简称2004年版)，从城市规划专业的切实需要和地方院校城市规划专业本科学生数学基础较为薄弱的实际情况出发，建议调整教学内容，调整后的教学内容分为六章三大块(见下表)：

城市规划系统工程学课程内容调整前后对比

	2004年版《基本要求》	调整后
教学内容	一、城市规划与系统工程； 二、系统工程概论； 三、概率、统计和系统的统计分析； 四、两要素的系统分析与预测	一、城市规划与系统工程学； 二、数据系统； 三、空间分布的测度； 四、两要素的系统分析与预测(相关分析与回归分析)； 五、城市系统结构分析(聚类分析)； 六、系统的评价和优选方法(矩阵综合评分法、特尔斐法、层次分析法等)

第一块是城市规划与系统工程学，为课程简介。删去2004年版第二章中的“建立模型”，将原第一章和第二章进行合并，授课内容调整为：对城市规划学科发展进行回顾，并对城市规划理念和方法论进行反思；介绍系统工程学的学科地位、理论基础和方法论。即对学生学习本课程的第一个问题“为什么”进行回答。

第二块为课程准备，包括数据系统和空间分布的测度两章，介绍数据统计指标以及城市分析常常用到的统计量，为定量分析铺垫。2004年版中概率、统计和系统的统计分析一章学生学习难度大，且与城市规划专业相关问题联系不太密切，对于城市规划专业问题的分析帮助不大，故大大简化其中内容。调整后第二章教学内容包括三个部分：数据的基本类型和变换方式；数据的来源和整理；数据的分布特征：集中性和离散性。调整后的第三章教学内容包括城市系统空间分布的四种类型以及每一种类型测度的统计量。通过本章的学习，使学生初步接触城市要素的定量分析方法，其中点状分布的测度可以结合城市商业网点的分布或居住小区的分布举例说明，区域分布的测度，如区位商概念可以结合城市职能和城市性质的确定进行。

第三块为课程的核心内容，包括常用统计分析方法的介绍——两要素的系统分析与预测(相关分析与回归分析)、城市系统结构分析(聚类分析)，以及城市规划方案评价和优选方法介绍——矩阵综合评分法、特尔斐法和层次分析法等。两要素的系统分析与预测结合城市总体规划中人口规模和城市化水平的预测进行教学。聚类分析则可以结合城镇体系规划中城镇综合实力测度或城市竞争力分析进行。矩阵综合评分法、特尔斐法以及层次分析法是规划方案评价和优选的常用方法，也可用于城市问题的分析。

4.3 充分利用计算机软件，突出定量分析方法的应用

城市规划系统工程学课程教学一般采用教师课堂讲授加学生上机实验相结合的方式进行。当今世界科技发展迅速，城市规划系统工程学课程的绝大部分定量分析方法均可以借助计算机软件轻松实现，如 SPSS FOR WINDOWS、MICROSOFT EXCEL，而不需要学生亲手编制程序，这大大降低了本课程的学习难度，缓解了学习压力，提高了学习效率。可以借助 SPSS 软件完成的定量分析非常多，如调查数据的统计、相关分析、回归分析以及聚类分析等，特尔斐法确定因子权重或方案优选回收的调查表均可以用 SPSS 软件进行分析。

教师在课堂讲授中切忌长篇累牍对公式进行推导，而应该将重点放在定量分析方法的应用中，以相关分析的教学为例，教师不要向学生讲授相关系数的公式的推导过程，而将重点放在相关系数的性质上，然后，在上机实验时，演示利用 SPSS 软件的 Analyze 菜单中得到相关系数结果，并举例说明相关系数的应用及其意义。

4.4 改革课程考核方式，重视其在毕业设计(论文)环节中的作用

城市规划系统工程学着重定量分析方法和分析能力的培养，如果仅用期末笔试的方式进行考核有失偏颇，建议考核常态化，根据学生上机实验作业完成情况进行全面考核。除此之外，建议地方院校改革毕业设计(论文)环节，重视毕业设计基地的综合分析和研究，而非单纯从设计能力中去评价毕业设计，允许采用毕业论文的方式结束本科最后一门课程。笔者所在单位在 2008 届城市规划本科毕业生中就进行了这项改革实验，引导学生采用定性和定量相结合的方法对某一城市商品住宅空间分布演变问题进行深入分析和思考，取得了较好的效果。

5 结语

城市规划复合型人才的培养是一个长远而艰巨的任务，是一个复杂的系统工程。前文分析了当前形势下我国地方院校师生在城市规划系统工程学课程教与学中面临的一系列问题，并提出了几点切实可行的建议。但是，我们也不得不正视一个事实，我国的绝大部分院校城市规划专业脱胎于建筑学，城市规划方法论上的缺陷由来已久，仅靠一门课程任课教师的努力不可能改变这一局面，还需要城市规划专业的所有任课教师都充分认识到城市规划学科引入系统工程学的重要性和迫切性，并在其他课程的教学中身体力行，对学生进行潜移默化，只有这样，才能较快提高我国城市规划本科学生分析城市和研究城市的能力。

参考文献

[1] 高等学校土建学科教学指导委员会城市规划专业指导委员会. 全国高等学校土建类专业本科教育培养目标和培养方案及主干课程教学基本要求—城市规划专业 [M]. 北京: 中国建筑工业出版社，2004.

[2] 王萍. 城市规划毕业设计教学的实践和体会 [J]. 高等建筑教育. 2001，3: 39～40.

[3] 张庭伟. 实证研究和定量分析: 介绍一个实例 [J]. 城市规划，2001，9: 57～62.

[4] 陈秉钊. 城市规划系统工程学 [M]. 上海: 同济大学出版社，1991.

[5] 谭跃进，陈英武，易进先. 系统工程原理 [M]. 长沙: 国防科技大学出版社，2003.

感性与理性的融合——城市系统工程学教学研究

陆 明

摘 要：城市作为一个开放的复杂巨系统，系统科学、系统工程的成果应用于城市规划学科显示出越来越重要的作用。贯彻党的科学发展观，以系统的观念从整体的角度发展城市规划学科是城市转型期学科发展的迫切要求。城市系统工程学这门课程则是以系统的理论和方法，解决城市规划与建设中的复杂系统问题，是一门以城市规划定量理论与方法研究为教学特色的专业理论课。本文首先回顾了十余年来从事城市系统工程学教学的过程，总结了该课程教学环节的现状情况及面临的问题，进而从教学安排、教学成果和教学方法三方面提出了课程建设和发展的探索性研究，并将如何使该课程的理论和方法与城市规划实践更有机的联结以达到感性与理性的融合作为深入探讨的重点，最后对该课程的可持续发展前景进行了展望。

关键词：城市系统工程学，系统观，教学方法，教学内容

1 课程发展面临的新形势

现代科学技术已开始从系统的视角理解研究对象；在研究方法上，也从偏重定性分析方法转向定性、定量相结合、科学理论与实践经验相结合、个人思考与集体探索相结合的综合集成方法。城市系统工程学这一学科正面临学科深化、专业教育转型和城市建设快速发展的新阶段、新形势，其未来发展充满机遇和挑战。

1.1 学科深化完善的新需求

21世纪是交叉学科的世纪，任何一个学科都不再是独立发展，而是相互借鉴、相互渗透，形成交叉学科。城市逐渐从较简单的功能向开放复杂巨系统的方向发展，成为一个多元素、多目标、多层次、多向度的复杂巨系统。因此，建立具有多学科交叉性质的城市规划学科符合科学发展的趋势，也是城市规划学科自身历史发展的必然要求。

城市系统工程学的实质就是将城市视为一个复杂巨系统，运用系统的理论与方法，借助于运筹学、控制论、信息论、概率论、计算机技术等现代科学技术手段，解决城市规划与建设中的系统问题，使其性能达到最优的方法和技术，它是一门研究城市整体的新兴交叉综合性学科，因此城市规划学科的深化发展必将对其产生巨大的推动作用。

1.2 城市建设科学发展的新阶段

我国快速发展的城市化进程与全球化问题也迫切需要城市规划学科不断适应新形势的需要。在科学技术进步和经济社会发展的条件下，城市作为一个系统，向着开放复杂巨系统的方向提升，在这样一个形势之下，城市规划必须面对更加广泛和深层的社会、经济、政治和法律问题，系统科学、复杂性科学的方法论在城市规划中显示出越来越重要的作用。

党中央提出的科学发展观和五个统筹的思想，以及新颁布实施的《城乡规划法》都是将城乡视为一个整体，以系统的观念重新审视和分析城市。那么城市系统工程学则为全面、整体、动态的分析和解决城市复杂巨系统问题提供了定性与定量相结合的技术方法。

1.3 专业教育亟需调整的新方向

我国处于城市化快速发展的阶段，随着市场经济体制的完善以及政府职能的转变，城市规划越来越成为政府进行宏观调控的手段，因此要求规划师不但具备物质性规划的技能，还需要有政策、理论的素养，组织协调能力，此外，规划师还需掌握科学的思维方法和工作方法，

陆 明：哈尔滨工业大学建筑学院副教授

以应对不断出现的错综复杂的城市问题。

因此2003年7月，建设部高等城市规划学科专业指导委员会和全国高等学校城市规划专业评估委员会在总结了近4年来实施城市规划专业教育方案所取得经验的基础上，对方案做了修改完善。在此次方案修订中，核心课程缩减了三门，增加了一门，即增设城市系统工程学课程。可见随着专业教育的“转型”发展，这门课程越来越得到广泛的重视。

2 教学回顾及问题总结

学院于20世纪80年代城市规划本科专业成立之初就作为城市规划的一门专业基础理论课，开设了城市规划系统工程学这门课程，至今已有20多年的教学历史。回顾20余年来的教学历程，充满了艰辛和考验，主要体现以下几方面问题：

2.1 课程设置安排问题

本课程的设置安排曾经经历了几次的调整，最初安排在3年级下半学期，教学中发现学生的专业知识体系尚未建立，涉及到的实际规划设计仅仅停留在居住区级规模上，难以将本课程涉及的理论和方法与规划实际结合起来，因此最终调整到4年级，但却面临另一个问题，由于主要基础理论课多数在4年级开设，一个学期要开设5门以上专业理论课，而这个阶段正是学生开始考虑如何将所学知识应用于实践的重要阶段，基础理论课内容任务过重，导致学生对课程产生抵触情绪，严重影响课程教学的质量。因此设计课与基础理论课相脱节的现象是课程设置的主要问题。

2.2 前期知识储备缺乏

城市系统工程学是一门综合性交叉性质课程，强调与相关学科的横向联系与贯穿，需要前期预备知识的积累和支撑，尤其需要具备一定的数学、统计学以及计算机技术知识，否则课程涉及的教学内容就大大受到限制，仅仅停留在一些基础简单的方法技术上，而真正实用的方法技术无法让学生达到深入的理解和运用，从而降低了的教学预期目标。

2.3 教学内容更新缓慢

本课程开始阶段一直沿用已有的一些教材和参考书，尽管课程中的理论、方法在一定时期内是适用的，但相对于进入快速城市发展期的中国城市规划和城市建设，课程相关的新的理论、方法和技术不断涌现，需要及时补充教学内容。同时城市规划的研究对象是一个动态开放的复杂巨系统，其研究的对象、范围与方法也在不断地调整，需要不断修改和完善教学内容，但由于新的技术方法多来源于相关交叉领域，需要与本专业进行结合，并应配合城市规划领域的应用案例，因此存在一定的难度，使教学内容产生滞后。

2.4 教学模式枯燥单一

对于生活成长于在信息时代的学生而言，单向输出的授课模式很难满足学生的需要，特别是工科院校的城市规划专业学生容易产生重形象思维而轻逻辑思维的心态。本课程的教学内容主要培养学生逻辑思维的能力，因此内容相对抽象，加之目前缺少丰富的优秀案例，因此存在教学内容比较枯燥、教学方法单一的问题，很难引起学生的兴趣。

以上是教学中遇到的主要问题，究其原因，笔者认为城市系统工程学作为城市规划工程技术层面的基础理论课程，解决问题的关键是如何将技术方法有效地运用到实际规划和建设当中，达到感性与理性的统一，定量与定性的结合，这需要在教学过程中进行不懈的探索。

3 课程建设的探索性研究

针对教学过程中存在的上述问题，近几年来我们进行了一些探索性研究和尝试，主要体现在以下几个方面。

3.1 内部重组与外部衔接

所谓内部重组，就是从整个专业课程体系入手，将本课程在课程体系的内部进行重组和优化，实质上就是试图将专业设计课与本课程进行有效的结合，避免设计课与基础理论课的脱节，从而有效地培养学生从主观到客观、从形象到逻辑、从定性到定量的思维能力，达到感性与理性的统一。

首先研究现有的专业课程体系，重点关注专业设计课的进展情况，尝试着把本课程的内容进行分解，把一些内容分散到相应的设计课程当中，为避免由此带来课

程安排的混乱，可采取一些小型专题讲座，提供相应的参考资料，激励学生主动学习。例如在学习本课程之前，主要规划设计课为小区规划、城市综合调研等，其中涉及一些基础资料的调研、统计和分析的工作，可以将本课程中的系统统计分析的方法进行应用，这样把一些看似枯燥的方法与实际设计有机的结合起来。对于学生将要进行的一些课程设计，在课上作为重点提示，鼓励他们进行实际应用，以引起学生的重视，提高听课质量。因此本门课讲授的重点就是将这些理论与方法系统的串连起来，给学生一个整体的系统概念，在此基础上，可增加一些前沿的技术方法的介绍，提高兴趣度，激发学生课下探求的欲望。

外部衔接就是加强相关课程之间的衔接和联系，一方面从纵向上加强与其他专业理论课程之间的联系，另一方面加强跨学科的知识联系。这就需要了解其他专业理论课的内容，避免内容上的重复和冲突，而且注意与之衔接。同时根据需要，增设了概率论与数理统计等课程，增加前期预备知识，保证课程的深度和进度。

3.2 教学内容与时俱进

城市系统工程学是一门新兴的交叉学科，1990年3月，由建设部等相关单位组织全国各大中城市的规划师举办了城市规划系统工程学习班，由我国著名的系统工程专家张启人教授任课，并撰写了《城市规划系统工程》作为教程，这是国内最早的该方面的专著。之后，1991年同济大学陈秉钊教授编著出版了《城市规划系统工程学》，它是国内首部正式出版的关于城市规划与建设方面的系统工程学专著，主要针对城市规划专业技术人员和学生。因此，早期的教学内容主要以这两本书为主，根据学时要求，以系统工程学研究问题的过程为线索，即系统统计与分析——系统分析与预测——系统模拟——系统评价，加上系统工程学概论知识，共为5个部分。在讲解理论和方法的同时都配合了相应的实例，这些实例大部分都来源于本人及课题组多年来的研究成果，包括一些计算机模型，所以在讲解过程中能够把亲身的经历和感受传递给学生，能够大大提高学生学习和深入研究的兴趣和信心。

但是，在当今科技快速发展的时期，技术方法需要与时俱进，例如，关于数据统计分析的部分，已经有一些专门的软件(如Microsoft Excel等)可以解决，一些适用于Dos系统的程序模型需要转换成新的操作系统，需要不断地学习和调整。而且，近些年来，有关城市系统工程的研究引起了城市规划、系统工程及计算机科学等领域学者的广泛关注，主要研究论著有哈尔滨工业大学唐恢一教授的《城市学》、武汉测绘科技大学程建权教授的《城市系统工程》、西北工业大学薛惠锋和寇晓东等学者的《城市系统工程探索》、湖南城市学院曹永卿和汤放华教授的《城市规划系统工程与信息技术》等。这些著作从更宽泛的视野剖析了城市系统及其应用技术，因此，本课程尝试在原有内容框架的基础上进行补充和完善，课程名称从“城市规划系统工程学”调整为“城市系统工程学”，其研究范围从原有的研究城市规划系统问题扩展为研究由城市规划、城市管理及城市建设组成的城市系统的问题。教学内容中在概论部分加入了复杂性科学的一些理论介绍，在系统研究的各个阶段更新了一些技术方法，如系统动力学建模方法和Microsoft Excel相关统计分析方法等。总之，教学内容需要随着不同的发展时期进行不断的调整，以适应实际工程应用的需要。

3.3 教学模式的多样性

(1) 讨论式教学。授课的重点是启发学生对所讲授内容进行更深入的思考，鼓励学生进行创造性思维的开发和探索性应用，课上随时与老师交流观点，在很多讲解过程中，学生会针对某种技术方法，提出异议，并提出各种各样解决问题的方法，活跃了课堂气氛。

(2) 实践性演示。学生对专业理论课的学习往往没有兴趣，给理论课的讲授带来了一定难度，本课程涉及到一些城市建模的理论和方法，如果纸上谈兵就会更显抽象枯燥，同时引发逆反抵触的心理。为此，我们通过在实际项目中运用系统工程的一些技术，作为实例直观地展现给学生，同时鼓励学生将其应用在课程设计当中。

(3) 自主式学习。由于教学内容需要不断更新，因此在每次课上给学生介绍一些最新和最有代表性的文献，在授课过程中，随时发给学生一些有针对性的参考资料，

在课程结束后，根据学生兴趣编写应用实例，提高自主学习的能力。

4 未来的努力方向

通过多年来的努力，初步积累了一些经验，也遇到很多问题，为今后的课程发展提出了研究方向。首先，注重学生感性与理性思维的融合。如何更有效的使理论方法与规划实际更好的结合，提高学生运用所学方法技术解决实际问题，树立科学理性的观念将一直成为课程发展的研究重点。其次，强调激励机制和多样化教学模式。如何激发学生学习兴趣，探索多样化教学模式仍然是今后的主要努力方向。最后，加强国内外横向协作。这里也希望各规划院校能够进一步加强横向联系，为促进规划学科的可持续发展共同努力。

参考文献

[1] 王德全，马庆国．当代国际科技发展的若干新趋势［J］．科学学研究．1997，3.

[2] 林炳耀．科学技术发展趋势与城市规划学科的建设问题［J］．城市规划汇刊．1998，2.

[3] 陈秉钊．谈城市规划专业教育培养方案的修订［J］．规划师．2004，4.

[4] 焦胜，陈飞虎，邱灿红．城市规划专业基础理论课的教学改革初探［J］．高等工程教育研究．2006，3.

[5] 吴志强，于弘．城市规划学科的发展方向［J］．城市规划学刊．2005，6.

[6] 赵民．我国城市规划教育的发展及其制度化环境建设［J］．城市规划汇刊．2001，7.

基于人才培养模式改革前提下的建筑理论课程教学探索

焦铭起　彭　飞

摘　要： 文章分析了山东省建筑学和城市规划专业教育目前的社会状况和将来面临的市场环境，论述了教学目标定位与人才培养模式之间的综合关系，提出了建筑历史课程与其他建筑理论课程“横向承接和纵向贯通”的教学改革理念，分析了建筑理论课程教学改革应采用的教学方法和教学手段，讲述了此项改革的实施过程和对建筑学和城市规划专业本科教育质量提高所起到的促进和提高作用。

关键词： 培养模式，体系设置，理论课程，教学方法

我国实施改革开放以后，全国各地建设人才的需求量骤增，尤其是建筑学和城市规划的专业人才更为紧缺。国内许多院校(其中多数为地方院校)纷纷自这一时期开始兴办建筑学和城市规划专业。截至目前为止，全国设有建筑学和城市规划专业的院校约百余所。这些以地方院校为主的建筑教育机构群由于与地方经济社会有着更为直接的联系，因此在地方建设事业发展中的作用也日趋突出。如何更好地发挥建筑学和城市规划专业教育在地方经济建设和社会发展中的作用，培养21世纪所需要的具有创新精神的新型建筑设计和城市规划人才，是我国建筑类地方院校所面临的重大课题。

1　社会背景与市场环境

我国经济持续的高速发展带来了建筑业的繁荣，城市化进程的加快又给蓬勃发展的建筑业注入了强化剂。在“以市场经济为导向”的方针引导下，建筑学和城市规划专业的毕业生已成为建筑市场紧缺的人才之一，我国高等院校中与建筑学和城市规划专业教育有关的院系成为建筑市场的人才培养基地。良好的就业前景和优越的工作条件，使建筑学和城市规划专业成为近年来历届高中毕业生争相报考的热门专业之一。为适应经济发展和建筑市场的需要，我国各地市的高等院校相继组建建筑学和城市规划专业，并不断扩大其招生规模。山东省有建筑学和城市规划专业的院校也由20世纪80年代末的2所发展为目前的13所，建筑学和城市规划专业的在校学生增加了近20倍。

根据西方国家的发展经验和我国的实际情况，预计我国大规模高速发展的基本建设行业还会维持几十年左右的时间，届时我国的建筑市场将转入相对稳定时期，建筑学和城市规划专业人才的紧缺现象将得以缓解，我国各高等院校的建筑学和城市规划专业也会进行相应地调整，其招生规模也会做必要地压缩。如何为国家培养和输送既能满足近些年经济发展、又能适应将来建筑市场需要的建筑学和城市规划方面的专业人才，已成为各高等院校建筑学和城市规划专业本科教育办学的关键所在。

2　目标定位与培养模式

建筑学和城市规划专业本科教育的办学宗旨，应确立在为我国和地方经济建设服务的基础上，并符合建筑业可持续发展的原则。而人才培养目标的定位和人才培养模式的确立，又是贯彻落实办学宗旨的极为重要的内容，它们之间的关系应是以人才培养目标的定位为前题，以人才培养模式的确立为基础，从而指导建筑学和城市规划专业教育教学的课程体系设置。根据我国建筑行业的发展特点和山东建筑市场的实际情况，山东建筑大学建筑城规学院结合社会需求和学校的办学特色，确定了建筑学和城市规划本科教育的人才培养目标和人才培养模式。

人才培养目标：“立足山东、面向全国，以本科教学

焦铭起：山东建筑大学建筑城规学院副教授
彭　飞：山东建筑大学建筑城规学院研究生

为中心，以学科建设为主导，充分发挥重点学科的龙头作用，倡导优良学风和教风，不断提高管理水平，全面提升人才培养质量，促进学院全面、协调和可持续发展。”

人才培养模式：

一个平台——即建筑学和城市规划两个专业共享的形态设计平台；

两条主线——以创造性思维与职业能力并重的建筑学专业培养模式为主线；

——以工为主、理工结合的城市规划专业培养模式为另一条主线；

三种能力——重点培养学生的创新设计能力、动手实践能力和团结协作能力；

交叉并容——使技术学科、人文学科和艺术学科多学科融汇贯通、交叉并容。

3 体系设置与课程组织

依据已确定的人才培养目标和人才培养模式，建筑城规学院根据远期的办学方向和近期的发展目标，有机地整合了专业教育课程群并设置了本学院的课程体系，如下图所示：

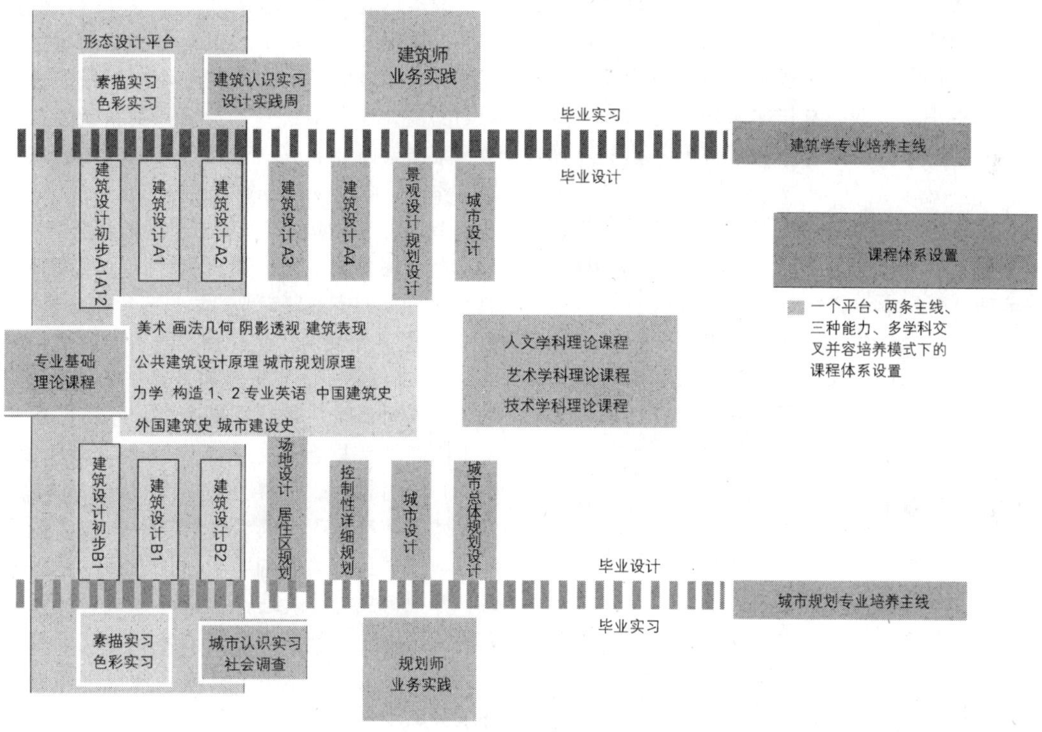

4 理论课程与核心作用

建筑城规学院课程体系设置中的建筑理论课程群，在课程体系中位于核心位置，它既是专业基础理论课程的主要内容，又是建筑学和城市规划专业教育课程群中的纽带和桥梁，它与设计和实践类课程一起，完整地组合成了专业教育课程体系，共同构成了专业教育的形态设计平台。这对于达到“人文、艺术和技术学科多学科融汇贯通、交叉并容”，使学生掌握一专多能的知识结构，适应与本专业相关的各种工作环境，符合可持续发展的办学理念，有着极为重要的意义。

建筑理论课程群是建筑学和城市规划专业本科教育教学中极为重要的组成部分，是培养学生成为优秀的建设人才较关键的教学环节，它即是建筑学和城市规划专业的基础理论课程，又是对学生建筑知识的拓展与设计方法的提升，是使学生最终掌握专业知识的升华课程，是建筑学和城市规划专业本科教育中主要的教学手段，是培养学生专业素质和创新能力的重要内容，在建筑学和城

市规划专业本科教育中起到极为重要的指导和核心作用。

5 教学方法与教学手段

我们首先使"外国建筑史"、"中国建筑史"、"城市建设史"等建筑历史课程横向承接起来，使其他建筑理论课程作为建筑历史课程的延续和拓展，组成整体有机的建筑理论课程群。在教学中力求突破以往各建筑理论课程单独讲授、互不关联的状况，争取课程群中的各门课程在各自的授课过程中，按共同对应的历史时期和建筑类型进行讲授。所讲授的知识在内容上要有所关联，形式上各有侧重，突出经典建筑实例的分析，注意总结历史上的经典建筑与现代设计理念之间的关系，使建筑理论课程群之间做到横向承接和纵向贯通，并与设计和实践类课程群相互引伸、互相借鉴和共同提高，整体构建起建筑学和城市规划专业本科教育中的教学课程体系。

基于人才培养模式改革前提下的建筑理论课程教学改革，应采取集中授课的方式并采用多媒体教学手段，使用启发和互动式教学方法。在专业课程群的教学组织中，横向以各个年级先后开设的课程为单位并做好相互的教学承接；纵向则以设计类课程和实践类课程为两条主线加以贯通，使建筑理论课程群成为整体课程体系中有机的组成部分。

6 教学实践与教学效果

2003年，"外国建筑史"课程首先在建筑城规学院建筑学和城市规划专业开始实验性授课。在实验性授课期间，主讲教师按照横向承接后建筑理论课程群的授课方式讲授课程内容，在讲授"外国建筑史"课程的同时，适时穿插"中国建筑史"和"当代建筑思潮"课程中的相关内容。例如：在讲授"古代罗马建筑"时，即主要阐释古罗马建筑的历史背景、地理位置、建筑类型、艺术特色、技术特点、杰出贡献和对世界的建筑重要影响，又适当穿插中国历史上同时期"秦、汉"年代建筑的相关内容，并与古罗马建筑加以横向的比较，分析古代罗马建筑在现代社会中的表现方式和当今的复古思潮等。授课过程中充分发挥多媒体课件的教学优势，加大每个学时的知识信息量，学生则多与教师讨论，从而使每个课时所学到的"外国建筑史"知识与其他课程所学的知识能够水乳交溶和融汇贯通，共同形成完整有机的建筑理论知识平台，整体构建起学生的建筑理论知识框架，收到良好的教学效果。

2004年后我们把此项教学改革做推广性教学，在"中国建筑史"、"当代建筑思潮"等建筑理论课程群中逐步展开，并在探索和改革的同时不断加以调整、深化和提高。目前正在与设计类课程做整体互动，争取达到建筑理论类课程不断提升学生的设计水平，设计类课程促进学生建筑理论的探讨与研究的理想效果。

改革后的"建筑基础理论"课程群，课程体系整体有序，课程教学丰富生动，学生反映积极主动。通过课程群的教学，使学生的建筑理论知识日趋扎实，建筑和规划的设计理念不断完善，设计创新能力持续增强，哲学思维框架逐渐形成，对教育质量的提高起到了积极的促进作用，收到了良好的社会效果。

山东建筑大学建筑学和城市规划专业的学生在2004～2006年历届全国大学生建筑设计作业观摩与评选中获得21个奖项；城市规划专业的学生在全国大学生规划设计竞赛中获得14个奖项；在社会实践报告评优中获得9个奖项；《动态媒介——对未来居住建筑的研究》获得首届威海国际人居节建筑设计大赛金奖。在中国建筑学会和中国太阳能学会联合举办的"中国太阳能建筑设计竞赛"中，11项作品入选，并且获得惟一的一等奖。

建筑理论课程群的教学改革，突破了以往建筑理论课程教学中互不关联的状况，促进了课程之间的融汇贯通，并把相关的建筑理论知识与建筑设计和建筑实践类课程有机地结合起来，在充实完善建筑理论教学的前提下，今后将结合山东地方建筑与传统城市的特点，逐步形成突出地域性风格的教学特色。

参考文献

[1] 仲德崑，陈静．应对可持续发展的建筑教育．2006全国建筑教育学术研讨会论文集．北京：中国建筑工业出版社，2006.

[2] 鲍家声．建筑教育的发展与改革．新建筑，2000，1.

[3] 李竹成．浅谈建筑学教育的特色．高等建筑教育．2003，6.

双语教学在低年级教育中的应用探索
——以山东建筑大学《建筑设计初步》课程为例

杨　慧　黄春华

摘　要：山东建筑大学自2006年起与新西兰理工大学合作办学，自一年级起即开设双语教学班，在教学模式和课堂组织中锐意创新，不断进取，取得了良好的教学效果。本文以山东建筑大学双语教学班《建筑设计初步》课程的教学实践为例，从课程性质、师资配置、教学组织、考核方式等4个方面介绍了其教学特点，在归纳其作用与意义后，提出推广的建议，并总结双语教学在低年级教学实践中遇到的问题，提出初步对策和建议。

关键词：双语教学，教学实践，应用探索

2007年，教育部出台的《关于实施高等学校本科教学质量与教学改革工程的意见》中提出，“大学部分课程今后将会采取双语教学，教育部将鼓励和支持校内教师及聘请国内外著名专家学者和高水平专业人才承担教学任务和开设讲座”，“推动双语教学课程建设，探索有效的教学方法和模式，提高大学生的专业英语水平和直接使用英语从事科研的能力。”

为适应我国教育国际化的发展趋势，引进国外优质教育资源，进一步开拓建筑学专业的国际化水平，经省教育厅批准，山东建筑大学与新西兰奥克兰理工学院在建筑学专业开展合作办学项目，招收由两学院共同商定和实施教学计划的建筑学班，并选择该班作为双语教学的实验班，自一年级起即开展双语教学，在教学模式和课堂组织中锐意创新，不断进取，取得了良好的教学效果。

1　山东建筑大学双语教学实验班《建筑设计初步》课程介绍

1.1　课程性质——融通汇合

《建筑设计初步》（以下简称《初步》）属建筑学城市规划专业基础必修课，开设在一年级的两个学期，每学期104学时。主要任务是通过基本知识及理论的讲授，结合相关的课程作业练习，使学生初步掌握基本的建筑表达与表现技能，从专业的角度提高建筑认识与分析的能力，培养与专业学习特点相适应的思维方式和构思能力，为后续的专业设计课学习奠定基础。

双语教学班《初步》课程性质除具有上述共同性质之外，还与《英语听说》（以下简称《听说》）课程紧密结合。有别于为其他专业设置的《大学英语》课程，《听说》课由《初步》老师同时授课，《听说》课将讲授与专业相关的字、词、语句使用，《初步》课上加以练习与运用。两课相加，使专业知识与语言应用融通汇合，在提高学生语言应用能力的同时，着重训练专业语汇的使用与表达。

1.2　师资配置——教师配合师生互动

双语教学班配有中文学科教师一名，要求专业能力强，能熟练运用英语进行听说读写等活动，了解英美文化；外籍学科教师一名，要求专业能力强，以英语为母语，会使用简单汉语，了解中国国情与教育现状。两位学科教师及时沟通、相互理解，尽快熟悉对方的教育经历和教学方法。行课中积极配合，运用语言优势，以两种语言教授各板块所涉及的内容，并介绍国外授课思路和设计方法，授课方法多样但目标一致。

《初步》包含小制作、建筑测绘、水彩渲染、空间构

杨　慧：山东建筑大学建筑城规学院助教
黄春华：山东建筑大学建筑城规学院副教授

成、空间设计、小建筑设计等板块，理论与实践并重，是学生接触专业的第一步。在每个板块的教学中，两位老师亲自参与方案设计，亲自动手示范，有针对性讲解教学难点和重点。在外籍教师的理论讲学中，安排学生轮流做翻译，既考察学生的语言应用，也锻炼了其综合素质。整个教学过程中，语言穿插、思想交融，师生切磋讨论，共同开阔视野、拓展思路。

1.3 教学组织——渗透融合

- 渗透：在课堂教学组织中，双语教学班《初步》课程以汉语教学为主体，以英语教学为渗透。英语教学的渗透程度取决于学校整体教育状况、课程进展、师资水平以及学生的学习能力。目前教师学历基本达标，但不代表其英语应用能力强，学生虽然在孜孜不倦地学习英语，但在英语运用上仍有一定的困难。在此背景下，双语教学班选择采用渗透式教学法，将英语逐步渗透到日常的学科教学活动之中。

渗透阶段，课程的主要承担者是语言应用能力较强的学科教师，教学过程中用两种语言来表达专业术语，将学科领域的专业术语双语化，对于增加学生的英语词汇量有很大的帮助。外籍教师会经常性印发一些英语资料，学生通过大量阅读巩固英语学习效果，并能开拓视野，完善自身的知识体系。

- 融合：经过一段时间的磨合与训练，教师有了一定的英语教学能力，学生有了相当的英语运用能力，此时，可以将英语教学更多地投入到学科课堂教学中，将汉语和英语融合起来，不分主次，互为主体。

融合阶段，课程的主要承担者转向外籍教师，结合日常教学，适时地将英语整合到教学活动之中，师生之间可用英语问答和讨论。同时结合专为双语教学班开设的《听说》课程，练习专业知识的英语表达，共同营造英语学习氛围。

1.4 考核方式——中英结合双向考核

双语教学班《初步》课程考试由专业考核和语言考核两部分内容构成。

专业考核是针对整个年级8大教学板块的内容进行统一考核。所有教学班统一评分标准，横向评分。

语言考核是针对双语教学班的单独考核，由外籍教师，结合该班《听说》课程组织考试，通常采用口语考试的方式，考察《初步》课程》中涉及的专业知识的语言应用能力。

2 双语教学在低年级教育中应用的作用与推广意义

2.1 知识扩充与语言应用

建筑学与城市规划专业的前沿知识和高端技术大多来自英语世界，英语已成为获得信息的不可或缺的语言媒介。双语教学的应用可使学生逐步掌握和应用专用术语与语句，听懂英语授课，读懂英语资料，进而能用英语就专业问题进行口头交流与书面表达。

山东建筑大学双语教学班《初步》课堂上，汉语教师的教学紧紧围绕教学大纲，按照教学计划，延续我国传统的建筑学基本知识教学。英语教师在不混淆学生思路的范围内穿插不同的授课内容，时常发放英文阅读材料或提供参考书目录，要求学生课下进行大量阅读活动。同时结合《听说》课程，利用多媒体播放原声影视，多为名家采访或纪录片，有效达到扩充知识和训练语言的效果。

在以上学习环境中经过一年的学习，双语教学班的学生成绩稳定，知识范围明显广泛。对抽象艺术显示出较好的理解力，对著名大师生平及作品也有较好的理解。语言学习成绩较好，绝大多数学生可以独立阅读英文原版材料、与外教无障碍沟通。

2.2 思维训练与多种能力培养

双语教学并非单纯的在教学中尽量多讲英语，双语教学与传统的英语教学不同，在语言应用、学科学习以及语言的思维方式等方面，都有着全新的目标。

双语教学班思维训练的目标是在运用两种语言进行学科学习的基础上，同时使用汉语和外语进行思维，并能在这两种语言之间根据交际对象和工作环境的需要进行自由转换，师生共同具备对学科的汉语思维和英语思维的能力。

在使用两种语言授课的《初步》课堂中，学生始终处于高度紧张和兴奋的状态，师生共同进入一种真实的汉语和英语的语境，运用汉语和英语进行学科知识的教学与交流，最终达到师生均能运用两种思维方式进行学

科学习、思考和研究。

在低年级课程中开展双语教学，是从高等教育的初始阶段就给学生创造了国际化的教育和学习环境，学生可以直接体验和感受发达国家的教育理念和教育方式，掌握该领域的先进技术知识和科技发展动态，对于提高学生的创造能力和独立分析、解决问题的思辨能力均有很大的帮助。

3 双语教学在低年级教育中推广的难题与对策建议

双语教学并非英语教学与专业知识的简单相加，而是两者相辅相融，专业课程的核心知识和前沿理论是双语教学的重点。双语教学对教师、教材、教学组织等各方面都提出了特殊要求，通过山东建筑大学双语教学班《初步》课程的双语教学实践，现总结在低年级开展双语教学所遇到的难题并提出初步建议。

3.1 师资建设——复合型人才培养

双语教学要求教师必须是多能的复合型人才，既要具备扎实的外语口语表达能力，能够熟练运用专业外语进行授课，同时还必须兼备丰富的学科知识和专业技能，真正实现传授专业知识和拓展专业领域的目标。

双语教学班《初步》课程配备的中文教师英语水平相对较好，但并非英语科班出身，但由于没有受到公共外语的专门培训，其听说能力还无法达到运用自如的程度，讲解时难免留下遗憾。

针对这个问题，教师自身应不断加强专业外语的学习和日常英语的应用，完善知识结构，提高知识素养，以取得更好的教学效果。同时，学校可以组织相关教师进行专门的英语培训，强化练习，提高教学效果。

3.2 教材引进——有中国特色的双语教学书目编写

教材是知识的载体，是实现双语教学的重要保障，没有合适的教材就无法实现真正意义上的双语教学。双语教学班《初步》课程统一使用《建筑初步》(中国建筑工业出版社)作为中文教材，没有统一的外文原版教材。外籍教师会根据课程进展情况随时提供阅读材料、英文参考书目以及播放多媒体资料等，但这些资料的选择随意性较大，难以保证与课程体系、知识构架吻合。

我国的专业课程设置和教学安排与国外有很大的差别，原版教材并不一定适应我国国情。应专门编写具有中国特色教学内容的学科专用英语教材，用地道的英语完善学科的知识体系，文字优美图文并茂，但目前在资金、人才、知识来源等各方面都难以提供有力支撑。

3.3 课程改革——渗透融合教学方法的推广

山东建筑大学双语教学班《初步》教学中最大的难题是教学时数不够。在每学期 104 课时中，共需完成 4 个板块的课程设计，时间安排非常紧凑。由于课堂上部分信息要用英语传授，学生需要时间将所授知识最终转化为汉语理解，如此一来讲授同样的内容就需要更长的教学时间，学时不够的问题就更加突出。再者，在《初步》双语教学的过程中发现，学生的英语水平参差不齐的状况在一定程度上阻碍了双语教学的顺利推进。英语水平一般的学生在接受大量英文信息时感到非常吃力，容易产生抵触情绪。

低年级的学生刚接触专业知识，学习压力原本就很大，所以对于将专业知识与语言结合的双语教学必须采取循序渐进的教学手法，使学生逐渐适应、看到进步、主动学习。双语教学班《初步》教学在不断摸索中总结出“渗透融合”的教学方法，中英结合“双向考核”的考核方式，按不同教学阶段制定不同教学目标，分别解决不同问题，师生反映教学效果良好。

3.4 学校支持——提高教师积极性的有力支撑

双语教学班的教师在备课、行课等许多方面比普通课程耗费更多的时间和精力，学校在提倡和鼓励双语教学的同时，还应给予重视与支持。在教师工作量计算、津贴发放、职称评定、出国进修等方面给予适当的政策倾斜；在教材编写、教学研究立项、课程建设等方面予以一定的经济资助。通过合理的教学评价体系来评定教学效果，制订相应的教学标准，为双语课程的开展创建一个宽松的环境。❶

4 思考与展望

山东建筑大学《初步》课程的双语教学实践自开展

---

❶ 引自卢艳青，李成威，张军红。大学专业课程双语教学的探讨［J］. 辽宁教育研究，2007(9)：107～109.

以来，不断思索如何才能提高教学效果，真正体现双语教学的办学宗旨。

首先，树立新型的教学观念是推广双语教学的关键。应重视知识和能力的培养，重视教学方法的研究和改革，重视英语与学科的融合渗透。其次，评价机制的改革是实施双语教学的重要保证。应建立全新的评价方法和评价内容，形成良好的评价机制和导向机制，重视学生的个性、潜能的发掘和积极性的培养。只有在思想上重视、在政策上鼓励、在教学方法上有针对性的积极探索才能不断推进和完善双语教学应用。

参考文献

[1] 卢艳青，李成威，张军红. 大学专业课程双语教学的探讨[J]. 辽宁教育研究. 2007，9：107～109.

[2] 俞建梁. 简析优化双语教学的策略与原则[J]. 教育与职业. 2007，10：142～143.

[3] 赵光辉，靳国庆，吴振利. 高校双语教学：香港中文大学取经归来的思考[J]. 中国高等教育. 2008，6：25～26.

《建筑设计基础》教学内容改革

周　同　赵景伟　初　妍

摘　要：文章分析了低年级城市规划专业学生在进入建筑与规划设计之前应着重培养的基本设计能力：即空间认知能力(含单一空间认知和空间组合认知)、建筑认知能力、交流能力(含语言交流与图示交流)和表现能力。从对设计基本能力的培养角度出发，对现有《建筑设计基础》课的教学内容进行分析，指出其中的不足，如表现类内容偏多；单纯的建筑抄绘不利于低年级学生建筑认知和空间认知能力的培养；课程内容的整体思路不甚明确，跳跃性比较大等等。并在此基础上，探讨《建筑设计基础》教学内容的改革，如增加建筑概论部分的内容；压缩表现训练课时，减少表现类大作业的数量；以建筑测绘为龙头，带动建筑认知能力和建筑表现能力的综合培养；简单形体的经典作品分析，限定性的空间组合与分划训练，以及将中国古代建筑群体空间构成和西方极少主义建筑作为案例教学等等。

关键词：建筑设计基础，基本能力，教学内容，教学改革

加强建筑设计能力培养是城市规划专业重点培养目标之一，从整个课程体系看，《建筑设计基础》(以下简称《基础》)是《建筑设计》的先行课，建筑设计所需的一系列基本能力是从《基础》课开始训练的，也应成为《基础》课教学内容组织的核心。因此，必须首先明确低年级学生进行建筑设计时需要具备的基本能力，这是进行《基础》教学内容改革的出发点。

1　低年级学生在建筑设计方面需要的基本能力

作为一名成熟的规划人员，需要在长时间的学习和实践中培养多方面的能力。本文讨论的对象是作为规划专业低年级学生，在进入建筑设计之前应该及早开始训练的设计基本能力。总的说来，可以概括出以下几个方面。

1.1　建筑物质属性的认知能力

对于规划专业低年级学生，非常有必要加强对建筑物质属性的了解，即对建筑结构、建筑构造、主要建筑构件以及建筑材料等物质属性的基本认知。虽然这一部分内容需要进一步长时间的、系统的学习，但是考虑到与后续建筑设计课程的衔接，仍需要就其基本内容在《基础》课程中加以讲解。此部分内容可以通过测绘、抄绘、以及模型制作的方式，结合课堂讲解得到训练。

1.2　建筑空间认知能力

空间设计是建筑设计的根本问题，但对于刚刚步入大学的学生来说，对空间的认知和体验却是绝对的难点。这里的空间认知可以分解为两个层面：一个是单个空间的认知，另一个是组合空间的认知。

对于单个空间的认知，学生应该了解诸如空间的尺度、比例关系、空间的围合方式以及空间的情感、空间与人的行为之间的关系、空间的采光通风等等内容。对于多空间组合，重点应放在多空间组合的方式，以及空间序列的情感变化等方面。当然，这些内容在设计基础课程之后也需要长期的训练和讲授，但是，在《基础》课程中就应该着重培养学生初步的空间观念。

1.3　交流能力

交流能力包括语言交流和图示交流。语言交流能力指的是能够清晰、条理地向别人阐述观点，解释方案。这里尤其强调的是图示能力。它指的是用概括、洗练、准确的徒手草图与他人交流。在方案的推敲过程中，我们经常可以看到学生口若悬河、滔滔不绝地阐述自己的

周　同：山东科技大学土木建筑学院建筑系讲师
赵景伟：山东科技大学规划系讲师
初　妍：山东科技大学土木建筑学院建筑系助教

想法，但是听者却一头雾水、不得其解。究其原因，很多情况下是因为学生拿不出有说服力的图示来配合语言进行阐释。所以，图示能力和语言能力一样，都是交流的必要手段。同时，良好的图示能力也可以帮助学生清晰地梳理设计思路，快速地抓住转瞬即逝的灵感，因此，它也是一种重要的设计手段。语言能力的培养可以用多给学生汇报方案的机会来加强，而图示能力则要依靠长期的草图训练来获得。两者结合，最终实现“眼、脑、嘴、手”的协同运作，以达到有效交流的目的。

1.4 表现能力

表现能力是指能够熟练地掌握一种或几种表现手法，灵活地运用一种或几种表现工具，最终将建筑设想转换为生动二维和三维图形，忠实地传达出设计意图。从某种意义上说，也可以将其称之为“表现图能力”。这也是长期以来全国各大建筑院系普遍看重的规划专业的“看家本领”。经常听到老教师对学生说：“无论你的方案如何如何，但是如果表现图画得不好，那么就……”，可见，表现能力的高低长期以来一直是评判学生设计质量高下的一个重要依据。当然，这一能力在计算机普及的条件下也逐渐发生着变化，传统的手工渲染模式正转向计算机表现。国内大多数院系通常做法是在低年级要求手工表现，而在高年级要求计算机表现。

2 传统《基础》课教学内容存在的问题

长期以来，我校《基础》课的内容分配在两个学期进行，见表1。

《建筑设计基础》课程内容 表1

第一学期作业	大致内容
字体练习	仿宋字＋黑体字
钢笔线条练习	抄绘
钢笔表现专题1——建筑材质表现技法	砖、混凝土、玻璃、各种石材、地毯等等
钢笔表现专题2——建筑配景表现技法	树木草坪、人、车等等
建筑抄绘	依据蓝图对小型建筑进行平、立、剖抄绘
设计分析	对经典建筑作品进行分析，内容自选
空间分割与限定	在9m×9m×9m的立方体空间中进行空间的分划与限定，功能自定
第二学期作业	大致内容
水彩基本渲染练习	平涂、退晕(渐变、分格)、色环等
钢笔淡彩建筑表现	小型建筑钢笔淡彩表现
外环境设计	校园某地段环境设计，限定某种功能，如外语角、表演等等
小型建筑设计	如售货亭、报亭等等，连带室外环境设计

从学生应该获取的基本设计能力来看，这种内容编排在取得明显效果的同时，也存在着大量问题。

2.1 表现类内容偏多，挤占大量课时

从内容设置来看，表现类的训练占了大量的课时，如字体、线条、钢笔表现、水彩渲染和钢笔淡彩等都属于这方面内容。这不仅是我校，同时也是全国各个地方建筑院系普遍存在的现象。从实际的效果看，这种偏重于表现的模式并没有达到提高表现能力和交流能力的目的。其中的原因有以下几个方面：首先，训练内容与建筑设计主题脱节。如材质、配景和水彩基本渲染等，大都是在脱离整体建筑背景的条件下进行的。作业做的不错，但是一到后期建筑表现图，学生反而不知道如何将前期学的基本表现技巧应用到表现图当中；其次，这种表现类训练以大作业的形式出现，最终成绩的判定依靠成图的整体效果。因此，很多学生为了取得较高的分数，往往将原本应徒手绘制的内容变成尺规作图或拷贝，而教师对中间环节又难以控制，这样一来就达不到徒手训练的目的，又枉费了大量的学时。我们认为，在规划专业中，徒手草图绘制的图示能力其重要性远超过表现能力的培养。

2.2 单纯的建筑抄绘不利于建筑物质认知和空间认知能力培养

目前的抄绘是将小型建筑的施工图提供给学生，经过简单讲解后，进行平立剖抄绘。这种方式对学生获得建筑物质认知有一定作用。但学生往往处于被动，在抄绘过程中，遇到不理解的地方时，没有实物的参照，往往糊里糊涂，在某种程度上，将抄绘变成了钢笔线条的练习或制图规范的复习，失去了抄绘的意义。同时，由于缺乏实物参照，不能身临其境地感受空间，空间的认知能力也得不到有效培养。

2.3 课程内容的整体思路跳跃性较大

纵观整体内容设置：第一学期字体、线条、钢笔训练属于表现性专题，建筑抄绘的目的是为了取得对于建筑的基本认知，经典作品分析和空间限定训练着重于空间认知能力的培养；第二学期水彩基本渲染与钢笔淡彩又重回表现训练，而最终的外环境设计和小型建筑设计已经是接近于实践的内容了。这样的安排跳跃性较大，前后逻辑不够连贯，找不出清晰的主线。学生往往感到被教师牵着鼻子走，搞不清学习的目的和脉络，在疲劳的作业中，逐渐失去了对设计的兴趣。

3 教学内容的调整

在发现了上述教学内容方面的问题后，出于对学生应该获得的设计基本能力考虑，我们将原先的教学内容进行修订，见表2。

改革后的《基础》课程内容 表2

第一学期作业	大 致 内 容
建筑概论	课程脉络
字体间架结构训练	仿宋字＋黑体字(强调间架结构)
钢笔建筑材质与配景表现技法讲座	砖、混凝土、玻璃、各种石材、地毯等等 树木(平面、立面)、草坪、人、车等等
建筑测绘及图纸抄绘	以测绘为龙头，图纸抄绘跟进
水彩基本渲染	平涂、退晕(渐变、分格)、色环等
钢笔淡彩	对前期测绘建筑进行立面表现
第二学期作业	**大 致 内 容**
经典作品分析	从空间的角度对经典作品进行分析
空间分割与限定	在9m×9m×9m的立方体空间中进行空间的分割与限定，形成多变灵活的空间，功能自定
外环境设计	校园某地段外环境设计，限定某种功能，如外语角、表演
小型建筑设计	如售货亭、报亭等等，连带室外环境设计

总体思路：第一个学期着重于学生表现能力、交流能力及建筑认知能力的培养，第二个学期侧重于建筑空间认知能力和模型能力的培养，并将第一学期中的学习成果综合运用在最后的建筑设计上面。

3.1 增加建筑概论部分的内容

主要讲解城市规划专业的性质、培养要求、学习内容、学习方法，《基础》课的地位和作用、学习目的、教学体系与主要内容、各个阶段的要求等等，旨在使学生把握教学的脉络，清楚《基础》课着重培养的能力以及为基础课在整个课程体系中寻找定位。

3.2 压缩表现训练课时，减少表现类大作业的数量

原有的内容中，表现类训练占据大量课时，如钢笔配景和钢笔材质均要求上交大作业。内容调整后，我们将这两部分训练以讲座的方式进行，在展台投影的帮助下，为学生进行现场演示，并强调徒手速写的训练。大量性的训练放到课下，每周上交小作业(A4)，取消了大作业要求。这样做的目的旨在培养学生的图示交流能力。

3.3 以测绘为龙头，带动建筑认知和表现能力的综合培养

对校园内的小型建筑进行测绘，在测绘的过程中为学生讲解建筑结构和建筑构造的基本知识，加深学生对建筑的认知。在此基础上，对照测绘建筑的施工图对建筑平、立、剖面进行抄绘，在抄绘的过程中可以再次加强对于建筑物质属性的认知。最后，让学生观察测绘建筑在阳光下的立面，采用钢笔淡彩对其进行平面和立面渲染。为了顺利运用钢笔淡彩，在中间插入水彩基本渲染训练，包括平涂、退晕和色彩训练等内容。这样，就形成了以测绘为龙头，带动学生建筑认知能力和表现能力的综合培养。

3.4 简单形体的作品分析

在经典作品分析作业中，鼓励学生选择富有空间魅力的"方盒子"建筑，如安藤、卒姆托、刘家琨、柯布西埃等人的作品。这样做的目的旨在排除建筑形体的干扰，强化空间意识，真正体会到形体之外的东西，如空间、材料、光线等才是建筑的真正主角。这种做法是出于我们的一种焦虑，即学生在后期建筑设计中普遍惧怕"方盒子"，潜意识中存在着"方盒子"等于"穷干修辞"的想法，大量的精力放到了外在形体的"花活"上，造成内容与形式的割裂。

3.5 限定性空间分划

在空间组合与分划的训练中，规定了一个9m×9m×9m的空间，在其中进行空间分划，功能自定，如住宅、会所或是展览等。着重强调空间的比例、方向、光线变化、材质魅力以及空间序列与多样性的塑造。在这部分内容中，我们插入两个讲座：一个是中国古典建筑群体空间序列讲座，另一个是西方极少主义建筑的讲座。原因在于这两种建筑或建筑群都极为重视空间序列的营造，都是将设计重点放在了形体之外的空间上。

3.6 环境观念的加强

外环境设计的主题设定为校园户外讲堂、英语角等，旨在训练学生大尺度的空间组合与划分，仍是前一课题的延续。同时强调环境设计观念，即为了塑造一个整体环境，所以设计了一个建筑，使建筑最终能与环境融为一体，体现出建筑与环境之间的共生关系。

4 结语

《基础》课的教改仅仅是开头，不可能一步到位、一蹴而就，需要随着教学实践逐步深化，同时更需要清醒面对社会对规划专业的要求，不断调整教学内容。这里的些许探寻，目的是明确的，加强学生设计基本能力的培养，打好创新能力的基础。

参考文献

[1] 尤东晶，陈卫潭. 设计、创新与基础——《建筑设计初步》课教改探寻 [J]. 苏州城市建设环境保护学院学报. 2000，2：P12～15.

[2] 许蓁，袁逸倩，李伟. 激发创造活力 寻求特色教育——试谈教育心理学在建筑设计基础教学中的应用 [J]. 时代建筑. 2001，(增刊)：P46～50.

[3] 陈永昌. 建筑设计基础课程教学改革初探 [J]. 高等建筑教育. 2005，3：P31～33.

城市规划专业 GIS 课程分层次教学内容的探讨

段琪庆　刘永进　于　江

摘　要：本文从地理信息系统的数据获取，数据处理，空间分析以及 GIS 在城市规划中的应用入手，结合目前我国本科院校城市规划专业特点，论述了在城市规划专业的基于工具的 GIS 在城市规划中的操作应用和基于 GIS 在城市规划中的应用研发两种应用模式下的教学内容设置，提出了在城市规划专业的本科和研究生教育阶段进行 GIS 课程的教学内容和教学方法。

关键词：城市规划，GIS，层次教学，教学大纲

1　前言

根据我国国家注册规划师考试大纲中明确列出“3S (GIS、GPS、RS)技术与城市规划管理相结合”的相关考试内容，要求规划师“熟悉地理信息系统在城市规划中的应用”。《全国高等学校城市规划专业本科(五年制)教育评估标准(试行)》和《全国高等学校城市规划与设计专业硕士学位研究生教育评估标准(试行)文件》也都明确提出城市规划专业学生需要“了解 GIS 及 CAD 的基本知识，计算机、地理信息系统等新技术在城市规划方面应用的知识”。同时，针对传统的城市规划思想方法中存在的问题，为适应新形势的要求，使城市规划工作向更深入、更严谨、更切合实际的方向发展，新的城市规划思想体系正在实践中酝酿产生。GIS、RS(RemoteSensing，即遥感技术)等信息技术的发展促进了城市规划新的思想方法的发展，给城市规划工作带来了一系列的影响和冲击，实现了规划分析的广泛性、论证的严谨性、成果的弹性等。其中，卫星遥感影像结合 GIS 分析有助于实现资料收集和规划前期分析的广泛性，从而使 GIS 空间分析成为规划成果辅助论证的有效手段；GIS 专题地图、三维模拟等也为规划成果提供了丰富的表达方式；网络 GIS 的应用为规划成果的分析论证及公众参与提供了广阔空间。因此，加强对 GIS 等相关信息技术的学习是培养高素质城市规划人才不可或缺的重要环节。

2　地理信息系统与城市规划

2.1　地理信息系统的概念与城市规划的数据

地理信息系统(Geographical Information System，GIS)是一种基于地理(或大地)坐标的管理、决策支持系统。地理位置及与该位置有关的地物属性信息成为信息检索的重要部分。在地理信息系统中，现实世界被表达成一系列的地理要素和地理现象，这些地理特征至少由空间位置参考信息(空间信息)和非位置信息(属性信息)两个组成部分，这些信息都是以数据的形式存储在 GIS 中。要将这些数据有效的管理起来，需要数据管理系统和数据库技术，这是地理信息系统重要的研究课题，而不应该是非 GIS 专业应用研究的领域，对于城市规划专业来说，我们关心的问题是，城市规划的数据有哪些?怎样建立这些数据的数据库? 怎样对这些数据的进行地理编码? 怎样生成对城市规划有用的成果信息? 怎样建立和实现城市规划专业应用模型? 所以对于城市规划专业来讲没有必要在数据结构、地形表达处理方法(DEM、DTM、数据内插)、数据管理系统的开发、数据压缩等方面掌握很深。我们只需要在成熟的数据库管理系统下能够建立专业的数据库就达到目的了。

目前，国内高等学校城市规划专业培养人才的目标基本上分为两个大方向：以侧重物质形态规划为主和以

段琪庆：济南大学高级工程师
刘永进：济南大学建筑系讲师
于　江：济南大学建筑系讲师

侧重区域规划、经济地理为主，前者对建筑形态、空间分析和成果表达能力要求相对较高，这主要体现在空间数据的表达方面，而后者要求较强的宏观分析尤其是数据处理分析的能力，对这些数据的处理，离不开属性数据及数据库的建设。不论哪一个方向，都要以城市规划所需要的数据为GIS教学的切入点。

2.2 城市规划的数据

陈述彭先生曾经把GIS中的数据比作水利设施中的水，没有了水，水利设施便无法发挥作用。城市规划是一个复杂的系统工程，是城市各项建设的龙头。为此城市规划需要收集、调查、分析的城市规划资料很多，包括社会的、经济的、政治政策的、环境的、人口等方面的资料，不管这些资料有多少，按照GIS的数据分类方法，这些资料所抽象的数据可以分类为三类：①空间数据(地图数据、遥感数据、行政区划数据，产业分布数据等)。②属性数据(人口数据、经济数据等)，对于这些数据也要系统化，坐标化，就需要进行数据库建设。③文本数据(政策、法律，管理规章等)，这些数据要进行管理与传送，即需要有一定的管理系统知识。我们必须对这些复杂资料进行分类，属性数据的保真处理、空间数据的误差处理等基本过程。为此在城市规划专业GIS课程的第二部分，应该了解和掌握一些空间数据处理方法和数据库建设的基本知识。

2.3 城市规划的数据分析

2.3.1 地理信息系统的数据分析问题

地理信息系统空间分析的核心问题可归纳为五个方面的内容：位置、条件、变化趋势、模式和模型。GIS它能够以位置的形式回答以下几个基本问题：①位置：在某个特定的位置有什么。②条件：在什么地方有满足某些条件的东西。③变化趋势：该类问题需要综合现有数据，以识别已经发生了或正在发生变化的地理现象。④模式：该类问题是分析与已经发生或正在发生事件有关的因素。⑤模型：该类问题的解决需要建立新的数据关系以产生解决方案。

2.3.2 地理信息系统数据分析在城市规划中的应用

城市规划的功能可以分为三大类：①行政管理；②开发控制；③规划编制。前两者是规划的管理工作。在前两项中，GIS的应用在我国已比较成熟，主要数据流程体现在“一书、两证、三检查”的规划管理过程中，主要包括：土地使用变更的档案记录；专题制图；建设基地设计方案审查；建设申请处理；土地使用权管理；土地的可利用性、可开发性的监测；建筑容积率、面积登记；娱乐、游憩等公共设施选址；环境影响评价；污染和废弃土地登记；公共设施的服务范围及可达性分析；市政设施的社会需求、短缺分析。规划编制中往往包括非常规性、战略性的内容，GIS也有不同的应用。

3 地理信息系统的两个层次与城市规划专业层次教学

地理信息系统的两个层次：①作为工具的成熟的地理信息系统平台，如mapinfo、arc/info等。②以应用专业为基础的GIS的集成开发和专业应用模型设计。针对GIS的两个层次将城市规划专业的GIS教学也分为两个层次，本科教育阶段和研究生教育阶段。

在本科阶段中主要以GIS的第一个层次为基础，通过学习GIS的基本概念，GIS的组成，城市规划的数据来源及其数据处理，数据库建设，以及GIS的基本空间分析以及专题地图的制作方法等方面的知识，达到掌握地理信息系统的基本概念和组成；熟悉地理信息系统在城市规划设计，空间分析和成果表达中的应用的目的，满足国家注册规划师考试大纲和《全国高等学校城市规划专业本科(五年制)教育评估标准(试行)》和城市规划继续研究生教育对GIS的需要。课程的设置见表1。其中理论学时20学时，实验学时16。

在研究生学习阶段中主要以GIS的第二个层次为基础，考虑到与第一层次的衔接和深化两个方面。从GIS的构成和数据入手，通过对GIS的数据采集，数据质量控制，数据结构，数据编码，以及数据库的建立的学习，提出运用GIS解决问题的一般思路，指导学生建立起运用GIS解决实际问题的框架与模型，以加强学生基于GIS独立解决规划问题的能力。重点学习GIS的数据结构和算法设计以及针对专业的模型研发，这是GIS应用层面的高级层面，包括系统功能设计和针对所应用专业的模型设计，如如土地利用、土地适宜性分析模型，路经分析，城市的空间引力模型，评价和预测等。课程内容设置见表2。

城市规划专业本科 GIS 课程教学内容　　表 1

理论教学部分			实验部分	
章　节	学时	内　容	实验项目	学时
地理信息系统与城市规划概论	2	讲授地理信息系统概述；地理信息系统与城市规划关系概述	地图矢量化	4
地图空间参照系统和地图投影	4	讲授地图投影，地形图的识图以及地图的分级与精度层次	遥感图像几何纠正	4
城市规划的数据与数据处理	4	讲授 GIS 的数据类型，城市规划数据的来源，遥感数据的解译，数据转换等方面的内容	空间数据分析	4
城市规划的数据组织与管理	4	讲授空间数据的地图化方法，数据库的基本知识以及属性数据库的设计	专题图制作	4
空间分析与操作	2	讲解空间查询方法，空间变换，缓冲区分析，叠加分析，空间统计分类分析		
空间数据表现与地图制图	2	讲解专题地图的基本知识和密度图，区划图等各种与规划有关的专题图纸作方法		
GIS 在城市规划中的应用案例	2	介绍城市规划管理系统的功能		

城市规划专业研究生 GIS 课程教学内容　　表 2

章　节	学时	内　容
GIS 的基本原理	4	讲授 GIS 的概念组成；地理信息系统与城市规划关系概述。起到衔接作用
空间数据结构	6	讲授地理空间数据及其特征，空间数据结构的类型，空间数据结构的建立
空间数据采集与质量控制	6	讲授空间数据的坐标变换，空间数据的分类、编码与数据采集
空间数据库	6	讲授空间数据库概述，传统空间数据库的概念模型，空间数据库的模型设计，空间数据库的逻辑设计
空间分析	6	DEM 分析，空间叠合分析，空间缓冲区分析，空间网络分析，空间统计分析，空间数据的集合分析和查询
地理信息系统在城市规划中的应用案例	4	讲解城市规划管理系统设计思想和方法，空间信息可视化和景观仿真，区位配置模型和 GIS

4 结语

城市规划专业是一门综合性学科，城市规划的过程并不是单纯地构图、进行物质形态设计的科学技术过程，而是一个对社会生活、经济发展、历史文化保护等众多因素进行综合考虑的过程，包括对城市进行管理、协调社会各阶层利益等众多方面，由此形成以城市规划设计方法为手段，以社会、经济、文化发展为目标，以优化、美化人类生活环境为宗旨的综合规划体系，以与复杂的城市系统、社会系统相适应。因此，必须加强对城市规划专业学生进行科学预测技术的教学，必须更新规划设计的技术手段，相应地加强 GIS、RS 等信息技术的教学，使城市规划成果不仅只是利用 CAD、Photoshop 等软件制作出来的漂亮图形，还是基于各类信息、数据综合处理得出的科学分析结果；使城市规划由以定性分析为主、低效落后的传统手工操作方式，演进为以定量分析为主、

高效科学的计算机分析预测方式。

从城市规划的角度来看，数据管理、地图显示、空间分析、空间模型是 GIS 在城市规划中的主要用途。在数据管理和地图显示方面，可用于土地使用、社会经济、环境、建设申请和审批、规划方案资料的存储，通过对数据库的查询获取有用的信息，用于专题地图显示事物的空间分布状况；在空间分析、空间模型方面，主要用于统计、选址、实施地点寻找、土地适宜性评价、土地使用交通模型，环境影响评价等，分析结果也往往用于专题地图的表达。而这些应用可以分为城市规划管理，城市规划决策支持和城市规划成果表达三种模式。

参考文献

[1] 高等学校土建学科教学指导委员会，城市规划专业指导委员会．全国高等学校土建类专业本科教育培养目标和培养方案—城市规划专业［M］．北京：中国建筑工业出版社，2004.

[2] 王成芳，黄铎．城市规划专业 GIS 课程的设置与教学实践研究［J］．城市规划．2007，11：23～24.

[3] 黄杏元，马劲松．地理信息系统概论［M］．北京：高等教育出版社，2001.

[4] 邬伦，刘瑜．地理信息系统导论［M］．北京：中国教育出版社，2000.

[5] 邬伦,张晶，刘瑜．地理信息系统原理、方法和应用［M］．北京：科学出版社，2005.

[6] 毕硕本,王桥，徐秀华．地理信息系统软件工程的原理与方法［M］．北京：科学出版社，2003.

[7] 同［6］

[8] 叶嘉安，宋小冬．地理信息与规划支持系统［M］．北京：科学出版社，2006.

[9] 李德华．城市规划原理(第三版)［M］．北京：中国建筑工业出版社，2001.

[10] 孙毅中．城市规划管理信息系统［M］．北京：科学出版社，2003.

GIS 在城市规划教育中的应用初探

张晓瑞　李俊峰　瞿　伟

摘　要： GIS 即地理信息系统，它是一个收集、储存、分析和传播地球上某一地区信息的系统。GIS 具有强大的空间分析能力，在城市规划领域中得到了日益广泛的应用。科学发展观的建立和《城乡规划法》的实施为城市规划教育提供了新的挑战和机遇，也把城市规划教育推到了一个特殊的转型期。城市规划教育要更新和完善传统的以物质空间布局和城市空间处理为核心内容、以计算机辅助设计(CAD)技术为支撑平台的教学体系。要改变传统的以主观、定性为原则的决策模式，代之以科学、理性、定性定量相结合的规划决策模式。GIS 可以为转型期的规划教育提供一个全新的技术平台和分析决策工具。

文章阐述了 GIS 的概念及其在城市规划中的应用，分析了 GIS 技术运用到城市规划教育中的可行性，探讨了在城市规划教育中用到的典型 GIS 技术。并以城市用地评价为例对此进行了说明。研究结果认为在城市规划专业的课程中设置或强化 GIS 技术模块不仅是必要的，而且这也是对处于转型期的我国城市规划专业教育的内在必然要求。

关键词： GIS，城市规划，教育，应用

1　引言

党的十六届三中全会明确提出了“科学发展观”。科学发展观要坚持以人为本，树立全面协调、可持续的发展观，要强调按照“五个统筹”来推进改革和发展。城市规划是统筹城市发展的科学，随着我国城市化进程加速，城市经济已经成为国民经济的主体，中国城市化正面临着比发达国家和多数发展中国家更加复杂的背景和社会经济转型压力。因此用科学发展观指导城市规划，将“科学决策”贯穿于城市规划的全过程，对于城市规划在新时期引领城市健康、持续发展有着极其重要的意义。新版《城市规划编制办法》和《城乡规划法》对城市规划编制提出了更高的要求，前者明确提出了城市规划要进行“四区划分”。而作为我国城市规划法律体系主干法的《城乡规划法》则要求把城市规划放到更广阔的区域背景中。

科学发展观的提出和贯彻、城市规划新版法律法规的实施构成了城市规划变革的动力源泉。城市规划要不断的吸收这些新的思想和理念，在编制内容和方法上都要进行改进和调整。要改变那种仅仅依靠定性经验和“拍脑袋”式的规划决策模式，构建科学、理性、定性定量相结合的规划决策模式。这就要求城市规划教育也必须进行相应的改革以适应这些变化和要求。

2　GIS 与城市规划

GIS 即地理信息系统(Geographic Information Sys-tem)，经过 40 年的发展，到今天其已经逐渐成为一门相当成熟的技术，并且得到了极广泛的应用。尤其是近些年，GIS 更以其强大的地理信息空间分析功能，在城市规划中发挥着越来越重要的作用。

GIS 的定义是随着其技术的不断进步及应用领域的不断拓宽而不断地完善的。不同领域也因研究对象及角度的不同而各有侧重，如数据库类 GIS、制图出版类 GIS、实时监测类 GIS 以及综合信息处理类 GIS 等。目前最为广泛接受的定义为：GIS 是“一个收集、储存、分析和传播地球上关于某一地区信息的系统，该系统包括相关的硬件、软件、数据、人员、组织及相应的机构安排。”其中“收集、储存、分析和传播”是一个完整的 GIS 所必须具备的四大功能，即“输入、存贮、操作和分析、表达输出”。

张晓瑞：合肥工业大学城市规划系讲师
李俊峰：合肥工业大学城市规划系副教授
瞿　伟：合肥工业大学城市规划系讲师

随着其自身的不断发展和应用的日趋广泛，GIS已经渗透到自然资源的管理利用、农业土地管理、城市规划、军事、交通运输、工业布局、环境保护、人口普查、国家海洋等各个领域中。在城市规划领域，随着经济、社会和人口的发展，世界城市化进程逐渐加快，数据的类型和层次呈多样化发展，这些都对传统的城市规划提出了严峻的挑战。由计算机技术与空间数据相结合而产生的GIS这一高新技术包含了处理地理信息的各种高级功能，它所具有的空间数据管理、空间分析、空间建模与空间决策支持、地理信息可视化等功能使其成为应用于城市规划领域的强有力支撑工具。

GIS的应用可以渗透到城市规划的各个方面，包括从设计到管理，从前期资料收集整理到成果出图，从小范围的详细规划到大的区域规划，从综合性的总体规划到专业性的专项规划，从项目选址到可持续发展战略制订等方面。而且随着GIS在城市规划领域应用的日益广泛和深入，应用的角度呈现出多样化的特点。其中就包括了城市空间扩展与建设用地格局分析、城市土地评价、风景和流域的造型规划、公共设施的选址、小尺度的社区景观规划和设计等诸多方面的应用。可以说，GIS为城市规划和设计提供了一种崭新的思路。

3 GIS技术在城市规划教育中的应用

在我国的学科分类中，城市规划专业是建筑学一级学科下的二级学科。其教学体系以计算机辅助设计(CAD)技术为支撑平台，以城市物质空间的布局和处理为核心内容。在具体的规划设计课程教学中以主观、定性决策为原则进行规划方案创作，以空间艺术美和图面效果作为学生成绩考核的主要依据。这种培养模式为我国城市规划界培养了大量优秀人才，适应了我国改革开放后大规模城市建设对人才的需求。但是随着我国经济社会改革和发展思路的调整以及城市所面临的生态环境问题的日益严重性，这种仅靠CAD技术进行物质空间规划的培养模式越来越不能适应新形势对人才的要求，城市规划教育必须吸收先进的技术和思想来拓展其技术支撑平台。地理信息系统(GIS)技术就是一种可以很好地被城市规划教育利用的高新技术。利用GIS技术，结合传统的规划教育可以逐步构建定性定量相结合的科学决策模式，由此来对传统的教学体系进行更新和完善。而且由于GIS技术日益被广泛地应用到城市规划编制和管理实践中，作为未来规划专业人才培养基地的规划专业教育也要加强对GIS知识的传授，否则所培养的专业人才将不能很好地胜任规划设计和管理工作。

GIS是一个非常庞大的系统，对于城市规划专业来说不可能全面学习掌握它，“重点突破”是惟一的选择。城市规划涉及的基本问题是城市设施和城市资源在空间上的合理分布，空间是城市规划的核心。而空间分析是GIS的核心功能之一，其特有的对地理空间信息的提取、表现和传输功能是GIS区别于一般信息系统的主要功能特征。空间分析(Spatial Analysis)源于20世纪60年代地理和区域科学的计量革命，是对分析空间数据有关技术的统称。空间分析的目的是：①有效地获取、科学地描述和认知空间数据，如绘制风险图；②理解和解释生成观察地理图案的背景过程，如住房价格中的地理邻居效应；③预报，如传染病爆发；④调控在地理空间上发生的事件，如合理分配资源。因此GIS和城市规划在空间问题上具有统一性，这也是GIS技术能够运用到城市规划教育中的原因。具体来说，在规划专业教育中所用到的最有价值和意义的GIS空间分析功能如下：

3.1 表面分析

GIS提供的表面分析功能比较丰富，通过表面分析可以生成新的数据集，通过这些数据集我们可以更多的了解原始数据中所隐含的空间格局信息，例如等值线、坡度、坡向、可视性、最陡路径、山体阴影等。例如，通过现有的高程数据集或数字高程模型(DEM)，我们可以获得该区域的坡度、坡向表面分析结果。利用该功能可以让学生获取规划地区更全面的地形地貌信息，了解规划区域的建设开发难易情况，以便为规划方案提供可靠的基础信息资料。

3.2 缓冲区分析

所谓缓冲区就是地理空间目标的一种影响范围或服务范围。缓冲区主要有点缓冲区、线缓冲区、面缓冲区等3种类型。缓冲区分析是对一组或一类地物按缓冲的距离条件，建立缓冲区多边形图，然后将这个图层与需要进行缓冲区分析的图层进行叠置分析，得到所需要的结果。这种空间分析功能在城市规划中有着广泛的应用，

可以用来确定公共服务设施的服务半径，线状廊道如铁路、高压线、河流两侧的保护范围。

3.3 叠置分析

叠置分析是地理信息系统最常用的提取空间隐含信息的手段之一。它是 GIS 中一项非常重要的空间分析功能。大部分 GIS 软件是以分层的方式组织地理数据，将地理数据按主题分层提取，每个主题层可以叫做一个数据层面。数据层面既可以用矢量结构的点、线、面图层文件方式表达，也可以用栅格结构的图层文件格式进行表达。空间叠置分析就是把同一地区的两幅或两幅以上的图层重叠在一起进行图形运算和属性运算（关系运算），产生新的空间图形和属性的过程。叠置分析的目的就是寻找和确定同时具有几种地理属性的地理要素的分布；或者按照确定的地理指标，对叠置后产生的具有不同属性级的多边形进行重新分类或分级。叠置分析在规划中可以用来进行重大基础设施、公共服务设施的选址布局，城市建设用地的适宜性评价等分析工作，分析结果可以为规划提供科学的决策依据。

通过综合运用上述 GIS 的空间分析功能，可以使学生加深对规划背景因素的理解，使课程规划方案建立在有理有据的科学分析之上，避免了单纯依靠主观判断进行方案创作的弊端。

4 应用实例——城市用地评价

在编制城市总体规划和分区规划中，进行城市土地适宜性评价是十分基础的一项工作。其核心是对自然、政治、经济、文化等要素进行定量的分析，从而在了解现有政策、经济现状、自然环境的基础上对城市土地适于不同开发利用的能力做出相关评价。进行这些多因素的空间分析是一个复杂的过程。以空间分析功能为特点的 GIS 技术是进行城市建设用地评价多因素建模和分析的最合适工具。

在城市规划传统课程教学中，城市用地评价建立在对各种资料的主观定性判断上。其分析结果的优劣很大程度上取决于学生的专业经验和技能，且带有较强的主观随意性。而 GIS 为城市土地适宜性分析提供了科学、方便、逼真的定量分析平台。具体分析的过程包括以下步骤：①利用数字地形模型（DTM，Digital Terrain Model）数据，计算出规划范围内的坡度在 30% 以下的地区作为可能的城市建设用地范围；②利用叠加分析和缓冲区分析，将生态保护用地、基本农田保护区、水域及周边缓冲范围从规划范围内剔出，不作为可能的建设用地考虑；③建立现状及规划道路、现状城市建设用地范围的不同距离的缓冲区；④将 2 和 3 得到的图层作叠加分析，距离现状和规划道路以及现状城市建设范围较近的可能建设用地作为城市近期建设用地，距离较远的则作为城市远期发展用地。

运用 GIS 的空间分析功能对城市适宜建设用地数量和空间分布进行分析，为确定规划建设用地规模和空间布局奠定合理的基础，也为确定城市的空间拓展方向和空间范围提供了较为准确的依据，进一步为规划方案的编制提供了科学的决策支持。更重要的是可以让学生摆脱主观定性的决策习惯，树立建立在对规划背景资料的科学定量分析基础上的决策模式，这对他们未来的专业实践至关重要。

5 结语

科学发展观的建立和《城乡规划法》的实施为城市规划教育提供了新的挑战和机遇，也把城市规划教育推到了一个特殊的转型期。GIS 以其强大的空间分析能力可以为转型期的规划教育提供一个全新的技术平台和分析决策工具。虽然 GIS 在城市规划中的应用上表现出了巨大的潜力，但是目前存在的诸多制约因素使 GIS 技术难以像 CAD 那样推广到城市规划设计领域。这其中重要的制约因素是国内的规划师对于 GIS 的应用潜力、GIS 技术了解的还很欠缺。因此，在城市规划专业教育中必须加入或加强 GIS 知识的教学环节，事实上以南京大学、中山大学为代表的规划教育模式在 GIS 应用上已经取得了明显的效果。构建以“CAD＋GIS”为技术支撑平台的城市规划新教学体系是今后规划教育界探索和努力的方向，这不仅是必要的，而且也是对处于转型期的我国城市规划专业教育的内在必然要求。只有这样才能从根本上解决 GIS 在规划中的应用不足问题，GIS 技术在城市规划中的应用才能得到进一步的发展和推广。

参考文献

[1] 顾朝林. 科学发展观与城市科学学科体系建设［J］. 规划

师. 2005，21(2)：5~7.

[2] 宋力，王宏，余焕. GIS在国外环境及景观规划中的应用[J]. 中国园林，2002，6：56~59.

[3] 宋小冬，叶嘉安. 地理信息系统及其在城市规划与管理中的应用[M]. 北京：科学出版社，1996.

[4] 邬伦，张晶，唐大仕等. 基于WEBGIS的体系结构研究[J]. 地理学与国土研究. 2001，17(4)：20~24.

[5] 王劲峰，李连发，葛勇等. 地理信息空间分析的理论体系探讨[J]. 地理学报. 2005，5(1)：92~103.

[6] 尹章仕，李薇莲. 地理信息系统在城市管理和规划中的应用[A]. 宫鹏. 城市地理信息系统：方法与应用[M]. 美国伯克利：中国海外地理信息系统协会，1996.

对城市规划专业规划伦理教育的思考

赵景伟　岳　艳　贾　琼

摘　要：规划教育的目的是培养出合格的规划人才，当前，规划伦理教育内容及方法在城市规划专业教育体系中没有引起足够的重视。规划伦理教育应当成为当代规划教育的基本内容，应从规划专业学生对规划职业特点的了解、对规划职业道德的把握、设计伦理观念的培养三个方面加强城市规划专业的规划伦理教育。

关键词：城市规划，规划伦理，职业道德，设计伦理，人文关怀，思考

城市作为人类居住地或人类的聚集形式，是在人类文明的发展进程中历史地生成的，而城市一旦形成之后，伴随着人类历史进程的是城市的历史发展。当前，城市规划所涉及和面临的诸多问题中不仅有大量的技术性、科学性问题，还有大量的社会性、伦理性甚至政治性问题。城市规划是一项政府职能，又是一门科学，有着强烈的技术特征。

1　面临的问题

自上个世纪六七十年代以来，城市规划不再单纯强调城市规划的科学属性与技术理性特征，而是更加注重城市规划的公共政策属性和意识形态色彩，并将城市规划视为以实现特定价值目标为指向的政治过程和社会实践。当前，城市规划所涉及和面临的诸多问题中不仅有大量的技术性、科学性问题，还有大量的社会性、伦理性问题。正如吴良镛先生所言：城市规划的复杂性在于它面向多种多样的社会生活，诸多不确定性因素需要经过一定时间的实践才会暴露出来；各不相同的社会利益团体，常常使得看似简单的问题解决起来异常复杂。因此，在构建和谐社会的进程中，城市规划中出现的许多问题表面上看似乎由技术偏差所致，实质上更多是由于利益偏差和价值失范所致，尤其是偏离公共利益和社会公平伦理精神等问题。

城市规划专业作为城市建设的龙头专业，在得到空前重视的同时，城市规划专业教育中如何体现规划的伦理思想，仍然是值得我们思考的。城市规划专业的学生，在接受了一些基本的规划训练之后，就想一试身手，想一举成名，想法固然可喜。但是，规划往往只表现在无边的想像中，头脑中由于缺少了规划的“灵魂”，何谈成功？在当前的城市规划专业教育中，如何正确引导学生学习历史和文化，把握城市文脉，注重规划伦理，是每一名城市规划教育工作者都要面对的问题。

规划教育的目的是培养出合格的规划人才，当前国内的规划教育，强调创造力和基本功的培养，而“伦理”这一基本的教育内容往往被放在了次要的地位甚至忽略不计。“君子厚德以载物”，“德才兼备”，规划伦理教育应当成为当代规划教育的基本内容，这一点国外的规划院校有许多成熟的经验可以借鉴。

2　城市规划的伦理意蕴

伦理，意为“事物的条理”，“处理人们相互关系所应遵循的道德和准则”。伦理学是研究道德的学说，城市规划伦理作为伦理学的应用分支，它应该研究规划与道德之间的相互联系及联系的内容与机制，并运用伦理学理论来研究规划道德现象，解释与解决规划实践中所出现的道德等诸多问题。

“伦理”应用于城市规划与设计中，则对应的包含两层含义：第一层含义是指城市本质的伦理蕴涵，即作为人类聚集形式的城市的伦理意义，城市伦理是对城市的伦理学解释即从伦理学的视角解读城市。第二层含义是指城市社会、城市生活中的道德理论、道德现象、道德

赵景伟：山东科技大学土木建筑学院讲师
岳　艳：山东科技大学土木建筑学院助教
贾　琼：山东科技大学土木建筑学院助教

问题等等，这个意义上的城市伦理学是“应用伦理学的一门分支学科，从伦理学的角度来研究城市社会问题、研究在城市生活、城市发展、城市管理中所遇到的社会道德问题的学科。”

在城市的发展建设过程中，忠实地维护城市的公共利益和公众利益是规划师的重要职责，这是在任何国度、任何体制下都不容改变的。在计划经济体制下，政府作为公众利益的代言人，享有排他性的绝对优势，无条件地维护政府利益就成为维护公共利益的最好途径。任何一个城市规划的提出，主要不是源自于公众的规划利益，而是源自于少数社会强势集团的利益和权力机关的“政绩”利益。因此，无论规划的出发点多么高尚，个别政府官员的设想大多都很难完全代表公众的利益。而且，由于“公众利益”缺乏明晰、准确的界定，在实践过程中很容易被任意扩大和滥用。

近年来出现的社会治理理论，最基本的特征是国家与市民社会、政府与非政府组织、社会权威机构与民众的合作与管理，政府把本属于公民的部分权力归还于民，通过让公民参与政策制定的全过程，防止决策者的私利最大化，在社会公共领域内实现公共利益的最大化。在城市规划中，允许公众从自身利益出发参与规划的全过程，可以使公众自身的规划意愿和利益得到表达，制约并监督公共权力的公正行使，防止公权私用或滥用，促使政府能更多地以民意为基础制定和实施规划，公正地分配社会资源，有效地维护公共利益，提升规划的正义性，充分尊重公众的基础性地位，发挥公众的基础性作用，是现代城市建设、管理与决策的重要技术依据，是实现城市经济社会发展目标的综合手段。

3 规划伦理教育的思考

随着社会的发展，城市规划得当与否，将直接影响到一个城市的发展速度和前景。当人们日渐认识到生存环境的重要性之后，城市规划者的人生价值将得到最大的体现。在不断加快的城市化进程中，我国对城市规划专业人才的需求量日益增大，人才市场出现了“供不应求”的局面。因此，近10年，特别是近几年来，开设城市规划专业的高等院校的数量也在逐渐增多，为我国的城市建设事业培养了大批高级的专业技术及管理人才。

城市规划伦理作为伦理学的应用分支，它应该研究规划与道德之间的相互联系及联系的内容与机制，并运用伦理学理论来研究规划道德现象，解释与解决规划实践中所出现的道德问题。作为城市规划人才培养的重要内容，规划伦理教育在整个专业教育体系中没有引起足够的重视，规划伦理教育应当成为当代规划教育的基本内容。如何加强规划伦理教育，是当前城市规划专业教育改革的重要任务之一。

3.1 加强规划专业学生对规划职业特点的了解

《城市规划基本术语标准》GB/T 50280—98中对城市规划一词的界定是：对一定时期内城市的经济和社会发展、土地利用、空间布局以及各项建设的综合部署、具体安排和实施管理。长期的发展历程使城市规划形成了独特的行业特点。城市规划作为一门服务政府和社会的特殊行业，承担着协调城市建设和发展中各种复杂矛盾的责任。规划师的职业实践涉及到对公共资源的配置和对私人利益的干预，涉及到公共利益和私人利益之间的权衡，涉及到不同公共利益之间和不同私人利益之间的权衡。

通过5年专业课程的学习，学生要了解：

城市规划的目的是配合国家经济发展计划，促进国家经济社会的协调、稳定与持续发展。规划对象涉及到政治、经济、文化、艺术、工程技术以及人民生活的各个领域，现代城市规划既是现代城市建设的蓝图，也是合理组织城市生产、生活环境的手段，特别是城市总体规划中的重大问题，例如城市性质与规划、发展方向、规划指标等，都不是单纯的技术经济问题，它们牵涉到人口、土地和环境等基本国策。因此，城市规划师必须加强政策观念，学习国家的方针政策，并在规划实践中认真贯彻与执行。

现代城市规划不仅仅反映单项工程的特点，还要综合解决各项工程设计的相互关系。城市规划和各专业设计领域的密切联系，使得规划师们既要有浓厚的本专业理论知识，还要有其他专业乃至社会、经济、管理和法律等多学科知识；既要有足以胜任规划工作的知识储备，还要拥有不断吸取新知，不断充实自己的决心。

3.2 加强规划专业学生对规划职业道德的把握

改革开放以来，随着以经济利益格局调整为核心的

社会变革的加速进行，不断变化的经济、社会与文化环境，尚不规范的法律、法规与社会运行体制，导致了当前中国社会整体价值的错位，传统的道德观念正在减弱。在我国经济社会日益发展，城市规划设计走向市场的同时，越级规划、无证规划、压价竞争、变相出卖规划资质、听任老板摆布、规划不切实际与好大喜功、设计成果雷同及抄袭等种不良现象相继出现，这不仅影响到城市规划建设的质量，还影响到社会的和谐与安定，同时也严重影响到了目前在校的城市规划专业学生。

大学是一个人世界观、人生观和价值观形成的重要时期，在大学教育中加强职业道德教育是提高规划师职业道德水平的关键。城市规划人员相对于其他阶层的社会成员，应该具有较高的道德水平。城市规划是一种以物质环境规划为手段的社会规划，是要对社会发展负责的一种严肃的职业。因此，规划师需要树立全心全意为人民服务的社会理想，并在其引导下通过道德自律培养自身高尚的职业道德观。

在西方，规划师的道德教育始终作为规划师培养的重要内容加以考虑，一方面对规划师的职业行为进行道德规范，另一方面也是向外界宣示规划师的价值观，是出于一种对规划师职业的保护的考虑。目前我国城市规划人才的培育体系中，基本上没有明确的职业道德要求。因此，在借鉴国外的经验的基础上，根据我国国情制定切实可行的职业道德规范，对于规范规划师的行为、提升规划师职业道德素养将大有裨益。另外，这样还可以让不同利益集团了解规划行业的道德底线，保护规划行业的正当职业行为。

所以，除了必要的法律约束外，规划师的道德自律十分重要，在当前社会背景下显得尤为迫切。“公平”、“公正”和“公道”为重要的规划设计原则，社会对规划师的道德提出了更高的要求。《全国高等学校城市规划专业本科(五年制)教育培养方案》就提出了对职业道德教育的要求：掌握一定的人文社会科学和法律方面的知识，具有良好的文化修养和心理素质，遵守社会公德和城市规划职业道德。这就要求全国各高等规划院校要对职业道德教育引起足够的重视，在校的规划专业学生要努力加强道德修养，增强抵制诱惑的自觉性，树立保障公众正当利益的信念。

自律与他律是职业道德培养的两个重要方面，大学中的职业道德教育应该从这两个方面着手。从自律的培养方面看，应树立学生正确的世界观、人生观和价值观，提升他们的社会责任、人道主义和敬业精神；从他律的培养方面看，应加强政策、法律等知识的教育，提高学生的政治素养和法律意识。

3.3 增强规划专业学生的设计伦理观念

设计伦理观念是由美国设计理论家维克多·巴巴纳克(Victor Papanek)提出的，它极大地深化了设计思考的层面，推动了设计观念的发展。设计伦理观的最主要特点是人性化，即实现对人的关怀。突出对人的关怀，强调对环境、资源的尊重，提倡人与环境的和谐共处，是城市规划伦理的基本出发点。

人文，是指人类社会的各种文化现象，如人文科学、人文景观；也指强调以人为主体，尊重人的价值，关心人的利益的思想观念。城市规划中的人文思想由来已久，霍华德的田园城市理论中已经有了很强的人文关怀思想；“雅典宪章”中强调人、人的活动、人的利益是城市规划的基础，这已经是现代城市规划中的人本主义思想；“马丘比丘宣言”又对此做了修改和完善，强调生活环境和自然环境的和谐，并要求规划和各利益群体之间的协调与配合等等。

“人文关怀”为一哲学伦理学概念，它的终极目标是对人精神的关照。城市规划设计作为联系建筑艺术、人居环境与社会经济技术政治变化的科学，由于其巨大尺度及长期性，是承载每个市民全部生活的基础体系，必须体现人文关怀。

现代城市建设除了满足市民安身立命的一个处所以外，还有就是得到一个温馨的环境，这就要求在城市规划的时候要有的放矢，注重对人精神的关照。城市规划建设中只有因地制宜，结合地域、文化和历史的特点，结合西方城市设计的先进理念，才能做到以人为本，以人文关怀的角度推动城市设计。而注重城市的地方特色，地域化的个性建设，这不仅是体现人文关怀的重要表现之处，甚至从更深层次上说，城市规划设计中的本土化是更深意义上的人文关怀。

在现代城市规划中，人本主义和人文关怀已经得到了业内外人士的广泛认可和密切关注，人文关怀正以各种形式，更广泛地深入到各级各类的城市规划中去。

人文关怀既包含了对公众利益的负责，又包含了对弱势群体的关怀；既有对居民日常工作、生活、娱乐的方便、快捷、舒适的需求的满足，又有对居民精神生活、心理需求以及对完美和谐的追求的充分考虑与满足，还包含了从人的尺度、人的感受出发的以人为本的规划思想。

4 结语

本文通过分析我国城市规划教育的现状，结合规划伦理的各个方面，探索将规划伦理教育融合到规划教育中的有效方法，培养能够“君子厚德以载物”、“德才兼备”的城市规划师。本文强调，高等学校城市规划教育一方面要培养适应我国及全球化时代可持续发展的城乡建设的合格规划师，增加相关学科的教学如社会学、伦理学、地理学、行为学、美学等。另一方面，加强学生对社会调查方法的研究与实践，使学生能够应用伦理学原理对城市建设中的社会现象进行科学分析及对决策过程进行有效指导。随着教学经验的积累，这种融合将产生并应用于实践，使城市规划和规划教学跃上新的台阶。贯彻可持续发展战略，也是新世纪城市规划教育的重要课程。

参考文献

[1] 秦红岭. 和谐社会背景下城市规划面临的伦理问题及解决路径 [J]. 理论月刊. 2008，1：67～69.

[2] 罗国杰. 中国伦理百科全书：应用伦理学分卷 [M]. 长春：吉林人民出版社，1993.

[3] 郭建，孙惠莲. 公众参与城市规划的伦理意蕴 [J]. 城市规划. 2007，7：56～61.

[4] 李和平. 加强城市规划专业教育中的职业道德教育 [J]. 规划师. 2005，12：66～67.

[5] 万艳华. 时代呼唤城市规划伦理 [J]. 武汉城市建设学院学报. 1997，1：60～62.

[6] 刘作丽，朱喜钢，王红扬. 规划师的社会角色与新型规划伦理 [J]. 城市规划汇刊. 2004，4：23～26.

[7] 李功伟，蔡菊香. 浅析景观设计的伦理性 [J]. 技术与市场. 2006，3：36～39.

[8] 李少云著. 城市设计的本土化——以现代城市设计在中国的发展为例 [M]. 北京：中国建筑工业出版社，2005.

努力提高城市规划原理课程教学效果

曹鸿雁

摘　要：《城市规划原理》是城市规划专业的一门重要的专业基础课，近几年园林、交通工程、工程管理专业等专业也开设了城市规划原理的课程。笔者主要针对这些非城市规划专业的《城市规划原理》授课如何提高教学效果，结合教学实践，从教学内容、教学设计、教学方法等方面探讨了提高教学效果的方法。

关键词：城市规划原理，教学思路，教学方法

《城市规划原理》是城市规划专业的一门重要的专业基础课，是一门综合性、交叉性和实践性很强的专业课程。近几年来山东建筑大学相继开办了一些新的专业，如园林、交通工程、工程管理专业等，这些专业也开设了城市规划原理的课程。

我们建筑城规学院的教师承担了这些专业的城市规划原理的教学任务。由于该课程的内容庞杂，学生理解抽象的理论有难度，同时学生认为不是其专业主干课程缺乏重视。因此，如何组织好教学内容及采取科学有效的教学方法，使学生更好的掌握课程知识技能，提高教学效果和质量是非常重要的。笔者主要针对非城市规划专业的《城市规划原理》授课如何提高教学效果，结合教学实践在教学思路方面谈几点体会。

选择正确的教学思路首先要明确教学目标。这些专业的城市规划原理课程教学的主要目的与城市规划专业不同，不是培养学生较强的规划设计能力，而是通过本课程的学习，使学生掌握城市用地与空间布局的基本理论，掌握城市规划体系和城市规划编制的基本内容和方法；理解城市规划对于城市建设和发展的重要意义；了解城市规划实施的相关知识和我国的相关法规，拓宽学生知识面，有利于本专业的学习和毕业后的工作。教学思路和方法的选择与运用都要以此为核心。

1　引导学生重视课程的学习

城市规划原理课程在这些专业的开课时间一般是大学三年级，学生开始进入专业课的学习阶段。从开课伊始应使学生了解城市规划原理的课程特点和主要内容，向学生明确学习的作用与意义，与他们专业的关系，激发学生的学习兴趣，使他们重视该课程的学习。

2　结合专业特点整合教学内容

非城市规划专业的城市规划原理课程一般是32个学时，使用的教材是中国建工出版社的《城市规划原理（第三版）》。与城市规划专业的城市规划原理课程安排相比，面临着课时少但教学内容繁杂的矛盾，在有限的时间内要求学生掌握教材上所有的内容是不可能的，这就要求不能完全拘泥与教材，不能完全按照教材照本宣科。

首先教师要了解各专业的特点，学生的知识结构以及将来的工作去向等情况，根据不同的教学对象合理确定教学内容。对教材上的内容认真审定，搞清楚哪些内容是学生需要重点掌握的，哪些内容只作一般了解和一般掌握，分清主次，对教材内容进行精简与调整。总之，教学内容的具体设置、重点章节的划分、授课时数的具体分配以及教学深度的把握都要结合各专业特点，对哪些内容可以少讲，哪些内容需要精讲作到心中有数。

例如：园林专业的培养目标是培养能从事城市各类园林绿地景观与建筑小品的设计、风景名胜区、旅游度假区规划设计等的高级技术人才。第五章城市绿地系统与景观规划、第九章居住区规划、第十章城市公共空间

曹鸿雁：山东建筑大学建筑城规学院讲师

等章节的基本理论知识是园林的学生必须掌握的，因此这些内容是讲授的重点内容，课时分配上要多一些。城市的总体布局是城市规划专业的学生必须掌握的，而园林专业的学生作为了解就可以了，不作为讲课的重点内容。容易理解的章节安排学生课下自学，通过适当方式进行检查。

交通工程专业培养具备交通运输系统分析与规划、交通系统控制与管理、交通基础设施设计与工程项目评价、道路与桥梁设计等方面知识及相关开发工作的高级工程技术人才。对于交通工程专业的学生来说，城市总体布局、城市用地、城市道路与交通等内容与他们的专业密切相关，需要进行详细讲解。通过课下与学生沟通了解他们的专业课程学习情况得知，第七章城市道路与交通教材上的一些内容交通工程专业的学生已经掌握了，例如道路的分级和断面形式等。因此，授课过程中就要注意对教学内容进行筛选，避免与学生已有的知识重复，需要补充新的内容。

教师在授课时还要注意学生新旧知识的连接点。交通专业的学生同时在学习交通规划的课程，笔者在讲课中就重点讲解城市总体规划与综合交通规划的关系，现代城市交通组织与规划的原则，强调城市用地布局规划要与城市交通系统结合起来，综合研究，综合分析，做到用地布局与交通系统的协调一致。交通规划的理论与实践发展比较迅速，教材上部分内容比较陈旧，在讲课中要注意参阅大量资料，把本学科最新的知识充实到教学内容中。

3 把握城市规划原理课程的教学脉络

针对城市规划原理的课程内容多而杂的特点，课堂教学中应注意把握知识体系，形成清晰的教学脉络。城市规划原理的教学脉络可概括为：城市和城市规划的基本概念、理论——城市总体规划内容——城市详细规划内容——城市规划管理。在绪论中就要展示该教学主线，使学生搞清楚繁杂的学习内容之间的关系。同样每一章也有其脉络联系，每一章的各小节也应有连线将其紧密串联，讲清知识的来龙去脉，学生才容易接受。每堂课结束前再作一小结，着重强调本节课重点内容，这样才能加深学生印象。

例如第十章城市道路与交通的教学脉络如图所示：

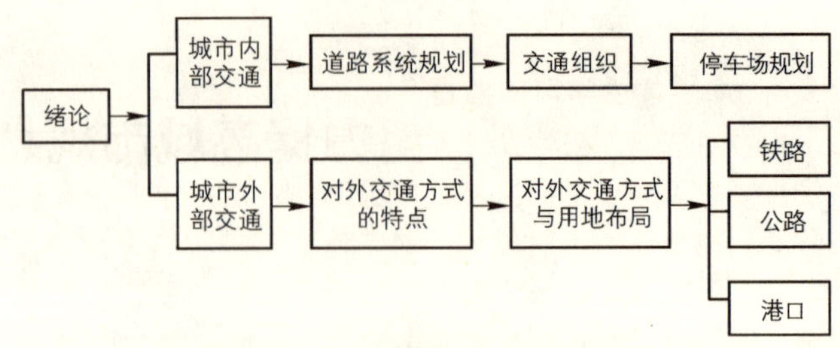

图1 第十章教学脉络主线

4 多种教学方法相结合

教学方法是关系到学生是否有学习兴趣，是否能掌握该课程内容的关键。城市规划原理课程的教学方法也应遵循一般的教学规律和适应课程的特点，教师精心设计怎样教的问题，努力创设良好的课堂气氛，以取得良好的教学效果。

4.1 开展课堂讨论

由于城市问题涉及的领域多，仅依靠教师课堂灌输式的讲解，学生对基本原理理解不深入，教与学也显得呆板、被动。根据该课程的特点，采用讨论式的教学方法，有利于促使学生进行主动思考。针对城市规划地域性的特点，立足学校所在城市济南或学生熟悉的城市开展课堂讨论。因为学生对这些熟悉的地方有一定的感性认识又与生活密切相关，学生学习起来有兴趣。例如，在讲解城市广场的内容时，讨论济南泉城广场的规划设计特色；讲解第十一章历史文化遗产保护和城市更新时，要求学生去参观济南的芙蓉街—曲水亭历史街区，联系芙蓉街—曲水亭街区的实际情况讨论历史街区保护与发展的问题，让学生从多角度去讨论分析问题，各抒己见、相互启发，充分调动学生的学习积极性。

4.2 理论联系实际

城市规划原理课程的特点是与工程实践紧密联系，强调实用性与技术性。针对课程特点，在课堂教学中要善于举例，多介绍工程实例，有利于学生更好的理解抽象的理论知识。例如，城市的总体布局比较抽象，在讲解这部分内容时，可以结合某个城市的总体规划案例讲解。

4.3 加强学生学习的监督

针对普遍存在学生对考前辅导依赖的现象，教师要加强学生平时学习的监督。采用考勤、课堂作业、课下作业的成绩作为平时成绩。课堂作业安排在结束前的5分钟，考察当堂课的理解程度和听课效果，保证听课质量。例如在讲授第九章居住区规划时，讲完居住区规划结构后，让学生分析一下一个案例居住区的规划结构。通过完成作业，可以使学生对所学的知识进行巩固、加深理解，教师也可以从学生完成的情况，检查教学和学生听课的情况，更重要的是促使学生认真听课，保证听课质量。

4.4 有效使用多媒体教学手段

目前，城市规划原理课程的教学多采用多媒体教学，与传统的板书教学相比，多媒体教学信息量大，更加生动、形象、图文并茂。但是多媒体课件不能是课本内容的移位，把课本内容变成电子教科书，好似在大屏幕上看教科书，学生当然没兴趣听课。教师应根据课程特点精心制作多媒体课件，课件应该能反映出讲课的主要思路，少而精，突出重点。授课时不能像放电影一样播放一遍课件，教师要充分把握课堂节奏，用生动的语言讲解，明确重点和难点，同时注意与学生的互动，发挥教师的主导作用。

结语

每门课程都具有一般课程的共性和各课程自身的特性，要取得良好的教学效果，教师始终处在主导地位。俗话说“要给学生一碗水，教师要有一桶水”，给不同专业的学生授课，教师还要补充跨学科的知识背景，这样才能拓宽知识面，完善知识结构。教师对授课内容吃透，精心准备每一堂课，不断完善教案，仔细梳理教学思路，就一定会取得良好的教学效果，自身的授课水平也会不断提高。

参考文献

[1] 李德华. 城市规划原理［M］. 北京：中国建筑工业出版社，2001.

[2] 姚萍，袁犁.《城市规划原理》教学思路探讨. 建材高教理论与实践. 2001，2：115～117.

[3] 姚笑青. 土力学教学特点和课堂教学方法探讨. 高等建筑教育. 2007，16(4)：81～85.

实践教学研究

实践·认知·建构
——城市调研类实践课程教学研究[1]

白淑军　任彬彬

摘　要：本文从城市规划专业教育的基本要求和城市调研类实践课程的教学实际出发，结合笔者自身的教学实践与教学改革，从课程的定位、实践的基本出发点、认知的目标与方法、整体建构的教学模式四个方面逐步深入地对城市调研类实践课程的教学进行探讨。第一，要对课程进行科学定位，明确课程在专业教育中的地位和作用，提高认识；第二，要保证调研能够深入实践、联系社会，必须树立正确的基本出发点、视角和价值观；第三，要把思维方式的培养作为调研实践的基本目标，而相应的系统分析问题的能力则是学生认知城市的基本方法；第四，结合课程本身的特点，把建构主义教学理论引入到教学实践中，以主体建构作为学生知识获取的主要途径、以方法建构作为教学的基本理念，并取得一定效果。

关键词：城市调研类实践课程，定位，价值观，思维方式，建构

1　问题的提出

调研是城市规划的一项重要工作和基本方法，这是由城市规划学科兼有社会科学性质的特点所决定的；同时作为一门实践性的学科，城市规划不仅仅为“做规划”和“实施规划”的活动，还意味着实践者(规划师)的一种生存状态，实践在很大程度上影响和决定着城市规划的成与败。发达国家历来非常重视调研实践课程的教学，而国内很多高校都开设不久或者尚未有专门的调研实践课程的设置，缺乏与之相适应的教学措施，教学效果并不理想。

笔者所在学校的城市规划专业于2000年开始招生，城市调研类实践课程随着专业建设也逐步开设并完善，在教学实践中深切的感受到：其一，广大教师缺乏系统的城市调研类实践课程的教学组织经验；其二，大部分学生不能理解调研实践对于专业养成的重要作用，缺乏调研实践的热情；其三，实践课程侧重于实践教学部分，学生由于缺乏相关的知识架构而难以很快进入角色。作为一门认知城市的社会实践类课程和城市规划方法论教育的重要环节，城市调研类实践课程的教学改革研究势在必行，课程建设任重道远。

2　科学定位，明确调研课程的地位与作用

2.1　课程属性

调查研究是城市规划师必须掌握的一种基本方法，只有通过准确、翔实的调查研究，了解城市社会现状及其需求、分析相关社会问题，才能为科学进行城市规划提供重要保证。关注社会并发现问题、分析问题、解决问题的能力以及科学的思维方法是城市规划专业培养目标和城市规划专业人才的必备素质。作为认知城市的社会实践课程和城市规划方法论教育的重要环节，城市调研类实践课程正是培养学生认知社会、系统分析、理性思维的重要载体。方法论课程在西方国家城市规划专业中占有很重的分量，城市调研类实践课程是城市规划专业人才培养中的不可缺少的关键环节。

2.2　课程体系框架

城市规划专业指导委员会建议城市规划的专业教学

[1] 基金项目：河北工业大学教学改革项目基金资助(08020)。

白淑军：河北工业大学建筑与艺术设计学院讲师
任彬彬：河北工业大学建筑与艺术设计学院副系主任，副教授

实践环节不少于40周，结合本校作为地方院校人才培养的世纪，城市调研类实践课程体系由城市专题调研(一)、城市专题调研(二)、城市历史地段调研组成，分别针对于不同学期、相应的设计与理论课程的教学来设置(表1)，保证整个教学体系的完整与教学目标的实现。

城市调研类实践课程体系框架　　表1

课程名称	学期/学分/周数	调研目的	调研内容	前置课程	后置课程
城市专题调研(一)	5/2/2	了解群体建筑之间关系，增强对城市空间认识	住宅与小区模式与形态、城市中心区、城市公共空间	住宅建筑设计原理、城市规划原理、城市美学	住宅及小区规划设计、城市中心区规划设计
城市专题调研(二)	6/2/2	了解城市外部空间关系、增强对城市问题认识	城市规划与建设相关内容	城市规划设计A、城市社会学、城市道路与交通	城市规划设计B、环境行为心理学
城市历史地段调研	8/2/2	了解城市历史地段外部空间关系及问题	城市历史地段规划、改造与设计	城市历史地段保护、城市规划管理与法规、城市环境保护	规划院实习、毕业实习、毕业设计

3　深入实践，树立正确的基点、视角与价值观

3.1　社会需求——实践的基本出发点

城市调研类实践课程以培养学生认知城市、感悟社会、综合分析与解决问题的能力为目的，这就决定了必须以社会需求作为调研实践的基本出发点，这样才能保证教学目标与培养方案的有效实施。原因有二：其一，专业教育只有与社会需求接轨才能真正发展壮大；其二，只有以社会需求作为调研实践的基本出发点，才能真正认知城市、培养正确的规划理念和设计思维，因为城市规划不仅仅是城市物质形态规划设计的科学技术过程，更应该是城市复杂巨系统中社会生活、经济发展、历史文化保护等众多因素的综合协调过程。

在住宅与小区规划设计课程教学中，有同学的户型设计全是150m^{2}左右的大户型，在与其进行交流的时候得知，该同学在设计课程之前的城市专题调研(一)课程中主要对几个高档居住区进行了调研，同时其家庭所居住宅也为大户型，就认为社会上需要的都是这种大户型大尺度的居住空间，如果其能以社会需求为其最基本的调研实践出发点就不会出现这种现象。

3.2　人文关怀——实践的基本视角

“以人为本的新发展观”近几十年来尤为城市规划者所重视，“人文关怀”尤为突出，城市的规划建设要围绕人的各种需要而展开，因此应当把人文关怀作为城市调研实践的基本视角，同时人文关怀所倡导的人本主义思想应当是城市规划最本质的规划原则。城市调研类实践课程中人文关怀视角的确立应当从两个方面对学生加以引导：其一，以是否考虑人的尺度与需求的多样化为标准来审视、调研城市各类空间的规划与设计，更多的关注物质空间背后的深层次的城市本质属性的探索；其二，引导学生把目光更多的投向与市民生存质量密切相关的人性空间方面，如城市基础设施、公共空间、绿地、城市环境等。

3.3　公平公正——实践的基本价值观

公平公正应该是规划师具有的最基本的价值观，也应该是规划师这个职业关注的重点。城市规划社会调研不仅是规划编制中基础数据的必要内容，更是对城市社会、民意、城市发展历程的调查，如果没有公平公正的价值观，不能客观公正的聆听、收集各个阶层的意见，就不能把握城市发展的规律，科学展望和预测城市之未来；也只有公平公正的深入调研实践，才能够获得准确翔实的数据资料，为科学进行城市规划提供重要保证。要求学生树立公平公正的实践价值观是做好调研的重要保障：其一，把公平公正作为学生调研的基本价值观贯穿到整个调研过程，带着这种价值观去发现问题并分析

问题；其二，在调研内容的选择上做到公平公正，要注意到横向维度（代内公平）与纵向维度（代际公平）两个维度的公平公正。以往学生调研选择的主题较多的关注了横向纬度的代内公平，几乎涉及到了代内公平的各个方面，尤其是对社会的弱势群体投入了较多的关注；但是，很少考虑到纵向维度的代际公平。与城市规划密切相关的代际公平问题有两个具体方面：一是城市历史文化遗产的保护与利用问题，二是城市对外围新的土地资源的占用问题，前者是历史人群与当代人群的公正问题，后者是当代人群与后代人群的公正问题，涉及到可持续发展的问题，前者学生在城市历史地段调研中关注的比较多，而对后者的几乎没有关注过。引导学生科学公正的分析历史文化遗迹、当代开发行为与未来空间资源利用之间的公平性问题，应当是以后我们教学中应该关注的一个重点。

4 认知城市，培养良好的思维模式与分析能力

4.1 理性思维——实践教学的基本目标

规划就方法论而言要实现终极式规划向动态管理的转变，规划者也要从崇尚理性的技术性角色向协调各种利益集团冲突的角色转变，而这种转变更多需要依赖于我们规划者理性思维分析。通过教学深切的体会到理性思维的培养之重要。我们的学生往往把规划设计当成是一个必须完成的任务，而不是解决问题的工具，违背了规划起源之本意，当然这个现象也是我们国家规划界普遍存在的问题。以设计作业为例，学生进行了大量的前期调研与分析，也归纳了很多的问题，可是随之的规划图纸、成果却与前期的分析、调研没有必然的联系，就出现了“仅以气势逼人”的以形态设计与终极式规划为主导的规划图纸、成果，而未针对问题提出解决方案，无法建立现实问题与未来图纸之间的逻辑联系，应该说这种现象在我们的本科教学中非常的多。作为一门方法论课程我们理应把理性思维的培养作为我们实践教学的基本目标。

4.2 系统分析——认知城市的基本方法

相对于理性思维这个基本目标来说，系统分析则是学生认知城市的基本方法，也是实现理性思维的基础，教学中笔者发现学生的系统分析问题的能力亟待加强。以城市专题调研（二）课程教学为例，学生在选定调研主题之后，需要拟定调研提纲与思路，此时学生对调研主题进行分析，几乎都会出现问题的提取困难，往往不能全面系统的剖析问题的方方面面，不知道从哪些方面对主题进行深入调研与分析；甚或不能针对调研主题进行分析，所提出的调研思路和提纲与调研主题没有太多关联，系统性不强，思路不够清晰；当学生拟定调研思路进入深入调研阶段时，又会出现同样的问题。在课程教学中，笔者主要通过大量引导式讨论，帮助学生进行层层深入、系统分析能力的训练，并取得一定的成效。

5 整体建构，探索有效的教学方法与理念

5.1 主体建构——知识获取的基本途径

建构主义教学理论本世纪初开始被我国广泛接受并应用到教学研究当中，这种全新的教学理论认为学生是教学过程的主体，在教师的协助下，在所提供的真实情景里，通过自主学习来建构自身的知识体系，从而认为学习是一个能动建构的动态过程，城市调研类实践课程的教学过程与建构主义教学理论所倡导的理念是非常相符的。基于建构主义的核心思路，结合教改项目，把建构主义教学模式引入到了城市调研类实践课程中，改变传统的教师为主体的教学方法，教师的主要角色是有效引导与控制进程，而让学生成了课程教学过程的主体，让其拟定任务书、调研题目、调研提纲、讨论讲解、安排调研进度与时间等等。从已经结束的城市专题调研（一）课程的教学效果来看是令人满意的，学生在这种教学模式中，学习更加积极明确，自主构建自己的知识体系；同时培养了学生自主学习的能力与团队合作的精神。

5.2 方法建构——实践教学的基本理念

作为方法论课程，应当以方法教育为宗旨，把方法建构作为实践教学的基本理念。城市调研类实践课程的方法建构应该包括三个方面：其一，四种社会调查研究方法的掌握与运用。目前我校没有开设专门的城市规划社会调查方法课程，在调研实践教学中，主要通过针对不同阶段调研任务的要求，来进行不同调研方法的重点运用和训练；其二，是各种研究方法的建构，学生需要掌握一些初步的科学研究方法，来深入对比分析、研究

各种城市问题；其三，报告书、论文以及文本的书写体例与方法的建构，城市规划是兼有社会科学性质的学科，规划成果除了侧重于物质性规划的图纸之外，还有很多侧重于非物质性规划的文本，所以与其他工科专业不同的是，城市规划专业的本科生在报告书、论文、文本等的书写体例与方法上应当要求更加严格。

6 结语

当前我国社会经济持续快速发展，为城市规划学科的发展提供了良好的机遇和平台，但是城市规划本身的社会性与实践性，就要求我们的规划教育必须结合社会的发展和城市建设的需要，深入实践，才能真正发展，保证规划的科学性。城市调研类实践课程作为新开设不久的方法论课程，经过将近五年的实践教学与摸索，虽然取得了初步的成效，并引入了建构主义教学模式与方法，但是如何建构科学的互动课程体系，实现多门课程改革的良性互动；如何建立科学的调研过程的监控机制和调研成果的综合评价机制；如何通过调研实践培养学生理论联系实际的自主社会认知能力，更好的实现专业培养目标与实践课程的教学目标都是需要继续关心和解决的问题。

参考文献

[1] 李和平，李浩．城市规划社会调查方法［M］．北京：中国建筑工业出版社，2004.

[2] 李浩，赵万民．改革社会调查课程教学，推动城市规划学科发展［J］．规划师．2007，11：65～67.

[3] 高等学校土建学科教学指导委员会城市规划专业指导委员会编制．全国高等学校土建类专业本科教育培养目标和培养方案及主干课程教学基本要求—城市规划专业［M］．北京：中国建筑工业出版社，2004.

[4] 王新军．城市扩展与以人为本的生态关怀［J］．社会科学．2005，10：73～78.

[5] 王兴平．代际公平与城市规划公正［J］．规划师．2002，7：15～17.

[6] 赵民，林华．我国城市规划教育的发展及其制度化环境建设［J］．城市规划汇刊．2001，6：48～51.

城市规划专业教学实习基地建设的探索[1]

陈 林

摘 要： 城市规划作为一门实践性很强的专业，学生的培养导向理应以实践教学为主，对于不同发展背景、处于不同地域的城市以及不同的师资力量开办此专业的学校，为了达到专业目标，均宜突出实践性强的特征。论文通过对教学实习基地的梳理，结合我校对于实习基地的运作探索：各类型的实习基地对于学生训练培养的重要性以及“双师型”教师人才的造就，通过与校外实习基地合作多赢，与学校教学管理相协调，在专业人才培养计划中得以体现，努力为实用型技术人才的培养创造一个良好的发展环境。

关键词： 城市规划专业，教学实习基地，新型教学模式，三峡大学

随着社会对于城市建设日益重视，城市规划专业得以蓬勃发展，兴办本专业的学校，由世纪初的30多所发展到如今的100多所。这些学校的城市规划专业，有着不同的发展背景、处于不同地域的城市，师资力量也千差万别。

作为一个实践性很强的专业，对学生的培养应以实践教学为主。实践教学是使学生了解社会、接触市场的桥梁，使学生拓宽视野、巩固和加深理解已学过的专业基础知识，是培养学生理论知识与实践相结合的重要场所，也是高校实现人才培养目标的保证。建设好稳定的教学实习基地是学校教育走出象牙塔、展示学校形象的关键一步，也是学科良性发展的重要保障。

随着市场经济的不断深化推进，民主进程的发展以及社会上对于环境认知的逐步提高，社会对于城市规划专业人才的要求也越来越高。高校应适应形势需要，充分发挥好基地的作用，积极探索新型教学模式：加强实习基地建设，找到找准不断变化的社会需求，并进行有针对性的教学改革，努力提高教学质量，增强学校主动适应社会的能力，并为学生的实习、建立“双师型”教学队伍以及教师的联合科技开发创造必要的条件。

1 我校教学实习基地的建设现状

2000年三峡大学合并建校之际，城市规划专业开始招生，每届招生30人，2004年开始扩招，每届招生60人。根据国家的当前形势以及专业指导委员会的要求，结合学校办学实力，我校把该专业的培养目标确定为应用型的专业技术人才。

我校从设立规划专业之初，就相当重视教学实习基地的建设和培育工作，为本专业的发展奠定了良好的基础，累积了很多较好的实际经验，但回顾我校规划专业教学实习基地建设的历史，经历过一些挫折：

1.1 校内实习基地建设不完善，在实习时间上没有保障

由于教师的社会影响力较弱，教师工作室建设滞后，学生在校得到实习锻炼的机会较少；与学校设计院之间的关系没有理顺，资源共享存在一定的障碍，基地建设不完善，学生主要靠教学计划上的固定实习时间进行实习，日常时间没有充分利用。

1.2 校外实习基地单一，在发展方向上缺乏弹性

学校主要与规划设计院建立联系，校外实习基地单一，与学生多元化的就业方向不协调，造成部分同学在基地内对实习内容缺乏兴趣，影响实习成效。

1.3 校外实习基地监管不到位，教学质量缺乏保障

受基地容纳人数有限及学校实习经费有限等因素的

[1] 2007年湖北省高等学校省级教学研究项目(20070222)。

陈 林：三峡大学土木水电学院城市规划与建筑学系系主任，副教授

影响，学校与实习基地之间的联系不够密切。对学生的实习，学校只关注学生的实习成果，造成对同学在基地内的情况监管失位，影响教学效果。

1.4 教师利用实习基地的途径有限，影响资源的利用

实习基地主要受益对象是学生，教师利用实习基地的途径有限，实习基地作为一个有效的平台没有发挥应有的作用，部分专业教师对于有哪些实习基地都不太清楚，浪费了宝贵的资源。

1.5 校外实习单位与学校之间的合作有限，建设动力不足

实习基地与学校的合作主要在于吸收部分学生实习或者招收部分学生，其他方面操作的不多，建立基地流于形式，建设动力上后劲不足。

1.6 没有充分发挥学生的力量

已经建立起来的实习基地，纯粹是依靠教师的力量，对于已经毕业的同学们所在单位或者在校同学所依托的业务实习的单位，这方面建立的实习基地寥寥。

2 教学实习基地建设的原则

通过数年办学的经验累积，分析自身办学的优势、不足，我校确立了新的发展思路，并从以下几个原则来培育和建设实习基地：

2.1 目标导向性原则

我校是具有水电特色的综合性大学，城市规划专业依托于土木水电学院创立，水电和土木专业是我校的品牌专业，如何依托学校以及学院资源，使专业的培养目标在专业教指委的大方向下形成较为鲜明的特色，并以此来寻求与之对应的实习基地是我们的建设基地的根本。

宜昌是地处我国东西结合部的非省会城市，属多山丘陵地区，决定了本专业根据地域特点，主要以中小城市、小城镇为研究对象，因此关注山地小城镇的生态、安全问题成为关键；同时宜昌作为水电之都，水电移民、生态移民问题较为突出。因此，体现社会需求，结合学校现有资源(与水电建设相配套的移民研究机构、地质防治研究机构等)，使学科的侧重点与优势学科得到有效结合。

基于此，实习基地的选择将考虑学科发展的前景，从产学研之间的关系出发，积极培育移民、城镇安全等方面的设计、研究、管理单位作为实习基地。

2.2 发展多元化原则

从与学校的关系来分，实习基地分为两类：校内实习基地和校外实习基地(表1：实习基地分类)，不同的实习基地发挥着不同的作用。考虑到学生毕业后择业方向的不确定因素，实习基地应本着多元化经营的目标进行。

2.3 距离正相关原则

学校根据自己的教学实力和社会影响力，教学实习

实习基地分类 表1

		主体	职能	指导老师
校内实习基地		教师工作室	辅助教学	教师
		学校设计院	教学内实习	工程师
校外实习基地	设计类	设计院	教学内实习	工程师
	研究类	移民中心、灾害防治中心	教师及研究生	研究人员
	管理类	规划局	教师及研究生	工程师
	综合类	房产公司等	教学内实习	工程师
	辅助类	软件公司、模型公司等	教学内实习	工程师

基地的建设不断从市内扩展到省内，国内乃至国外。教学实习基地的建设是提高专业社会影响力的一个重要途径，但在专业建设之初，学科的建设经费、专业的社会影响力有限，通常采用就近原则在城市内设立实习基地，以后逐步扩展到市域、省域等，基地同学校的距离与专业的社会影响力呈正相关的关系。

2.4 三赢演替性原则

校外教学实习基地的建设依赖于学校、学生和企业三方的合作，其中学校起主导作用，企业起关键作用，学生起根本作用。在专业建设的初期阶段，基地主要起着接纳学生实习以及接受学生工作的作用，可以聘请部分基地高职称的设计人员作为校外实习的指导教师或者校内的任课教师。逐渐地结合学科的发展方向，使基地的建设与教师的研究重点结合起来。因此，不同的专业发展阶段，实习基地的作用其侧重点不同，要建设好基地，就要压缩基地建设的周期，使学校、学生和企业三者真正使基地成为三者合作的一个有效平台(表2)。

实习基地平台所起的作用　　表2

	学　生	学　校	企　业
平台的作用	入学教育 了解市场需求 实习基地 就业渠道	教学基础资料获取 了解社会动态 联合科研 利用社会资源办学 获取必要援助 展示学校形象	继续教育 参与科研 订单式人才培养 宣传企业

3 新型教学模式的探索

3.1 人才培养计划的修订

人才培养计划是实施教学工作的蓝图和组织教学过程的主要依据。根据社会需求，本科教育既重理论知识的灌输，也重手头能力的培养。我校在人才培养计划修订方面着重体现以下几点：

3.1.1 深化课程体系改革

透过基地这个平台，了解社会对人才的需求，推动课程体系改革。为培养学生适应社会的需求，构建新的课程体系，围绕四大专业设计课程(修建性详细规划，城市总体规划，城市设计，控制性详细规划)组织教学，所有的理论课程都为之服务；并根据学校特色，开设体现学科特色的专业课程(如移民规划，小城镇安全建设，生态建设等)，建立起理论与实践紧密结合的课程设置体系，走出一条加强基础、体现特色，学科通式教育与专业特色教育相结合的教学新路子。

3.1.2 重视实践教学环节

重视实践教学环节，提高实践教学环节在总教学时数中的比重，使其学分比合理控制在10%左右。

在抓好学生实习的同时，及时挖掘教学方面存在的问题，有针对性地改革教学内容和教学方法。同时有组织地让学校教师到实习基地工作，把实习基地作为教师丰富社会实践经验的热土。努力把教学实习基地建设成校企双方的科学研究基地，学校积极主动地与实习基地加强教研以及科研方面的合作。

3.1.3 制订弹性教学计划

应用型本科人才的培养目标应是具有扎实的基础理论知识和较高的综合素质、具有较强的实践能力和适应性，具备解决工程实际问题能力的专业技术人才。根据我校学分制的教学特点，制订弹性教学计划，组成单独的实践教学环节模块，使课程设置和实践性教学环节的安排有利于优化学生的知识结构和专业技能，确保实践教学环节落到实处。

3.1.4 严格教学大纲制订

针对以前对于实习基地的监管不到位，出现实习前准备不足，实习中指导不足，实习后总结不够的状况，严格教学大纲的制订，形成一套完整的实习体系。根据社会和市场对人才的需求，适应快速城市化发展和社会主义新农村建设的新要求，精心设计实习内容和科学制订实习计划，提高实习的目的性和针对性，切实培养学生创新意识和锻炼他们的实践动手能力。

3.2 教学实习基地的建设

实习基地不仅是供学生参加实践教学活动的场所；学校还可以通过实习基地弥补学校教学资源的不足；教师及时了解市场的需求，找到足够的教学基础资料；扩大本学科的社会影响力。

3.2.1 布点的均匀性

在校外实习基地的建设和培育过程中，首先要考虑实习基地布点的均匀性，做到基地的合理布局，使不同生源地和不同就业取向的学生有一定的选择机会。根据学校的实力、专业的社会影响力和教师以及毕业同学的社会关系逐步扩大学校的辐射力。

3.2.2 相对的稳定性

稳定的实习基地是教育实习取得良好成效的基础。实习基地的稳定性体现在两个方面：一方面针对学校而言，建立的实习基地要好好维护，不朝令夕改；另一方面是针对基地而言，基地要维持发展的稳定性，保持学校与之合作的良好基础。只有这样，学校才能从稳定的实习基地中了解社会需求，获得实习生、毕业生工作情况的反馈信息，征求实习基地对于教学改革的意见建议，双方的合作也才有一个可靠的基础。

3.2.3 多元的教化性

实习基地要求满足一定的实习条件，满足其多元的教化性。

首先对于实习的学生，基地要能够培养学生的专业兴趣，虽然城市规划专业是社会上的优势学科，但不一定是所在学校的优势学科，在调动同学们的积极性方面，基地起着重要的积极作用；在实践中，同学们能够得到充分锻炼和提高，实实在在地掌握能与日后工作对接的本领，切实提高其设计能力，而不仅仅是为了给自己找一份“工作经验证明”；同时培养学生的社会责任感和职业精神，提升其综合素质，做一个对社会有用的人；缩短学生就业后的“磨合期”，提高毕业生就业能力，加速就业。

其次对于从校门到校门的“二门”年轻教师而言，基地是塑造“双师型”教学队伍的重要平台。

最后对于企业的员工而言，基地也是他们不断进步的实验场。

3.2.4 社会的展示性

在教学资源不足的情况下，校企共建实习基地无疑是利用社会资源办学的有效途径，建设起来的基地也是学校反哺社会的好方式。不能停留在学校到企业寻求“实习”场所，企业从学校获得廉价劳动力的低级联合，而是通过切实的合作，向社会展示双方的真实实力，并使稀缺的教学资源达到一加一大于二的效果。

3.3 教学实习基地的管理

教学实习基地的建设，体现多方合作的特点。合作是数方出于各自的利益需要，在自愿的基础上进行联合，达到取长补短，互利互惠的目标。

3.3.1 加强对学生的监督，成为学生实习与就业的平台

克服传统实习学生分散性强、联系不便的弱点，在共建的教学基地内聘请教学实习指导教师，形成校内和实习基地都有指导教师的格局，并建立学生实习档案，由实习单位和学校同时负责保管。加强对学生的监督，实习前有实习计划和实习大纲，实习中学生撰写实习日记，实习结束后上交实习报告或实习成果，带回实习单位的评价，进入学校的实习答辩环节。学生实习成绩的考评分别为校内指导教师、校外指导教师、实习日记或实习成果各占1/3。

同时加强对学生的引导，根据学生的就业意向，提供学生合适的实习地点和实习单位，使其以相关单位和城市为据点，使实习基地成为学生求职的平台。

3.3.2 加强对系部的管理，成为教师教学与科研的平台

对利用实习基地的系部，学校加强管理，使资源利用最大化，不仅学生在实习基地中得到收益，同时教师也从中获得进步。一方面，实习指导老师加强对实习学生的监督，每个学生汇报自己所做工作，教师进行总结交流，提高实践教学质量。与此同时，要求指导教师加强与实习基地的业务联系，开展横向和纵向科研，在理论研究和社会实践中提升自我，发展为“双师型”复合人才。

3.3.3 强化与企业的协调，成为员工培训与科研的平台

不仅仅企业是学校培养人才过程中的实习基地，相应地，学校也应该成为企业实现技术进步、提高经济效益的基地。企业要在激烈的市场竞争中求得自己的生存和发展空间，必须具有创新精神和良好素质的员工。一方面，企业从学校中吸纳优秀学生充实自己的生产队伍，另外，学校也成为企业员工充电的场所。同时，联合学校的多层次科研申报体系，与学校联合，加强科研工作，提升企业的理论探究能力。

开展实习基地建设评优活动，优化实习基地结构，坚持优秀实习基地优先安排学生实习的原则，以保证实习教学的质量。

总之，体现校外实习基地的教学功能、教育功能、科技开发功能以及社会服务功能。通过明确三方的权利

和义务，突出共建，实现三赢，使实习基地成为一个资源共享、服务社会的大平台(图1)。

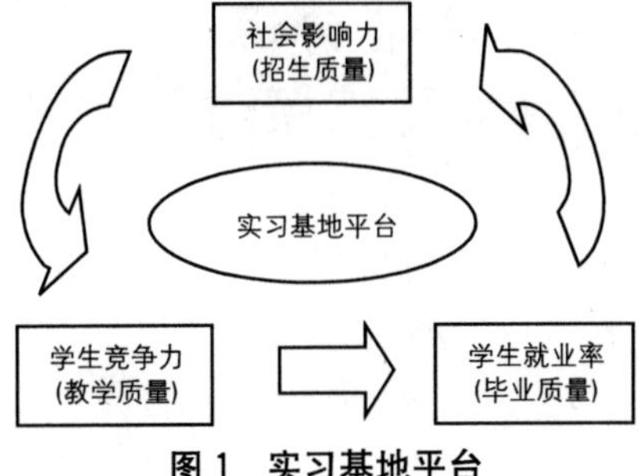

图1　实习基地平台

（参加此项目的还有：汪晓林、冯劲松、原华君、马林、胡弦）

参考文献

[1]　王陆海等．与企业对接培养应用型人才模式初探［J］．西安邮电学院学报．2007，4：118～121.

[2]　丁卫国，吴圆一．校企共建实习基地的探索［J］．江苏高教．2002，5：78～79.

[3]　陈世瑛．校外实习基地的模式、特征和功能［J］．吉林教育科学·高教研究．1990，4：28～29.

城市规划三年级社会调查报告选题特征分析
——对选题及其选题意识培养的教学思路探讨

赵　亮　吕学昌　秦怀鹏

摘　要：“选题”是社会调查研究的第一步。本文采用内容分析法，在对 2000～2007 年共计 167 篇文社会调查报告进行分析，分析维度涉及调查报告选题的特征统计分析和选题特征交叉分析。并针对选题中存在的若干问题，以及选题中所暴露出的选题意识薄弱问题，提出对选题及其选题意识培养的教学思路研究，并分别从三个方面阐述了选题和选题意识培养的详细教学思路。

关键词：选题，特征分析，选题意识，教学思路

1　问题的提出

选题是在构思的初始阶段选取一个主题或者明确一种立意，确定研究选题是开启一项研究的关键(图 1)。对于任何一项具体的社会调查研究来讲，首先要解决的是“调查什么”的问题，所走的第一步就是选题。关于选题，爱因斯坦曾说过：“提出问题比解决问题更重要，因为解决问题也许仅仅是一个数学上或实验上的技术而已。而提

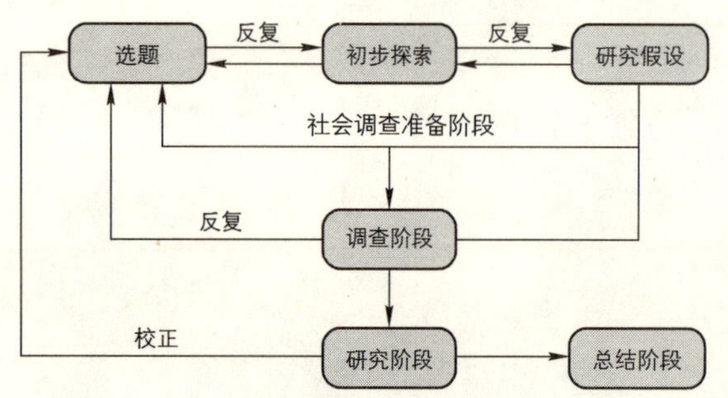

图 1　社会调查报告阶段示意图

❶ 1999.5.29～31 第一次年会在昆明云南大学召开，注册规划师制度的建立；2000.10.21～24 第二次年会在武汉大学召开，首届全国城市规划专业本科生作业交流与评选；各与会院校交流规划专业办学情况；介绍“建设部城市规划专业评估委员会赴美考察组”报告。根据建设部高等城市规划学科专业指导委员会第一届第一次会议的决定，将每年对城市规划本科生进行一次社会综合实践环节的教学经验交流，同时对学生完成的调查报告进行评价分析，对优秀学生作业给以表彰。

出新问题、新的可能性，从新的角度去看旧的问题，都需要有创造性的想象力，而且标志着科学的真正进步”。虽然爱因斯坦的看法是针对自然科学而言，但对于社会科学研究，以及我们的社会调查报告来讲是同样适用的。

自 2000 年起，建设部高等城市规划学科专业指导委员会开始举办全国高等院校城市规划专业课程作业评优，具体包括规划设计作业评优和社会综合实践调查报告作业评优两项内容。到目前为止已经成功举办了 8 届❶。2000～2007 年来规划专业三年级学生进行了大量的社会调查，那么究竟存在什么问题，以及问题背后的原因又是什么？选题特征又如何呢？怎样培养选题意识？这些则是本文讨论的重点。

2　选题特征分析

8 年来我国城市规划专业社会调查报告的研究获得了长足的发展，无论就单一调查的深度，还是就整个调查范围的广度而言，都取得了相对丰富的成果。笔者以统计方法为手段，以量化指标为依据，分析我国规划专业三年级社会调查报告选题情况，从选题的类别和研究主题入手分析，借以理清当前规划专业社会调查报告的研究状况，并为今后的教学选择适当的模式。

赵　亮：山东建筑大学建筑城规学院助教
吕学昌：山东建筑大学建筑城规学院教授
秦怀鹏：山东建筑大学建筑城规学院讲师

2.1 资料来源

我们以2000～2007年全国城市规划专业社会调查报告获奖作品(一等奖、二等奖、三等奖)为样本(表1)，对之进行分析研究，共收集获奖报告167篇。

2000～2007年全国城市规划院校本科生社会调查报告竞赛获奖数量情况　表1

	一等奖	二等奖	三等奖	总获奖数
2000年度	无	3	5	8
2001年度	3	5	7	15
2002年度	18(没设等级)❶			18
2003年度	22(没设等级)			22
2004年度	2	12	14	28
2005年度	2	10	18	30
2006年度	无	6	10	16
2007年度	3	12	15	30
汇总				167

2.2 选题特征统计分析

调查报告选题的解析及标准化数据的建立是后继分析的基础，由于时间及资料的限制，不可能对每篇报告都通读，只能根据论文题目中的关键词进行归纳与整理。把每个论文题目按"选题类别和研究主题"分别提取关键词并归类。通过对每一份获奖调查报告的分析，我们认为167篇调查报告选题的类别可以划分为10大类，以及若干研究主题(表2)。

调查报告竞赛研究对象、主题一览表　表2

序号	选题类别	研究主题
1	城市问题❷	城市形象、环境整治、应急系统、就医问题
2	开敞空间	街道、广场、公园、绿地
3	建筑单体	宗教建筑、老字号、住宅
4	道路交通	停车、公交、单行道、站点
5	历史保护	历史街区、古城
6	规划管理	规划批后管理、公众参与、指标控制
7	文化经济	消费行为、房地产
8	公共设施	公厕、摊点、游憩设施、户外广告、宣传栏、无障碍设施
9	居住社区	停车、公共设施、邻里关系
10	弱势群体	老年人、盲人、外来人口、农民

从报告的研究类别来看(图2)，针对城市问题为主的较多，共计40篇，占总数量的24%。其次是主要涉及道路交通和居住社区，共计45篇。相比之下，规划管理和文化经济方面研究较少，总共16篇，不到总数的10%。

由此看来调查报告选题主要集中在同学们接触较多的几个知识点上，针对管理方面和学科边缘经济方面研究较少，故应在注重基础的同时，拓展选题思路，在学科的交叉处寻找新的思路。

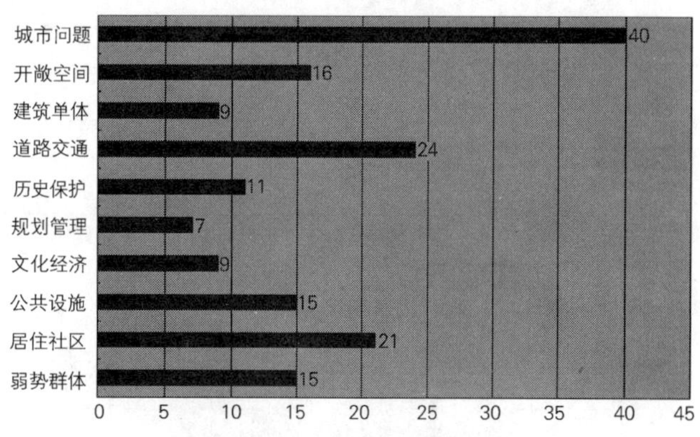

图2　论文研究对象统计一览

2.3 选题特征交叉分析

2.3.1 调查基本围绕若干"核心选题"展开

通过对调查报告获奖时间与研究类别进行交叉分析，可以从时间序列角度来研究调查报告论文类别热点的更替、变动(表3)。用灰度表示每个时间点论文选题涉及最多的前两位研究类别，通过比较分析可以发现以下问题：调查报告基本围绕若干"核心选题"展开。近8年来城市问题是社会调查报告所关注的较大热点，作为前几年关注较多的居住社区和建筑单体问题，最近几年逐渐被道路交通和公共设施所取代，这也反映了最近几年社会热点问题的转移。

---

❶ 2002、2003年度社会调查报告竞赛获奖没有分设等级。

❷ 关于分类中城市问题涉及问题较广，因为考虑分类因素，故将除去2～10项的其他问题归类为城市问题。

历年调查选题数量前两名一览表 **表3**

	2000	2001	2002	2003	2004	2005	2006	2007
弱势群体			2	4		2	3	4
居住社区	3	2	1	7	2	3	2	1
公共设施					4	6	2	3
文化经济			3	1	3	2		
规划管理		2	1		2			2
历史保护	2	2	1	1	1	1	1	2
道路交通		1	2	3	3	6	3	6
建筑单体		3		1	1	1	1	2
开敞空间		2	2	1	3	5		3
城市问题	3	3	6	4	9	4	4	7
总　数	8	15	18	22	28	30	16	30

2.3.2　研究目的重视描述性忽视解释性

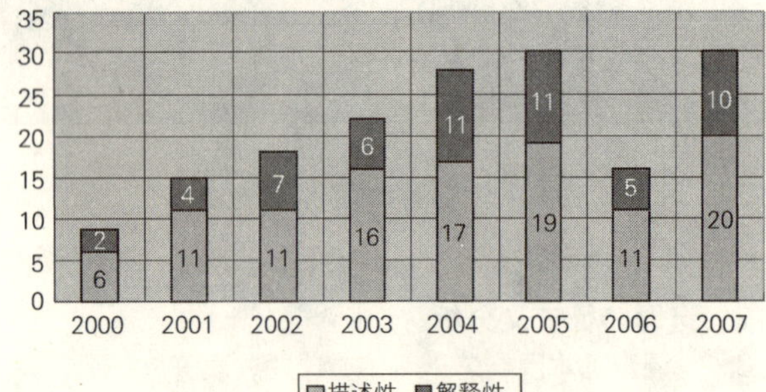

图3　历年研究目的分类一览表

2.3.3　受知识储备限制，选题范围较小

根据城市规划专业培养方案对城市规划专业人才素质的要求，专业教育不仅应使本科生具备扎实的工程技术基础知识，具备城市规划和设计方面的专业能力，还应注重培养学生联系实际、关注社会的精神和发现问题、分析问题、解决问题的能力。应增强学生将工程技术知识与经济、社会、法律法规、管理、公众参与等多方面知识加以综合思考的能力。

由前面分析可知，同学们的选题范围比较窄，主要围绕“城市问题”、“居住社区”、“开敞空间”、“公共设施”这几个简单方向展开。缺乏上面所提到的对经济、社会、法律法规、管理、公众参与等多方面知识加以综合考虑的调查方向。

3　选题及其选题意识培养的教学思路探讨

选题是准备调查报告的首要环节。此时，多数学生凭借自身的知识背景(对事物或现象的认识能力)和自身兴趣的不同，往往罗列很长的选题清单，并能提出很多大胆、新颖的想法，但通过交流，不难发现，很多的学生由于自身知识面和认识水平的局限，对选题的可行性缺乏预见。

这时应从选题和选题意识培养双管齐下的教学思路对学生进行指导。要根据学生的实际情况，从他们熟悉的、能够操作的问题上进行选题，以保证调查活动能够有效实施。同时要针对学生所学专业的特点和培养目标的要求，针对不同学生的学业水平和个性特点，针对可利用的教学资源和社会教学资源等情况来进行调查活动，以保证教学目标的实现。

3.1　选题方面

3.1.1　紧扣教学内容、把握选题细节

人们对于自己所学过的课程知识，一般都比较熟悉，在所学课程的分析研究中也往往容易选择到合适的课题。大部分三年级学生在进行居住区规划设计和道路交通学习的基础上同时进行社会调查报告的撰写，因此很多题目的选择可以根据所学专业课程结合起来，从上面分析的选题数据来看研究居住社区有21篇，占总数的

12.6%；研究道路交通的有24篇，占总数的14.4%，两者所占比例都较大。这样选题容易发挥专业优势，可以顺利完成社会调查工作。

同时在选题方面还应把握以下细节的处理：

(1) 题目不宜过大，要找准题目的切入口，切入口宜小，易于实施研究。

(2) 所需资料信息是否来源多、易收集，当地是否有实地调查研究的地方和对象。

(3) 对所选课题的意义、内容及所要解决的问题要十分明确，课题要有研究的价值。

(4) 研究方案要切实可行，所需的条件是否具备等。如果选题有问题就应及时调整，对选题有困难的学生，可指导学生从社会环境、环境问题、生产实际、学科角度等多个方面选择切实可行的课题。

3.1.2 拓展研究主题、重视研究效果

随着社会的发展，在我国城市发展过程中产生了许多新问题，学术界的研究视野也逐渐开阔，不断拓展出了新的研究领域，这为调查报告提供了新的研究选题。像公众参与、和谐社会、规划法规等作为历年来研究较少的主题可以加强研究。

但是不可否认，一些社会热点问题值得我们去调查研究，但这种研究决不是哗众取宠，也不是“一哄而上”，社会热点问题是社会关注、议论的焦点，需要研究者给出问题的解释和答案，重视研究的效果。

3.1.3 加强文理结合、培养全局观念

现代城市具有物质与社会双重属性，城市建设不仅仅是工程技术问题，而且包括社会经济、历史文化、生态环境、生活质量等各方面。现代城市规划与建设等方面的基本问题，需要人们从社会、经济、环境、道德、文化等多角度来审视，加强文理知识的结合。同时，必须改变传统的培养模式，优化课程体系，更新教学内容，培养学生的全局观念，培养学生发现城市问题与综合分析问题的能力，增强学生从社会、经济、环境、工程建设等多角度考虑城市问题意识，提高解决实际问题的综合能力。

3.2 选题意识培养方面

3.2.1 培养社会责任感

作为大学教师，塑造未来规划师人格的工作刻不容缓。城市规划专业社会实践是规划师人格塑造的有效途径之一，即通过社会实践，增强学生的社会责任感，培养学生的优秀品质，做未来合格的“人民规划师”。

因此，学生们应该不断培养和提高自己的选题意识。这种选题意识，能使我们明白，在纷繁复杂的社会现象、社会问题面前按照什么标准选择课题，能够使我们在思考所研究的社会现象或问题时，自觉从选题标准和研究现状进行综合判断，从而有效地帮助我们实现从社会现象、社会问题到具体、明确的调查课题。

3.2.2 增强学生主体性

要努力体现“以学生为主体，以能力为中心”的教育思想，通过调查活动，培养学生掌握进行社会调查所必需的知识与技能，掌握学习的方法并提高理论联系实际的学习能力。调查要体现学生的主观能动性，发挥学生的创新能力。调查课题的选择只给出原则性要求，详细方案由学生自行制订，以培养学生的创新能力。

是要以学生为中心，在整个教学过程中由教师起组织者、指导者、帮助者和促进者的作用，利用情境、现场、计算机等学习环境要素充分发挥学生的主动性、积极性和首创精神，最终达到使学生有效地实现对当前所学知识的意义建构的目的。

3.2.3 营造团队合作精神

每一项调查报告由于需要调查的内容比较多，工作量巨大。为让参与学生能在规定的时间内完成调查报告，每一调查报告需要4名学生合作共同完成，这种组织方式要求学生对整个调查项目的组织、设计都要有周密的考虑。每一个团队成员的任务组织分配、不同观点的交流、资料的共享、个人成果的整合都需要发挥每一个成员的团队合作精神，教师在教学的过程中，也要有意识地对每个小组进行团队精神的培养，使每个成员在整个调查报告过程中相互磨合，达到亲密无间的合作，达到“1+1>2”的效果。

4 结语

以上通过对我国城市规划专业社会调查报告选题的梳理和分析，以及对选题及其选题意识培养的教学思路研究，可以对我国近几年城市规划专业大三年级社会调查报告有一个大致了解，但由于数据来源的限制，这里的探讨是粗浅和概括性的，还有待于深入研究。

现在全国每年有几十所院校学生在参加调查报告撰写，并且这个数量还将进一步扩大，这将是一股非常强劲的对社会问题反映具有针对性地科研力量。同时每个老师能够对所辅导调查报告具体内容的分析、评价，每年撰写一份关于大三社会实践调查的总结报告，供各类教学者使用。我相信这是一项有价值的基础性工作，它将有效地促进我国规划教学的发展。

参考文献

[1] A. 爱因斯坦，L. 英费尔德. 物理学的进化［M］. 上海：上海科学技术出版社，1962.

[2] 2001年度全国城市规划院校本科学生课程作业评优［J］. 城市规划汇刊. 2001，1：76.

[3] 李和平，李浩. 城市规划社会调查方法［M］. 北京：中国建筑工业出版社，2004.

公众参与下的城市规划设计基础课教学实践
——以“色彩训练”教学改革为例

段德罡　张晓荣

摘　要：城市规划是一项公共政策，城市规划专业的基本属性包括科学性、艺术性和社会性，规划从业者不能将个人的意愿和好恶凌驾于社会大众的意愿之上，只有建立在公共认同基础上的规划才是适应社会发展，具有时代精神的城市规划。城市规划设计基础课程作为低年级开设的专业基础课程，一方面在引领结束高中学业的大学新生走进专业领域；另一方面也在为高年级的专业学习奠定基础，其教学的内容、方法应进行慎重的研究。随着社会、经济的发展，城市规划的性质在发生变化，基础课的教学也应发生相应的变革。

本文通过城市规划设计基础课中的“色彩训练”环节的教学改革的尝试，介绍在教学过程中如何使学生了解到城市规划专业的社会属性，并在学生创作成果的评价阶段引入了“公众参与”，把低年级的基础课教学有机的与城市规划专业属性相结合的经验，并对未来城市规划专业的基础课教学提出些许建议。

关键词：城市规划，规划设计基础课，教学，社会属性，公众参与

引子

随着新的《城市规划编制办法》、《城乡规划法》的颁布，我国城市规划的定位发生了显著的变化：城市规划正在由传统的“技术手段”的定位走向“公共政策”。这种转变随之而来的是城市规划教学的相应调整，以适应新时期我国城市、社会发展对城市规划专业人才培养的新要求。

城市规划作为公共政策，这种意识不是通过开设几门课程就能培养的，而是应该在所有的专业课程中予以强调，使学生对此有清晰的认识。城市规划设计基础课作为学生的专业入门课程，更应该通过教学环节的组织、教学方法、手段的调整使学生能全方位理解基于社会发展需求下的城市规划专业内涵。

1　我国城市规划专业教育现状

至 2007 年 7 月，我国城市规划专业办学院校已达 172 所(本科)。这些院校的专业办学基础大概分为两类：依托于经济地理类专业或依托于土建类专业。学制上分为四年制和五年制。这些院校的专业课程设置大体上都分为两个阶段，1～2(3)年级为专业基础课，其后为专业课。其中，专业基础课往往根据该院校办学所依托的学科设置，如依托于土建类的院校往往以规划设计基础课(如建筑设计、设计基础、设计技能等)为专业基础课的主体内容；经济地理类的院校则在专业基础课阶段设置一些经济地理类的基础课程。

2　规划设计基础课教学的思考

专业办学是个复杂的系统工程，其中，课程体系的建立与完善关系到专业办学的成败。合理的课程体系的设置应该做到基础课与专业课之间、各个教学环节之间、各门课程之间的有机组织、相互支撑。

2.1　规划设计基础课教学中存在的问题

在传统的教学模式下，城市规划设计基础课各门课程的教学往往各自为政，未能把系统的城市规划专业知识融汇于低年级教学当中。以土建类院校的城市规划专业为例，低年级往往是进行专业技能、设计基础、美学基础等课程的学习，从教学环节上往往分为“理论讲授”——“实践创作”——“成果评价”几个阶段。首先是教师向学生传授理论知识，接着学生在理论

段德罡：西安建筑科技大学建筑学院副教授
张晓荣：西安建筑科技大学建筑学院助教

知识的指导下，进行建立在自我价值审美取向下的课程实践，最后教师再基于个人的经验及价值取向、审美标准进行学生成果的评价，完成整个教学过程(图1)。

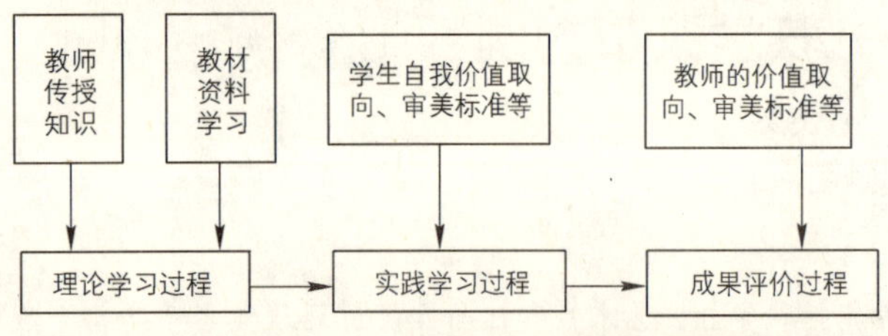

图1　城市规划专业设计基础课现状教学过程

在这个过程中，教学的主客体为教师和学生，知识的来源途径为教师和教材(含各种参考书)，知识实践的过程执行者为学生，实践成果的评判者为教师。以城市规划的专业属性来衡量，不难发现其中存在以下问题：

- 城市规划具有鲜明的社会属性，它不应该只是教师或者学生个人价值的表现形式；
- 学生的生理年龄、心理年龄决定了他们对社会理解的片面性，同社会需求之间存在较大的差距，很难建立基于公众意愿下的“美”的评价标准；
- 评价方式单一，教师的个人兴趣、价值取向及审美标准可能导致学生审美标准的单一化，甚至背离社会公众的价值取向。

2.2　规划设计基础课教学的本质思考

规划设计基础课的教学不能按课程简单地理解为单纯的设计基础能力的培养，比如制图、色彩初步、三大构成等纯技术或纯艺术的训练，更不能只侧重于学生艺术创造能力、个人审美的培养。规划设计基础课的教学应该明确为城市规划服务、打造专业基础的目的。因此，在进行教学组织时首先应该对城市规划专业的本质建立清晰的认识。

英国《大不列颠百科全书》中指出：“城市规划可以看成是一种社会运动，政府职能、更是一项专门职业”。美国国家资源委员委员会认为：“城市规划是一门科学、一门艺术、一种政策活动、是设计并指导空间的和谐发展，以满足社会与经济的需要”。从这些定义中可以总结出城市规划的三大基本属性：科学性、艺术性和社会性。目前我国提倡的“政府组织下的专家领衔和公众参与”是实现城市规划科学性和社会性的重要途径，而只有建立在公众参与基础上的城市规划才能体现具有社会认同感的艺术性。

3　专业基础课的教学原则

不断发展的时代背景和社会需求对城市规划专业人才培养提出了新的要求。城市规划专业基础课教学目的不仅包括学生专业基础技能的培养，同样还要反映较为深层次的社会内涵，凸现城市规划专业的社会属性。笔者认为，在城市规划专业基础课教学过程中应遵循以下原则：

(1) 专业思维的系统性原则：不仅训练专业技能，同时注重高低年级专业课程的联系，注重城市规划思维方式的培养，把城市规划的专业属性与基础教学有机结合，强调学生专业思维的扩展和延伸；

(2) 教学组织的创新性原则：改变枯燥的传统教学模式，在教学组织中添加具有时代精神的训练内容，为基础训练环节注入活力，提高学生学习的积极性，激发学生的创造力；

(3) 学生成果评价的开放性原则：改变传统的教师单一评价，提倡公众参与，尊重城市规划的公共政策属性，培养学生以人为本、以社会为本的专业意识。

在教学原则指导下，不同的教学环节应该选择适合本环节的不同的教学内容、教学目标、教学要求、教学方法和作业设置。

4　“色彩训练”教学改革实践

下面以城市规划设计初步中的“色彩训练”教学为例，阐述规划设计基础课程的教学改革尝试。

4.1　色彩训练课程教学改革简介

城市规划专业初步教学以专业基础技能训练为重点，“色彩训练”是其中一个教学环节。传统的“色彩训练”课程在教学内容安排、教学目的和教学要求设置上主要以培养学生的色彩感觉及运用色彩进行表现图绘制等基本功为目标，课程作业有“色轮”、“色彩采集”、“色彩构成”等形式。

在新的时代背景下，传统的、单纯的技能训练使学生不再具有学习积极性；做作业、交作业的方式也使同

学们陷入了为完成作业而练习的误区；作业成绩的评定使学生觉得没有标准，除了技能技巧的因素外，成绩高低更多取决于教师的直观评价。

结合新时期城市规划专业性质的变化，我们在这个教学环节的改革中丰富了教学目的、教学内容和教学要求，改变了教学步骤、作业设置和评分办法，旨在完成技能训练的同时，实现学生专业思维的扩展和延伸，加强规划专业素质的培养。在理论讲授和设计实践强调较为深层次的社会涵义和规划专业知识，让学生在教学过程中体会公众参与的重要性，明白“基于公众认同的美才是真正的美”。同时，课程中引入了竞赛机制和具有时代精神的训练内容，有效的提高学生的学习主动性和积极性，很大程度上提高了教学成果的质量。

4.2 教学改革的理论基础

城市是为社会大众服务的，它是市民生产、生活活动的载体。城市规划是一门社会性行业，不考虑社会大众的需要而过度的表现个人意愿，将会导致规划设计成果不符合社会的需求。如果忽略了城市规划专业的社会属性，城市规划将被社会、公众所抛弃。

2008 年 1 月 1 日开始正式施行的《城乡规划法》中第一章第三条和第六条分别提出：“城市规划是政府调控城市空间资源、指导城乡发展与建设、维护社会公平、保障公共安全和公众利益的重要公共政策之一；编制城市规划，应当坚持政府组织、专家领衔、部门合作、公众参与、科学决策的原则”。城市规划是反映公共、私人及各个团体的利益，通过相互协调对话的产物，公众参与应成为城市规划制定过程中的重要步骤和组成部分。❶这种意识应该贯穿于低年级的教学中，让学生明确城市规划不是个人的设计创作，而是公共利益、公众需求的集中反映。

4.3 教学安排

城市规划专业的“色彩训练”应具有与城市规划的专业特性相结合，不能等同于纯艺术类专业的色彩训练。针对城市规划专业人才培养要求，我们对该教学环节做了如下安排：

4.3.1 教学目标的调整

结合专业基础课教学需要遵循的系统性原则和开放性原则，“色彩训练”的教学目标在原来的“了解色彩的基本知识、初步掌握水彩渲染（单色、复色）的基本方法和步骤”的基础上，突出城市规划专业特色，强调学生专业思维的扩展和延伸，达到让学生正确认识美、发现美、评价美和创造美的教学目的。同时，对于“美”的概念也做出了修订，不再是个人审美标准下的“美”，而是社会公众所认同的“美”。

4.3.2 教学内容的改革

传统的教学内容是围绕着色彩知识和渲染技法展开的，在初步掌握色彩理论知识的基础上注重技能的训练。这样的教学内容在电脑普及的时代缺乏吸引力，很难激发学生的学习兴趣。

改革后的教学内容延续了对色彩理论知识的教学，但对渲染技法只要求学生了解。教学的重点转变为通过色彩知识的学习，培养学生在身边的世界中发现美，建立正确的认识美、评价美的标准，在理解社会需求、公众审美的前提下创造美的综合能力。

4.3.3 教学过程的组织

改革后的城市规划专业设计基础课教学过程的组织如图 2 所示。在“色彩训练”这个教学环节也强调“公众参与”思维的渗透。首先是在理论学习过程中强调城市规划的公共属性，让学生形成对城市正确的认识观；接着在实践学习和成果评价的过程中通过竞赛的组织实现公众参与，让学生逐渐树立建立在社会公众价值取向上的审美标准。

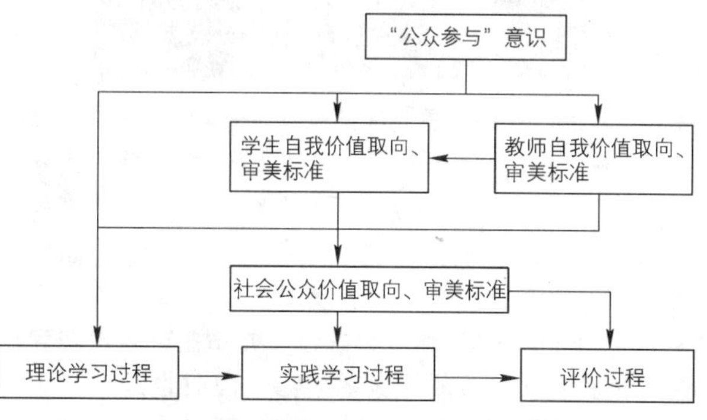

图 2 规划专业基础课教学改革模式

---

❶ 引自陈秉钊，当代城市规划导论［M］. 北京：中国建筑工业出版社，2003：8.

4.3.4 课程作业的设置

“色彩训练”教学环节中的四个作业考虑由易到难进行设置：

(1) 作业一：色轮练习。在规定大小尺寸的圆形图形里，使用水彩颜料，运用色彩知识和渲染技法进行基础的色彩练习(学生作业如图3所示)。

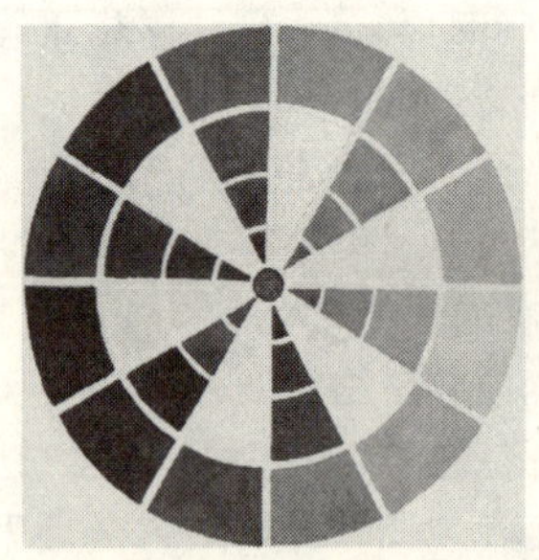

图3 色轮练习学生作业

(2) 作业二：色彩采集重构。由学生自选一张彩色图片，在图片上采集适当的色彩和形状进行色彩构成，形成另一张表现图的绘制，图幅大小为A2(594mm×420mm)。绘制过程既可以培养学生的色彩感觉，又可以培养学生发现美、创造美的能力(学生作业如图4所示)。

图4 色彩采集重构学生作业

(注：采集图纸右上方图片中的色彩和形状进行表现图的绘制)

(3) 作业三：色彩表情。由学生自选需要表现的表情内容，内容数量不限，可以是一组对象(如酸甜苦辣、春夏秋冬等)，也可以是单一对象，图幅大小为A2(594mm×420mm)。通过完成作业可以培养学生通过色彩表现非物质形象的能力，同时也进一步锻炼学生使用色彩进行图纸表现的技能(学生作业如图5所示)。

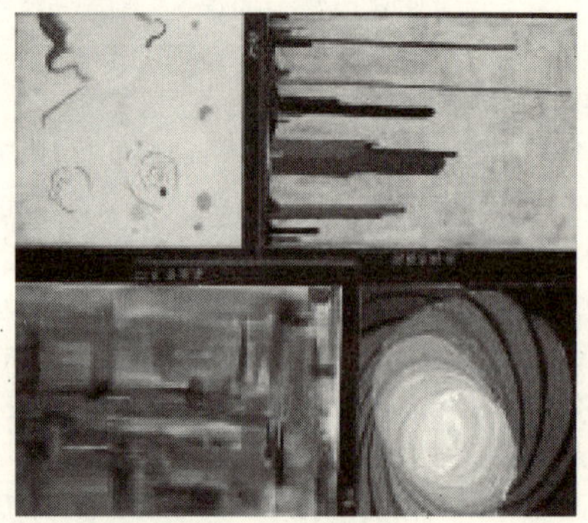

图5 色彩表情学生作业

(注：选择喜悦、冷静、郁闷、疯狂为表情内容进行表现图绘制)

(4) 作业四：“背景的诱惑”。在前三个作业的基础上，综合色彩、构图及色彩渲染方面的知识，创作A0(1188mm×841mm)以上大小的广告招贴画，用于拍摄照片的背景。画面的主题思想有学生自定(学生作业如图6所示)。

图6 “背景的诱惑”学生作业

(注：以“坠落”为主题进行广告张贴画的绘制)

4.3.5 成果评价方式的创新

为了遵循城市规划的公共政策属性，培养学生以人

为本、以社会为本的专业意识，“色彩训练”进行了学生成果评价方式的创新，在遵循教学开放性原则的基础上打破了传统的教师单一评价法。

其中，“背景的诱惑”在普通教学过程中引入竞争机制，学生成果以竞赛的方式进行评比——以参赛作品对路人的吸引力为评判标准，那幅作品吸引最多的路人选择其为背景进行拍照，则那幅作品获胜(竞赛现场情况如图7、图8)。该举措加强了学生对城市规划专业所强调的“美”的“社会属性”的认识，也使学生逐步意识到“公众参与”对本专业的重要意义。

图7　竞赛现场的热闹场景

图8　竞赛现场的公众参与情况
(注：作为竞赛评判的公众选择自己最喜欢的广告画为背景进行拍摄)

另外，由于“色彩训练”教学环节中的四个作业考虑由易到难进行设置，同时考虑到城市规划专业属性的要求，不同作业的成绩在总成绩中所占的比例不同。“色轮”、“色彩采集构成”和“色彩表情”作为色彩基础练习所占比例较小，“背景的诱惑”作为课程的综合练习，并因公众参与评判，其所占成绩比例较大。

4.4　教学改革实施效果

通过系统的教学改革，“色彩训练”环节激发了学生的积极性和创造性，取得了良好的教学效果。

(1) 通过一系列的色彩训练内容，培养了学生的色彩感觉，使学生掌握了运用色彩的基本功。

(2) 在传统的教学环节中加入具有时代精神的训练内容，使整个教学过程充满活力。学生在学习过程中展现出极强的创造性和主动性。

(3) 课程成果的评判标准体现了规划专业的社会属性，评判过程强调了公众参与的重要性，打破了过去课程作业完全由教师进行评判的模式。

(4) 在教学过程中引入竞争机制，把竞赛作为激发学生学习积极性的重要手段，不仅提高了学习兴趣，也锻炼了学生的组织能力和对全局工作的把握能力。

5 结语

城市规划专业是一个“与时俱进”的专业，专业教学也要不断的更新。这种更新体现在两个方面，一是随着社会、经济、文化的发展，专业的属性在发生变化，教学内容也应随之而变化，使学校教育紧跟学术前沿，真正实现培养符合社会需求的高质量人才的目标；二是随着时代和环境的变化，教育的受众——学生也在发生变化，包括生活环境、学习能力、兴趣爱好、价值判断等，因此教学的方法、手段也应及时的进行调整，使学生进入更有效的学习状态。

教学改革永无止境，教师只有把握时代脉搏，用心体会，才能担起为祖国、人民培养优秀人才的责任。

参考文献

[1] 陈秉钊. 当代城市规划导论 [M]. 北京：中国建筑工业出版社，2003.

[2] 黄韬. 论低年级建筑学、城市规划设计课教学的“小住宅模式”[J]. 重庆建筑大学学报. 1998，20(3)：113～116.

[3] 唐文跃. 城市规划的社会化与公众参与 [J]. 城市规划. 2002，26(9)：25～27.

城市社会综合调查报告教学经验二三谈

王　巍

摘　要：本文从笔者经历的2001年至2008年本校城市规划专业社会综合实践调查报告教学的过程中，进行理性思考，在教学的组织、相关课程的设置、调查研究方法论等方面去讨论，总结经验。

关键词：社会综合实践调查报告，教学组织，课程设置，方法论

全国城市规划高等教育专科委员会从2000年以后开始举办每年一度的各高等院校城市规划专业的城市社会调查报告作业竞赛，到目前为止已举办了9次了。我校从2001年开始组织学生参加，从教学环节的安排上放在三年级下学期的专业课教学实践环节，开始时为期一周，进行集中调查，然后由专业课老师在设计课教学的同时结合本班学生的情况进行辅导；从2006年开始社会调查报告集中调查时间延长为两周，教学安排不变。本人从2002年开始担任设计课教学的同时辅导学生的社会综合实践调查报告作业，有过7次参与该作业竞赛的经历，从教学成果与教学经验上进行总结，收获颇丰。

1　城市社会综合调查报告作业竞赛成果总结

从获奖的社会调查报告作业来看，本校学生作业获

序号	获奖项目名称	奖励名称	等级	时间	颁奖部门
1	中国近代商业群落的代表——谦祥益	社会实践报告	二等奖	2001	建设部高等城市规划学科专业指导委员会
2	五村合一启示录	社会实践报告	优秀奖	2002	建设部高等城市规划学科专业指导委员会
3	山师东路调研报告	社会实践报告	优秀奖	2003	建设部高等城市规划学科专业指导委员会
4	济南市解放桥地段公共交通换乘调查报告	社会实践报告	优秀奖	2003	建设部高等城市规划学科专业指导委员会
5	居民停车与现行居住区规范的矛盾——佛山苑小区停车问题调查	社会实践报告	优秀奖	2003	建设部高等城市规划学科专业指导委员会
6	沧桑代变 湮没者多	社会实践报告	三等奖	2004	建设部高等城市规划学科专业指导委员会
7	我们眼中的新校区	社会实践报告	三等奖	2004	建设部高等城市规划学科专业指导委员会
8	想说“出去”不容易——济南残疾人出行环境及出行需求调查	社会实践报告	二等奖	2005	建设部高等城市规划学科专业指导委员会
9	雕琢妆城，缘何萧索——济南市城市雕塑调查报告	社会实践报告	鼓励奖	2006	建设部高等城市规划学科专业指导委员会
10	脱胎换骨应有道——高校用地性质变更引发的思考	社会实践报告	三等奖	2007	建设部高等城市规划学科专业指导委员会
11	小社区大体育——济南燕子山小区社区体育活动调查报告	社会实践报告	三等奖	2007	建设部高等城市规划学科专业指导委员会

王　巍：山东建筑大学建筑城规学院副教授

奖的数量较多，分布较为均匀，基本每年都有获奖，少则一份多则三份，且作业质量能够体现学生的学习能力和水平；每年一度的作业参赛，不同学校之间的作业互相交流对于提高本校社会调查报告作业的水平起到了重要的作用。不足之处有以下两个方面：

1.1 选题方面

获奖作业在选题方面，选题居住区方面的2篇，城市更新的2篇，商业街改造的2篇、城市社会问题的2篇、其他方面的3篇，选题大多偏重于城市物质空间的建设，而较少涉及与城市规划有关的社会问题等。

1.2 获奖奖次方面

本校获奖作业从奖次看，二等奖2篇、优秀奖4篇、三等奖4篇、鼓励奖1篇，高等级的获奖作业较少，本校学生的作业水平有待进一步提高层次。

2 城市社会综合调查报告作业教学经验总结

2.1 社会调查报告的选题从指导教师主导向学生自主选题转变

选题是城市社会调查报告的首要环节。在2002年针对本校城市规划专业99级学生的作业辅导中，学生对于调查报告的选题感觉很难，大部分题目首先由老师提供若干个题目或方向供学生选择，很少一部分题目是学生自己确定的；所以教学中的难题是如何设想一些较为合适的题目，而获奖报告基本上是老师提供题目，学生独立完成。到2004年学生经过自己思考得到的题目就越来越成熟，不仅比较容易实地调查，而且敢于涉及类似于公共参与这样的热点问题，主动的拓宽知识面进行深入分析，老师只是在案例选取上进行修正，同时分析问题的角度更加富有针对性；获奖报告一篇学生自主选题、另一篇老师提供题目。从2005年以后所有的作业都是学生自己去寻找合适的题目来做，教学程序是每组学生提出两到三个调查题目与老师讨论，确定合适的选题，具体的调查思路、步骤直至论文的完成完全以学生为主，老师只是提一些参考性意见。这样本校的报告依然是每年都有获奖，老师的教学经验不断丰富，学生的作业水平愈加提高。

2.2 学生校外调查能力从指导教师引导向学生自主自立转变

2002年本校城市规划专业99级的学生在城市社会综合调查报告作业中，有一组选题为某北方城市一条以手工铁制品业而闻名的街道的居民拆迁意向调查，学生就到哪些相关部门去调查以及如何取得足够的信息都感到没有把握，基本上是在老师的提示下完成，甚至第一次调查都要老师陪同前往。而到2004年规划专业的社会调查作业，学生不仅自己主动选题，而且全部调查都是独立完成，有一个题目是调查三个居住区小学校的校园规划及其服务半径问题，学生在学校招收择校生的问题上拿不到准确资料，因为校方竭力回避这一问题，区教育局对于一些调查的敏感问题也不予配合；但是学生为了作好报告不断地从其他可能的途径去调查，圆满地完成作业并被选为参赛作品。同时作为参赛作品的另一份获奖作业调查的是所在城市的一个历史文化保护建筑在拆迁过程中的城市规划公共参与问题，该作业的一个最大的特点是学生的优秀的文字表达能力对于报告的获奖起到了较大的作用。尤其到2005年以后，学生的社会实践经验越来越多，文字表达能力越来越强，2007年的一份参赛作业学生对于老师的辅导意见也只是有选择的采纳，有的意见甚至不予接受，从某种角度上可以看出学生对于城市规划专业的理解越来越深，思维越来越有主见。从教学过程上社会调查的能力与论文的写作水平逐年提高。

2.3 从教学成果上学生社会综合实践调查报告作业质量逐年提高

作为一个正常的教学环节本校的城市社会调查报告与居住小区的详细规划设计是同时进行的，调查报告作业是该学期设计课的中间第五周至第六周的专业实践环节，作业辅导由担任居住小区设计的老师完成。相应地在选题上早期的作业大多选择与居住小区有关的题目，比如居住小区的停车问题、菜市场的配置问题、社区的医疗设施等；后来题目的范围越来越广，从城市公共空间的各方面观察比如立交桥下绿地调查、电子一条街的餐饮设施调查等，到城市规划对社会弱势群体如农民工、盲人、下岗工人等的关注，都在不断的探索城市社会问题，学生的整体作业质量在逐年提高，这里主要指的是

那些未参与竞赛的作业，从选题、调查方法、资料的翔实、文字的整理等方面均在不断提高。

3 从课程设置上谈城市规划教育中人文学科导入的重要性

城市社会综合实践调查等实践环节的参观考察、调查研究需要比较系统的研究方法，运用社会学的方法论知识来进行课题研究，如何现场观测、如何抽样、如何制作问卷都需要一定的技巧，实习报告的撰写更能体现学生的文字驾驭能力，这都需要人文学科的知识训练。本校建筑城规学院城规专业的人文学科教学始于2002年以后。2002年开始为城规本科生开设城市规划管理与法规、城市社会心理学等课程。但是从学科建设来看，人文学科真正成为城市规划教育体系的有机组成部分，从而更好地指导城市规划实践，还需作出进一步努力。下面就城市规划专业教育体系中几门人文学科的主要内容，提出一个建议的框架，供专业同行讨论。

3.1 城市社会学

城市社会学：城市和城市社会；城市社会学的研究对象；社会学的基本范畴；社会和文化、规范和价值、地位和角色；城市社会的类型与结构；几种主要的社会学理论；功能理论、互动理论、冲突理论；城市社会研究方法；城市发展与社会生态学；社会心理学；城市社区；城市问题与城市发展规划；城市形体规划中的社会学原理。

3.2 城市文化学

城市文化学：城市文明中城市文化的存在和意义；城市文化的经济和社会基础；城市文化的类型与结构；城市文化的历史演变和文化遗产；城市文化生态学；城市文化的评价；城市文化与社会发展政策；城市文化与城市建设；城市文化与城市设计。

3.3 文学欣赏

文学欣赏：主要培养学生的文学素养，包括作品欣赏、文章写作技巧、各种应用文体的写作训练。学生在城市社会调查报告中需要较高的文字表达能力，大学低年级的文学训练是必不可少的一门辅助课程。

3.4 城市美学

城市美学：什么是美与城市美；城市的审美主体研究；生活方式文化素养与价值观的差异与共性；审美心理学和审美体验；城市美的要素：从具体到抽象；城市美的类型学与形态学；城市美的普通法则：多样与统一；作为城市遗产的城市风貌；城市审美评价；城市美的维护和创造；城市美学的系统观：城市景观层级与景观序列；城市美学的动态观：有机生长方法。

3.5 城市哲学

城市哲学：城市本体论；作为动态开放社会生态经济巨系统的城市；城市类型；城市的结构和功能静态模型；城市的发展与变迁：动态模型；城市的问题与危机；城市的吸引力和生命力；城市剖析宏观与微观方法；城市发展平衡控制机制；对历史上中外若干城市观点的评论；中国城市未来发展。

4 社会调查报告方法论的思考：实证主义与经验主义的辩证关系

4.1 实地调查过程中的实证主义方法论

本校是一所工科院校，城市规划专业的学生从一年级开始接受设计初步、简单的建筑设计、简单的建筑群设计、复杂的建筑设计、居住小区详细规划等一系列规划专业课程的训练，从教学方法上以形体训练为主，真正以比较科学的严密的方法论去进行城市研究是从城市社会综合实践调查报告开始的。在教学中补充有关调查方法的知识，对于方法论的讲授是必不可少的，即由社会学借鉴过来的实证主义的研究方法。社会综合实践调查报告的调查方法，如何取得第一手资料、如何制作问卷、如何抽样等技巧，其目的是训练学生客观地观察城市、并尽可能理性地描述某一城市现象，分析问题，以规划的角度去解决问题。

4.2 选题过程中的经验主义方法论

笔者在教学过程中，发现针对选题的斟酌与争论，很多观点是无法实证的。比如，2007年的一组学生选择的题目是城市中心区的某地块用地功能置换过程中所发生的种种现象及问题，学生与老师在讨论的过程中出现很大的争

议，有的意见是该题目所描述的现象只是一种特例，不具有普遍性因而没有研究价值；有的意见是这种现象比比皆是值得深入研究。所以在社会调查选题过程中学生与老师对于城市各种现象的理解与把握，都是经验的积累和社会阅历的沉淀，这些都取决于个人的主观意见。

4.3 实证主义与经验主义的辩证关系

社会调查报告的研究方法，既有实证主义的理性与严谨，又离不开经验主义的感性与广博；调查报告的选题与建议部分的研究方法更多的带有个人主观经验的成分，而在报告的调查研究与资料分析方面则完全是非常实证的方法。笔者认为，在社会综合实践调查报告的教学过程中，两种不同的思想方法即实证主义与经验主义是同时并存、互为补充的。

城市规划专业毕业设计的实践性教学特点分析
——以郑州大学 2008 届城市规划专业毕业设计为例

刘韶军

摘　要：本文主要结合毕业设计教学体会来分析在毕业设计过程中如何强化综合性实践教学，分析了毕业设计如何选题，毕业生如何进行调研，如何组织毕业设计的过程等，对毕业设计教学体系结构内容的优化具有一定的参考意义。

关键词：城市规划专业，毕业设计，教学，实践

城市规划是一门工程性、技术性、实践性、研究性很强的学科，城市规划专业的实践性教学不仅贯穿在整个教学体系中，更是毕业设计教学的重要环节之一。我校城市规划专业实践体系包括基础实践、专业实践、综合实践等，毕业设计是我校城市规划专业综合实践教育的重要环节，毕业设计综合实践使学生强化职业技能、缩短工作适应期，加速学生向执业规划师转化。本文主要结合我校 2008 届城市规划专业毕业设计来分析在毕业设计过程中如何强化综合性实践教学，对毕业设计教学体系结构内容的优化具有一定的参考意义。

1　毕业设计选题要具有现实性

毕业设计选题直接影响毕业设计质量、学生能力的发挥以及学生知识水平的提高。我们在进行毕业设计选题时，紧密结合当地城市的经济社会发展状况，做到选题密切和实际相结合。

1.1　选题要突出地方城市发展特点

选择设计题目时，由于我校地处我国内陆的发展中地区，我们选题范围限定在河南省的县级城市禹州市内几个主要地段进行毕业设计。一方面由于县级城市规模适中，学生做毕业设计时可以充分了解县级城市的特点；另一方面县级城市具有较强的地域性特点，不仅和中心城市联系密切，而且还和村镇经济联系密切，具有独特的区位发展特征。在城市建设方面，禹州市虽然周边地区资源较为丰富，但由于受资金、政策等多方面的限制，县城环境长期得不到改善，具有典型的欠发达地区县级城市发展特点。学生依此为背景进行设计，可以明确规划方案所处的背景及规划的现实性、社会性。

1.2　选题要反映城市中普遍存在的问题

目前我国城市中存在的各种社会问题为城市规划社会综合实践提供了很好的素材。长期以来，我国内陆欠发达地区的县级城市建设中的规划控制、城市形象控制的管理问题一直是一个薄弱的环节，导致城市空间形态文化特色丧失、空间形象特征不明显、空间环境质量下降、社会服务设施的匮乏等问题。因此县级城市存在的诸多问题很具有代表性，无疑为培养学生发现问题、解决问题的能力提供了良好的机会，从而能够达到紧扣工程中实际问题进行能力训练的目的。在 2008 届城市规划专业毕业设计中，以“河南省禹州市控制性详细规划层面下的城市设计”作为毕业设计题目，该选题一方面从宏观层面让学生了解禹州市总体规划和控制性详细规划的设计文件；另一方面让学生充分了解控制性详细规划和城市设计的关联性，使控制详细规划中抽象的指标有一个直观的了解，同时也对控规如何通过城市设计来表达也有一个直观的感觉。

1.3　选题要结合学生自身的能力

由于本科生在毕业设计之前完成的仅仅是各门功课的学习，虽然经过了半年的校外业务实践训练，但由于规划设计单位及学校组织方面的原因，更由于学生考研、

刘韶军：郑州大学建筑学院副教授

找工作等实际问题的存在，业务实践的训练并未完全达到培养学生实践能力的目的，因此毕业班的学生仍然缺乏综合运用知识能力的训练，如果选题太难，超出了学生的能力范围，反而容易挫伤学生的积极性。只有选题得当，才能充分挖掘学生的潜力，并作出高质量的毕业设计。在本次毕业设计中我们选取了禹州市市区内三个典型地段进行城市设计，每个地段的规划面积为50～100公顷左右，四个地段均有不同的发展特点，通过地段城市设计，训练学生如何建构城市地段空间结构及景观结构特点，并训练学生如何通过规划促进该地段经济社会的发展、改善该地段内居民的日常出行及生活。

1.4 选题要强调同一类型不同特点的设计题目

在本届的毕业设计中，一方面我们强调以“控制性详细规划层面下的城市设计”作为毕业设计的主要题材，从而便于学生之间的交流、合作，并使学生的能力具有可比性，而且便于教学的高效率管理；另方面，为了充分培养学生的自主创新能力、独立思考能力，我们选择同一类型下具有不同特点的地段进行城市设计，学生可以结合自身的特长进行选题，更好地培养他们的工程素质和科研能力。三个城市设计地段分别具有不同的特点（图1）。其中A地段位于禹州市中南片区内城市的南外环路地段南部入口地带，该地段面积为104.06公顷，规划区内有过境公路、自然村庄、仓库、厂房等，主要规划内容有市场用地、物流用地、交通用地等。该地段城市设计主要训练学生如何改善该地段的交通问题、城市入口景观问题、第三产业发展问题等；B地段位于禹州市中部地区老城区边缘地带的多条道路交叉口地段，规划面积为61.8公顷，规划区内有自然村庄用地、城市居住用地、厂房用地等，该地段城市设计的目的主要训练学生如何建构城市道路交叉口景观结构，并训练学生如何通过城市设计来改善技能衰败的居民区；C地段位于禹州市颍河沿岸的历史文化保护区的周边地段，规划面积为50.43公顷，规划区内有村庄用地、有历史文化特点的民居用地、厂房用地等，该地段设计的目的主要训练学生如何建构滨河景观结构、历史街道景观结构等。

为了充分发挥学生的能动性、创造性、竞争性，在实际教学过程中，每个地段的城市设计题目限报人数为3～5人，即便是同一题目，也要求学生也要求学生提出自己的核心设计思想，真正做到一人一题进行毕业设计，这样有利于满足不同层次学生的需求，充分发挥学生的能动作用。

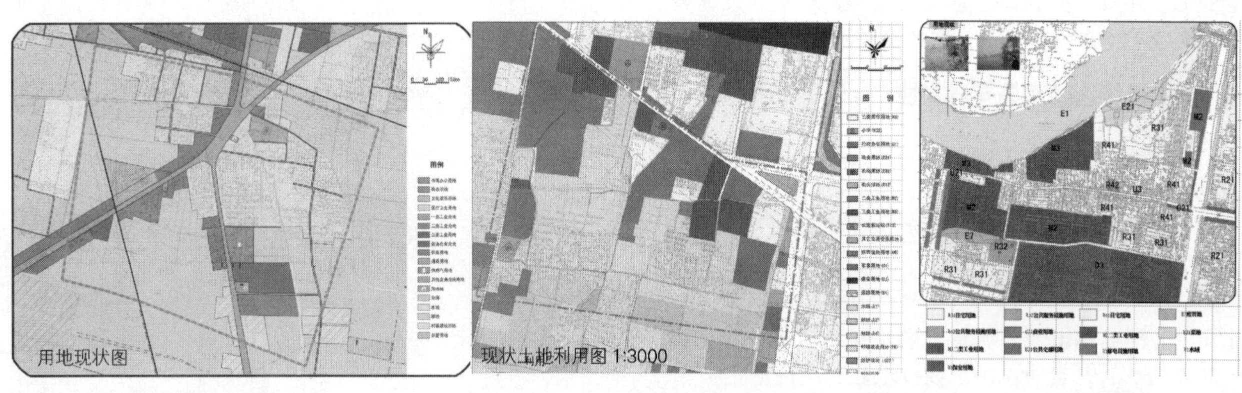

A地段现状图　　B地段现状图　　C地段现状图

图1

2 毕业设计调研要有针对性

调查研究不仅能使学生深入思考有关规划理论知识，而且能使学生认识到城市规划设计要从城市客观条件出发的重要性，调查研究应作为规划实践的主要内容而加以强化。

2.1 结合毕业设计选题进行调研

合理利用现有的文献资料是了解前人成果、避免低水平重复的必要手段。毕业设计的调查研究首先要结合

毕业设计选题进行相关课题理论性调研、查阅相关规划实例，为了帮助学生调研，我们通常指定相关的专著和论文要求学生查找和阅读，以便学生完成毕业设计调研的前期准备工作。为了使学生了解和掌握本学科前沿课题所需的专业理论知识，我们还要求学生结合课题对外文资料进行翻译收集研究，并交纳3000～5000字的翻译报告。另一方面规定学生必须到设计地段现场进行调研，把对知识的感受变为与实际相结合的理解，通过对规划地段的调研，更好地把握地段内及其周边的相互关系。

2.2 培养学生的独立思考能力

大学生为适应今后工作的需要，不仅要培养独立获取知识的能力，更要培养如何学会发现问题和解决问题的思路及方法。在毕业设计调研过程中，为了充分发挥学生的主观能动性，要求学生在现场调研中努力寻求设计地段存在的问题。如学生通过调研可以发现A地段作为城市出入口，用地现状布局存在不能满足城市长远发展的需求，必须以规划为导向并根据道路交通条件的变化布局各类市场用地、物流用地等，使用地功能的变化符合城市发展的需求。B地段用地现状布局存在不能满足居民的日常生活要求，必须通过规划构筑居民生活服务体系、通过规划建构城市道路交叉口景观体系。C地段存在沿河建筑布局混乱、历史建筑逐渐倒塌、历史街道逐渐丧失特色等问题，必须通过规划来恢复街道的人文特色、构建滨水景观体系。学生通过调研发现规划地段问题之后，进而让学生在调研报告中提出解决问题的办法，最终这些解决问题的办法会落实到毕业设计图纸之中，从而达到在实践锻炼提高学生的科研能力的目的，培养了学生如何结合当地实际发展情况进行毕业设计，也培养了学生养成严谨、科学、实事求是的工作态度和作风。

3 毕业设计过程要充分注重实践性创新

在毕业设计过程中，要充分注重规划时间的创新性，必须面对现实，更新观念，开阔视野，拓展知识领域，让学生充分了解城市规划所具有的社会性、经济性、政策性和法规性、综合性和复杂性。

3.1 注重学生规划方案面向社会

城市规划的社会化趋向，迫使城市规划专业教育必须走向社会，城市规划专业人才的培养必须让学生深入社会，了解社会，服务社会。因此未来社会要求规划师必须充分接触社会。特别强调的是，新的城乡规划法规定，城乡规划法要求城乡规划报送审批前，组织编制机关应当依法将城乡规划草案予以公告，并采取论证会、听证会或者其他方式征求专家和公众的意见，组织编制机关应当充分考虑专家和公众的意见。因此在规划设计过程中，首先要让学生明白公众参与的重要性，教师要努力寻找机会让学生的规划设计方案展现在公众面前，通过规划方案的公众参与，让学生明白政府领导、专家学者、公众对规划的意见，公众和规划的利益关系等，更让学生明白一个好的规划方案决不是闭门造车的结果，而是一个集思广益的过程。

学生规划方案面向社会也培养了学生规划设计和社会整体利益相联系规划设计理念，当前在我国公众参与是实现和维护公众利益的主要手段。当前在国外城市规划更多的是被看作公共政策，城市规划工作成为政府宏观调控手段，也是政府维护社会公平和正义的手段，因此规划工作也是自觉地、有力地维护社会整体利益。学生通过规划方案的公众参与，不仅加强了规划设计与现实的联系，更是为了体现公众生活和利益的过程，同时也让学生明白判断一个规划方案的好坏与否看是否体现了公众的整体利益。

3.2 注重学生创新能力的培养

知识经济就是创新经济，20世纪初《经济发展理论》(Joseph Schum-peter)(1912年)一书中提出了“创新理论”，他指出创新的范畴不仅包括新产品、新技术，还包括管理创新、组织创新等非技术因素，因此可以用创新教育来实现城市规划设计创新。培养学生创新能力作为整个毕业设计的核心和重点，是关系到毕业设计工作质量和效果的关键性因素。

在毕业设计过程中，我们除了加强对学生进行基本技能训练外，还特别引导学生对某一主题进行较为深入的研究，使其在掌握一般原理和方法的基础上拓展思维的深度和广度，如针对A地段分为两个专题进行研究，一组学生对铁路公路系统进行专题研究，进而进行道路交通专项规划，另一组学生对已建成的其他城市的家具市场、装饰市场、汽配市场、物流园进行调研，进而作

出该地段的市场及物流园城市设计，最终合作完成A地段城市设计(图二)。针对B地段，由于住户为普通的村民及城市低收入居民住户，首先让学生对低收入居民进行问卷调研，然后对问卷进行统计，得出低收入居民户外活动的规律，并得出居民在低收入的生活环境下居民需要使用活动场所的基本要求，从而为保证居民的户外生活保障提供了理论依据，然后在此基础上作出规划布局(图2)。

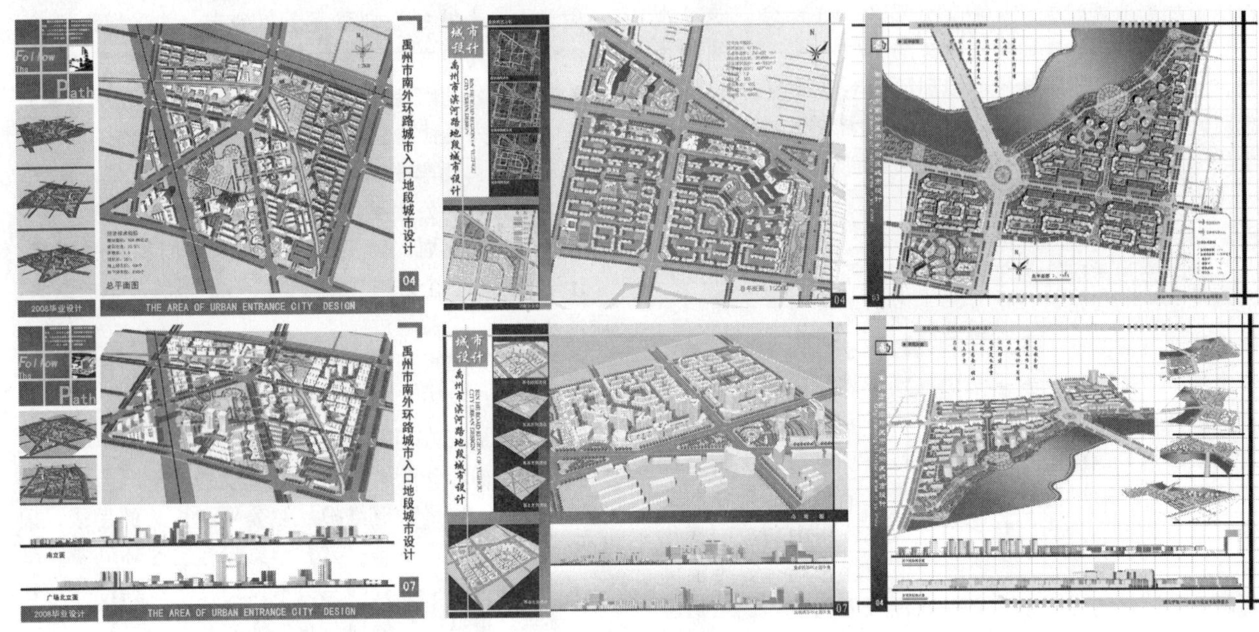

A地段城市设计　　B地段城市设计　　C地段城市设计

图2

3.3　注重培养学生的合作与竞争精神

由于城市规划的综合性特点，小组合作完成毕业设计也是毕业设计教学的一种方式，并由此加强学生团队协作精神、竞争意识的培养。在学生毕业设计合作过程中，教师要加强监督和引导，使每个学生都完成一个相互关联的主题，从而加强学生之间的互相交流、互相切磋、相互协调。正是在这种多向交流的形式下，可使学生之间相互激励、互相启发、共同协作。不仅理解和掌握了相应的规划设计方法、程序，同时体味到城市规划实践的实际协作过程。如针对A地段由5名学生共同合作完成该地段设计，首先学生共同参与调研，然后分头写出各个专项问题的调研报告如道路交通发展调研报告、市场体系发展调研报告、物流业发展调研报告、园林绿化体系调研报告、公共服务设施发展调研报告等，然后进行汇总共同完成该地段的调研报告；调研报告完成之后，每人均提交一份该地段的城市设计方案，方案修改成熟提交禹州市规划管理部门、公众讨论，选定最优方案进行深化设计，再由5人合作完成各项规划专项设计，学生通过合作真正体会到竞争的压力和团体的力量，进而促进学生发奋努力，最终成为城市规划专门化人才。

知识经济要求注重学生的个性发展，在培养学生的合作与竞争精神的同时，注重学生的个性发展，要肯定和鼓励学生在不同方面表现出自己的能力；在毕业设计过程中，还要引导学生知识面的扩展，把城市规划行业的新知识融入毕业设计教学中，使学生在毕业设计中拓宽知识面，增强专业知识。

参考文献

[1]　洪亮平，朱霞．新形势下城市规划专业教学探讨[J]．城

市规划. 2000，(5)：42～43.

[2] 张洪波，姜云，王连元. 新时期城市规划专业教育改革探讨 [J]. 高等建筑教育. 2005，(2)：15～18.

[3] 郑伯红，罗曦，段宁. 中澳城市规划专业教育比较与借鉴 [J]. 长沙铁道学院学报(社会科学版). 2006，(2)：102～105.

[4] 潘云鹤. 论研究型大学工科学生的能力培养 [J]. 高等工程教育研究 2005，(4)：1～4.

2007年年会获奖论文

关于城市规划基础课程建设的思考

谭纵波

摘　要：当前我国的快速城市化进程、市场经济体系的逐步完善以及法治社会的初步建立都对城市规划提出了新的要求，作为面向城市规划实践的城市规划教育也面临着相应的转型。其中，城市规划基础课程在指导思想、教学理念、教学目的、方式方法以及教材和教学参考资料的选用等方面也面临一系列的改革要求。社会体制与发展阶段的差异使得我们无法照搬西方城市规划教育的现成模式，城市规划教育中的问题亟待探索和解决。例如：城市规划基础教育是应该以理论为主，侧重传授人类文明的知识积累，提高学生的城市规划素养和判断能力？还是以实用技术为主，侧重对现实问题的处理和解决方法；教学内容是限定在传统的以物质空间形态为主的工程设计领域？还是向经济社会甚至是涉及价值判断的公共管理领域拓展；是教会学生如何编制城市规划的技巧？还是使其掌握认知、理解、分析城市与城市规划的能力？论文作者结合长期的城市规划基础教学实践，对其中的困惑和初步的思考与探索进行了归纳，以期抛砖引玉，引起争鸣，得到同行的指教。

关键词：城市规划，城市规划教育，城市规划理论，城市规划实践

目前，在我国快速城市化的大背景下，城市开发建设突飞猛进。社会对城市规划设计与管理人才的需求旺盛。由此，城市规划专业也得到了迅猛的发展。[1]但是，在城市开发建设活跃，人才需求旺盛的表象下，城市规划教育中所存在的问题也非常严峻，主要表现在知识结构老化、内容缺乏系统性和针对性、对城市规划本质理解发生偏差、各院校特色不突出等。城市规划教育的改革势在必行。对此，国内学者已多有论述（刘博敏 2004，陈秉钊 2005，崔英伟 2004，黄天其 2005）。

在城市规划教育这一项系统工程中，各高校开设的城市规划基础课程尤为重要。城市规划基础课程为未来的城市规划人员或相关人员提供了最初的入门引导，在城市规划教育体系中扮演着引路人的角色，发挥着基础作用。因此，将城市规划基础课程视为城市规划教育的基石并不为过。

笔者在高校长期担任城市规划基础课程——“城市规划原理”的教学工作。在日常教学中，遇到诸多问题和困惑；对城市规划教育改革和城市规划基础课程的建设进行了初步的思考，也积累了一些心得，希望借此机会抛砖引玉，与同仁交流。[2]

1　城市规划基础课程建设的指导思想

1.1　课程建设的意义及课程定位

在我国经济体制由计划经济转向市场经济，城市化步入高速增长的新时期，国外先进经验的引进与本土化，适应时代需要的城市规划理论与知识体系的构建与传承不但直接关系到工程技术的进步以及国家建设的安全、高效与可持续，更关系到社会发展的公平、和谐与长治久安。城市规划教育是城市规划理论与知识体系的构建与传承中的重要环节。虽然“城市规划原理”仅仅是一个入门课程，但在引导学生树立正确的城市观、城市规划观以及职业道德观念方面都起着不可替代的作用。

作为城市规划基础课程，“城市规划原理”主要为城市规划专业的学生提供一个综合性的导论以及为传统相关

[1] 1998 年城市规划专业指导委员会成立之初，全国设有城市规划专业的院校不足 30 所（其中设有 5 年制城市规划专业本科的仅有 10 所左右），但这一数字到 2004 年已激增至 110 多所（陈秉钊，2004）。

[2] “城市规划原理”是我国高校中具有代表性的城市规划基础课程，2003 年建设部高等城市规划学科专业指导委员会将“城市规划原理（含城市道路与交通）”列为 8 门核心课程之首。

谭纵波：清华大学建筑学院副教授

专业的学生提供一个了解城市规划的有效途径。以笔者所在学校为例，“城市规划原理”主要面向建筑学专业本科(必修课)以及土木工程、环境工程等相关专业的本科学生(选修课)。❶ 同时，从学校学科发展的趋势以及跨专业选课情况来看，未来社会学、法学、公共管理、经济管理等城市规划相关专业也存在着潜在的需求。

1.2 课程目的

城市规划是一个实践性和应用性很强的学科，其教育目的是通过一系列的手段和途径使受教育者在知识、技能以及思想等方面均有所收获。具体而言就是在知识上较为系统的了解城市规划所涉及的内容；在技能上掌握发现、分析及解决问题的综合能力；在思想上认识到城市规划包含价值取向，是协调社会矛盾和政府行政的工具。作为城市规划的基础课程，“城市规划原理”的目的是向学生传授有关城市规划的基本理论与知识，为学生开启认识城市、了解城市规划的大门。

由于“城市规划原理”是城市规划教育的基础性课程，因此不可能期望仅仅依靠这一课程就能完成对城市规划知识、技能与思想的传授，更不可能寄期望于学生在学完课程后就可以具备编制某个实际规划方案的能力。其重点应放在如何正确理解城市及城市规划方面，为后续的学习建立一个较为明晰的学科坐标系和知识框架。具体可概括为以下三个方面：

(1) 如何正确看待城市，理解城市规划，思考各专业与城市及城市规划的关系；

(2) 掌握城市规划相关工程设计的基本概念与基础知识；

(3) 理解城市规划作为社会管理手段的特征及其实施途径。

1.3 课程理念

为达到上述目的，城市规划基础课程必须明确对授课内容的取舍和价值导向。笔者认为：这既是城市规划基础课程建设中的难点和容易产生困惑的地方，又是不同院校可以体现办学特色的地方。需要做出判断的方面主要有：

1.3.1 如何处理城市规划“学”与“术”的关系

城市规划基础教育是应该以理论为主，侧重传授人类文明的知识积累，提高学生的城市规划素养和判断能力？还是应该以实用技术为主，侧重对现实问题的处理和解决方法？有人将这一命题归纳为城市规划“学”与“术”的关系。

事实上这一问题不仅存在于城市规划基础课程中，也是城市规划教育需要回答的关键问题之一。笔者无意将两者作为对立的双方得出非此即彼的结论，但在有限的时间内，明确教学的侧重则非常有必要。例如：城市规划案例分析通常会因为其翔实具体、生动鲜活而受到学生的欢迎，但有时却会削弱理论与知识传授的系统性；相反，城市规划经典理论与思想的讲授会因为中外历史、社会背景的差异和学生缺乏生活体验而变得枯燥无味。笔者认为：城市规划基础课程，甚至是大学阶段的城市规划教育更应该着重提高学生的城市规划素养和理论水平。通俗地说就是，你可以做不出一个具有专业水平的规划，但绝不能不知道判断一个规划优劣的准则。城市规划的学习应该是生涯的，大学教育只是提供一个知识框架和判断准则，而不可能传授近乎无穷尽的城市规划知识和技能的全部。

1.3.2 技巧培养还是能力培养

是教会学生如何编制城市规划的技巧？还是使其掌握认知、理解、分析城市与城市规划的能力？这个问题似乎有些多余，城市规划的能力也包含对技巧的熟练掌握，而加强对学生能力的培养也是规划教育界的共识。但问题是如何才能提高学生的能力，而不仅仅是教授一些技巧。城市规划的技巧好比下棋中的“定式”：例如，城市布局要按功能分区的原则进行，工业用地要尽量与生活居住用地分别布置；一个机动车车道的宽度大约为3.5米；住宅的日照间距是按照保障一楼住户冬至最小日照时间而确定的，等等。城市规划基础课程要告诉学生这些城市规划的基本原则，但另一方面，也要告诉学生，相对于“功能分区”还有“工作居住适度混合”的理论；3.5米宽的线形空间除了可以行走机动车，还可以行走运输能力更大的轨道交通；按照合理日照间距，旧城改造可能经济上不可行。也就是说，要告诉学生城市规划中有许

---

❶ 由于笔者所在学校始终坚持宽口径培养的方针，从建系起在本科阶段只有建筑学一个专业，但在高年级分成包括城市规划专业在内的数个不同专业方向。因此，“城市规划原理”实际上兼有面向城市规划专业和建筑学等其他专业的双重性格。

多问题需要具体分析、权衡利弊，需要根据“定式”灵活“走棋”。由此可见，能力的培养实质上是对解决没有定论的问题的能力的培养。能力的培养归根结底是要引发学生的思考。有怀疑、有比较、有思考才能有创造。能力的培养正是体现在创造性地解决问题上。

此外，传统城市规划主要依靠经验判断的工作方式正在逐渐被现代观测手段和科学分析计算所替代。GIS、遥感、数理分析等现代技术手段逐步成为城市规划中必不可少的工具。理解并熟练应用这些工具可以说也是一种技巧，但所要达到的目的仍然是更加科学地创造性地解决问题。

1.3.3　空间规划还是综合规划

城市规划脱胎于建筑学等以物质形态为对象的学科。计划经济年代作为“国民经济计划工作的继续和具体化”，城市规划也将其学科范畴局限于工程设计。但西方近现代城市规划的起源则不仅仅是工程技术。同时，第二次世界大战后对传统物质空间规划的反思以及社会多元化思潮的影响造成了西方城市规划职能以及学科领域边界的模糊不清，进而导致了城市规划学科的“危机”(吴志强，于泓，2005)。在经济体制转型及社会民主化的大背景下，西方城市规划的这种发展趋势或多或少的影响到我国的城市规划教育。城市规划所涉及的内容也在向社会、经济、环境、法律等相关领域拓展；城市规划所关注的空间领域也在向区域范围扩张。对此，有学者呼吁城市规划在拓展学科知识领域的同时，不应放弃空间环境规划与决策这一城市规划的本质与核心(陈秉钊，2005)。

反映在城市规划基础课程中，其有限的学时是主要用于讲授传统的以物质空间形态为对象的工程设计？还是向经济、社会甚至是涉及价值判断的公共管理领域拓展？笔者认为：在目前城市化高速发展，城市空间发展模式仍以外延为主的环境下，课程讲授的主线仍应定位在物质空间形态规划方面，但可适当增加对物质空间形态形成过程中，社会、经济、环境等因素的影响以及从区域角度分析和看待城市的论述。也就是说，城市规划基础课程需要体现对社会、经济、环境等问题的关注，但不是脱离具体的城市空间，而是将城市规划的视野拓展到相关领域，将看待城市规划的空间范围扩展到区域。事实上，西方国家的融社会、经济、环境、人口、住房政策、空间发展于一体的综合性规划在政府行政过程中正起着越来越重要的作用，或许这也是我国城市规划的未来发展方向之一。

2　城市规划基础课程的内容

2.1　知识结构

计划经济年代，城市规划被作为计划的具体化和实施手段，形成了一整套相应的工程设计内容和技术体系。但从上个世纪 90 年代前后开始，适应市场经济环境的城市规划开始作为主角逐渐登上历史的舞台。在市场经济环境下，城市规划不再单纯是一种工程技术，而逐渐具有了作为社会管理手段的性质。目前所面临的现实状况是，城市规划作为工程技术的内容依然重要，但同时市场经济环境下社会利益集团的产生和对权利的诉求又需要城市规划必须作为处理、协调、缓解各种利益矛盾的手段之一。这使得城市规划所涉及的领域宽泛、内容繁多。❶

城市规划基础课程在有限的学时内不可能成为包罗万象的“百科全书”式的课程。但作为学生了解城市，理解城市规划的导论性课程，又必须展现一个相对完整的知识结构。所以，课程内容除侧重对基本概念的论述、分析与启发思考外，在涉及内容范围上必须有所取舍，尽可能保留城市规划的核心内容，而对于相对专门的和间接的知识则采用列举参考文献以及简要介绍相应后续课程(包括研究生课程)的方式进行引导(表 1)。

“城市规划原理”课程的主要内容　　表 1

讲　次	主要内容
第一讲 引论——城市与城市规划	一个城市化的时代 城市规划专业 关于《城市规划原理》
第二讲 城市的演进	早期的城市雏形 古希腊的城市 我国春秋战国及秦汉时期的城市 古罗马的城市 欧洲中世纪的城市 我国隋唐及元宋时期的城市 欧洲文艺复兴时期的城市 我国明清时期的城市 欧洲绝对君权时期的城市 古代东西方城市发展的特征

---

❶　有关城市规划基础课程中知识结构的探讨参见参考文献 7。

续表

讲　次	主要内容
第三讲 城市化与近现代城市规划	城市化与城市问题 近现代城市规划的诞生
第四讲 城市规划的演进	西方近现代城市规划的理论与实践 我国的近现代城市与城市规划实践
第五讲 城市规划的职能内容与程序	城市规划的职能 城市规划的基本内容 城市规划的编制与实施
第六讲 城市规划调查研究与分析	城市规划调查研究与基础资料收集 城市规划中的统计与分析 城市发展分析与预测
第七讲 城市生态环境与用地选择	城市生态环境的基本概念和内容 城市的自然环境 城市环境保护 城市减灾 城市环境的选择与营造
第八讲 城市总体布局	城市的构成要素与城市布局 城市总体布局的外部条件与内部功能 城市总体布局方案的比较与选择
第九讲 城市土地利用规划	城市土地利用规划基本原理 居住用地的规划布局 公共活动用地的规划布局 工业仓储用地的规划布局
第十讲 城市道路交通规划	城市交通与交通规划 城市道路系统规划 城市对外交通规划 城市公共交通规划
第十一讲 城市绿化及开敞空间系统规划	城市环境与城市开敞空间 城市绿化与开敞空间系统的规划布局 城市公园绿地的规划设计
第十二讲 城市基础设施（工程）规划	城市规划中的基础设施规划 城市给水排水工程系统规划 城市能源供给工程系统规划 城市通信工程系统规划 城市工程管线综合
第十三讲 城市设计	城市设计的范畴 城市设计诸要素 城市设计的职能

续表

讲　次	主要内容
第十四讲 我国的城市规划体系（上）	我国城市规划体系的概要 市（县）域城镇体系规划 城市总体规划
第十五讲 我国的城市规划体系（下）	分区规划 控制性详细规划与法定图则 修建性详细规划 我国城市规划体发展展望

2.2 教材的选用

目前我国城市规划基础课程多采用由同济大学李德华主编的《城市规划原理》作为教材。该教材的源头可上溯到1961年出版的《城乡规划》，“文革”后多次改版并增加内容。国内的其他同类城市规划基础课程教材，甚至是注册建筑师考试的参考用书无论是在内容上还是编排上都在相当程度上受其影响。这种状况固然可以使我国城市规划基础课程的内容相对统一，但不利于城市规划教育的特色发展和教学实践的百花齐放。

针对这一情况，笔者曾于2005年重新编写并出版了供“城市规划原理”课程使用的教材。❶ 与以往同类教材相比较，该教材力图在以下几个方面突出其特色。

（1）在指导思想上，变注重具体工程规划设计内容的编制手册为理论与实际并重的综合性读物。将城市规划看作是应对快速城市化发展阶段的技术手段和协调市场经济环境下社会矛盾的管理手段。

（2）在知识结构上，除工程技术内容外，增加了必要的历史、社会、经济、法规以及新技术应用等方面的内容，以体现与时俱进。例如：对源于西方国家的工业革命、城市化、由此所导致的城市问题与近现代城市规划的关系作了较为系统的阐述。又如在论述土地利用规划时，强调了经济因素、社会因素、环境因素以及公共利益对土地利用规划的影响。

（3）在内容上，力求有所取舍和侧重，避免面面俱到，主要侧重于城市规划基础理论、概念与方法的论述。例如：加强了对城市与城市规划发展过程和规律以及城

❶ 该教材入选普通高等教育“十一五”国家级规划教材。根据此次论文评选规则，暂不将其具体名称列出。

市化、城市规划等基本概念的论述，新增了对城市规划调研中常用的数理统计方法、GIS、遥感等新技术的介绍以及城市设计等内容，而省略了居住区规划等相对独立且更加专门化的内容。

(4) 在编排上，对城市规划所涉及的核心内容进行了更为系统的整理，并补充了欠缺的部分。整篇分为城市规划的基础概念与理论、基本方法、核心内容、城市设计、我国的规划体系等几大部分，并注意各个部分之间的相互衔接和相互呼应，例如：将与城市绿化及开敞空间系统相关的内容作为独立的章节论述；在城市道路交通规划中增加交通规划的相关内容；在论述我国现行城市规划体系时，与相应规划核心内容相互衔接和呼应等。

(5) 反映国内外城市规划发展的新动态。例如：纳入了战略规划、法定图则、《北京宪章》、大北京规划、新城市主义等内容。

(6) 体现作者的独立思考。审慎地加入了作者通过科研、生产以及独立思考而得到的见解，使本书不仅仅停留在对已有知识的继承与汇总上，而力图对城市规划的观念有所贡献和拓展。

(7) 以科研的态度和方法进行编写。通过广泛阅读、比对相关文献，力求做到对事实论述的准确、客观和全面。同时将多达 170 余篇的参考文献(不包括少量引用的文献)分列于每个章节之后，为学生的进一步学习提供索引。

2.3 阅读参考文献

随着城市规划学科领域不断向社会、经济、环境、历史、法律等相关领域延伸，城市规划教育中需要涉及的学科知识以及相关文献大量增加，城市规划教材难以包罗所有的学科领域和知识。在西方的城市规划基础课程中甚至存在不采用教材，而将各个时期及领域中的代表性文献汇集成册，供学生参考阅读的做法。❶ 但在我国目前情况下，要想完全采用同样的做法尚有一定的难度。其原因主要有以下几点：

(1) 教育习惯的制约

我国的教育体系以“填鸭式”著称，学生对权威性结论更适应。即使在大学阶段，作为城市规划的基础课程，如果不给出明确的论述结论，而仅仅依靠由教师提供一个大致的脉络，学生按照自己的理解去阅读和学习方法尚需要一个适应的过程。

(2) 城市规划理论积累不足，缺少原创性的城市规划理论

虽然我国的城市化进展迅猛，城市建设热火朝天。但在理论研究方面缺少原创性的研究成果(吴志强，于泓，2005)。同时由于历史的原因，我国城市规划中成体系的理论和被普遍接受的代表性文献甚少，更没有形成百花齐放的局面。仅靠目前已有的文献积累还不足以构建一个较为完整的阅读体系，甚至向学生推荐一个较为齐整的阅读文献清单都有一定的难度。

(3) 社会文化背景及现实需求与西方存在差异

虽然近年来西方城市规划的文献被大量翻译出版，但中外历史、社会文化背景以及现实需求的差异不可能，也不允许城市规划基础课程直接采用西方的规划理论体系和参考文献，而只能选择性地采用。

因此，在目前阶段，城市规划基础课程仍主要依赖教材的使用，但可以根据讲述的侧重，提供可进一步阅读的参考文献。

3 城市规划基础课程的教学方法

城市规划基础课程通常以理论讲授和理性分析为主，相对于规划设计类课程，尤其是详细规划、城市设计等易于形象化的课程，如何将抽象的概念和枯燥的理论较为全面地、形象地、通俗易懂地表达出来并不是一件容易做到的事情。对此，笔者在以下几个环节中进行了初步的改进尝试：

(1) 编制多媒体课件，实现可视化教学

采用多媒体课件具有文图并茂、信息量大、教授节奏快等特点，是实现可视化教学的重要手段。尤其对于城市规划教学而言，图形和图像材料必不可少。通过大量展示图纸、照片、表格以及简洁的文字，可以运用形象的语言表达较为抽象的理论和内容。其效果已在教学实践中得到了验证。❷

---

❶ 例如：由 Richard T. LeGates 和 Frederic Stout 编写的《The City Reader》就是同类出版物中具有代表性的一册。

❷ 笔者为“城市规划原理”所编制的多媒体幻灯片达 1200 余张。

(2) 增加对城市与城市规划的感性认识

由于城市规划基础课程多设在相对较低的年级，与规划设计类课程并不同步。城市规划中的历史事件和抽象理论往往与学生能够接触到的现实生活有一定的距离，不易被理解。因此，教学中需要有意识的增加实践教学环节。近年来笔者采用利用“五一”或“十一”黄金周安排学生进行城市观察、体验活动并要求完成相关作业的方法，以此增加学生对城市和城市规划的感性认识，培养学生观察、发现问题以及分析和思考的能力，取得了较好的效果。

(3) 改革考核方式

考核方式在很大程度上对学生的学习起着导向作用。城市规划基础课程中涉及的学科领域众多，知识庞杂，不可能也没有必要要求学生全部记忆，考察的重点应是学生对基本概念的掌握以及发现、分析和思考问题的能力。笔者担任的城市规划基础课程采用期末开卷考试的方式，但部分考题并无标准答案，注重考察学生看待、分析和解决问题的思路和能力。同时，平时的作业成绩也按照一定的比例计入课程总成绩。

4 城市规划基础课程建设的未来展望

城市规划基础课程的建设是城市规划教育改革的有机组成部分，除自身的努力外，在相当程度上取决于整体改革的思路和进程。城市规划基础课程的建设需要几个基本的前提条件。

(1) 构建自主城市规划理论及知识体系

限于历史的原因，目前包括城市规划基础课程在内的规划教育基本上沿用了西方的城市规划理论及知识体系。虽然这种“拿来主义”可以用来迅速地解决一些现实问题，但无论是从由中外历史文化背景差异所造成的“误用”或“无用”，还是从对自主理论形成的“抑制”作用来看，对于我国城市规划长期的健康发展都是不利的。城市规划教育必须摆脱这种状况，但其前提是必须构建自主的城市规划理论及知识体系。

(2) 明确高校城市规划教育的分工和职能

如前所述，城市规划教育是一项系统工程，高校在其中所担负的职责、基础课程必须完成的任务均需要有明确的界定。指望刚刚走出校门的学生即可完成实际的规划编制任务，期望高校将所有知识和技能传授给学生既不现实，更会适得其反。面对如此快速变化的社会，是尾随其后不断变换授课内容，还是着重教授那些作为“相对真理”的理论、原理和思想？如果高校城市规划教育的分工和职能明确的话，答案就不难得出。

(3) 加强对基础教学的重视

虽然目前国家和各高校都在形式上加大了对教学的重视，但要完善城市规划基础课程的建设，其根本还是将其摆在什么位置上的问题。现行的过分依赖学生评价的教学管理体系不利于课程的健康发展。对教学工作的充分尊重，对教学意义、目的、理念、内容、方法的充分沟通和研究论证才是完善课程建设的根本出路。

事实上，如果城市规划基础课程在上述前提下不断完善的话，不仅可以满足本专业的需要，其授课对象还可以向相关专业进一步拓展。如果说强调城市规划以物质空间规划设计为核心是希望通过“外延”与“回归”(吴志强，于泓，2005)确立学科地位，丰富学科内涵的话，那么城市规划基础课程教授对象的拓展则可以达到扩大城市规划学科影响，使相关学科了解城市规划的逻辑和基本主张的良好途径。

参考文献

[1] 陈秉钊. 谈城市规划专业教育培养方案的修订 [J]. 规划师. 2004，4：10～11.

[2] 刘博敏. 城市规划教育改革：从知识型转向能力型 [J]. 规划师. 2004，4：16～18.

[3] 陈秉钊. 中国城市规划教育的双面观 [J]. 规划师. 2005，7：5～6.

[4] 崔英伟. 我国城市规划教育体系创新构想 [J]. 规划师. 2004，4：12～15.

[5] 黄天其. 关于城市规划教育体系建设的几点建议 [J]. 规划师. 2005，6：60～62.

[6] 吴志强，于泓. 城市规划学科的发展方向 [J]. 城市规划学刊. 2005，6：2～10.

[7] 谭纵波. 论城市规划基础课程中的学科知识结构构建 [J]. 城市规划. 2005，6：52～57.

[8] 陈秉钊. 城市规划专业教育面临的历史使命 [J]. 规划师. 2005，7：5～6.

“双主线＋单辅线”式结构：详细规划教学体系的优化初探[❶]

吴　晓　王承慧

摘　要： 城市详细规划作为我国法定规划体系的有机构成，历来是各规划院校本科教学体系中必不可少的关键一环。目前我校的详细规划教学是在低年级建筑专业知识学习的基础上逐次展开的，不但安插贯穿于毕业之前的各个年级和阶段，还会涉及到十数门相关课程(包括国际联合教学)。如何针对这一相对庞杂的教学体系实现优化与整合，将其打造成为一个具有本身特色的、环环相扣的“双主线＋单辅线”式结构体系，是我们详细规划教学改革和研究的核心目标所在。

根据详细规划教学体系建设的主要目标，本文首先分析了其教学体系建设的五个关键问题，然后有针对性地探讨了教学体系优化整合的重点思路，包括教学体系组织、教学方法研究、国际教学交流、答辩评图考核等基本内容，旨在实现专业人才培养的多元化、复合化目标。

关键词： 详细规划教学，“双主线＋单辅线”式结构，课程群

在改革开放的今天，一方面快速的城市化进程和经济增长，需要我国的城乡建设能够顺应形势、快速应对，为之提供相应的承载空间；另一方面社会经济的转型，则又给城市的发展带来了社会、生态等多方面的问题。

在此背景下，城市详细规划作为我国法定规划体系的重要构成，如果仅仅着眼于传统的城市美化原则及城市物质空间的优化、整合与创建，将越来越难以适应未来城市的发展需要。面向未来的专业人才培育，不仅需要具备扎实的设计基本功和深厚的美学素养，同时也需要具备前期研究、实地调研、策划分析等多重能力。有鉴于此，我们将结合城市详细规划的教学，立足于复合型、创新型专业人才的培育，探讨一种集综合性、系统性和开放性于一身的方法体系的优化与整合。

1　详细规划教学体系建设的主要目标

以现有的教学成果积累为基础，我们的研究将强调详细规划教学方法的改革和实践，进一步锁定教学体系的组织和完善，以实现以下目标：

保持优势——作为以建筑学科为依托和背景的城市规划专业，本学科在详细规划的教学与科研方面拥有相对悠久的历史和雄厚的实力。通过详细规划教学体系的建设，可以二次提升本学科的教学研究水平与教学质量，进一步弘扬其教学和学术盛誉，并保持和巩固学科现有的传统优势。

突出重点——结合时代需求，以**培养“能力”、提高“效率”**为重点，尤其是学生对于城市物质空间环境的认知水平和规划设计的综合能力的全面培育：在强调基本功与设计动手能力的同时，也注重其调研能力、分析能力与创新能力的培养；开拓学术视野，增强理论素养，拓展思维的广度与深度，建立一种有利于学生追踪学术前沿与适应社会需求的开放式教育体系。

重构体系——目前我校面向本科的详细规划教学，是在前2.5年建筑专业知识学习的基础上逐次展开的，不但安插贯穿于毕业之前的各个年级和阶段，还会涉及到十数门相关课程(包括国际联合教学)。如何针对这一相对庞杂的教学体系实现优化与整合，将其打造成为一个具有本身特色的、环环相扣的**“双主线＋单辅线”**式结构体系，是我们详细规划教学改革和研究的核心目标所在。

❶　江苏省教育厅资助项目《城市规划品牌专业建设的实践和研究——立足复合型城市规划专业优秀人才的培养》部分成果，该项目为2005年江苏省高等教育教改的重点项目。

吴　晓：东南大学建筑学院副教授
王承慧：东南大学建筑学院副教授

2 详细规划教学体系建设的关键问题

目前详细规划教学体系的建设，亟需解决几个关键环节：

2.1 结合不同的年级和阶段，在纵向上确定相应的教学重点、定位和主线

以纵贯整个详细规划教学流程的时间阶段为依据，各年级为详细规划教学设置了各不相同的课程和重点：三年级以“住宅和住区”作为设计和理论教学的载体，四年级以“城市设计和控制性详细规划”作为设计和理论教学的载体，五年级的毕业设计则偏重于同实践项目的结合。❶

这方面需要解决的关键问题是：如何确定各年级和阶段之间不同的教学重点和定位，并为之设定相匹配的教学模式，从而在纵向上打造一条能力培养各有侧重而又相互关联、承上启下的详细规划的教学主线。

2.2 针对相关的专业课程，在横向上实现课程主线的整合与优化

详细规划教学体系的课程主线依照相关课程的特性，可划分为设计线和理论线两类：前者包括住宅设计、景园规划、住区综合规划、城市设计、控制性详细规划及详细规划类毕业设计等课程，后者则涵盖了居住环境与住宅设计原理、城市社会学、详细规划概论、城市设计概论、城市更新与历史文化保护、城市中心区的发展与规划等课程。

这方面需要解决的关键问题是：就某一阶段而言，如何在横向上围绕某一主题将详细规划的设计线课程和理论线课程整合为一个缜密关联、环环相扣的整体体系，相辅相成，互为依托。

2.3 立足于面向国际的高起点办学思路，积极推动国际间的教学交流

国际联合教学作为详细规划教学体系建设的一条辅线，和开放创新、面向国际高起点办学的一种重要手段，我们曾多次组织和参与国际教学交流活动(如同荷兰代尔夫特大学建筑学院的合作教学，同美国加州大学伯克利分校合作展开的城市专题研究等)，拥有一定的经验和积累。

这方面需要解决的关键问题是：如何根据自身的时间跨度，处理好同现有教学体系的并置衔接关系，又如何保障“教/学”的具体联合方式、清晰的理论架构、共通的技术平台等基本环节，以积极有效地扩展详细规划教学的国际化视野与交流影响。

2.4 根据各门课程的教学要求，有针对性地展开教学方法的改革与实践

详细规划教学的课程体系涵盖了10余门专业课程，大都具有自身不同的教学内容、培养要求和重点，进而会在教学方法的改革和选择上呈现出不同的特征与走向。

这方面需要解决的关键问题是：如何根据各门课程的不同的教学内容和培养重点，在教学方式上展开具体设计，做出有针对性的改革和实践。

2.5 考虑学生之间、师生之间的思想碰撞和交流学习，完善答辩评图环节

评图环节除了要保留现有的答辩过程和公开、公正的基本原则外，还需将其视为一个促进学生之间、师生之间的思想碰撞和交流学习的良机。

这方面需要解决的关键问题是：如何通过相应制度的建立，聘请或挖掘校外教学资源，拓宽学生的专业视野和接触面，使评图环节(包括中期答辩环节)成为成果展示、思维激荡的第二平台。

3 详细规划教学体系建设的重点思路

3.1 教学体系组织方面

总体而言，我们的详细规划教学将采取由纵横两条主线交织整合而成的**“双主线＋单辅线”**教学体系：**以纵贯整个详细规划教学流程的教学主线(以时间阶段为依据)的递进演化为“经”，以各阶段课程主线(以课程特性为依据)的交织耦合为“纬”，以立足创新、面向国际的联合教学环节为辅。**

(1) 教学主线的组织

教学主线将根据我校城市规划专业的建筑学背景和

❶ 实际上按照我校的本科教学计划，三四五年级除了占据重要一席之地的详细规划教学内容外，还安排有总体规划(四年级)和工程实践(五年级)等环节，只是限于本文的研究范畴，这里不作展开。

复合型人才的培养目标，确定各年级的教学重点和基本定位，以形成一条纵贯整个详细规划教学流程的主线，分工如下：

- 三年级的"转型教学"模式——城市规划专业三年级是在低年级建筑学习的基础上，从单体转向群体、从建筑设计转向规划设计、从微观转向宏观的关键环节所在。因此其教学作为承上启下的门槛，应紧密结合学生心理侧重于"转型"模式，通过教学内容的精心安排和组织，帮助学生尽早领会城市规划的设计思维和模式方法，顺利实现理论学习和方法探求上的过渡与转型。
- 四年级的"研究型教学"模式——四年级的详细规划教学侧重于研究能力的提升和思路方法的培养，重点是从前期研究、实地调研、策划分析到概念构思、方案优化和深度表达，不但要帮助学生建立一套集综合性、系统性和开放性于一身的研究策略和技术路线，还需逐步培养起实现职业性与创造性、思维能力与操作能力、分析能力与综合能力、自主能力与合作能力协调统一的多维能力，以突出人才培养的多元复合化目标。
- 五年级的"实践型教学"模式——毕业设计将以教授工作室制为单位，以实际项目为依托，如获得省高等学校本(专)科优秀毕业设计一等奖的"江南新农村和新城市"和嘉兴市运河新区城市设计项目。这些可通过"真题训练"及其同管理部门、开发部门等的广泛接触，来帮助学生提升实际问题的分析解决能力，积累专业的实践经验，为其毕业后同社会的无缝对接提供保障。

(2) 课程主线的组织

课程主线强调以设计主干课同相关理论课的耦合为特征的**"课程群"**建设，既有分工又有联系地构成一个理论水平与设计能力并重、立足基本与开拓创新兼顾的课程培育组合。其中，三年级的住区综合规划和四年级的城市设计等，均可采取"课程群"的建构方式(表1)。

详细规划教学中主要课程群的构成与时间统筹 **表1**

课程群构成			上学期(16周)								下学期(16周)								时间安排
住区综合规划课程群	设计线	住区综合规划												■	■	■	■	■	三年级
		特色住宅设计									■	■	■						
	理论线	居住环境与住宅设计	■	■	■	■	■	■	■										
		城市规划原理(二)									■	■	■	■	■	■	■	■	
		城市工程系统规划									■	■	■	■	■	■	■	■	
		城市社会学之现代社区学											■	■					
	配套专题讲座										■			■		■	■		
城市设计课程群	设计线	城市设计									■	■	■	■	■	■			四年级
		控制性详细规划															■	■	
	理论线	城市设计概论	■	■	■	■	■	■	■	■									
		城市中心(区)的发展与规划									■	■	■	■	■	■	■	■	
		城市更新与历史文化保护	■	■	■	■													
		城市道路与交通	■	■	■	■	■	■	■	■									
		城市规划原理(三)	■	■	■	■	■	■	■	■									
		城市研究与专题											■	■	■	■			
	配套专题讲座										■		■		■		■		

注：城市设计与控制性详细规划课程在教学进度安排上，采取了"以城市设计为核心，选取同一片基地、成果互为支撑，设计阶段穿插重组"的整合式教学策略。

且以“住区综合规划”为例，其相关的课程群建构如下：**以专业设计课“住区综合规划”和基础理论课“居住环境与住宅设计”、“城市规划原理”为主线，以专业设计课“特色住宅设计”和相关理论课“城市社会学”、“城市工程系统规划”为支撑**(图1)。

在教学时间的相应统筹上，该“课程群”可围绕着专业设计课“住区综合规划”陆续展开。我们的做法为：**基础理论课程“居住环境与住宅设计”先行，前导性设计课程“特色住宅设计”过渡，相关理论课程“城市社会学”、“城市规划原理”、“城市工程系统规划”同步并行，专题讲座穿插其间。**这也契合理论先行、设计由简入繁的循序渐进的学习规律(参见表1)。

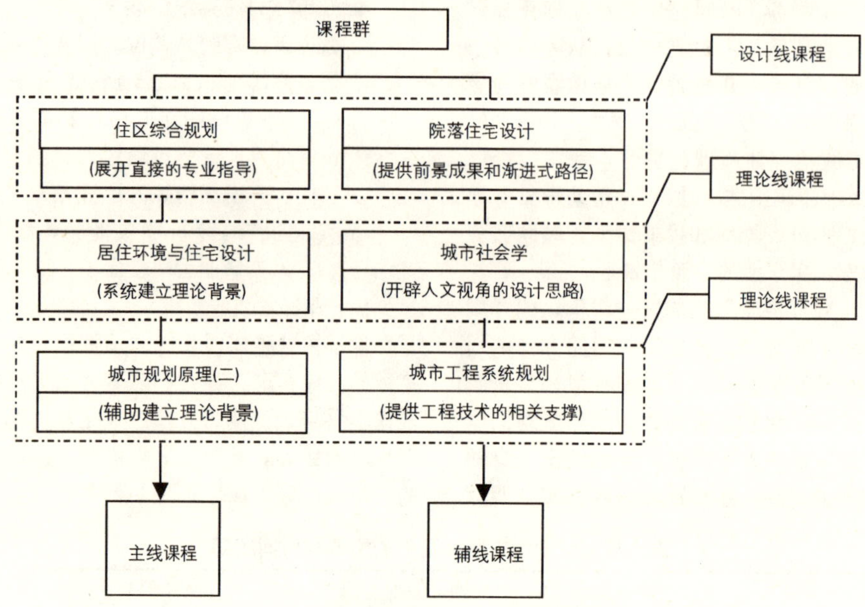

图1 “住区综合规划”课程群的建构

- 设计课“住区综合规划”——通过“真题假做”的方式，让学生系统地理解和掌握居住区规划的基本原理、设计方法和相关规范标准，培养自身关于建筑与环境、建筑与城市的整体观念，以及系统运用住宅、公建、道路、绿化等要素的综合设计能力，为其专业性思维的顺利转型和综合能力的切实提高奠定基础。

其职能分工为：紧扣进度计划安插一些更具针对性和指导意义的专题(如住区的物质形态结构、结构规划、成果表达等)，针对学生的设计作业展开直接的专业指导。

- 理论课“居住环境与住宅设计”——按照由单体到群体、由住宅到住区的总体脉络，全面梳理住宅设计与住区规划的基本理论、方法和发展方向，指导学生通过课程学习为其专业视野的平稳转化创造条件，并能对各类住区的建设做出科学恰当的评析。

其职能分工为：与最后的建筑设计(住宅设计)课程相伴，提前一学期为学生系统地建立有关居住环境的总体框架和理论背景，从而完成住区规划和转型教学上的理论铺垫与准备。

- 设计课“特色住宅设计”——指导学生在设计实践中掌握城市最重要的建筑类型“住宅”的设计原理和基本方法，其成果还可以被住区规划(如住宅选型)直接引介，并将学生循序渐进地导入规划设计的既定情境。

其职能分工为：它位于低年级的建筑设计课程与住区规划课程之间，是将有关居住环境的知识初步加以运用、并首次进行规划设计技能训练的探索性课程，可在以往的建筑设计体验和规划设计训练之间发挥较好的过渡衔接作用。

- 理论课“城市社会学”之“现代社区学”部分——立足于社会文化视角，着重从概念、静态

系统、动态系统、权力与分层等方面入手，为学生同步补充与"社区"相关的理论背景，体验和研究城市居民的生活方式与内在需求。

其职能分工为：共占用8学时的第三章"现代社区学"于第5周～第8周讲授，基本上与"住区综合规划"课程的构思阶段同步，可以一开始为住区规划开辟人文视角的设计新思路。

此外，理论课"城市规划原理(二)"主要用以讲授详细规划方面的基本理论和编制方法，"城市工程系统规划"则主要为住区规划提供竖向规划和管线综合规划方面的技术支撑和必要知识。

3.2 国际教学交流方面

作为详细规划教学体系建设的一条重要辅线，我们将坚持立足开放创新、面向国际的高起点办学思路，积极组织和参与国际联合教学活动，通过一种不同以往的教学方式、全新的理论架构和现代技术平台的尝试，来辅助拓展教与学的生存空间与无限可能，扩大详细规划教学在国际间的交流和影响(表2)。

近年来围绕着详细规划教学而展开的国际联合项目 **表2**

国际交流合作项目名称	时间跨度	合作对象
历史地段的城市设计	半个月	美国 Woodbury 大学建筑系
城市专题研究	1个月	美国加州大学伯克利分校
旅馆设计及周边城市设计	6个月	荷兰代尔夫特大学建筑学院
北京751创意街区合作设计	5个月	荷兰代尔夫特大学建筑学院
南京南捕厅改造设计	1个月	韩国成均馆大学建筑系
Made in China(科技园城市设计)	半个月	奥地利TU维也纳建筑系(维也纳理工大学)

(1) 联合教学的时间安排

我们的详细规划联合教学在时间安排上，将根据实际情况采取两种模式：

- "短期课外兴趣小组"模式——教学内容一般相对独立于既有的教学计划之外，多利用课余时间或是假期集中展开，时间跨度通常不超过一个月。如同奥地利TU维也纳合作的"Made in China"教学项目，以及同美国Woodbury大学联合展开的"历史地段的城市设计"教学项目，时间都在半个月左右。
- "中长期课内教学改革"模式——教学内容可以较好地同既有的教学计划衔接，并在学期正常的时间安排和已有的课程设置内展开，时间跨度一般以学期为限。如与荷兰代尔夫特大学建筑学院合作完成的本科教学项目，就较好地融入了四年级现有的教学计划和设计课程安排，时间为6个月左右。

(2) 联合教学的组织方式

我们的详细规划联合教学将根据"教/学"的具体联合方式，尝试多种组织方式。按照教学空间的不同，联合教学可分为共地型与异地型两种；而按照联合教学主体的不同，又可分为以下三种：

- "教"的联合——以教师间单方面地参与国际合作教学为特征，学生则限于本校(如城市专题研究和"Made in China"项目)；
- "学"的联合——以学生间单方面地参与国际合作教学为特征，教师则限于某一方(如建筑与环境学生联合培养)；
- "教学"双联合——以教师与学生共同地参与国际合作教学为特征，一种更为全面彻底的联合方式。相对于其他组织方式而言，展现出更为广泛和深入的国际开放性和互动合作性(如同代尔夫特大学的联合教学)。

(3) 联合教学的理论架构

联合教学往往会围绕着某一主题，强调清晰创意与理念的表述，像中荷双方在联合教学时，就明确了以"群集行为(Swarm Behavior)"作为教学的主导理念。❶

❶ "群集行为"是从生物学领域引出的概念。科学家们经过多次试验与计算机模拟后发现：许多群居性生物的有序行为，如蚁群觅食、鸟群飞行等，并不是因为存在着一只指导集体行为的领头蚁或领头鸟，事实上所有个体的地位是平等的，它们并不知晓集体行为的结果如何，而只是遵循局部的、针对自己及临近个体的某些规则进行行为，并在群体层面呈现出自组织特性。当环境变动时，个体行为首先出现调整，进而影响到邻近个体直至全部。这种以单个主体行为为基础、受内外因素刺激后自主演化，并在演化过程中不断体现出整体性质的模式即是群集行为。

根据以往经验，我们欲把握联合教学的核心理念，首先要形成理论认知，通过网络、书籍、文献等多种形式广泛搜集相关知识；其次要同合作方定期组织讨论，广泛交换心得意见；然后要借助于一些建筑实例分析，探讨该理论在城市空间中带来变化的多种可能性，开拓思路。总体而言，对于新理念的深入理解和专业运用并不是一次一蹴而就的单方行动，这实质上是双方师生不断试错、不断提高的过程。

(4) 联合教学的技术平台

在我们的详细规划联合教学中，“共地型”、“面对面”的交流方式与“计算机+模型”的工作平台比较普遍；而在以“异地合作”为特征的联合教学中，除了共同的设计操作软件(如CAD、PHOTOSHOP、Virtools等)外，还需提供一些相对独特的交流技术平台加以保障，主要包括：

- INTERNET异地交流平台——空间上的阻隔和时间上的不同步是“异地型”教学必须面对的现实问题。像同代尔夫特大学的联合教学项目，合作双方便是以国家专业实验室CAAD实验室和代尔夫特大学建筑学院的原型空间工作室(Protospace Lab)为依托，建立固定的联合教学工作室，借助高端电子设备与MSN实现网络交流；同时考虑6小时的国际时差，双方交流时间跨度一般设定在每天下午15：00至晚间23：00(北京时间)，具体由每个设计小组成员根据自身课程安排与作息时间商定调整。
- BLACKBOARD信息发布与文件传输平台——为方便信息发布与文件传输，合作双方可以在学校电子布告栏上开辟有关联合教学的内容专栏，课题组所有师生均可根据自己预设的用户名与密码进入，查看相关信息发布、提交设计成果与进行指导评论。❶ 这种所有信息、成果与评论及时上传并对组内所有成员公开的做法，增加了异地合作的可行性，同时也使得学生对设计全过程始终保持有一个清晰系统的认识。

此外在联合教学之后，能对整个过程做出回顾、反馈与客观评析也是必不可少的，以便找出优点，发现不足，为日后的国际联合教学积累经验、奠定基础(表3)。

2005年关于某次联合教学的反馈与评价 表3

Result of Enquiry on Joint Teaching	agree(++)% ⟷ disagree(− −)%					++	+	0	−	− −
The organization of the module is good.	25	50	25	0	0					
The study material is good.	38	38	13	13	0					
My effort for this module was very high.	38	25	38	0	0					
The goals of the module have been met.	25	38	38	0	0					
The room was very pleasant to work in.	38	50	13	0	0					
The computer hardware was very good.	38	13	38	13	0					
The software was very good.	25	13	38	25	0					
The content was very usefull.	38	63	0	0	0					
Virtools was very easy to learn.	0	0	13	38	50					
interactive architecture theory was inspiring.	50	50	0	0	0					
The didactical form was well suited.	13	50	38	0	0					
The tutors were clear in their explanations.	38	25	38	0	0					
The tutors were motivated.	25	63	13	0	0					

3.3 教学方法研究方面

我们的详细规划教学将建立强有力的教学研究团队，

❶ 在同代尔夫特大学的联合教学项目中，荷方曾专门在学校电子布告栏(http：//blackboard. tudelft. nl)开辟专栏。

打破各年级各领域之间的教学阻隔和壁垒，广泛展开教学交流和研讨，鼓励教师将最新研究成果引入教学；根据每一门课程在教学体系中的定位、内容和重点，探索与之匹配的教学方法和改革措施，尤其是“案例教学”、“讨论式教学”和“主题性教学”等新型教学方式的重点运用；为学生提供将理论与设计实践相结合的平台，鼓励学生在第二课堂参与重要的规划设计竞赛或研究性的实践项目等等。具体而言，比如说：

- 设计课“住区综合规划”——考虑到学生间的个体差异及设计课程的特殊性，依然采取以小组“讨论式教学”为主，以“主题性教学”为辅的教学方式，强调因材施教与选择的多元性、开放性；在此基础上，又创新性地增加了社区调研和概念构思的学习阶段，注重培养系统的详细规划能力。
- 理论课“居住环境与住宅设计”和“城市社会学”——考虑到知识内容相对于学生而言的共通性，采取以多媒体课件为主、板书为辅的集中授课方式，将最新的研究成果引入课堂；同时结合“主题性教学”和专门安排的学生实践调研环节，向学生提供深化理解相关理论、熟练运用各类方法、展开调研与分析的实践交流机会。
- 设计课“特色住宅设计”——综合运用“案例教学”、“讨论式教学”和“主题性教学”方式，根据研究性的教学思路设置主题，促进学生具有针对性的思考，旨在拓展思维深度，为其向规划设计思维良性过渡提供承启课程。

3.4 答辩评图考核方面

作为详细规划教和学双方面成果的关键性考核，其包括几个基本环节：

- 评委会的组建——我们可以通过相应制度的建立(如专家库的建构、校友的遴选、专家的聘请和待遇、评图周的设定❶)，来广泛挖掘校外教学资源组成评委会，如规划设计院从事规划实践的人员、房地产开发企业从事项目开发的人员、政府从事管理工作的人员等，拓宽学生的专业视野和接触面；
- 答辩互动的展开——在规定的时间内，由学生提纲挈领地阐述方案，再由专家评委提出问题和建议，在讨论甚至争论中，使评图环节成为促进学生之间、师生之间的思想碰撞和交流学习的良机；
- 核分制度的确立——该环节需要确定的包括导师与外来评委的分数权重、最终成果与平时过程间的分数比例、考核因子的遴选等问题；甚至可以在设计过程中增设中期答辩过程，以实现对阶段性成果在发展方向上的评估和水准进度上的监控。

4 结语

随着“中国21世纪行动议程”和“可持续发展”战略的实施及信息技术的发展，城市规划学科正蕴藏着全新的拓展机遇。因此，探索城市规划专业培养的新模式，尤其是详细规划教学的体系方法研究和学生综合创新能力的培育，是有其显见的现实意义和实践价值的。文中我们所探讨的“双主线＋单辅线”式的整体教学体系、教学方法的改革和特色鲜明的人才培养模式，以及立足国际的开拓式联合教学模式，实质上都源于对整个教学工作组多年来不懈研究和大胆实践的提炼和总结，希望可以抛砖引玉，为国内城市规划学科的同类教学研究提供一定的参照和示范。

参考文献

[1] 刘博敏．城市规划教育改革：从知识型转向能力型．规划师．2004，4．

[2] 吴晓，王承慧．本科转型教学中的住区规划课程．规划师．2005，3．

[3] 王承慧．作为原型的“院落”及其在当代居住环境设计中的运用探求．建筑师．2005，3．

[4] 刘博敏．构筑“能力”培养的平台．新疆职业大学学报．2001(增刊)．

❶ “评图周”制：即是将规划系不同年级的设计作业集中在一周内完成答辩评图环节，其时间通常安排在每学期的期末，每个年级各占一天，年级间的导师可以交叉互评，同时聘请外来专家共同组成答辩委员会。

适应时代需求的住区规划设计“转型教学”模式研究

王承慧　吴　晓　巢耀明

摘　要：中国城市建设正面临复杂的现代化、城市化和全球化的挑战，社会对城市规划人才的综合能力要求越来越高。城市规划本科教育必须加以应对，进一步提高教学效率和质量。

以“复合型城市规划专业优秀人才”培养目标为导向，本校城市规划系三年级教学针对建筑学科背景条件下学生的知识结构与心理特点，建构起了以住区规划设计教学为核心的课程群。一方面通过教学时间、教学目标、教学内容、教学组织、能力培养方面具体的改革措施，使有关课程既保证各自独立性，又环环相扣、缜密关联，推动三年级学生尽快顺利实现自建筑设计学习向规划设计学习的转换；另一方面通过教学方法的改革在知识教授、技能培训、培养价值观方面联动推进，切实提升学生各方面综合能力。

改革的具体举措包括：①在课程体系组织方面，“整合相关课程资源、合理组织课程体系”，“注重时间衔接、整合教学内容”，“确定课程教学目标、进行相应的教学组织”，并落实到子课程的教学组织和能力培养定位上，推动学生顺利转型。②在教学方法探索上，理论课程注重对学生自主学习、综合思辨与表达能力的培养；设计课程通过案例教学、讨论式教学和答辩评图环节的完善，多方位培养学生城市规划设计的思维方式和方法。

关键词：城市规划教育，教学改革，住区规划

1　项目背景与目标

改革开放以来，我国城市发展进入快速阶段，城市建设正面临复杂的现代化、城市化和全球化的挑战。从城市规划管理、规划设计、城市开发与建设部门反映出的信息表明，传统方式培养出来的城市规划专业人才，均显现出一定的不足，社会对城市规划专业人才的综合能力要求越来越高。探索综合能力型的专业人才培养方式已成为我国规划教育改革的核心。相应地，城市规划本科教育必须加以应对，进一步提高教学效率、提升教学质量。

本校城市规划系是在建筑学科背景下建立的，传统的着重于物质形态规划的教学模式所给予的知识结构不能满足未来的社会发展需求。学生单一的知识结构和价值观的缺乏导致他们缺乏策划意识和决策能力，不能很好地发挥规划人才在复杂的社会经济条件下应具有的整合与协调作用。因此，本校城市规划系已将“理论水平高、基本功扎实、动手能力强、学术视野开阔、富有开拓精神的复合型城市规划专业优秀人才”作为人才培养目标。

对于本校城市规划专业本科学生来说，三年级是一个关键阶段，在这一学年里，他们面临着从建筑设计学习到城市规划设计学习的转换。而以往的教学模式对这一转换期未能很好地应对，使得学生在学习的过程中容易出现不适应，如不知所措、设计兴趣大减、困惑迷茫等。如何降低学生由于不适应带来的消极情绪，促使学生以积极开放的心态学习新知识、提高学习效率，尽早领会城市规划的设计思维模式和方法，是规划专业三年级教学所必须正视和应对的。

在上述背景下，本校城市规划系三年级教学以“复合型城市规划专业优秀人才”培养目标为导向，针对建筑学科背景条件下学生的知识结构与心理特点，建构起了以住区规划设计教学为核心的课程群，通过课程群的总体框架搭建与子课程的针对性改革，切实提高教学效率、提升教学质量。

王承慧：东南大学建筑学院副教授
吴　晓：东南大学建筑学院副教授
巢耀明：东南大学建筑学院副教授

本项目的具体改革目标为：

1.1 引导学生顺利渡过“转型期”，提高教学效率

本校的城市规划专业是在建筑学专业基础上发展的，前两年学生是在建筑学背景下进行专业基础训练，从三年级起才正式与规划专业衔接(图1)。在这种教学框架下，三年级本科教学被推上了转型教学的前沿，而住区规划设计教学则首当其冲。如何实现从建筑设计教学到规划设计教学的良性过渡，引导学生顺利度过转型期，是充满挑战、值得钻研的课题。

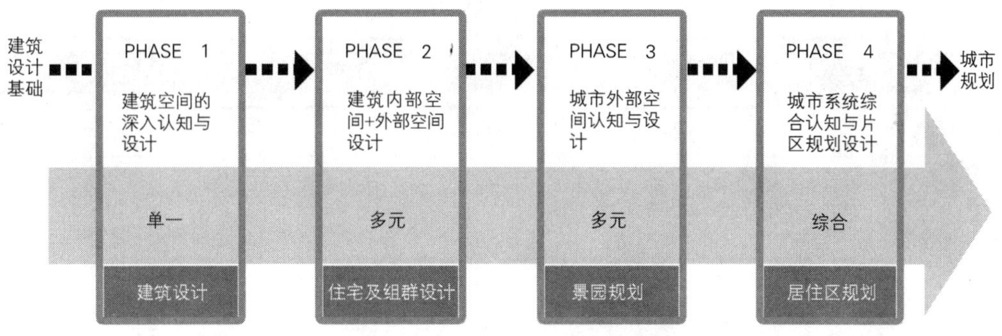

图1 三年级设计课程教学流程图

1.2 适应时代对规划人才的需求，培养学生综合能力

在我国城市化滞后于工业化的现状条件下以及已开始加速发展的大背景下，城市居住问题涉及到越来越多的宏观发展问题和社会问题，一个良性发展的健康的城市需要知识、技能、价值观兼具的新型规划人才。本项目通过以住区规划为核心的相关课程群建设，在继承物质形态规划方面的优势和特色的同时，着力培养学生的综合能力，是对时代需求的积极应对。

1.3 保持优势、突出重点、构建特色，推进本校城市规划专业品牌效应

保持优势——继续发扬物质形态规划教学方面的优势；突出重点——全面提高学生对于城市居住环境的认知水平，拓展其思维的广度与深度；构建特色——在教学体系、教学内容、教学方法上立意创新，构建本校特色的住区规划教学模式。提高本校城市规划专业详细规划教学质量，推进本校城市规划专业品牌效应。

2 主要改革措施

改革内容主要包括两个方面：一方面持续完善课程体系，通过教学时间、教学目标、教学内容、教学组织、能力培养方面具体的改革措施，使有关课程既保证各自独立性，又环环相扣、缜密关联，推动三年级学生尽快顺利实现自建筑设计学习向规划设计学习的转换；另一方面通过教学方法的改革在知识教授、技能培训、培养价值观方面联动推进，切实提升学生各方面的综合能力。

2.1 课程体系组织

2.1.1 整合相关课程资源、合理组织课程体系

传统的教学模式，住区规划设计课程担负了过多的教学内容，左支右绌，只能以居住区规划原理的知识教授和规划设计技能的培训为重点；新的教学模式则力图通过“课程群”的建构与优化，有效帮助建立起全面的城市居住环境认知体系；教学方法上重视价值观的培养和思维层面的训练，并通过时间、内容的循序渐进引导学生顺利度过关键的转型期。

强调以专业设计主干课同相关理论课的耦合为特征的“课程群”建设，既有分工又有联系地构成一个理论水平与设计能力并重、立足基本与开拓创新兼顾的课程培育组合。具体地，将以住区综合规划为核心的“课程群”建构如下：以专业设计主干课“住区综合规划”和基础理论课“居住环境与住宅设计”为主线，以专业设计课“住宅及组群设计”和相关理论课“城市社会学”为支撑(图2)。

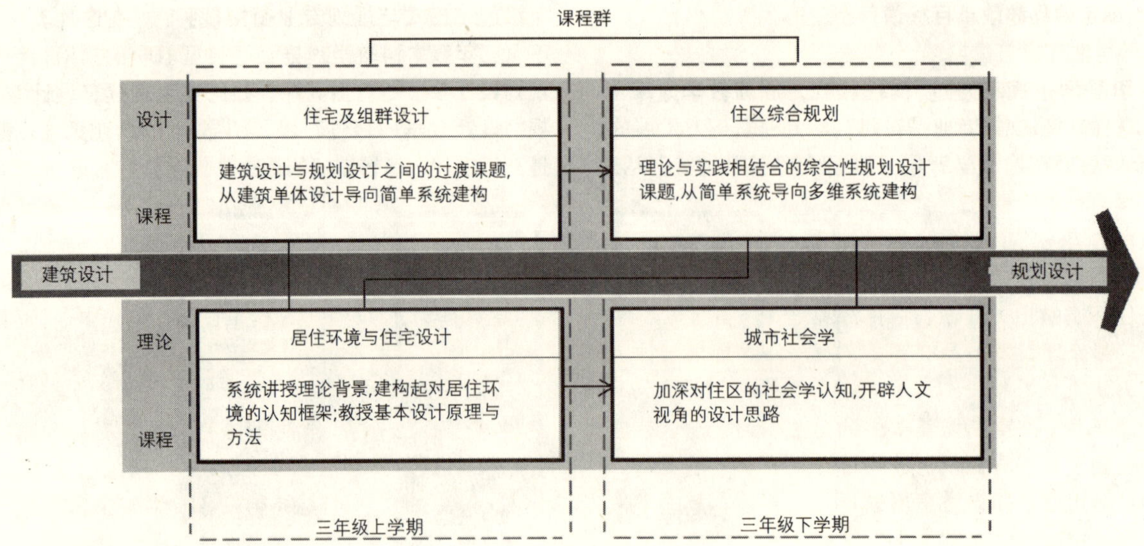

图2　课程群体系结构图

2.1.2　注重时间衔接、整合教学内容

在保持相关课程独立性的同时，进一步理顺课程之间时间上的衔接与教学内容的整合。建构起一个缜密关联、环环相扣的整体教学体系，课程群的各子课程之间相辅相成，互为依托。

在教学时间安排上，遵循理论先行、设计由简单至复杂的循序渐进的学习规律。将“居住环境与住宅设计”课程安排在三年级第一学期，比“住宅及组群设计”课程开始的时间要早，使住宅设计部分的内容能够与“住宅及组群设计”课程衔接；将“住宅及组群设计”课程安排在三年级第一学期下半学期，以使其在建筑设计训练和规划设计训练之间起到过渡作用；将“城市社会学”课程安排在三年级第二学期，使其“现代社区学”部分能够与“住区规划设计”课程衔接。

在教学内容组织上，形成既各自独立、各有不同的侧重点，同时又相互联系的教学体系。“居住环境与住宅设计”课程为学生建立起关于居住环境的总的理论背景与认知框架；“住区规划设计”课程使学生学会综合运用相关知识，掌握住区规划的原理和方法；“城市社会学”课程中“社区”部分为学生提供住区社会文化组织方面的理论背景和人文视角；“住宅及组群设计”课程使学生在小规模的住宅群体设计实践中掌握住宅设计的原理和方法。

各课程自身的教学内容也依据时间主线进行了合理的安排，达到前后内容的衔接以及理论与设计教学的有效互动。使学生一方面能够在设计实践中通过感性认识加深对理论知识的理解，另一方面又能够将理论知识中与设计相关的原理与方法部分直接加以应用(图3)。

周　次		1	2	3	4	5	6	7	8	9	10	11	12	13	14	15	16
三年级上学期	住宅及组群设计									调研							
	居住环境与住宅设计	历史发展与相关理论综述						住宅设计原理与方法					住区规划原理与综合环境设计				
三年级下学期	住区综合规划							调研									
	城市社会学						现代社区理论										

图3　教学时段安排

2.1.3 确定课程教学目标、进行相应的教学组织

(1) 居住环境与住宅设计

教学目标——突破单一的住区规划原理教学，建立起关于居住环境的总的理论背景以及历史的、多层次的、多视角的认知框架。在使学生接收课堂知识外，引导学生自主学习扩大信息量。

教学内容——精心组织教学内容，使学生全面了解城市居住问题涉及的城市规划与建筑设计的不同层面，掌握居住环境的相关理论，包括经典理论、其他学科相关理论、最新理论发展动态等；了解居住区规划与住宅设计的方法论。

能力培养——重点培养学生的自主学习能力，并通过设置主题表述引导课堂讨论；重点培养学生的案例评析能力，运用理论知识对案例进行全面评价，鼓励学生独立思考，提高案例鉴赏水平，学会在大量信息面前去芜存菁，避免盲目跟风。

(2) 住宅及组群设计

教学目标——实现从建筑设计教学到规划设计教学的良性过渡，降低学生由于不适应而带来的消极情绪，促使学生以积极开放的心态学习新知识，提高学习效率，尽早领会城市规划的设计思维模式和方法。

课题设置——精心设置过渡性设计课题。一是课程设计对象的过渡。根据学生的基础知识结构，将设计对象定为“小规模住宅组群($2hm^2$ 左右用地)”，是一个小型地块的较为简单的系统规划。二是设计思维的过渡。设计成果包括单体设计和组群设计两方面，既要继承建筑设计训练获得的逻辑思维、形象思维和微观思维，又要拓展规划设计所需要的理性思维、综合思维与宏观思维。三是设计方法的过渡。强调以调研作为设计的基础，从建筑设计层面的基地调查分析扩展到城市层面的文脉调查、上位规划收集、居民生活调查等。四是设计兴趣的过渡。针对以往城市规划专业三年级学生由于不适应带来的设计兴趣降低的情况，课题体现出研究型课题的特点，即除了满足对学生的训练要求，课题本身还应来自于现实需要，并真正具有挑战性，能够极大地激发学生思考的积极性，这样才更符合过渡性课题应能激发学生学习热情的要求。据此，近两年的设计课题分别为“院落住宅群体设计”与“南京南捕厅历史街区更新改造设计”，前者紧扣当前住宅设计的人文趋势，后者与南京南捕厅历史街区更新改造的规划现实密切结合。

能力培养——初步培养学生的调研能力，重点培养发现问题、深入思考、解决问题的能力。明确两个层次的要求：一是基本要求，即满足基本的设计原理，功能合理；二是较高要求，即通过对设置的主题进行深入思考，发现问题，寻找可以解决问题的办法，并通过方案设计表达出来。学生只有在达到基本要求的基础上更进一步，达到较高要求，才可能最终获得较高的成绩。这两个层次的要求，既可鼓励学生在设计过程中进行创新，又可防止学生不顾基本功能胡乱“创新”。

(3) 住区综合规划

教学目标——推动学生基本完成城市规划设计思维和方法的转换，掌握从多维调研切入、以深入分析为基础、从“概念构思”到“结构生成”到“深化推进”的综合系统规划方法。不脱离当前住区的建设实践，继续扩大学生知识面与学术视野，使学生在设计实践的学习过程中加深对理论知识的理解和对当前住区建设的体验和观察。

课题设置——随着社会经济的发展、城市结构的演进以及生活方式的多样化，住区建设呈现多样化趋势。顺应这一趋势，精心选择了两个各具典型性的基地作为设计对象(以往只有一个基地)，一个为新城中心地区的街区式住区，一个为城市郊区的大盘式住区。学生按照单、双学号确定不同的设计基地，通过教学讨论组织同学之间的横向交流，这种方式可以在有效的教学时段内扩大学生的接触面，提高了教学效率。

进程安排——在教学目标的引导下，创新性地进行了教学进程组织。教学阶段设置如图。其中进行的教学改革包括：加长调研时间段，要求学生了解多种社会角色在住区建设中的作用，并要求做简单策划；特别增加结构规划阶段，强调综合性的系统建构；在建筑布局阶段，要求手工模型辅助，并特别设置中期答辩，邀请规划管理、开发界资深人士参与，扩大学生接触面(图4)。

能力培养——继续强化本校详细规划在物质空间形态规划设计技能培养方面的传统优势，并在强化设计能力的同时注重调研能力、分析能力和策划意识的培养。在调研能力培养方面，明确要求学生除了基地调研、城市区域调研以外还必须进行市场调研、住房政策调研、已建成住区调研，体察政府、市场、民众在城市建设中

时间段	进度安排	成果要求	备　注
阶段一（2周）	讲课基地考察、调查研究、规划概念构思	调研报告	“调研报告”要求3～4人合作。课堂教学以小组讨论形式进行。阶段成绩根据思考深度和参与讨论的表现评定，在最终成绩中占5分
阶段二（1.5周）	专题课 结构规划	功能结构 空间组织 交通结构 景观体系	必须进行多方案比较
阶段三（2周）	建筑布局 辅助模型	建筑布局 住宅选型、设计 公建设计 模型制作	该阶段结束时将外请评委组织中期方案集体讨论。要求提交阶段模型和方案草图。不完成阶段成果者扣5分
阶段四（1.5周）	规划设计的推进和深化	环境设计 整体设计深化 定稿图	
阶段五（1周）	竖向、管线综合设计	竖向设计图 管线综合设计图	该阶段由“城市工程系统规划”课程老师指导。在最终成绩中占5分
阶段六（2周）	专题课 综合表现	综合表现	

图4　住区综合规划设计教学进程

的多种作用。在策划意识培养方面，通过设置“概念构思”要求学生基于调研分析基础上确定项目产品定位，进而确定住宅户型设计重点、住区整体风格、配套设施布局意向、景观特色等。在设计技能培养方面，通过设置“结构规划”阶段强调综合性的系统建构。在规划成果表现方面，通过强调分析图的绘制加强对规划构思和设计概念的表达。

(4) 城市社会学之“现代社区学”

教学目标——了解现代社区的发展历程和城市社区现存的种种问题及其对策；掌握现代社区学的相关概念和各学派的重要理论观点及其评价；将现代社区学的研究方法和原理成果，应用于同城市社区相关的人类活动的解释与预测中、应用于城市社区的研究和规划当中。

教学内容——立足于社会文化视角，着重从概念、静态系统、动态系统、权力与分层等方面入手，为学生同步补充与“社区”相关的理论背景，体验和研究城市居民的生活方式与内在需求。

能力培养——为住区研究提供案例评价和独立思考的理论平台，为住区规划开辟人文视角的设计新思路，并以小组为单元、结合调研报告和课堂讨论交流形式，切实提升学生文化背景之下的社区研究的理论素养和规划编制的专业能力。

2.2　教学方法探索

2.2.1　理论课程教学

精心组织课堂主题表述(Presentation)

引导学生自主学习。教师设置一定的表述主题，要求学生必须对这一主题有深入的理解，在课余时间自主阅读相关书籍资料、或进行相应的调查，通过准备之后将所思所想整理成PPT文件，进行课堂多媒体演示和表达。

培养学生表达能力。学生必须通过多媒体文件的制作和口头表达清晰地表明自己的观点，通过教师的引导和学生自己间的相互比较，达到提高表达能力的目的。

通过讨论加深对理论知识的理解。引导学生展开讨论，促使不同意见之间的碰撞，之后教师对学生的观点加以点评，可以加深对理论知识的理解。

2.2.2 设计课程教学

(1) 案例评价

要求学生在设计课程的调研阶段同时要做案例收集和分析，运用所学理论进行优缺点评价，避免盲目跟风或照搬。

(2) 课堂讨论

定期集体讨论，根据设计课程的特性和教学目标设计讨论方式。如住宅组群设计的教学，通过学生之间的交互评论拓展思路，促发深入思考。而住区综合规划的教学，讨论经常采用多角色扮演的方式，通过设定开发商、规划管理部门、居民的多种角色，学会综合地思考问题。

(3) 完善评图环节

评图的目的不是仅仅给学生一个成绩，而是要通过评图激励学生进一步地学习。因此评图的过程重于结果。增加了中期评图，一则可以鞭策学生注意自己的进度，二则通过集体中期评图，对一些不合适的方案及时予以纠偏，三则通过中期评图使不同教学小组之间也可以进行充分的交流，四则促使学生之间积极的竞争。

使评图成为学生之间、师生之间思想碰撞和交流学习的机会。建立相应制度邀请或聘请校外教学资源参加评图，增加学生的接触面，如规划设计院从事规划实践的人员、房地产开发企业从事项目开发的人员、政府从事管理工作的人员等。

2.2.3 完善成绩评定标准

学生走向工作岗位以后，单位对其的评价不会仅限于设计技能、绘图技能，学生的合作能力、调研能力、表达能力、深入思考的能力同样非常重要。与社会对人才的多方位评价相接轨，校内课程成绩评定也应涵盖学习过程中的多方面表现。理论课程成绩评定，包括课堂表述的成绩和最终考查成绩。设计课程成绩评定，包括调研报告的成绩和最终答辩评图成绩，指导教师基于其平时表现拥有一定的分数调控权，中期评图虽不计入成绩，但是如果不按时完成中期成果，将予以扣分。

3 特色及创新

3.1 特色

以培养符合时代需求的综合性规划人才为目标，通过课程群的建设，在知识教授、技能培训、培养价值观方面联动推进，推动三年级学生综合素质的提升。

3.1.1 知识教学方面：突破单一的住区规划原理教学。通过课程群的建设，使学生全面了解城市居住问题涉及的城市规划与建筑设计的不同层面，掌握居住环境的相关理论，包括经典理论、其他学科相关理论、最新理论发展动态等；在课堂讲授的同时注重促发学生的自主学习，并通过设置主题表述引导课堂讨论。

3.1.2 技能训练方面：在强化传统的物质空间规划能力的同时，突破单一的住区规划设计技能的培训。重视培养调研的技能、发现问题分析问题的技能、策划的技能、方案规划设计的技能、图纸与口头表达的技能等五大主要技能。

3.1.3 注重价值观的培养方面：通过组织学生进行调研分析、评价、主题思考等教学方式，推动学生联系当前社会经济的宏观背景，积极思考其中的问题，并通过组织讨论等方式使不同的观点碰撞，进而促发学生全面分析问题的能力。

3.2 创新点

3.2.1 整合相关课程资源，重组教学内容

以建设基于建筑学为背景并融入区域观念的具有本校特色的城市规划专业人才培养教学体系为目标，推进城市规划专业三年级住区规划教学改革。建设内容自成体系、各有侧重而又相互关联、承上启下的“课程群”，统筹安排教学时间，明确各自在教学目标、教学组织和能力培养方面的职能分工。

3.2.2 摸索教学方法，形成教学特色

以培养“综合能力”为核心，突破传统的以原理灌输和基本技能训练为主的方法，在教学方法的探索上作出积极对应，突出学生创造性自主学习的观念及组织手段，拓展学生的思维深度与广度，增强其自主学习善于学习的能力，训练科学全面分析问题的方法，培养学生的开拓精神。

3.2.3 研究学生特定阶段的学习心理，开展有针对性的教学

城市规划专业三年级是一个关键阶段，在这一学年里，他们面临着从建筑设计学习到城市规划设计学习的转换。在以往的教学过程和师生交流中发现存在诸多问

题。适应时代需求的住区规划设计“转型教学”模式研究紧密结合学生心理，开展有针对性的教学，促使学生以积极开放的心态学习新知识、提高学习效率，尽早领会城市规划的设计思维模式和方法。

3.2.4 挖掘校外教学资源，拓展学生学术视野

在中期及最终答辩评图环节中，邀请规划设计院从事规划实践的人员、房地产开发企业从事项目开发的人员、政府从事管理工作的人员等参与，使教学不脱离现实，增加学生接触面，开拓学生的视野。

4 结语

本项目实际上自2003年就已经在课程安排和其中一些课程教学中逐渐启动改革，经过三年的摸索，已于近两年形成比较完善的课程群。几年的教学实践带来了丰硕的成果。学生学习热情高涨，出现了众多的优秀作业，除了传统的设计作业成果外，这些作业还包括理论课程的主题研究报告、设计作业的前期调研和策划报告。严谨而灵活的教学组织，使学生感到理论学习并不枯燥，在设计学习中能自觉地进行理性思考，能够更快地领悟到规划设计的思维模式和方法。教学改革提高了教学质量，为四年级的教学打下良好的基础。

虽然本项目已经取得了一定的成绩，但还是存在一些问题。今后尚需在以下方面进一步加强：

(1) 建设稳定的教学团队，包括相关课程的主讲老师和设计课程的指导教师，定期进行教学讨论，就教学计划的安排和出现的问题进行研讨。

(2) 继续加强课程建设，明确能力培养重点。教学内容组织紧跟时代需求，不脱离实践。通过整体课程体系的建设促进教学质量的提高，全面提升学生的思维能力、适应能力、设计能力及创造能力。

(3) 继续开展教学方法的创新研究，鼓励教师尝试探索新型教学方法，在教学过程中结合课程要求和自身科研引进案例教学和引荐最新理论动态。

(4) 建立学生反馈机制，就教学效果和教学质量定期总结。

(5) 建立外聘评委制度，增加学生接触面，拓展学生视野。

(6) 教师注重自身科研能力的提高，以达到教学相长。

产学研结合型的城市总体规划设计教学研究

王兴平　王海卉

摘　要：城市总体规划是法定城市规划中的核心层次，城市总体规划课程是城市规划中最具有综合性的课程，是建设部所确定的城镇规划专业10门核心课程之一。城镇总体规划教学在整个城镇规划专业教学环节中居于整体集成、综合检验的地位，是规划专业学生从非专业学生走向专业学生的最重要的催化剂。城镇总体规划课程体系包含了相关理论课程教学和总体规划课程设计两部分。对于学生来说，城镇总体规划设计是对其各专门知识和综合能力的检验，是真正融会贯通、并和实践紧密结合、解决现实问题的环节，也是学生职业能力培养的关键课程。研究和实践结合的城镇总体规划教学体系的构建能够为学生拓展研究性和实践性提供重要的基础条件。因此，产学研结合、实践能力培养和研究能力培养互动，是城镇总体规划课程建设的关键所在。本论文以建立产学研结合型的总体规划教学体系为目标，结合相关课程教学案例，探讨构建教师主导、学生主体、教学互动、实践带动研究、研究支撑设计、设计服务社会的产学研结合型教学模式，并对产学研结合型的城镇总体规划教学模式的特点、内涵等进行探索，对新的教学模式的实施条件进行分析，对在新的教学模式下教师、学生角色的重新定位进行研究。

关键词：城市总体规划，教学改革，课程

1　绪论

中国目前已经进入城市化加速发展时期，新的国家城乡规划法即将出台，作为城市发展和建设龙头的城市规划需要大批新型复合型人才，为专业教学和人才培养提供了广阔的舞台。中国城市也处于前所未有的转型期，城市自身的发展日新月异，城市规划的使命与内涵也发生着重大变化，城市规划教育必须适应这一变化；中国的高等教育事业处于新的转折期，大学的使命、教学模式也正在发生巨大变化，教育部出台的相关文件明确要求强化实践教学、课外研学、资助学习等环节，促进创新性人才的培养。国内外相关城市规划专业教学都在探索、转型，城市规划由工程学科向城市科学转化、城市规划教学由单纯课堂教学向实践教学、研究型教学转化成为趋势。作为城市规划专业教学的核心课程，城市总体规划设计课程必须适应中国城市转型、城市规划发展和高等教育教学的新趋势，积极探索全新的适应时代要求的现代教学模式。

2　产学研结合型城市总体规划设计教学的必要性

城市总体规划是法定城市规划中的最基础层次，城市总体规划课程是城市规划中最具有综合性的课程，是建设部所确定的城市规划专业10门核心课程之一。城市社会学、城市经济学、城市地理学、城市道路交通、城市市政工程规划、城市详细规划与城市设计等课程知识都在城市总体规划课程中得到综合应用。城市调查、城市认知与分析、城市问题研究、规划方案的形成与构思、方案的评价等规划能力也在城市总体规划课程中得到综合锻炼，可以说城市总体规划教学在整个城市规划专业教学环节中居于整体集成、综合检验的地位，是规划专业学生从非专业学生走向专业学生的最重要的催化剂。因此，城市总体规划教学对于提高城市规划专业教学水平、提升城市规划专业影响力、综合锻炼学生的规划分析和研究设计能力意义重大。

由于城市是一个复杂的巨系统，城市的外部条件、内部结构都因时而异、因地而异，很难人为虚拟地假设和给定，以城市整体为设计对象的城市总体规划课程，如果采取类似于小区规划设计一样的虚拟课题，就很难达到教学效果，这一点已经为国内各高校城市总体规划

王兴平：东南大学建筑学院教授
王海卉：东南大学建筑学院讲师

课程教学实践的证明。凡是没有经历过与生产实践结合的教学锻炼的毕业生，对城市的理解能力、认知能力、分析能力均明显地落后于有实践教学的高校毕业生。而且城市总体规划作为法定规划，必须经过若干环节，必须在调研、方案形成、方案汇报等不同环节锻炼学生的调查、沟通、交流、协调、协作、表达能力，这些都是无法在课堂上通过理论教学完成的。而基于城市问题的复杂性和多元性，只有通过深入研究，才能掌握城市多方面动态变化、相互影响与作用的内在规律和演化趋势，才能对城市未来的发展作出科学的预判。因此，城市总体规划设计教学有别于其他理论和设计课程教学，必须重视实践性、研究性。

3 产学研结合型的总体规划教学体系的基本框架和内容

目前，我国高校城市规划专业城镇总体规划教学分为三种类型，一种为纯理论性的教学模式，主要以课堂理论教学为主要手段，结合相关教材和理论著作，系统地向学生讲解城镇总体规划的相关知识，早期采用的教材主要有南京大学宋家泰、崔功豪等编写的《城市总体规划》、同济大学李德华等编写的《城市规划原理》，以及近年来出版的董光器编写的《城市总体规划》和部分村镇规划、小城镇规划书籍，这种教学模式的优点是学生能够系统学习总体规划相关理论知识，但由于缺乏相关总体规划设计项目支撑，学生得不到实际规划方案和规划成果制作的锻炼，而且由于总体规划内容相对庞杂，学生无法判断总体规划不同内容的主次轻重；第二种是假题假做型的设计教学，把理论教学和动手设计训练结合起来，在进行必要的理论讲解后，给定学生一个假设的总体规划题目，一般是一个县城或者小城镇，界定其基本的规模、交通条件、地形条件等制约因素，学生据此进行总体规划方案构思并完成总体规划成果，对理论教学内容加以应用，其优点是理论与实践结合，把抽象的理论化为具体、形象的实践内容，学生借助设计环节加深理解理论内容，缺点是由于假设的局限性，这类总体规划设计往往只能偏重于城市空间规划方案的推演，对于城市的发展规划等无法进行系统掌握和理解，而且城市总体规划的实际程序、以及影响总体规划的行政决策因素等无法纳入规划设计环节，这种虚拟的设计课程实际在一定程度上混淆了总体规划和详细规划设计的区别，对学生形成误导，特别是把总体规划简化成为单纯的物质空间规划而忽视其公共政策属性；第三种是真题真做型的设计教学，结合实际的规划设计项目，从项目计划任务书的拟定、调查方案的拟定、具体的规划调查与研究等做起，学生全过程参与实际规划项目，在实际设计和研究过程中针对问题进行相应的理论学习和应用，这一过程中学生完全成为教学活动的主体，其优点是学生能够在“干中学”，充分发挥其主观能动性，理论服务于实践需要，学生在真实的设计项目中得到全方位的锻炼成长，缺点是真实项目的运作周期往往与教学周期不一致，教学需要课时较多，教师需要投入大量精力在项目运作的事务性工作中。为此，部分具备条件的院校也探索进行真题假做的设计教学，学生虽然针对具体、真实地涉及对象和项目，但是并不直接面对甲方，学生的课堂教学成果也不作为规划成果。

以上多种不同的教学模式各有优缺，但是从实际教学效果比较，真题性的设计教学效果最好，这种教学模式将生产、学习和科研活动密切结合起来，课堂理论教学、依托规划设计项目的实践教学、围绕规划设计的城市问题综合分析与研究三大环节的有机整合，学生在生产实践中得到了真实的训练，也在解决城市总体规划关联的相关问题的过程中提升了对城市问题的认知和研究能力，而且通过总体规划设计课程对其他城市规划相关知识进行了应用。这种产学研结合型的总体规划教学体系其特点在于建立了教师主导、学生主体、教学互动、实践带动研究、研究支撑设计、设计服务社会的教学模式，能够全面锻炼学生的调查、分析、研究、规划、表达能力，提高学生面向实际问题、应对现实需要的能力。在教学环节上，以生产实践-知识学习-科学研究为教学主线，把高等教育的主要目标综合贯通，形成理论实践一体化、综合性的新型教学模式，其中包含了主动式学习、研究性学习、开放式教学等现代教学要素。据调查，这种总体规划教学模式已经为同济大学、东南大学、重庆大学、南京大学、西安建筑科技大学等院校长期采用和实践，并取得了较好的教学效果。笔者在对本校若干年城镇总体规划设计课程教学实践总结的基础上，对这种教学模式的内容、作用等进行了总结、提升。

产学研结合型总体规划设计教学的主要内容及其作

用涵盖三个方面：

3.1 构建学生在学习活动中的主体地位：强调学生在教学活动中的“主体”地位，改变原来单纯课堂讲授学习模式中“教师是演员，学生是观众”的角色定位，形成新的“教师做导演、学生做演员”的新模式，变被动学习为主动学习、自主学习，建立师生对等、相互启发的教学模式，大幅度提升学生的课程参与程度，改善实践教学效果。学生在教学活动中主体地位的确立，能够激发其自主学习的热情，提升起主动发现和研究城市问题的兴趣和能力。

在具体作法上，立足新的师生角色定位，大胆吸收案例教学、情景教学、启发式教学和中国传统教学中“问难”教学优势，探索改变传统课堂教学中的知识单项传输模式，建立师生互动、学生互动、多向交流的教学模式。同时吸收实习基地研究人员兼职担当教学人员，提高学生理论联系实际的能力。

3.2 形成实践与研究一体化的教学模式：针对城市规划专业和城市总体规划课程的特点，突出实践与研究一体化的教学模式，在建设稳固的、具有特色的实践基地、实践案例基础上，结合实践教学要求，以问题为导向，大力倡导研究性教学，鼓励学生立足实践项目的要求，对重点问题综合运用所学相关知识进行专题研究，并为学生进行更高层次学习打下基础。形成以解决问题为中心，主动寻找理论、查找文献、解析相关案例、提出解决方案，在实践性学习中，不仅满足于获得知识，而且学会如何获得知识、如何灵活运用知识解决实际问题。

在实际教学过程中，结合城市总体规划项目的需要，设置若干重要的研究专题，倡导研究性学习，比如对规划城市的人口规模、空间结构、城市特色、城市生态、城市交通等问题加以专题研究，通过实践型研究，加深学生对城市的理解、对城市科学相关理论的掌握和对城市研究方法的探索，提高学生解决实际问题的能力，提高学生对城市的理解和认知。

3.3 形成实践与社会服务一体化的教学活动：结合国家发展战略以及号召大学生服务社会、面向基层的要求，将城市总体规划的教学活动与大学生社会实践密切结合，立足实践教学过程，把传统封闭式的课堂教学变为大学生服务社会、认识国情的开放式教学活动。

鼓励学生成为实践项目的真正组织者、完成者，从项目的组织、调查、分析、设计、汇报各环节，均有学生作为主体直接完成，全面锻炼学生从事城市总体规划不可缺少的组织、协作协调、表达沟通等能力。真实命题的参与也大大提升了学生的兴趣，加强了责任感，胜于在课堂里反复的职业道德教育。同时，总体规划设计能力的加强将大大拓展学生毕业后的就业范围。

这种产学研结合型教学模式解决了以下问题：

(1) 解决了城市规划教学中脱离国情与城市发展现实的弊端：城市总体规划涉及到城市社会、经济、生态等各方面，学生通过全面参与总体规划的调查和分析、研究，可以全面了解中国城市演变、发展、建设等各方面的实际情况，对目前城市规划教学中主要来自西方的相关理论加以矫正甚至否证，从帮助学生建立起科学的城市观和规划观。

(2) 解决了传统“工科”城市规划培养中的重视绘图表现能力而忽视研究分析、综合协调能力的弊端，将学生的科研能力培养、职业能力培养结合起来，建立一套以复合能力培养为核心的人才培养模式。

(3) 解决了相关理论课程互相独立、相互重复、缺乏实践应用的问题，依托总体规划设计实践教学平台，根据城市规划专业的培养计划，围绕如何做总体规划、如何应用理论知识、如何应用技术手段三个方面，为更好实现相关课程之间的有机衔接，以城镇总体规划设计课程为核心形成了课程群，按照课程群的建设目标，对城市经济学、城市社会学、城市地理学、城市生态学、城市交通规划、城市工程规划、城市规划管理与法规等进行整合衔接，对课程体系和教学内容进行结构性调整，进一步改革和完善了现有教学内容和课程体系。加强城镇总体规划主干核心课的地位，调整各相关理论、技术类课程，使理论与分析技术得以在城镇总体规划实践中应用，使学生的学习具有更多的针对性与自主性。

4 具体教学案例分析与介绍

本校城市规划专业的城镇总体规划设计课程按照产学研结合型的教学模式，已经组织了多次教学实践，先后完成了包括山东省平邑县城市总体规划、安徽省当涂县城市总体规划等，其中山东省平邑县城市总体规划的产学研教学实践最具有代表性，结合该项目不仅完成了

规划项目，获得江苏省优秀城市规划设计3等奖，学生还在教师指导下通过总规专题研究发表了高水平的研究论文，达到了生产实践、教学活动和科研活动的高度互动与结合。现将该次课程设计的做法加以介绍。

4.1 平邑县城总体规划课程设计的基本要求

山东平邑是一个现状城市建成区约十万人左右的小县城，位于山东省西南部较不发达地区，具有许多县城发展的共性特征：自身处于增长极发展阶段，同时承担了带动县域发展的责任；县城规模小且带动力弱，城镇扩展受到门槛制约；在区域城镇群体结构重组的特定时期，同时面临着升级或者被边缘化的可能性……在此基础上进行的总体规划编制，需要着重探讨其区域地位的拓展潜力，并提供具备弹性的城市空间发展方案。

结合课程设计的选题，学生被划分为若干个小组，若干小组又组成一个工作组，全体成员构成整个课题组(图1)。小组负责分部门、分片区的基础资料调研和现场踏勘，承担特定专题，并提交小组方案；工作组范围内进行专题研讨和交流、多方案的比较；课题组内进行资料的系统整理，并在工作组的基础上，进行专题的综合，最终提交优选方案。即使有了各种组别的划分，在规划研究的各个阶段，为方便辩论，也会自由产生一些临时组合。

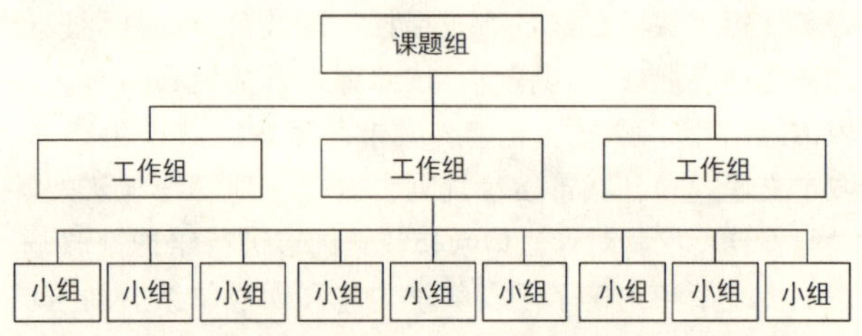

图1 课程设计组织层次

课程设计的环节包括调研结构的整体安排、资料的系统整理、社会经济发展分析、用地条件评价、发展目标拟定、多方案比较、优选优化方案、编制规划成果等，每个环节的展开都需要细化的步骤，并有初步的时段安排，同时根据两方面的发展进行补充和修正：一是实际项目的发展情况，如有重大区域性基础设施选址方案经专业部门或上级政府机构确定，意味着规划设计的外部条件增加，可能会对已完成部分的成果进行修正；二是学生本身的研究深度和需求，如果在多方案比较阶段，学生因经验缺乏而需要增加横向案例的比较研究，势必将此预设环节拉长时段。也可能在社会经济分析阶段，SPSS分析方法的掌控不够，或者GIS的实践运用能力不足，都需要加强方法的运用能力培养。

4.2 规划设计过程中的重点

(1) 明确不同层次的规划解决不同的问题

总体规划上与区域规划衔接，并充分融入地方政府包括社会、经济、环境多目标的价值趋向；下与分区规划、控制性规划衔接，与实施环节沟通。各层次规划空间尺度不同、目标体系的复杂程度不同、实施操作的主体不同、控制力度不同，当学生明白“器有所用”之时，设计研究的切入点和成果的表达形式就有望具备“实用”的特质了。

在实际项目进行过程中，课题组分批选取少数学生参加与甲方的协调环节，并及时反馈给其他同学，完善“真题真做”和“真刀实枪”的环境，使学生熟悉规划编制操作程序，也更具有责任感和动力。

(2) 识别城市核心问题并进行专题研究

为更好地给城市把脉、抓准城市问题和确保城市规划方案的科学性，规划课题组在初步调研基础上，组织学生展开讨论，寻找平邑县城市发展的热点、难点、焦点和被忽视的盲点等，围绕这些问题确定规划纲要阶段的四个研究专题，分别是城市功能定位和总体发展战略、城市空间结构模式、城市化与县域空间总体格局、城市特色研究，围绕四大专题组织学生进行研究。在具体研究过程中，引导学生结合已经学习的城市地理学、城市经济学、城市社会学、城市生态学等课程，建立专题研究的技术路线和理论依据，同时指导学生将比较成熟的SWOT分析、SPSS分析、GIS数据库的建立及空间分析等手段完全融入到规划分析中，形成了高水平的专题研究报告。

(3) 熟练运用技术规范并反思其合理性

规范本身比较枯燥，在学生运用过程中才能不知不觉地熟悉起来。总体规划设计是学生系统运用有关用地指标、交通路网、公共设施配置、市政设施建设等相关规范的过程。同时，基于国内城市规划所处的变革阶段，考虑到规范编制的时滞性、全国性的规范在各地区适用

的差异性，甚至规范本身结构的成熟与否等，课程设计过程中，要求学生不是机械地套用规范，而是带着思考去熟悉和运用。典型如各种类型城镇的工业用地指标所占比例的差异、新的社区建设带来对公共设施配置形式及指标的影响等，这一过程不是仅仅培养技术工人，而是促使学生积极思考、勇于开拓。

(4) 加强对中国城市发展背景的现实认识

学生虽然都能琅琅上口地阐述中国城市化和城市发展的主要特征，但具体到地域性的发展实况、量化指标的含义，尤其是其后的制度背景，包括政府、开发商、民众之间的利益博弈等方面缺乏现实的认识。俗话说：读一本小书，更要读一本大书。这本大书就是现实的社会环境。充分的调研，让学生与现实贴得更近，不是通过单纯的数据指标，更多通过自己的眼、耳、口，同时带着专业的思考去靠近真实。

这一过程也能促发学生对规划实践认识上的质的转换，即需要在现实中极强的约束下发挥创造力，同时也能认识到空间方案实质上反映的是利益的分配。

(5) 明确方案比较的依据

在调研分析之后，方案间的比较采取集体讨论的方式进行。学生作为方案代表自呈利弊，同时接受他人的置疑，在此过程中同时锻炼规划者的方案能力和倡导能力。另外，还进行一种角色扮演，即让学生分别以政府、开发商、普通居民的角色代言，表达不同的利益诉求。换位思考的方式，有助于改变传统规划从上而下的决策思路，更易与现实衔接，也更具有操作性。

由于方案本身无所谓绝对的好恶，为寻求一定程度上的共识，争辩的过程就显得非常必要。需要补充说明的是，教师在这一环节的引导作用也很重要，学生年轻气盛，喜欢某种理念的充分发扬，也容易一叶障目，尤其是建筑学基础的学生，受建筑方案设计思维的影响，较纯粹的形式美感仍然在起作用，难以在各种价值理念中寻求均衡，而这恰恰是培养学生综合协调能力所需要克服的弊病。这种论辩模拟辩论赛的方式进行，甚至在方案设计之初，教师有意识地指引各小组进行城市主导发展方向或城市发展结构的错位选择，然后要求其搜索有力支撑，并能应对置疑。

多方案比较要求学生循着清晰的线索进行，尤其从要素评价开始。如果说方案的最终选取建立在对诸种方案综合评价的基础上，这种综合评价的前提首先是要素评价。对每一种分类要素，如可提供的建设用地水平、交通可达性分析、环境生态效应等方面可以得到直接比较的结论，之后，最终的方案选择倒并不是那么重要了，毕竟现实中规划师的角色是技术支撑和理念倡导，而不是最终决策者。这一过程支撑起充分开放的方案规划。

4.3 效果评价

经过一个相对完整的设计案例，从三方面可以综合评价其成效：

(1) 教师评价

就“学”的内含而言，其一，总规层面的调研，要求在城市这个巨系统中搜寻支持完成规划既定目标的基础数据，学生对此有了初步的概念。同时，细致的调研拉近了学生和社会的距离，培养其与各层次、各部门人群交流的能力。其二，分析研究部分和前期课堂理论教学有不同程度的结合，大大加深了学生理解现实的能力。其三，多方案比较过程强化了学生的空间方案能力，并和相应的社会、经济、环境等多重目标有不同程度的对应。

就“研”的内含而言，学生理解了专项研究对规划实践的支撑作用，逐渐学会在现实中瞄准焦点，自己寻找命题。同时，开始探索规划研究方法，也逐渐思考规划学科的社会科学属性和规划实践的行为特征。

就“产”的成效而言，虽然学生的专业技术能力仍然比较薄弱，但其大量的前期工作、中期的分析预测和发展可能性的探讨为真实的课题提供了良好的支撑。

(2) 校外专家评价

通过学生成果的鉴定和答辩过程，校外专家评价较为一致的是：资料详实、分析有层次、研究有深度，对城市发展现状和其内在发展规律有充分的了解，具备解决现实问题和谋划远期发展的能力。

(3) 学生自我评价

虽然学生刚刚进入到总规设计环节时，多少有些茫然，似乎要做的事情太多，也不知道什么比较重要，哪些条件是可以改变的，哪些构成了硬性约束。通过教师引导、学生自我的持续思考，学生之间积极的交流和辩论，实践框架开始逐步形成，目标也在探索中越来越清晰。

在直接的层面上，学生有了构建基础数据库和处理数据的能力，也掌握了一些基本的分析方法，并能够在比较宏观的尺度上寻求合理的空间规划方案。同时，通过对“问题导向性”、“渐进式规划”“利益博弈”等概念的深切理解，学生对规划本质也有了进一步的认识。

5 结语

产学研结合型的城镇总体规划教学模式已经被证明是提升、整合城市规划理论学习最为有效的途径。不过，必须明确的是产学研结合型教学模式的实施具备一定的先决条件，主要包括：稳定的实践教学基地和总体规划设计项目来源；多学科背景的教师形成的联合教学小组和规划课题组；小规模的学生学习小组；师生高度互动的教学环境等。同时，这种教学模式对教师和学生均提出了新的要求，对教师而言，必须养成与学生平等交流的习惯和善于激发、引导学生兴趣的能力，对于学生而言，必须在进行总体规划课程之前进行大量、广泛的相关城市科学知识的储备，转变把城市规划单纯看作“制图”工作的观念等。

衔接与拓展
——区域经济与区域规划课程教学实践初探

白淑军　孔俊婷　任彬彬

摘　要：本文从我国城市规划专业发展的大背景以及区域经济与区域规划课程的教学困惑出发，对课程教学中教与学冲突的两个方面一学生的困惑与教师的无助进行分析，对课程内容进行整合架构，最后就如何实现该课程与前置课程的有效衔接及该课程向后续学习工作的有机拓展进行了深入探讨。

关键词：区域经济与区域规划，内容框架，衔接，拓展

1　问题的提出

目前我国高校城市规划专业的学科背景可以分为三大类型：建筑工程类、地理区域类、人文社科类，与我国的快速城市化背景相适应，以建筑和工程技术为背景的城市规划专业在我国占主流，这些院校的学生设计思维能力强，擅长建筑单体与城市空间形态的规划设计，但对社会经济等宏观城市问题分析训练过少，系统宏观分析问题能力亟待加强。与之相对，发达国家的城市规划专业教育早已经开始侧重于区域、城市发展在政策层面的控制与管理，更强调城市规划中的非物质性规划层面，因此对于目前我国城市规划过多的囿于物质形态的评价越来越多。规划实践证明，在规划中侧重物质性规划层面而忽视非物质性规划层面，无法从根本上解决城市的问题，目前传统以建筑工程为基础的城市规划教育正逐步转向社会、经济、管理知识与工程技术的兼容并蓄。因此，必须建立起相对规范完整的规划专业教学体系，加强社会经济类等非物质性规划课程的开设。

区域经济与区域规划属于城市规划专业的社会经济类的非物质性规划课程。笔者所属单位的城市规划专业是脱胎于建筑学发展起来的，在课程设置上偏重于建筑与工程类课程；在课程体系衔接设置上，区域经济与区域规划在第七学期(五年制)开设，之前类似课程只有城市规划原理的开设，使得笔者在教授这门课程时遇到一定的问题和困惑。如何使该门课程与学生所学前置课程顺利衔接，使学生对这门课程有理性的认识和掌握，并能够拓展到后续课程的学习甚至终身规划理念中，是笔者一直致力于思考与解决的问题，并做了初步的尝试，在此抛砖引玉，期待能够得到广大同仁的关注与指导。

2　物质与非物质的冲突

2.1　学生－物质的困惑

学生在之前六个学期的课程中侧重于建筑与工程技术类课程的学习，以及单体建筑－群体建筑－城市小空间等物质性课程的学习和设计。而区域经济与区域规划涉及到城市规划中最高层次区域的问题，其教学内容与学生的思维方式、空间尺度感等方面存在着明显的反差，在之前的设计类课程中无法接触到，在后续课程中也没有相应的大空间规划设计课程的开设，同时其抽象性和系统性也非前期课程所可比拟。所有这些，都导致学生在接触到这门课程时首先感觉到过于抽象、空洞和宏观，难以理解。而且从学习方法上也和别的课程有所不同，在之前的专业学习中没有经过类似的熏陶和训练。其次就是思想上存在着一定的轻视行为，对课程的重要性认识不够，觉得与前置课程的关系不大，与后置课程的关系也很薄弱。导致学生在学习这门课程时，学习方法和学习动机上都感觉到很茫然和困惑。

白淑军：河北工业大学建筑与艺术设计学院讲师

孔俊婷：河北工业大学建筑与艺术设计学院教授

任彬彬：河北工业大学建筑与艺术设计学院副教授

2.2 教师-非物质的无助

从老师的角度来说，在该课程的教学中明显感觉到了教与学的脱节。教与学的互动是建立良好的教学秩序与框架的基本保证，任何一门课程的教授，学生的接受能力和反馈意见都起到了不可忽视的作用。而在这门课程的前几次课，学生的反应经历了新奇－困惑－茫然－无助四个过程，致使良好的教学互动关系不能建立，授课老师感到无助。区域经济与区域规划课程的开设，是要使学生初步学会运用宏观、综合、系统的思维方式来分析涉及较大空间范围的问题，并建立相应的尺度感。要达到这个目的，除了在总体规划和详细规划课程设计中结合相关内容进行训练外，需要有相应的课程设计环节来帮助学生融会贯通，做到理论应用于实践，否则学生会普遍感到这门课过于空洞和抽象，学起来不得要领。而试图以专门的课程设计来保证区域经济与区域规划课程的教学效果并不现实，这类真题不易找，学时也不允许，使得笔者在教授这门非物质规划类课程时感到很无助。

3 构建框架 整合内容

3.1 属性与特点

区域经济与区域规划课程是在城市规划原理课程基础上的后续课程，要求学生在掌握城市规划原理的基础上，在城市规划中树立区域和经济的观点，掌握指导区域规划的基础理论体系，同时了解区域规划的基本内容以及同城市总体规划及城市研究相关的城市区域、城镇体系规划、城市经济区等内容。区域经济与区域规划课程的目的旨在使学生获得对规划层面中最宏观的层面有所了解，培养系统、宏观、综合、空间的分析问题的思维与能力，具有强烈的宏观性与系统性。

3.2 内容框架

城市规划专业指导委员会对该课程的建议包括以下几个方面内容：概论，区域、区域经济与区域规划，区域规划的基础理论体系，城镇体系规划，城市经济区，城市区域，实例剖析。

根据专业指导委员会的要求并结合本校的实际，区域经济与区域规划课程从基本概念、基本方法、基本理论、核心内容、拓展内容五大部分进行架构(表1)，与区域相关的一些基本概念是课程首先应该讲述的内容；区域分析作为一种方法论是新增的一部分内容；区域规划、城镇体系规划则是这门课程所要讲述的核心内容；区域规划的制定必须遵循区域理论所揭示的区域发展的基本规律，需要一定的理论支撑，因此区域规划基础经济理论体系是该门课程需要讲述的重要内容；课程最后的拓展内容主要就一些相关研究理论与领域以及国内外区域规划研究的新热点进行简要的介绍，与时俱进。

区域经济与区域规划课程内容框架　　表1

章　节	内　容
课程简介	WHY(课程属性)-WHAT(课程内容)-HOW(学习方法)
基本概念	区域、区域研究、区域理论、区域分析
基本方法	区域分析：区域条件分析、区域经济分析、区域发展分析
基本理论	资源差异与劳动地域分工、区位理论、空间结构理论
核心内容	区域规划、城镇体系规划
拓展内容	城市区域、城市经济区、大都市区规划、国内外区域规划研究热点与进展

3.3 基本方法-区域分析内容的增加

根据本专业特点，在实际教学中，笔者对区域经济与区域规划课程的内容除了城市规划专业指导委员会建议的几个主要内容之外，另行增加了区域分析这一大部分。原因有三：其一，区域规划作为一项综合性很强的系统工程，需要科学的方法论对区域形成、发展、变化的规律进行系统的分析和研究，既然区域分析是区域规划的前提、基础和主要组成部分，那么区域分析作为进行区域规划的科学方法论就应该是我们这门课要讲授的

内容；其二，城市作为区域的一种类型，在进行城市规划与设计的时候，也需要运用到区域分析的理论与方法；其三，笔者在专业教学中发现学生系统分析问题的能力比较差。以城市设计为例子，对设计地块进行分析，会出现问题的提取困难，不能全面系统的对地块进行分析，甚或不能根据设计主题进行分析，针对性不强。对设计地块进行区位背景分析时，对区域大小层次概念混淆，不能从适当的区域层次对地块进行区域背景分析。对地块进行设计时，所解决的问题并不是前期分析所提取的问题，系统性不强，思路不够清晰。成果布图时，各张图之间会出现逻辑性不强以及图与主题不相对应的问题。

4　物质与非物质的有效衔接

区域经济与区域规划作为一门社会经济类课程，侧重于非物质性规划，要做到该课程与学生前面所学的建筑工程类等物质性规划课程的有效衔接，总结教学实践经验，第一次课的重要性、教学引证的通俗性、分析案例的代表性和讨论选题的针对性是做到有效衔接的四个主要方面。

4.1　第一次课——重要性

良好的开始是成功的一半，学生在新接触一门课程的时候，总是怀着一定的好奇心理，渴望了解这门课程在专业学习中的地位及作用，特别是区域经济与区域规划作为第一门开设和讲述的社会经济类非物质性规划课程，学生的好奇心理和期望值更高。第一次课对于培养学生的学习兴趣、提高学生对该门课程的求知欲望、帮助学生初步掌握课程的学习方法和途径、帮助学生对课程属性和地位有正确的把握和认识是至关重要的，也是影响到课程教学成败的一次非常关键的课程。作为教师一定要竭尽全力上好第一次课，虽然很多学生的学习兴趣并不是从第一次就培养起来的。第一次课应该从 WHY-WHAT- HOW 三个方面对课程进行介绍。WHY(为什么)主要介绍课程属性，也就是区域经济和区域规划在城市规划整个专业课程体系中的地位；WHAT(是什么)大概介绍一下课程学习内容和学时安排，使学生对课程内容有个大概了解；HOW(怎么样)介绍如何学习这门课程，也就是课程的学习方法和一些参考文献。

在第二轮讲授这门课程时，总结以往经验，第一次课首先进行了一个短片的放映，短片内容为珠江三角洲的发展、浦东新区的崛起与城市规划建设成就、滨海新区的成立和城市规划建设成就，使这门课程与学生前面所学的物质性规划课程相衔接，同时引出本门课程的重要性，引出区域规划的重要性，这个时候学生对课程本身就产生了浓厚的兴趣。

4.2　教学引证——通俗性

教学少不了引证举例，刘勰在《文心雕龙》中说："举事以类义，援古以证今"。区域经济与区域规划课程具有极强的宏观性与系统性，往往使得学生觉得课程生涩难懂，这个时候教学引证的通俗性就非常重要。引证不在于多，而在于能否说明问题，如果事例典型，有代表性，用得又恰到好处，就能化抽象为形象，化深奥为浅显。引证的运用首先要求教师平时做好相关知识的储备；其次引证时必须与教学内容相吻合；其三引证过程中，必须对设计到一些词语含义加以解释说明，力争语言通俗容易理解。

以"增长极"概念的讲述为例说明教学引证的通俗性，增长极的字面意思非常简单，同时这个知识点也是历年考研经常会考到的一个知识点。笔者在讲述时从增长极最早由法国的经济学家弗朗索瓦·佩鲁于 20 世纪 50 年代初提出是一个纯经济概念，延展到 1957 年增长极概念引入到地理空间，成为经济增长中心，把增长极同极化效应和城镇联系起来。最后讲到目前增长极概念的两个明确的内涵：一是作为经济空间上的某种推动型工业；二是作为地理空间上产生集聚的城镇，即经济增长中心，增长极具有"推动"与"空间集聚"的意义。应该来说这个概念讲述清楚了，但是很多学生还是不理解增长极的内涵，认为空间上集聚的点都可以是增长极。这个时候如果以我国不同年代开发的重点区域所对应的浦东新区、滨海新区等增长极为例，学生也是只能有一个大概的理念。笔者以学生非常熟悉的天津的两个市辖区北辰区和塘沽区为例说明，这两个区域不属于天津市内六区范围，相比较而言可以认为塘沽区是天津东南区域的一个增长级，而不能认为北辰区是天津西北区域的一个增长极。因为北辰区和塘沽区从地理空间上都有城镇的集聚和存在，是一个"极"，但是相比较而言，塘沽区有更多的推动型工业产业布局，不仅具有"空间集聚"，更具有“推动”的意义，通过这样的一个对比讲述学生就会对增长极的内涵有一个深刻的理会和把握。紧接着再以此例子为契机，向学生延伸讲述天津总体规划的相关内容，做到物质与非物质的有效衔接。

4.3 分析案例——代表性

案例教学作为一种教学方法在国外有着非常悠久的历史，随着我国专业课教学改革的不断深入，特别是在教师专业化背景下，在课堂教学中不断引入案例教学，已经逐渐成为一种趋势。案例教学是一种寻找理论与实践恰当结合点的一种十分有效的方式。在案例教学中教师的三个职责分别是有针对性地选择案例，介绍背景情况，拟定讨论题目；领导案例讨论过程；做好总结。对于案例教学来说，分析案例的选择非常重要，一定要具有代表性，笔者认为选择代表性案例并跟随时代变化保持案例更新是案例教学能否成功的关键，也是我们这门课程能否与前置课程有效衔接的一个非常重要的方面。

在讲述区域空间发展战略时，以我国建国以来各个时期的空间发展战略选择与背景分析为教学案例，引起了同学极大的兴趣，整堂课程气氛热烈而活泼，同学们都表示通过该堂课程的学习不仅对区域发展战略的理论内容有了深刻的理解，也对建国以来我国建设所走过的历程有了一个比较清晰的认识和理解，同时也对目前我国进行的“十一五”规划有了更深刻的体会，还有的同学在课程结束之后找老师进行积极的讨论，有的喜欢思考的同学还提交了一定的文字论文给老师。更为重要的是通过这样的一个分析案例，使同学们头脑中对城市规划所涉及到的空间层次有了更多认识，从以前课程设计涉及到的城市中小地块过渡到了整个城市、省、大区域，在做到物质与非物质有效衔接的同时帮助同学们顺利的竖立了本课程需要的大空间尺度感。

4.4 讨论选题——针对性

课堂讨论是发挥学生自主性的一种方式，对活跃课堂气氛、增加同学之间以及师生之间的交流优势明显。通过课堂讨论笔者发现学生的注意力明显集中，参与度增加，课堂枯燥程度大大降低，同时学生对于课堂内容更易于理解，课堂交流明显加强。课堂讨论作为一种课堂教学形式，不是课堂教学的任何内容都可以拿来作为课堂讨论的，毕竟课堂教学的时间是相当宝贵的，我们讨论的重点应紧紧围绕教材的重点和难点或争议较大的问题组织讨论。在教学过程中笔者也发现讨论选题很重要，有的选题由于针对性不强或者过于枯燥，学生的反响就很小，甚至到了最后成了老师一个人的讲述，所以笔者认为讨论选题的针对性非常重要。

笔者在讲述产业空间布局古典区位理论中的“杜能农业区位理论”时，为了理论结合实际，同时为了使同学们对古典理论有一个正确的认识，结合GOOGLERARTH一些卫星图片让同学们观察天津城市近郊区土地利用现状，引出逆杜能圈，让同学们思考城市蔓延与农业土地利用模式，讨论为什么会出现逆杜能圈，讨论杜能农业区位理论的实践意义。这个讨论题目引起了很多同学的兴趣，也与同学们所学前置课程紧密联系起来，真正变“要我学”的被动为“我要学”的主动。同时同学们深刻体会到课程所学习的理论知识是切切实实与自己生活的城市建设和布局密切相关的，是切实有用的，是可以与自己所学的城市规划设计联系起来的，增强了对这门课程的学习兴趣，收到了事半功倍的效果。

5 非物质向物质的有机拓展

区域经济与区域规划课程真正生命力与实践价值的体现在于该课程所培养的思维方法在后续学习工作生活中的体现，同时该课程的具体的理论规划内容也是学生以后工作中必须用到的，那么思维方法的拓展和规划内容的拓展是实现非物质向物质有机拓展的两个最主要的途径。

5.1 思维方法的拓展

对处于信息时代的学生而言，老师不再具有信息、知识上的垄断优势，建筑工程类背景的城市规划专业学生容易产生重形象(思维)而轻逻辑(思维)的心态，作为专业基础理论课程主要培养的是逻辑思维以及科学理性。区域经济与区域规划作为一门社会经济类规划理论课程，主要目的在于培养学生形成一种宏观、系统的分析问题、解决问题的思维方式和能力以及大空间尺度感的树立，相比较于具体理论知识点的传授，本人认为思维方式的形成和能力的养成对本课程来说更重要。课程所培养的思维方法在学生今后学习工作生活中的应用是该课程生

命力和实践价值的最佳体现；也是实现本课程与后续课程有机衔接、非物质规划向物质规划有机拓展的主要方式和内容；而这种宏观、系统的理性思维必定会渗透到学生终身的规划设计行为和生活中去。

5.2 规划内容的拓展

区域经济和区域规划课程本身没有相应的设计类课程，但是可以通过后置课程的学习，比如城市规划原理（二）、城市经济学、城市地理学等课程的学习来使本课程的很多内容进一步深化和拓展；通过城市空间设计类课程使本课程所学习的一些知识点得以体现和应用；通过一些大中尺度城市规划设计如城市发展战略规划、城市总体规划、城市详细规划来使本课程的很多内容得以体现；特别是在以后的工作中本课程所学习的理论知识都将逐步得到运用和发展、完善，体现出它更多的实践价值，做到非物质向物质的有机拓展。

6 结语

当前我国社会经济持续快速发展，城市建设以大规模的物质形态建设为特征，而城市规划学科本身具有很强的复杂性和综合性，必须借鉴不同学科实现物质规划与非物质规划的有机融和。与此相适应工科背景的城市专业院校的非物质类规划理论课程的开设需要加强，而有效教学方法的探讨是保证此类院校非物质类规划课程真正有效开设，做到非物质与物质有机融合衔接、避免“理”“工”两张皮的关键所在。同时需要注意到跨学科的综合大大增强了城市规划对非物质规划的研究能力，但是垮学科综合与自身学科建设的分离倾向也随之出现，以城市总体规划为例其研究成果也日益非物质形态化，如何实现我国城市规划专业物质规划与非物质规划的真正有效统一，推进我国城市规划专业学科发展，使我国城市化进程健康有序和谐发展，是继续需要关注的问题。

参考文献

[1] 赵万民．城市规划学科办学的地域特色思考［J］．规划师．2005，7：18～20.

[2] 王世福．当前城市规划学科发展的线路和途径［J］．规划师．2005，7：7～9.

[3] 彭震伟．城市规划专业社会经济类课程体系建设［J］．高等工程教育研究．2000，［1］：89～91.

[4] 高等学校土建学科教学指导委员会城市规划专业指导委员会．全国高等学校土建类专业本科教育培养目标和培养方案及主干课程教学基本要求－城市规划专业［M］．北京：中国建筑工业出版社，2004.

[5] 施维克．区域规划概论教学方法改进尝试［J］．高等建筑教育．2003，9：52～54.

[6] 焦胜，陈飞虎，邱灿红．论案例教学在教师专业课教学中的应用［J］．高等工程教育研究．2006，3：122～125.

国际联合教学的组织与实施
——一种跨文化、跨学科、跨年级的互动教学

张　倩

摘　要： 随着信息化、全球化时代的到来，随着中国大规模建设的不断持续，越来越多的国际交流在中国与境外的高校之间出现。如何使这种交流达到一定的深度和广度，能够真正为城市规划教育搭建起一个比较固定的平台，成为当前专业教育拓展的一大契机。

我院自2002年开始尝试国际联合教学这一崭新的教学方式，五年以来，从零星实验到全面展开，已组织了二十余次多种多样的联合教学，使众多教师、学生从中受益。联合教学以其多元的师资背景、广泛的文化交流、有针对性的课程设计和灵活的教学组织方式，成为我院城市规划教育系统、严谨的教学体系之外一种具有创新性教学组织方式，也成为跨文化、跨学科、跨年级的高水平交流平台。

本文以近期的三次联合教学实践为例，探讨了联合教学组织方法、实践意义和改进空间。通过这样一种教学方式，将提高教育国际化的步伐，开拓学生的视野，激发他们的创造力和专业兴趣，增加学生在国际化竞争中的适应性。在文中，对不同类型的联合教学如何与教学框架相适应；联合教学前期如何准备、中期如何展开、后期如何反馈；怎样推进学生和教师之间更多的交流；如何使联合教学成为院际长期国际合作的起点等等问题，都进行了初步的探讨。

关键词： 国际联合教学，组织，跨文化，跨学科，跨年级

1　国际联合教学兴起的背景

1.1　国际交流显著升温

国际联合教学，是教育科研领域中的一种国际交流形式。随着越来越多的国际交流在高校中出现，国际联合教学也成为一种良好的手段，成为各国教师之间、学生之间广泛交流、探讨的载体。国际联合教学的出现和发展，和全球化的大背景是分不开的，随着中国大规模建设的持续升温、中国建筑师和规划师在国际舞台上日渐活跃，越来越多的境外院校和境外设计机构将目光投向了中国，寻求各种合作的机会。

据不完全统计，2006～2007学年前来我院展开正式讲座、交流、联合教学、展览的国外客人，达到50批，他们来自美国、加拿大、瑞士、瑞典、德国、荷兰、英国、奥地利、意大利、西班牙、捷克、澳大利亚、日本、韩国和中国香港、台湾等国家和地区，而非正式、受教师私人邀约或顺访的国外客人还没有统计在内。他们大部分来自于高校和研究机构，也有一些来自于境外设计、规划、咨询机构，还有一小部分是官员。当然，交流是相互的，我院师生出国参加各种会议、活动、竞赛的频次也显著增加。

这样频繁交流的结果，是平均每周就有1～2次国外专家的讲座和交流活动举行，而在2006～2007学年，正式展开的国际联合教学活动共有8次，参加的学生达100余人次。

1.2　国际联合教学兴起的背景

国际联合教学目前在国内很多院校都兴旺发展。在我校，其兴起和发展建立在以下一些背景上。

1.2.1　国际交流的积累

在我校，广泛意义上的国际联合教学可以追溯到上世纪80年代早期，是通过和国外院校的师生互访来实现

张　倩：东南大学建筑学院讲师

的。这些互访将国外的教学观念和一些教案直接拿来、或加以改良，运用在设计基础教学之中。

这种交流以和瑞士 ETH(瑞士苏黎世高等工业学校)交流为代表，自 1984 年以来，我院每年派出 1～2 名教师，ETH 每年派出 1～4 名学生，进行半年到一年的交流，至今为止，已延续了 23 年的时间，我院共派出教师 26 名，接收学生 36 名。

到 2007 年，这种院际交流协议已经从 ETH 一所学校扩展到 KTH(瑞典皇家理工大学)、新加坡国立大学、韩国汉阳大学、日本京都大学、法国拉维莱特大学和意大利罗马大学等 7 所大学，并且，还有多个境外高校源源不断地来访，探讨各种合作的可能性。

因而，作为交流的一种方式，国际联合教学也应运而生，较早的、较正式的国际联合教学可以追溯到 2002 年秋季，加拿大多伦多大学建筑学院杰佛里・斯汀森教授在本科 2 年级展开的长达一学期的联合教学。此后，各种方式的联合教学就如雨后春笋一般发展起来。

1.2.2　师生互访的增加

在上述的协议交流中，许多青年教师得以较长的时间在境外学习、访问，和国外院校的专家建立了良好的联系，积累了较广泛的人脉。国内外教师之间稳定的联系成为大部分联合教学建立的基础，这些教师也成为联合教学的中坚力量。

此外，学生参加国际竞赛，学生之间的互访，和一些毕业生出国留学的增多，也扩大了对我院的宣传。有很多交流是通过学生和母校之间的联系先搭建起桥梁，然后进一步展开访问和合作的。

1.2.3　境外设计咨询机构对国内市场的开拓

参与联合教学组织和教学的不仅仅限于高校和研究机构，随着一些境外设计单位对中国市场的重视，发展关系、挖掘课题、寻找人才也成为这些设计单位和咨询机构的目标。

如 2007 年 8～9 月即将在我校展开的 6 校联合教学(德国 4 所院校，中国 2 所)，就是由“德中工商技术咨询服务有限公司上海分公司”联系和促成的、以“节能建筑在中国”为主题的联合教学。可以预见，这次联合教学将是未来展开节能建筑领域合作的起点。

此外，参加联合教学授课的也不仅限于教师，而是有从业建筑师的加盟。如 2007 年中韩联合教学中，上海 ANA. C. 公司总建筑师崔富德先生主持了一个单元的教学，将设计经验直接带入教学之中。

1.2.4　现代规划设计教育面临转型的要求

我系的人才培养目标是“理论水平高、基本功扎实、动手能力强、学术视野开阔、富有开拓精神的复合型城市规划专业优秀人才”。为了培养出适应时代要求，能和国外专业人士同台竞争的高水平人才；为了进一步拓宽学术视野，建立跨文化、跨专业的新视角；为了进一步开发和锻炼学生的能力，培养他们的开拓进取精神，新的教学方式的探讨势在必行。

作为一种正在探索中的教学方式，联合教学刚好可以跨出现有教学体系的束缚，将更多的专家、资源、机会整合在一起，形成一种具有试验意义、多元化的课程试验，成为传统教学体系内外一个非常有益的补充。未来的目标是，将这种试验拓展为一个更稳固的平台，数量更多，主题更系统，以菜单式的形式为学生提供广泛的必修和选修机会，成为每个学生必不可少的教育体验(目前，我院建筑系已将国际联合教学作为研究生必修课程之一，占 2 个学分，参加课题和时间可任选)。

2　国际联合教学的组织与实施

2.1　实施概况

自 2002 年以来，在我院进行的国际联合教学有 20 余次；2006～2007 学年共有 8 次。这些国际联合教学中，教师的背景、联合的方式、教学的时长、课程的组织都有所不同。多元化的探索正是国际联合教学的本质要求之一，而且还正在广泛的探索中，因此，很难对这些联合教学进行精确的分类。

不过，为了探讨方便，根据师生参与的情况，还是试将其归为三个模式：

(1)“授课式”。参与国际联合教学的主体是外方教师、我方教师和我方学生，无外方学生。这种教学以中外联合的主题授课为主，时间可长可短。

(2)“参与式”。参与国际联合教学的主体是双方的教师和双方的学生，针对某个课题(群)、在固定的地点展开集中的工作室研究和设计。一般采取混合分组的形式，中外师生混编，时间较紧凑，不超过一个月。

(3)“同步式”。参与国际联合教学的主体是双方的教师和双方的学生，课题相同或相关，使用同样的时间表，但分别在各自的国家展开教学和设计。可以混合分组，也可以各校为组，以网络交流为主，以面对面的共同调研和答辩为辅。教学时间较长。

以2006～2007学年为例，8次联合教学的基本情况见表1：

国际联合教学8次基本情况 表1

	中荷联合教学	中瑞联合教学	中港联合教学	中韩联合教学	中澳联合教学	中美联合教学	中美联合教学	中日联合教学
外方	荷兰代尔夫特理工大学	ETH	香港中文大学	韩国成均馆大学	新南威尔士大学	美国加州大学伯克利分校	美国伍德伯里大学	日本著名建筑师
课题名称	Collaborative design	城市发展下的景观设计	破碎与透明性	南京南捕厅地区改造城市设计	南京博物院扩建设计	以社会学为视角的城市设计	URBAN TIMES: Clean Data & Dirty Mapping	日本现代建筑与建造
研究对象	北京751工厂区	南京秦淮河两岸	—	南京南捕厅地区	南京博物院	南京门西老城区，浦口火车站地区	南京南捕厅地区	—
模式	同步式	参与式	授课式	参与式	参与式	授课式	参与式	授课式
时长	11周	2周	4周	3周	4+1.5周	4周	3周	—
专业	城市规划，建筑学	不限	不限	不限	不限	城市规划	不限	建筑学
年级	研究生，本科5年级	不限	研究生	研究生	研究生	研究生1年级	研究生	—

2.2 基本特征

2.2.1 模式选择

三种模式的选择主要取决于课程体系和经费。

“授课式”适合于外籍教师时间固定、经费充足的情况。延请外籍教师在一段时间内和本院教师合作，集中授课。这种联合教学既可在体制内，也可在体制外，如中美(伯克利)联合教学是作为“历史性城市的保护与规划”课程中的一个环节出现的；中港联合教学是在教学体系之外的，自由时间，自由报名。

“参与式”适合于时间灵活、经费一般的情况。通常由外籍教师带领学生来到我院，双方费用自理。由于工作室在本校，经费往往不成问题；对方的逗留周期一般较短，时间安排较自由，在学期中、学期末或假期中展开均可。由有余力的学生自由报名参加。因其灵活性，是最容易组织、也是出现最多的一种联合教学模式。

“同步式”适合于教学体系内的课程，有固定而明确的教学周期，如半学期或一学期。由于经费和教学安排的限制，教学主要在各自的学校分别展开，由双方教师商讨制定教学课题、课程安排等。双方师生以网络交流为主，同期展开研究，课程开始时的调研和课程结束时的答辩可以采取面对面的形式进行。

2.2.2 课题选择

纵观各次联合教学，地方化的选题成为主流。绝大多数的联合教学主题都是围绕着具有浓厚传统文化、地方特色的规划设计对象展开的。

这种现象的直接背景是境外教育、设计人员对中国市场的重视。前来参加联合教学的师生都对中国的本土文化表现出了浓厚的兴趣，很多教师在商讨教案时指定要求做一个具有地方特色的课题。

此外，本地的课题也方便现场调研的展开。

2.2.3 跨文化特征

“跨文化”是所有国际联合教学最主要的特征，这不仅仅体现在学生之间的碰撞上，也体现在教师之间的碰撞上。

由于联合教学多为“工作室”制度，参加人员全天候在一起，交流机会非常多，教师之间和学生之间，不仅有机会就课题进行深入的探讨，还有机会对各自的教学框架、切入视角、国家和城市、乃至工作习惯和个人生活有所了解。不仅学生们有了课程之外的收获，国外教师们对中国问题的理解和教学观念也常常引发我方教师的思考。

2.2.4 跨专业特征

在实施的国际联合教学中，多数采取了自由报名、专业不限的方式。因此，参加的学生来自规划、建筑、技术、历史等各个专业，加上境外院校的专业设置和我们不同，专业的方向更为多样化。

教师在进行小组划分时，有意将不同专业的学生分到一个小组。如2006年以浦口火车站为研究对象的中澳联合教学中，新南威尔士大学学生对技术、材料的了解给我方学生留下了深刻的印象，也在这个方面加强了各个组的实力。又如，2007年以南捕厅历史地段为研究对象的中韩联合教学中，分配到小组中的历史专业学生发挥专长，对历史建筑的细部进行了独到的设计。由于国际联合教学时间紧凑，竞争性强，学生对别专业的学习不再是被动的、无可无不可的，而是以主动、欣赏的眼光快速学习和吸收，以达到迅速增强本组实力的效果。

2.3 典型案例

2.3.1 同步式——中荷联合教学

时间：2006年10月——2007年1月。

参加者：荷兰代尔夫特理工大学建筑学院，我院

参加这次联合教学的荷兰学生是选修BK6A030 Hyperbody“超体研究室”课程的24名研究生和本科生，我方是2名研究生和5名本科生，专业是城市规划和建筑学。两方教师各3名。规划对象选择了北京751工厂区。

(1) 前期准备

9月，双方用一周时间调研了北京基地，互相认识。之后，我方师生又利用国庆节时间访问了荷兰代尔夫特理工大学建筑学院，对“超体研究室”的研究工作进行了解。

(2) 教学情况

这次中荷联合教学的主题是“交互式合作设计”，即探讨一种运用合适的平台和工具(Virtools软件)，使得各个专业、位于各地的建筑师能够平等地对同一方案进行设计和对接的可能性。

这次联合教学采取了“同步式”的方式，即除了前期调研之外，其余时间各校的同学使用同样的基础资料，基于互有联系而又各有特点的任务书要求，在本地各自进行设计。教学中利用代尔夫特理工大学的Blackboard进行上下载，利用msn等实时联络工具进行相互间的交流，使得双方能够及时沟通，对接彼此的设计。我校同学除了设计主线之外，还有学习代尔夫特理工大学领先的Virtools软件、超体逻辑(Hyperbody)理论等副线。前期调研之后，联合教学分三个阶段展开，每个阶段双方在同一时间进行阶段性答辩，并同时将阶段性成果上传至Blackboard，方便互相学习和对接。最终答辩有建筑和规划系的很多教师参加。

(3) 学生反馈

“超体逻辑”和Virtools软件是对方多年的前沿研究成果，学习起来有困难，进展较慢；

感觉双方各自分组，工作比较方便(和代尔夫特的联合教学已是第二年，第一年是双方混合编组的，对网络交流要求偏高，有些困难)；

Blackboard(代尔夫特理工大学的网络上下载平台)使用方便；

三次同步答辩可以及时了解到对方的进展，很有启发。

2.3.2 参与式——中韩联合教学

时间：2007年1月6日——1月28日

参与者：韩国成均馆大学建筑系，我院

参加这次联合教学的是韩国成均馆大学10名研究生和我院11名研究生，专业分别是城市规划、建筑学、建筑历史等。学生混合编组，每组4人，不同国籍，不同专业。两方教师各3名。

(1) 前期准备

中方学生对基地进行调查研究，韩方学生对传统建筑和旧城改造资料进行研读。

(2) 教学情况

这次教学的主题是“南京南捕厅地区改造城市设计”，探讨一种旧城改造的新思路。三周的课程中，每天上午进行理论课程和交流，下午调研和设计，周末进行阶段性答辩。韩方每周一位负责教师，轮流主讲。最后的答辩除了邀请本校教师参加，还邀请了同时进行另一项联合教学的澳大利亚教师参加。

每周进行一次针对全院的讲座。

(3) 学生反馈

利用学期末时间进行，和别的课程冲突较小，能够专心投入设计；

和韩国学生交流除了英文之外，有的时候中文更方便；

答辩是联合教学最重要的环节，希望除了老师，还有别的同学参加。

2.3.3 授课式——中美联合教学

学生反馈时间：2007年5月7日——5月27日

参与者：加州大学伯克利分校建筑系，我院

加州大学伯克利分校的Galen Cranz教授和Rosa Lane博士主讲，我方2名教师辅助。我方研究生一年级城市规划专业25名学生，必修(作为“历史性城市的保护与规划课程”的一部分)。

(1) 前期准备

联合教学之前的两个月里，同学们分组对两块基地的进行了调研，发放问卷和统计，并根据调研结果进行了初步设计。

同时，对Galen教授寄来的社会学研究资料进行了阅读学习。

(2) 教学情况

这次联合教学，旨在运用社会学的调查研究为切入点，在选定的南京老城地区——下关地块和门西地块进行可持续的城市设计。第一周，两位教授着重讲授社会学的调研方法和可持续的设计方法，同学们也将初步设计成果向两位教授进行了汇报；第二周，在伯克利的方法指导下，同学们重新深入基地，进行踏勘和调研，并且在调研中用列表的方式确定了关键问题所在；第三周，在新问题的导向下，同学们分成6个设计小组，分别就不同的问题在教授的指导下展开设计。最后，建筑和规划系的十余名教师参加了最终答辩。

教学期间美国教师进行了一次针对全院的讲座。

(3) 学生反馈

寄来的资料应该是非常有用的，但其他课程安排太满，没时间仔细阅读，留下了遗憾；

因为是全天教学，有时和别的选课冲突，只好旷课；

有的时候听不懂外教的要求，自己的老师又没有及时解释，耽误了进度，沟通成为问题；

课程内容和学过的《城市社会学》相比并不新鲜，但设计中开拓性的运用很有意思，两位教授总是采取鼓励的态度，感觉到自己特别优秀，对设计思路也充满了信心。

3 国际联合教学的意义

3.1 提高学生的竞争力

国际联合教学，一个最显而易见的好处就是增加了学生的竞争力。即实现了前述的“为了培养出适应时代要求，能和国外专业人士同台竞争的高水平人才；为了进一步拓宽学生的学术视野，建立跨文化、跨专业的新视角；为了进一步开发和锻炼学生的能力，培养他们的开拓进取精神”的培养目标。

联合教学中，学生们面对着异国的教师进行小组合作，“为荣誉而战”的激励格外强烈。几乎每一个同学都集中精力、使出浑身解数参与这场竞争，在短期内激发了强烈的个人潜能和求知欲，往往能够超水平发挥，做出特别优异的成果。

跨文化、跨专业的平台也会给学生提供更广阔的思考空间，使他们对一个课题的兴趣延续到联合教学结束以后，主动进行自发的研究。如伯克利联合教学后，在美国社会学教授的启发下，门西的一个小组计划建立“爱鸟俱乐部”网站，利用网站作为催化剂展开市民参与活动，帮助当地居民自我保护、提升社区的生活质量。这无疑是一个意义深远的尝试。

“走出去”是最好的方法，但“引进来”能够使更多学生受益。参加国际联合教学的学生们在强化的交流中更加见多识广，容易和国外专业人士沟通、并肩战斗，这对他们未来的进修、从业都创造了更好的空间。与其说这是“教学”发挥了作用，不如说国际联合教学给学生提供了一个机会和舞台，使他们能够突破自我，开发出自身更大的潜能。

3.2 提供教学实验的空间

就面向未来的城市规划教学而言，教学研究和探讨

的空间还很大。受正常“教学计划”的限制，主干课、专业课都有比较固定的教学大纲，不能随意更改；为了保持教学的连续性，教学改革也都是“渐进式”的，很少发生“突变”。

国际联合教学则不同，它不用遵从教学大纲和教学计划的安排，具有突发性、灵活性和专题性的特征，可以说，每一次联合教学和上一次都有着不同的条件，这给予教师一个大胆实验的空间。

在教学对象上，可以尝试多角度的切入，如从社会学、生态学、技术、历史等视角设计任务书和理论课程。

在进度安排上，可以压缩和拉长理论、调研、讨论和设计等时段，研究一个最优的时间配比和教学日历。

在教学方法上，可以尝试启发性、互动性的教学方式，推动学生成为“教学”的主导，真正实现“教学相长”。

在教学媒介上，可以试验电子媒介、网络平台的使用方法，为新技术、新方法在教学中的运用铺平道路。

最重要的，多数联合教学都是以外籍教师为主导进行的，在日常交流中对对方先进教学观念的吸收和反思，成为日后教学改革的重要依据之一。

3.3 搭建国际合作的平台

可以说，很多前来交流的境外院校都是有备而来的。在全球化的时代，为了加强合作，扩大自己的国际影响和地位，双方都有意使交流成为固定而持久的行为，希望达成一个包括教学、科研、实践、互派人员在内的一揽子计划。

但信任是建立在相互了解基础上的，因此，国际联合教学就成为院校接触中开出的第一张菜单，其灵活多样的方式总有一款适合当前两校的情况。这样，就可以迅速迈出交流的第一步，通过近距离的接触，为日后更广阔的国际合作搭建好信任和友谊的平台。

4 国际联合教学的改进空间

毋庸置疑，作为一个新生事物，国际联合教学尚有不少改进空间。目前我校的探索中，主要有以下三点。

4.1 解决和教学体系的矛盾

联合教学中的很多障碍都是因和现行教学体系冲突而引起的，最突出的是时间安排。多数联合教学的特殊情况要求全天候工作，如选修此课程的学生还有别的课程，旷课现象不可避免。

解决方案：尽量选择短学期、学期末或假期时间开课。可以仿效韩国成均馆大学的做法，每年安排一段固定的时间，如4周(利用短学期)，专门展开各种各样的联合教学。这样学生就有了更多的自由度，甚至可以选择到国外参加工作室。那种长时段的联合教学，尽量和现有课程结合，采取“同步式”的方式，使学生有充足的时间思考，不只是“凑热闹”，而是产生更深远的影响。

4.2 跨年级教学的实施

部分联合教学采用了不限年级的报名方式，使得一个联合教学项目中同时出现本科二年级和研究生二年级的学生。实践下来，效果并不理想，在比较紧凑的教学安排中，低年级同学不能理解设计理念，沟通比较困难。

解决方案：实际上，联合教学应该发挥更广泛的教育作用，跨年级教学也不例外。不过，这种教育不一定要通过不同年级的共同设计来实现。现有的联合教学期间都有公开的主题讲座，就是一个很好的教育方式，如能将联合教学中的答辩环节向各年级同学开放，尤其是鼓励低年级正在上相关课程的同学参加相应的联合教学答辩，亲耳聆听学长的阐述和答辩，能起到更生动、更有针对性的启发效果。

4.3 成果展示和反馈

现已进行的大部分联合教学，待最后答辩结束、成果集制作完毕就嘎然而止了。一次教学的成果集只是作为作业上交，获得成绩，然后就不为人知。学生没有时间回味，教师没有时间反思。实际上，作为一次试验性的教学，最后的回顾和反思是非常重要的环节。

解决方案：可以仿效荷兰代尔夫特理工大学的做法，采取结集出书和举办展览的方式来进行成果展示。成果展示可以让其他教师、同学、家长和社会人士看到学生们的作品，对同学们是一种鼓励，感觉到自己对社会所作的贡献。同时，来自各方面的批评和反馈也可以督促联合教学不断完善和改进。

面对新生的专业入门课程的探索
——城市规划专业一年级《城市概论》课教学研究

孙施文

摘　要：大学一年级是学生接受专业启蒙的时期，同时也是形成专业思想的关键时期。在城市规划专业学生的培养中，目前低年级阶段主要进行建筑学专业的基础训练，一直要到三年级时才真正进入城市规划专业知识的学习，不利于学生形成正确的城市和城市规划思想和方法。为此有必要在低年级尽早开设城市规划的专业入门课程。从学生的认识能力和专业培养的角度出发，规划专业的入门课程应当从如何认识城市出发，使学生此后学习城市规划改造城市的专业知识和具体操作能够有更为坚实的基础。

作为专业入门课程，在课程内容的设置上，应将当前有关城市认识和研究最完善的知识体系和基础理论、前沿知识融贯在一起，为学生今后进一步的专业知识的学习提供一个整体性的导引。同时，必须充分考虑学生本身的知识状况、认识和接受能力，需要从对城市的日常认识逐步向专业认识深入，使学生能够由浅入深地接受专业知识的学习，培养专业分析的能力，从而真正进入到专业课程的学习之中。正由于新生的特点，在教学方法上，应充分运用多种形象性的、启发式的、高屋建瓴与深入浅出相结合的各种手段和方法，培养学生的学习兴趣和求知欲望，从而使学生能够扎实地掌握相应的基础知识和进一步学习的能力。

关键词：专业入门课程，模块化结构，教学方法

1　课程设置的目的与目标

在以建筑学为背景的城市规划专业培养计划中，城市规划专业学生在一二年级的学习中，主要以建筑设计初步课程及相关的基础教育为主，以建筑认识及空间限定、空间构成和相关小型建筑单体的设计为主要的学习内容，一直缺少有关城市和城市规划专业方面的知识内容，从而使学生要到进入三年级之后才开始接触与城市直接相关的专业知识，接受城市规划专业知识的学习以及城市规划相关的思想、方法等方面的内容和知识。而在三年级以后的专业课程设置中，除《城市规划原理》课程之外，通常都是分门别类地按特定专业方向组织专门知识的教学，缺少整体性的、能覆盖城市规划领域的课程。而作为基础理论知识课程的《城市规划原理》，通常都是以规划设计的原理为主要内容，而不是作为城市规划整体的基础原理，在教学的安排上，通常又分成居住区详细规划和城市总体规划原理等方面，把居住区规划设计和城市总体规划设计作为核心内容，直接进入操作性知识的传授。因此，学生无法建立完整的城市和城市规划的概念及框架体系，也较难系统掌握城市研究和城市规划的各个方面尤其是这些方面之间的相互关系，在这样的状况下，对于规划设计原理的阐述也会成为无的放矢，学生无法真正掌握为什么要这么做的原因和道理。

从专业教育的一般原理来看，任何专业教育首先是从关于专业课程概论性质的课程开始的，这既标志着学生开始进入到专业学习的过程中，对自己的专业先有一个总体性的了解，同时也可以为学生将来的学习提供整体性的引导，这是专业教育的一个普遍性的特征。城市规划理所当然也不能例外。当然，城市规划专业有一定的特殊性，这种特殊性主要源自于城市规划所具有的高度的复杂性与综合性。这种复杂性和综合性表现在：作为规划对象的城市，首先是社会系统的重要组成部分，包含了人类社会的各类现象和各个方面；而从知识形态

孙施文：同济大学建筑与城市规划学院教授

上讲，城市规划涉及到自然科学、技术、社会科学、人文学科及社会实践，是当今所有知识形态的高度综合；而当这两者(知识对象和知识手段)相互结合在一起时，其复杂性和综合性的程度被无限放大。就此，要使初学者全面涉及到这样的整体，从接受学的角度显然是有一定困难的。这也是过去城市规划教学体系的架构从单体建筑入手再到建筑群体、社区然后再到城市的一个很重要原因。

这样的设置显然是存在着严重的问题的。大学一年级的学生正处于专业的启蒙阶段，他们在缺乏对城市有所认识的基础上，从单体建筑入手只进行空间形态塑造的训练，从而仅仅习得了物质空间设计的操作方法，以视觉、艺术和美学的准则作为评判空间组织的标准，对于为什么这么做、空间塑造的社会经济意义以及怎样才能实现特定的空间形态等等方面的问题，难以有进一步追问的可能与途径。在此基础上建立起来的专业认识，与当今城市规划的实际和专业发展的趋势存在着极大的差异，而对于学生而言，由于其专业启蒙阶段所建立起来的思维方式，有可能影响其整个专业生涯，至少在其相当长的学习阶段会产生根本性的影响。因此，在学生专业启蒙阶段，应考虑到对其专业思想的培养，形成正确的专业认知能力和方法，是整个教育培养体系设计的关键。从另一方面讲，城市是城市规划的对象，城市规划的核心是改造城市，但这种改造必须是建立在对城市进行认识的基础上的，只有很好地认识城市，才有可能更好地改造城市。但在过去的城市规划专业培养计划中，也始终缺少对城市进行认识和研究的课程，这对专业人才的培养显然也是不利的，而这对于刚入学的学生来讲尤为突出。

对于城市规划专业的学生而言，需要有从单体建筑出发逐步扩大认识范围直至城市的认识过程，但更为重要的是建立从城市视角对城市地区直至建筑单体的关照。如果缺少对城市整体性的认识，所见到的城市建筑、城市空间和城市地区，有可能得出盲人摸象般的结论。因此，我们认为，认识城市应该成为城市规划专业新生专业学习的入门知识。当然，这并不意味着要减弱或取消建筑空间的教学和训练，而是要在此基础上、与此同时能够通过对城市认识的知识的导入，使两种认知途径得到更好的结合。

正是基于以上的想法，我们认为，从培养合格的城市规划师的角度出发，使规划专业的学生能够尽早地接触认识城市和改造城市的思想和方法，同时也从充实城市规划教学体系、完善专业教学结构出发，在城市规划专业一年级课程中有必要开设《城市概论》的课程，使学生首先接触城市，认识城市，然后再来进行改造城市的规划教育，也就是开设《城市规划概论》之类的课程，从而保证学生知识接受的可理解性和逐步深入，并使高年级的城市规划专业教育能够建立在更为扎实的基础之上。从这样的角度出发，《城市概论》这样的课程的设置应当能够为城市规划专业的新生建立认识城市和研究城市的基本框架，掌握由表及里的城市观察方法并了解城市研究的领域和方法，为他们进一步学习城市规划的专业知识提供正确的导引。

2 模块化组织结构的教学内容

任何专业的入门性课程，在内容的组织上，既需要考虑学生本身的知识结构状况和接受能力，同时也要根据专业发展的状况，将当前最完善的知识体系和基础理论、前沿知识等融会贯通起来，为学生今后进一步的专业知识的学习提供一个整体性的导引。为此，在组织城市规划专业学生的入门课程——《城市概论》的内容时，需要结合当前我国城市发展的状况以及当前国际国内城市规划学科和城市研究发展的趋势，从为城市规划专业的新生建立认识城市和研究城市的基本框架的目的出发。课程的主要内容应该始终围绕着重培养学生从多角度、多方面认识城市的能力和掌握基础知识这样的方向，来介绍城市的构成与发展演变以及城市研究的主要内容和方法。在具体的组织方法上，需要坚持整体结构的体系化与知识内容的多样化相结合的原则，既能覆盖城市研究的主要方面，又能将知识性和趣味性相融合，保证体系结构的完整性和开放性相结合，内容上经典性与探索性、基础性与先进性相结合，使学生既能了解当前城市研究的核心内容和基础知识，又能保持未来深入学习和研究的兴趣。根据这样的考虑，《城市概论》课程的教学内容应以结构化的专题性讲座为主，即在一定的框架体系下，依据专题开展教学。

根据以上的分析，在总结国内外相关文献和研究成果的基础上，结合我们从城市规划角度对城市研究内容的认

识，《城市概论》课程的内容基本上可以分为五大模块：

模块1，城市的概念与认识城市的维度，主要介绍从不同的空间尺度、不同的专业领域、不同的思想对城市概念的界定，使学生认识到城市现象和城市概念的复杂性和多样性，并为进一步了解城市、认识城市寻找到入口，初步掌握城市认识的多种视角。在此模块中共安排了三讲，“什么是城市?”、“城市认知的五个视界”和“阅读城市”。

模块2，城市发展简史，简要介绍全球范围内的城市发展演变的历程，使学生了解各个阶段城市发展的特征与特点以及影响和决定城市发展的关键性因素。该模块中安排两讲，“古代城市发展”和“近现代城市发展”。

模块3，城市的构成，从经济、社会及建成环境三个方面对城市现象进行分析，使学生了解城市社会、经济和建成环境本身的构成、特点及其运行、演变的规律。此模块共安排三讲，分别为“城市经济”、“城市社会”和“城市建成环境”。

模块4，城市的专题性研究，主要介绍城市研究中的专题领域，着重分析这些专题对象与城市发展之间的关系，揭示城市现象与城市发展的本质内涵。该模块的讲课内容可以结合城市规划的核心工作进行组织，以突出城市规划对城市现象的专题性研究的主要方面，其内容共安排七讲，分别为“城市与区域发展”、“交通与城市发展”、“基础设施与城市发展”、“城市生态”、“城市文化与城市发展”、“城市景观与形象”和“房地产开发与城市发展”等。

模块5，城市研究与城市规划，主要建立城市研究与城市规划之间的关系，使学生能够清楚认识城市与改造城市、城市研究与城市规划之间的关系。此模块安排一讲。

以上这五个模块和各讲的内容，基本上纳入了城市现象的各个方面，覆盖了城市研究的主要领域和核心内容，并且与当今城市规划领域的发展密切相关，是城市规划专业学生认识城市必须具备的最基本的知识框架，同时可以为学生今后进一步的专业知识学习提供一个整体性的导引。

3 教学方法

3.1 从日常认知向专业认知的深入

在我国的教育体系中，学生在进入大学教育之前，主要接受以数理化和语言文字的基础知识和训练为主的教育，对与城市及城市规划相关的知识接触得非常少，而且也非常缺乏社会认识和研究的相关知识。因此，学生在进入专业学习时，对于城市规划专业相关领域的认识和知识没有任何实质性的接触。另一方面，尽管大部分学生生活、成长在城市中，但很显然，他们既没有相关的知识积累，也缺乏多样化的生活积累，他们对城市的认识不仅停留在感性的、非常有限的日常生活体验方面，而且一般都缺乏对城市本身的关注，对城市现象有切身的体会，但缺乏较深入的解释和理解，缺乏对现象背后的本质的认识，更缺乏对各现象之间相互关联性的了解。因此，在课程教学中就需要根据学生的这一特点，从日常生活中能看到、能感受到的城市现象和城市生活入手，应尽量避免从概念框架出发的纯理性认识的阐述，需要有将感性认识引入到对城市理性化的和专业化的认识的过程。

在模块1中，所设计的三次讲座以介绍如何认识城市作为主要的内容，但在相互之间存在着递进的关系，既使学生能够了解和体会如何从多维度来认识城市，同时也将这种认识的方法运用到对具体城市的认识中。第一讲“什么是城市?”中，首先运用了一系列的图片从不同的空间尺度(从全球到城市中某一空间)对城市进行描绘，然后结合图片和文学、影视作品，列举了城市现象的方方面面，如“城市是人口高度集聚的地方”、“城市是生活的场所”、“城市是经济活动集聚的场所”、“城市是政治中心”、“城市是文化中心”等，与此同时，对城市人口、经济等集聚，城市中心性特征形成的原因等进行简要的分析和解释。在此基础上，从中文、英文的字源学角度介绍了“城市”的概念以及社会学、经济学、地理学等对“城市”的定义，然后介绍了我国城市设置的标准和《城市规划基本术语标准》中对城市的定义及对其的认识。由此使学生从城市现象的日常认知开始逐步进入到专业认知的领域，并体会到两种不同认识之间的差异。该讲还通过对城市现象的分析告诉学生，城市的建设和发展并不只是可看见的物质要素的变动，而是社会经济决定了城市的各项建设和发展。但很显然，仅有这样的认识途径是不够的，在第二讲“城市认知的五个视界”中，又从思想观念的层面向学生介绍了认识城市的不同维度，即“人的城市”、“整体的城市”、“地球上的城市”、“心中的理想城市”和“作为生命

的城市"，将城市研究和城市规划的思想融贯在整个讲座中，使学生能够更为深入地建立城市认知的思想体系。在第三讲“阅读城市”中，以一个具体城市为案例，详细展示了作为一个城市规划专业人士是如何来认识城市的，即使作为一个外来者、一个旅游者他又是如何来认识一个新的城市的，在专业人士的眼光中所看到的城市及对之所作的分析。这三讲内容一气呵成，把最表象性的内容、专业的理性认识、城市规划的思想性内容以及这些知识的实际运用紧密地结合在一起。在教学方法中也贯彻了由表象逐步深入到专业性的认识，再到本质和思想性的内容，然后再到知识的运用，从而可以使学生更为深入地掌握对城市进行认识的主要框架，也引导了学生对具体城市的分析。

在其他模块的所有讲座中，也同样遵循从日常生活的观察到专业认知的基本路径，在充分运用学生相对比较熟悉的案例的基础上，使学生能够逐步深入理解城市现象背后的本质性内容；将各专题的内容与城市整体发展衔接起来，使学生能够更多地关注城市发展的机制和根本原因；同时也将城市规划过程中需要考虑的因素纳入到对城市的认识之中，并对学生树立正确的规划理念提供最初的导引。比如在模块4的“城市的专题研究”中，“城市景观和城市形象”一讲中，首先从日常可以观察到的城市景观入手，如建筑、街道、河流、桥梁、构筑物、公园、城市轮廓等城市景观的构成要素的基础上，解释了能够为人们所看到的城市景观与留在人们心目中的城市形象之间的区别，并分类介绍了这些城市形象的基本特征，如最具景观特征的建筑物、最具景观特征的城市地区、最具活力的公共空间、城市的中心地区、城市的历史地区等等，解释了人们为什么会对这些地区能具有较为深刻的印象。在此基础上，阐释了地域环境、自然条件、城市发展的历史阶段以及社会经济条件、城市规划等对城市景观和城市形象形成之间的关系，在这些解释的基础上，在该讲的最后提出了如何建设城市、如何合理建设城市、如何建造有特色的城市、如何建造有时代性的城市等等问题，既为学生建立正确的城市发展和建设的价值观念打下了基础，同时也为学生提供了进一步思考的方向。

3.2 启发式教学方法的运用

在整个课程中，将多媒体现代先进教学手段等作为基本手段，所有的讲课内容都有 PowerPoint 演示，同时还辅助一些电影和电视片剪辑、专家访谈录相等内容，保证课件内容的新颖、丰富和高质量。在此基础上，教师可以运用灵活运用启发式、讨论式等教学方法，通过提问、小作业等方式，促进学生的积极思考，充分调动学生学习积极性和参与性。比如在第一讲“什么是城市?”中，在运用一系列图片介绍了从不同空间尺度来观察城市之后，提出“城市是什么?”的问题，由学生当堂做出回答。这时候学生的回答通常都集中在城市现象的不同方面，教师就根据学生回答的内容，逐一介绍“城市是人口高度集聚的地方”、“城市是生活的场所”、“城市是经济活动集聚的场所”、“城市是政治中心”、“城市是文化中心”等内容，同时，在学生回答内容的基础上，追问“为什么”，从而可以展开对城市人口、经济等集聚、城市中心性特征形成的原因等方面的分析和解释，从而引导学生从对城市现象的观察和认识逐步深入到对其本质的认识。在此基础上，在第一讲结束后，要求学生根据讲课中初步介绍的从不同角度认识城市、各相关专业对城市概念定义等内容，根据自己学习和生活的体会，对城市这一概念进行定义，并要求对自己的定义进行说明。这样，既可使学生对课堂上的教学内容有更深入的理解和消化，又可以促进学生学会查找资料，学习别人的观点，并在学习的基础上提出自己的想法。在学生的这一小作业的基础上，教师进行分类整理，运用讨论课的方式，选出一些具有代表性的观点，让学生一起进行讨论。教师不仅参与讨论，加强师生互动的效果，在有的情况下，为更好地活跃讨论的气氛，提高学生的参与程度，教师对学生的观点进行有意识的诘问和质疑，促进大家的共同讨论。通过这样一个过程，学生可以对城市概念有一个更为综合的认识，而就教育方法本身而言，学生不仅深入地学到了具体的专业知识，同时也学会了表述自己的观点，而且，可以避免学生仅仅只是接受教师灌输式的教育，也使学生能够体会到大学教育与中学的不同，可以有意识地转变学习方法。在本课程结束时，还要求学生完成本课程的作业，结合讲课中的某一专题或某一种城市现象，以学生自己熟悉的城市为例来具体阐释城市的特征，从而将理论知识的学习与实际的观察和认识相结合。

在教学的过程中，还可以运用网络教学资源，开发

《城市概论》课程资源库，建立网上课程论坛等手段来完善课程的教学方法。这样就可以更为有效地调动学生的学习积极性，提高学生的学习兴趣，促进学生的积极思考，激发学生的潜能，为学生的自主学习和研究性学习以及提高对知识运用的能力。

3.3 名师担纲的专题讲座

我们认为，作为整个专业学习的入门性质的课程，除了是专业知识本身的概论，也是整个专业学习过程中各相关课程的导论，同时也应当成为学校专业学术带头人在一年级学生面前的第一次亮相，使学生能够在刚入学的阶段就能了解本校专业教师的团队情况。根据《城市概论》课程内容的组织，在课程安排方面，我们采用在模块化体系下的专题讲座的方式，在各专题之间既有所区分，又相互关联。通过对专题内容的设定，使各专题讲座的内容服从于整个体系，同时又可以发挥各位主讲教师的能动性，使每一讲都内容新颖，有较大的信息量，同时能够融贯专业基础知识和当今发展的前沿内容。在此基础上，使课程体系的完整性和专题内容的先进性得到很好的结合。为了加强低年级的专业入门课程的教学质量和教学效果，激发学生的求知欲望，《城市概论》课程完全应该采用“精品化”的方式，即课程的全部讲课由城市规划系的正教授(均为博士生导师)担任，从而可以使城市规划专业学生在一年级、在第一门专业知识课程上就可以接触到全系的主要教授，了解到自己学校本专业的最为主要的学科发展方向和学术带头人。

从教学角度讲，教授们具有较高的学术造诣和丰富的教学经验，有较强的教学能力和鲜明的教学特色，既可以深入浅出讲授专业的基础知识，又可以将专业的最新发展成果和实践过程中的体会引入到教学过程中，有利于整个课程形成高屋建瓴下的由表及里的教学方式，使入门性的课程能更好地发挥引领学生进一步学习的作用。与此同时，由几乎是整个城市规划系的所有教授、博士生导师来担任课程的主讲，对于培养学生专业学习的兴趣、了解专业学习的内容和掌握正确的方法也是至关重要的。另一方面，由教授(博士生导师)担任专题讲座的主讲，各教授根据个人的专项特长讲授城市研究中的相关内容，并结合高年级专业课程形成导论性课程，这样可以保证与以后的专业课程相衔接，既完善了整个城市规划专业教育的体系结构，更可以使学生在刚进入专业学习时就对城市研究的内容有较全面的认识，并对城市规划专业课程的学习有初步的了解，为学生今后的进一步学习打下扎实的基础。

由于是十多位教授合作性的课程，因此，在课程设计时就需要对各讲的内容及具体的讲课方式进行统一的协调和必要的规定，只有在此基础上才能保证整个课程的完整性和连贯性，并更好地发挥各位教授的能动性。因此，在课程教学实施之前，需要对每一讲的教学内容和教学方式提出要求，比如，要求各位教授采用深入浅出和生动形象的教学方式，从城市生活和城市现象的表象入手，引导学生逐步理解城市的方方面面，并与当今城市规划研究的状况、发展趋势和规划实践等相联系，架接起了从日常生活到专业研究的桥梁。这是由名师担纲的专题讲座性质的课程能否成功、能否为学生接受的关键因素之一。

4 结语

针对一年级学生设置专业入门性的课程，在我们是一项尝试，是一种创新。既然是尝试与创新，也就意味着需要不断地探索，不断地改进和完善。我们现在也正处于这样的过程之中。

就整体而言，大学一年级新生，缺少对城市、对社会的深入了解和理解，但具有较强的学习能力和求知欲望，从某种角度讲，进入大学学习是学生知识结构转型的重要时期，也是他们进入专业学习的起步时期，因此有必要在一年级设置有关城市和城市规划方面的专业性课程，而不应当到了高年级后再开始进行城市规划专业方面的课程学习。但我们也应当清楚一年级学生本身的特点，在专业入门课程的内容和教学方法上需要充分适应一年级新生的认知特点，顾及到一年级新生学习和知识积累的特点。因此，在课程内容的安排上，既需要覆盖城市现象和城市研究的主要方面，又必须是学生能够理解的、可以把握的，是与其认识能力相配合的，这就需要课程体系的完整性与专题深化之间有紧密结合。在课程的教学方式上，应从培养学生学习兴趣，培养学生观察、认识和分析能力的角度出发，从城市现象和日常生活入手逐渐将学生引入专业认识和学习的轨道上。

参考文献

[1] 金生鈜. 规训与教化. 北京：教育科学出版社，2004.

[2] 首届世界规划院校大会组季会编. 机遇与挑战：面对21世纪的城市规划. 北京：中国建筑工业出版社，2003.

[3] 孙施文. 城市规划哲学. 北京：中国建筑工业出版社，1997.

[4] 许学强等编. 全球化下的中国城市发展与规划教育. 北京：中国建筑工业出版社，2006.

[5] Gary Bridge and Sophie Watson. A Companion to the City，Malden等. Blackwell，2000.

[6] Gary Bridge and Sophie Watson. The Blackwell City Reader，Malden等. Blackwell，2002.

[7] Richard T. Legates and Frederic Stout. The City Reader(1st～3rd ed.). New York：Routledge，1996/2000/2003.

城市规划专业研究性教学体系研究

陈锦富 余柏椿 黄亚平 任绍斌 陈征帆 岳登峰

摘 要：通过对城市规划学科本质和城市规划作用的剖析，认为城市规划的学科属性更多的趋向于工学、理学、人文社会科学的交叉，而并非工程应用性学科。指出城市规划专业人才仅仅满足于具备工程应用技能是远远不够的，培养研究型、创新型城市规划专业人才是我国城市规划学科发展和城市建设实践的迫切需要；如何将我国的城市规划学科建设成在国际上具有重要影响的知名学科，如何应对我国城市发展中出现的种种复杂问题，关键还是创新型城市规划人才的培养，是城市规划人才培养模式的变革。指出中国城市规划专业研究性教学体系的建构应该重点解决如下的关键性问题：①知识体系的重构；②教学方法体系的变革；③教学环境支撑体系的重组。

关键词：城市规划，研究性教学，学分制，支撑体系

1 研究性教学的背景

1.1 研究性教学的理论根据

研究性教学方法，是指学生在教师指导下，以类似科学研究的方式去获取知识和应用知识的教学方式。具体地说，这个表述包含了以下几层含义。

“学生在教师指导下”，表明了教学活动中的师生关系。研究性教学是在学校教育和集体教学的环境中进行的，它有别于个人在自学过程中自发的、个体的探究活动。在教学过程中，学生需要的是“指导”和“帮助”，不仅仅是“传授”或“教导”。教师的主要职责是创设一种有利于研究性学习的情境和途径。

“以类似科学研究的方式”，表明了教学的基本组织形式。科学研究的本质是人类对未知世界的探究，在这种探究活动中，人们通过假设、想像、实证、逻辑等方式方法来认识世界、追求真理。在研究性教学的过程中，学习者将模拟科学家的研究方法和研究过程，提出问题并解决问题。如通过专题讨论、课题研究、方案设计、模拟体验、实验操作、社会调查等各种形式，探究与社会生活密切相关的各种现象和问题。因此，研究性学习的实质是学习者对科学研究的思维方式和研究方法的学习运用，通过这样一种基本形式和手段，培养创新意识和实践能力。

“获取知识和应用知识”，表明了教学的基本内容。这包括学习如何收集、处理和提取信息；如何运用有关的知识来解决实际问题；如何在研究过程中与人交流和合作；如何表述或展示研究的结果；等等。基于“研究”的性质和需要，研究性教学的知识来源是多方面、多渠道的，即除了学习教科书中的间接知识以外，学习者还要广泛地获取未经加工处理的第一手资料等直接知识。获取知识的目的是为了应用，学会实际动手操作是研究性教学的重要内容，也是与一般的知识学习的基本区别。

1.2 研究性教学的现状

现代教学思想的演变经历了由行为主义向建构主义和人本主义的演变。行为主义的教学思想是把学生作为知识灌输对象，教师将知识通过课堂讲授传授给学生，学生被动地接受，学生只是知识传承的工具，缺乏对既有知识的批判精神、对新知识的想象力和创新能力。

二十世纪1980年代以来，随着心理学研究领域认知学习理论的兴起，建构主义和人本主义的教学思想开始

陈锦富：华中科技大学建筑与城市规划学院城市规划系副教授
余柏椿：华中科技大学建筑与城市规划学院城市规划系教授
黄亚平：华中科技大学建筑与城市规划学院城市规划系教授
任绍斌：华中科技大学建筑与城市规划学院城市规划系讲师
陈征帆：华中科技大学建筑与城市规划学院城市规划系副教授
岳登峰：华中科技大学建筑与城市规划学院2006级硕士研究生

逐步得到教育界的普遍重视:

日内瓦学派的代表人物皮亚杰(J. Piaget)是认知发展领域最有影响的一位心理学家，皮亚杰关于建构主义的基本观点是，儿童是在与周围环境相互作用的过程中，逐步建构起关于外部世界的知识，从而使自身认知结构得到发展。儿童与环境的相互作用涉及两个基本过程:“同化”与“顺应”。同化是指个体把外界刺激所提供的信息整合到自己原有认知结构内的过程;顺应是指个体的认知结构因外部刺激的影响而发生改变的过程。同化是认知结构数量的扩充，而顺应则是认知结构性质的改变。认知个体通过同化与顺应这两种形式来达到与周围环境的平衡:当儿童能用现有图式去同化新信息时，他处于一种平衡的认知状态;而当现有图式不能同化新信息时，平衡即被破坏，而修改或创造新图式(顺应)的过程就是寻找新的平衡的过程。儿童的认知结构就是通过同化与顺应过程逐步建构起来，并在“平衡——不平衡——新的平衡”的循环中得到不断的丰富、提高和发展。

在皮亚杰的“认知结构说”的基础上，科恩伯格(O. Kernberg)对认知结构的性质与发展条件等方面作了进一步的研究;斯腾伯格(R. J. sternberg)和卡茨(D. Katz)等人强调个体的主动性在建构认知结构过程中的关键作用，并对认知过程中如何发挥个体的主动性作了认真的探索;维果斯基(Vogotsgy)提出的“文化历史发展理论”，强调认知过程中学习者所处社会文化历史背景的作用，并提出了“最近发展区”的理论。维果斯基认为，个体的学习是在一定的历史、社会文化背景下进行的，社会可以为个体的学习发展起到重要的支持和促进作用。维果斯基区分了个体发展的两种水平:现实的发展水平和潜在的发展水平，现实的发展水平即个体独立活动所能达到的水平，而潜在的发展水平则是指个体在成人或比他成熟的个体的帮助下所能达到的活动水平，这两种水平之间的区域即“最近发展区”。在此基础上以维果斯基为首的维列鲁学派深入地研究了“活动”和“社会交往”在人的高级心理机能发展中的重要作用。所有这些研究都使建构主义理论得到进一步的丰富和完善，为实际应用于教学过程创造了条件。

建构主义理论的核心可以概括为:以学生为中心，强调学生对知识的主动探索、主动发现和对所学知识意义的主动建构，而不是像传统教学那样，只是把知识从教师头脑中传送到学生的笔记本上。

建构主义认为，知识不是通过教师传授得到，而是学习者在一定的情境即社会文化背景下，借助学习是获取知识的过程其他人(包括教师和学习伙伴)的帮助，利用必要的学习资料，通过意义建构的方式而获得。由于学习是在一定的情境即社会文化背景下，借助其他人的帮助即通过人际间的协作活动而实现的意义建构过程，因此建构主义学习理论认为“情境”、“协作”、“会话”和“意义建构”是学习环境中的四大要素或四大属性。学习的质量是学习者建构意义能力的函数，而不是学习者重现教师思维过程能力的函数。换句话说，获得知识的多少取决于学习者根据自身经验去建构有关知识的意义的能力，而不取决于学习者记忆和背诵教师讲授内容的能力。

建构主义提倡在教师指导下的、以学习者为中心的学习，也就是说，既强调学习者的认知主体作用，又不忽视教师的指导作用，教师是意义建构的帮助者、促进者，而不是知识的传授者与灌输者。学生是信息加工的主体、是意义的主动建构者，而不是外部刺激的被动接受者和被灌输的对象。

人本主义心理学崛起于20世纪1950年代，它的主要理论思想起源于亚伯拉罕·马斯洛(1908～1970)与卡尔·罗杰斯(1902～1987)等人的心理学研究。人本主义心理学由于提出了与被称为心理学第一思潮的、把人描述为本能与冲突的产物的精神分析学派及作为心理学第二思潮的、强调人与动物的基本相似性、强调学习是解释人类行为的主要根据的行为主义学派截然不同的观点，而被称为是心理学的第三思潮。其基本理论用之于教学理论领域而提出的人本主义教学理论，受到教育界的普通重视，成为当前西方教学理论中的一个重要派别。

人本主义心理学派提出的教学观点和主张，尤其是因发展了心理治疗体系而闻名的罗杰斯的“以学生为中心”的人本主义教学理论，不仅对传统的教学理论发出了强力的挑战，也给人们带来了新的思考。其基本内容如下:

- 强调人的因素和“以学生为中心”
- 主张意义学习及自发的经验学习
- 促进学生学会学习并增强适应性
- 倡导学生的自我评价

显然建构主义和人本主义在教学主体的认识上是一致的，均强调“以学生为中心”，教师只是引导者。将学生置于自主的知识建构环境中，从而激发学生的求知欲和创造热情，培养学生的创造性思维和创新能力。

近年来国内外对大学本科传统教学颇多诟病，矛头所指即是传统本科教学缺乏甚至是阻碍对学生创造性思维和创新能力的培养。1998年美国博耶研究型大学本科生教育委员会(以下简称)出台了《重建本科生教育：美国研究性大学发展蓝图》报告，提出教学应与研究相结合，学生的学习应基于研究，建立以研究为基础的教学模式。研究性教学是一种情境教学、探索教学，研究性教学的方法论基础是建构主义和人本主义教学思想。

事实上研究性教学理念在200年前就已由德国的威廉·冯·洪堡(Wilhelm Vont Hunmboldt，1767～1835)提出并实施。洪堡把科学研究视为大学联结科学与人才培养的桥梁，其大学理念的核心内容，体现在大学教学过程中就是“科学研究引入教学过程”理念，成为经历史检验的现代大学核心理念；体现在“学”上就是大学本科研究性学习。洪堡的这一理念奠定了现代大学理念的基石。

我国学者张建林将洪堡的大学理念向当代的研究性教学延伸，提出如下见解：

- “由科学而达至修养”。科学“它的确是天然合适的教育材料”，大学在探索科学的过程中便可实现修养的目标。
- “在高等学术机构中，教师与学生的关系与在中学迥然不同，教师不是为学生而存在，两者都为科学而共处。”
- “大学教授的主要任务并不是‘教’，大学学生的主要任务也并不是学；大学生需要独立地自己去从事‘研究’，至于教授的工作则在诱导学生‘研究’的兴趣，再进一步指导并帮助学生做‘研究’工作。”
- 科学研究的方法和精神都体现在大学教学过程之中，首先是学术自由。
- 将科学研究成果引入教学内容和使教学过程具有探索性。
- “研究”是大学生必不可少的学习方式与成才途径。
- 学生的研究与教师或人类的科学研究是有所区别的。其不同之处表现在：学生的研究具有双重目的，一是学习、达至修养，二是探索真理，但其创新是“个体标准”，一般科学研究是为了探索真理，创新是“类标准”；学生是受到教师指导的研究者，教师是独立研究者，学生要达到教师那样的独立研究者的程度，即完全进入独立的发现科学真理的认识过程，还有个过渡，这个过渡阶段就是学生在教学过程之中的“研究”，既是其学习方式，又是其达至独立研究的过渡性学习环节。
- 大学本科研究性学习中的“研究”已不局限于洪堡“纯科学”的研究上。它还包括实验科学、应用科学等的研究，其研究的重心放在研究所体现的学习方式上，重研究过程对人才培养的作用胜于重研究结果。
- 大学本科研究性学习和接受性学习是构成大学本科教学过程完整性的两个要素。
- 大学本科研究性学习，不是对班级授课制的否定，是对班级授课制的弘扬与补充，可以延伸在全学程中。大学本科研究性学习已不仅仅是以学习方式体现，更以教学环节体现在大学本科教学制度的不断变革与设计之中。

1.3 研究性教学的发展趋势

《重建本科生教育：美国研究性大学发展蓝图》报告出台不久，即在世界范围内获得了认同。我国教育部2001年秋颁布的旨在加强本科教学工作的4号文件要求：“大力提倡教授上讲台”；“提倡实验教学与科研课题相结合，创造条件使学生较早地参与科学研究和创新活动”，以体现科学研究引入教学过程。2004年底教育部召开的全国第二次本科教学会议文件中明确提出要将“研究性教学”作为全国高校本科教学的基本要求，而不是少数大学的专利。

当前，研究性教学成为国内各高校高等教育改革的主要手段，培养具有科学精神的自主、创新人才成为大学教育的主要目标。清华大学提出了自己的办学模式：“综合性、研究型、开放式”。并按照知识、能力、智慧、素质协调发展的本科教育思路，以培养学生适应性为基础，推行“大学生研究训练计划”，重视学生个性发展。浙江大学根据加强通识教育、拓宽专业面、实施分类培

养、发挥个性特长的本科教学改革思路，确立了“KAQ”(知识、能力、素质)本科人才培养总模式。试行“特别专业课程计划”，允许少数特别拔尖学生自主设计具有独特知识结构的特别专业课程学习计划。

分析各高校在研究性教学方面的探索与实践，具有以下的趋势：

- 本科人才培养模式实施由专才教育向通识与专才相结合的培养模式的转变。
- 本科教学模式实施由接受性教学向接受性与研究性相结合的教学模式的转变。
- 本科教学方法实施由课堂讲授向课堂讲授与发现式教学、问题式教学、情境式教学、支架式教学、讨论式教学、合作教学、案例教学、随机访问教学等探究式教学方法相结合的转变。
- 本科教学结构实施由课堂教学的单一结构向第一课堂与第二课堂相结合的复合结构的转变。

2 城市规划专业研究性教学体系的研究

我国的城市规划学科一直以来都是从属于土木建筑工程大学科，城市规划专业也一直定位于工程应用性专业，因而其长期以来秉承的是“传道、授业、解惑”的被动式教学方法，以教师为主体，学生为客体，将学生当作“工匠”来培养。这种教学模式为我国培养了大批城市规划应用型人才，基本解决了我国改革开放以来城市建设对应用型人才的急迫需求。

但是，随着对城市规划学科本质和城市规划作用认识的逐步深入，人们发现城市规划的学科属性更多的趋向于工学、理学、人文社会科学的交叉。城市规划专业人才仅仅满足于具备工程应用技能是远远不能适应城市发展的复杂需要的，我国城市发展中出现的种种问题与缺乏城市规划理论创新研究不无关系。培养研究型、创新型城市规划专业人才是我国城市规划学科发展和当前城市建设实践的迫切需要。

如何在新世纪将我国的城市规划学科建设成在国际上具有重要影响的知名学科，如何应对我国城市发展中出现的种种复杂问题，关键还是创新型城市规划人才的培养，是城市规划人才培养模式的变革。

2.1 城市规划专业研究性教学体系研究的目的

基于以上的认识，我们认为开展城市规划专业研究性教学体系研究的主要目的是：

全面启动和实施“城市规划专业大学生科研训练计划”，通过城市规划专业研究性教学方法的探索与实践研究，支持本科生尽早进入城市规划科学研究领域：

- 建立各类实验室、研究室、工作室和科研项目向本科生开放的基本制度和运行机制；
- 建立导师制，并加强本科生学业指导；
- 创建以研究性教学为主导的学习团队，增加综合性、设计性和创新性实践，提高本科生的科技创新能力；
- 针对城市规划学科特点，积极推进讨论式教学、启发式教学和案例教学等教学方法，倡导合作式、课题式和批判式等学习方法；
- 引导学生了解多种学术观点并开展讨论，追踪本学科领域最新进展，提高其自主学习和独立研究并进行创新的能力；
- 促进本科学生的个性化发展，体现研究型专业的教学特点和本科教育特色。

2.2 城市规划专业研究性教学体系研究的意义

通过城市规划专业研究性教学体系的探索与实践，整合研究性教学资源，搭建研究性教学平台，构造城市规划专业研究性教学方法体系、资源体系、制度体系。我们认为开展本研究具有以下几方面的意义：

2.2.1 是对创建“研究型、综合性、开放式”世界知名高水平大学的战略目标要求的积极回应

华中科技大学在2000年组建之始即提出创建“研究型、综合性、开放式”的世界知名高水平大学的战略目标，“研究型”是该校追求的主要战略目标。该校城市规划学科尽管在业界具有重要的影响，但离“研究型”的城市规划学科目标尚有较大的距离，研究性教学方法的探索与实践研究，是城市规划学科向“研究型”目标跨越的重要步骤之一。

2.2.2 在教师与学生中创导崇尚研究的新型学科风范

传统教学中，教师基于自身的学术素养，重视“传授性教育”，与之相对应的学生学习方式为“接受性学习”，这种“灌输式”的教和“填鸭式”的学，教与学之间缺少互动，教师满足于既有的知识储备，学生则被动地接受教学内容，缺乏探究与创新。

通过城市规划专业研究性教学方法的探索与实践，强化教师的研究性教学理念，提高教师开展研究性教学的自觉性和主动性；通过互动与讨论，激发学生探究问题本源的主观能动性，树立探索性、研究型的学习风范。

2.2.3　实现城市规划专业教学从传统的“师傅带徒弟”的工匠培养模式向现代“问题探究”式的研究型人才培养模式的转变，实现人才培养由应用型向研究型的跨越。

传统城市规划专业采用的是“师傅带徒弟”的工匠培养教学模式，人才培养目标是工匠应用型，缺乏探究性研究型思维的培养。通过城市规划专业研究性教学方法的探索与实践，改变以教师为中心、以知识传授为目标的传统教学方法，建立以学生为中心、以能力培养为目标的研究性教学方法体系，促进学生的自主学习和个性化发展；通过提早参与科研工作及其项目训练，培养学生的实践动手能力和创新思维能力，实现人才培养由应用型向研究型的跨越。

2.2.4　实现城市规划专业的“教、学相长”

通过城市规划专业研究性教学方法的探索与实践，用制度的形式促进教师提高学术水平，努力站在学科研究的前沿，并及时将学科发展的最新成果融入到教学之中。构造“教学-科研-教学”相结合的良性循环系统，以教学促科研，以科研推教学，实现城市规划专业的“教、学相长”。

2.2.5　实现城市规划专业由应用型专业向研究型专业的转变

21世纪是科技创新和理论创新的世纪，通过城市规划专业研究性教学方法的探索与实践，推动城市规划专业的理论体系、师资结构、组织架构等结构性要素的重组，实现城市规划专业由应用型专业向研究型专业的转变。

2.3　城市规划专业研究性教学体系的研究框架

城市是复杂的巨系统，城市规划是研究城市、引导城市健康发展的科学，必然要求其人才具备宽广的知识领域、深厚的知识基础、创新的知识思维。城市规划专业教育更需要基于人文社会背景情境之下的建构主义思想的研究性教育。研究性教学不单是教学方法的变革，更是教学体系的改革与重组，教学方法的变革如果没有教学体系的制度与政策环境的支撑，将无法开展。目前基于城市规划专业的研究性教学的探索与实践尚处在分散的、非系统的起步阶段，尚没有形成完整的体系，没有成熟的理论和方法可资借鉴。开展城市规划专业研究性教学体系的研究是必需的也是必要的。

城市规划专业研究性教学体系的研究至少应该包括：知识体系的重构，教学方法体系的变革，教学环境支撑体系的重组。

2.3.1　城市规划学科知识体系的重构

城市规划学科在我国的发展正经历着由单纯的工程应用学科向工程科学与政策科学相结合的跨学科特征的转变，这是我国经济与社会建设对城市规划学科发展的必然要求。城市规划学科的知识体系和实践体系必然面临一次深刻的变革。新编城市规划编制办法指出城市规划是政府调控城市空间资源、指导城乡发展与建设、维护社会公平、保障公共安全和公众利益的重要公共政策之一，明确指出了城市规划的公共政策属性。

既然城市规划是政府的重要公共政策，其制定必将寻求诸多学科的理论支撑。正如Peter Hall所言，理想的城市和区域规划师应该是一位好的经济学家、社会学家、地理学家和社会心理学家。影响和决定城市发展的要素复杂多变，丰富多彩的规划实践活动涉及到城市经济、社会、政治、文化、环境等各方面，要求城市规划从多方面提供理论指导和方法支持，并不会局限于单一学科领域，不以固定的学科分类为依据和标准。

由此看来，城市规划专业知识体系目前已经可以看到的这一变革的主要特征体现在：

- 城市规划作为公共政策的本质属性要求其知识体系应该包括政治、人文、社会、经济、法律、管理等相关学科的知识。
- 城市规划作为工程科学的技术属性要求其知识体系应该包括土木建筑、交通工程、生态工程、环境工程等相关学科的知识。

2.3.2　城市规划专业教学方法的变革

从城市规划学科的发展进程不难发现，“规划”始于“问题”。现代城市规划学科形成与发展的目的是解决城市发展过程中的种种问题，即“城市问题”。对问题的剖析、探究，寻找解决问题的方法与途径，即是研究的过程。

城市规划专业教学中教师基于自身的学术素养重视“传授性教育”，与之相对应的学生学习方式为“接受性学习”，这种“灌输式”的教和“填鸭式”的学，教与学之间缺少互动，教师满足于既有的知识储备，学生则被动地接受教学内容，缺乏探究与创新，不利于学生研究与创新能力的培养。

本科教学方法应由传统的被动接受式教学方法向接受式教学、问题探究式教学、启发式教学、案例讨论式教学等相结合的研究性教学方法的转变。完整的大学本科教学过程，是指它以接受性学习和研究性学习这两个认识发展环节所构成的完整的大学本科教学过程为基本要素，即指认识过程从接受已知到探索未知循环往复的螺旋前进。

通过问题探究式教学、启发式教学、案例讨论式教学等教学方法的运用，改变以教师为中心、以知识传授为目标的传统教学方法，建立以学生为中心、以能力培养为目标的研究性教学方法体系，促进学生的自主学习和个性化发展；培养学生的创新思维能力，实现人才培养由应用型向研究型的跨越。

2.3.3　城市规划专业研究性教学环境支撑体系的重组

(1) 研究性教学的空间支撑

研究性教学改革离不开知识体系的重构，也离不开教学方法的变革，更离不开必要的教学环境体系的支撑。推动研究性教学，必须积极营造面向研究性学习的教学资源环境，特别是建立面向学生的，由专业教室、图书资料室、实验室、教授工作室、研究所(中心)和社会研究基地、实训基地组成的研究性教学环境支撑体系。为推动研究性教学提供充分的环境保障。

(2) 研究性教学的组织支撑

推动研究性教学方式的实施，必需改变过去以班建制为主的学生学习组织模式。传统的班建制教学中，教学以班级为单位展开，整个班级统一授课，统一教学，个人没有选择的余地和自由，导致学生积极性、主动性不高，不利于创新型人才的培养。

打破班建制，建立以教师为中心的导师制的学生组织模式。每位教师都有个人的研究兴趣与方向，相同学习兴趣的学生聚集在相同研究方向的导师周围，组成“导师＋学生”的组织模式。导师制的最大特点是因为相同的研究兴趣与学习兴趣结合在一起，将原来的被动式学习转变为由兴趣主导的主动式学习。

在建立导师制的学生组织模式的同时，对教师的组织模式实施重组。将原以行政关系为联系的教研室组织模式变革为以学术研究兴趣与方向为纽带的教授制研究团队。以知名教授为主导，以相同的学术研究兴趣与方向聚集若干名教授、副教授、讲师、助教组成研究团队。该团对中的教授、副教授、讲师、助教等分别是导师制学生组织的导师，通过导师的引导，将学生引入专业研究领域。

导师制学习团队和教授制研究团队相结合组成全新的研究性教学组织模式。

(3) 研究性教学的政策支撑

学生学业评价和教师教学绩效评价是研究性教学的重要政策支撑环境。

学分制已经在各高校全面实行，为学生根据个人兴趣选修课程创造了基础性条件，是研究性教学的基本政策环境。但课程学分的取得，多数高校仍然是“一考定全局”，看重结业考试，而忽视对学习过程、能力的考察。研究性教学要求学生能够积极参与教师的课堂组织，与教师互动，更看重学生学习参与的过程，根据参与的程度考察学习能力和效果。由此看来，学分制的实施需要更全面、更精细化的政策。

研究性教学要求对教师教学绩效评价，从对教师教学工作量的要求向对教学效果的考核上转变。对一位教师教学绩效的评价至少应该包括两个方面：一是对作为学生组织的导师的绩效考核，二是对作为课程任课教师的绩效考核。将教师在引导学生课内、课外的研究性学习的成效统一起来。

结语

本文从对研究性教学的一般理论的解读，结合对城市规划专业特征的剖析，初步建构了城市规划专业研究性教学体系的基本框架。本文是作者在研的课题《新世纪城市规划专业研究性教学方法的探索与实践》的部分成果，或者说是该课题的研究大纲。后续将深化研究城市规划专业知识体系的基本课程构成内容；城市规划专业研究性教学的不同方法的不同特征以及与课程的适应性；城市规划专业研究性教学的目标与评价体系的构成；城市规划专业研究性教学环境支撑

体系的构成。

参考文献

[1] 张建林. 本科教学过程完整性与研究性学习. 高等教育研究. 2005，(2).

[2] 虞丽娟. 美国研究型大学人才培养体系的改革及启示. 高等高等教育研究.2005，(2).

[3] 何振海，杨桂梅. MIT本科教育特色及其启示. 比较教育研究. 2003，(7).

[4] 谢秉智. 积极推动研究性教学 提高大学生创新能力. 中国大学教学. 2006，3(10).

[5] 吴志强，于泓. 城市规划学科的发展方向. 城市规划学刊. 2005，(6).

[6] 邹兵. 关于城市规划学科性质的认识及其发展方向的思考. 城市规划学刊. 2005，(1).

[7] 朱介鸣，赵民. 试论市场经济下城市规划的作用. 城市规划. 2004，(3).

[8] 殷姿，李志宏. 美国研究型大学教师考核制度研究. 高教探索. 2005，(1).

转型时期我国城市规划教育面临的困境与出路

陈前虎

摘　要：分析了当前我国城市发展与城市规划面临的困境及其根源，重新思考了城市规划的作用与功能，认为城市规划的本质应该是协调社会关系，降低交易成本，促进分工合作。在此基础上，围绕人文关怀这一主题，从加强职业道德教育、完善学科体系结构、优化教学方法与教学理念等方面提出了城市规划教育的应对之策与变革之道。

关键词：城市发展，城市规划教育，公平，人文关怀

中国正经历着举世瞩目的城市化快速发展过程，城市规划学科的发展也因此面临着巨大的机遇和严峻的挑战。一方面，实践的需求给了城市规划学科千载难逢的发展机会，国内城市规划院校正以"雨后春笋"般的速度发展；另一方面，城市化的快速发展带来了诸多问题，城市规划在被社会寄予厚望的同时，却一直背负着沉重的社会压力，规划实践也时常陷入角色摆布与价值摆饰的尴尬局面。面对现实矛盾与问题，城市规划的理论工作者与教育专家一直在做深刻自省与孜孜追求。从反对片面的形态主义、工程技术理性，到强调规划学科的综合性与社会理性，再到如今担忧"规划学科核心理论的空洞化"；从反对终极目标式的静态蓝图到倡导连续性的动态决策过程，再到规划实效的制度性反思。可以说，改革开放二十多年来，中国的城市规划学科一直沿巡"因地制宜，与时俱进"的科学发展路线，并取得了举世瞩目的成绩。当前城市规划限于制度框架及其自身的知识结构而陷入"理论不适用、方法不好用、知识不够用"的困境，恰恰反映了处于"双重转型"(发展阶段转型与体制转型)状态的中国面临的"双重滞后"(政府管理滞后与社会管理滞后)的社会发展现实；若偏面单一地以规划滞后来曲解社会问题，或搪塞与推卸管理责任，既不公平，也不科学。走出困境，需要城市规划不断提升内部功能，但更重要的在于完善城市规划发展的外部制度环境。

1　公平价值观缺失下的城市发展与城市规划

中国的城市化进程是一种典型的由农业社会向工业社会变迁的过程，面对新的社会关系和人口的大迁移，旧的价值观念与文化体系逐渐被打破，而新的价值观念与文化体系尚未形成，城市社会缺乏整体文化认同，公共权力与社会成员行为缺乏整体规范，从而出现了大量的社会失范和越轨行为，并导致了一系列的城市问题与公共危机：①高房价折射出地方政府、银行、开发商与市民之间的不平等利益关系，市民的"按揭贷款"俨然成了前三者的提款机，更多的普通百姓只能望楼兴叹，挡在城市化门槛之外；②出行难从表面上看是车子日益拥堵，车道数不断增加，人行道、自行车道与公交系统不断地被排挤与边缘化，但其实质在于部门利益争夺与社会强势集团的话语权垄断；③城市广场、绿地、雕塑愈建愈多，但与此同时，城市"毁容"事件(公共设施被盗、被毁)愈演愈烈，"弱势群体"转"黑恶势力"现象时有抬头；④轰轰烈烈的城市更新在拆除大批质量低、租金也低的住房，改善环境、提高地价、获取政绩的同时，却产生了大量的失业与无家可归者；⑤单位制社区逐渐解体与消亡，私人社区不断涌现，与此同时，围绕着停车、环卫、采光以及社区公共设施的运行维护与收益等问题，居民之间、居民与开发商或物管之间的纠纷争端却日益增多；⑥公共卫生事件、饮用水危机与生态环境灾害频频发生，但区域恶性竞争与城市发展短期行为却依然如故。

当前环境和社会资产遭受如此大的威胁与破坏，归根结底在于包括城市规划在内的各种社会协调机制的失效：不能着眼于长远(未来利益代表缺位)；没能代表分

陈前虎：浙江工业大学建工学院副教授

散的利益集团(如农民失地、拆迁上访、非法用工);没有承诺让资产升值(如竭泽而渔式的开发)等等,所有这些都反映了公平文化缺失下的社会约束机制的软化与缺乏。经济社会活动在空间上的不断聚集与扩展(城市化)在带来积极外部性的同时,也带来了越来越多的消极外部性:个人、企业和地方把环境成本(如污染和生态退化)及社会成本(如社会信誉和公平的丧失)强加给其他人或其他组织;而消除这种消极外部性的社会主流文化及其协调机制却远远没有形成。由于中国的城市规划脱胎于计划经济,长期以来人们似乎已经认同规划就是对政府计划的执行和落实,规划师也总是习惯于站在政府的角度去考虑问题,而对“社会主义”的角色定位却少有体会,城市规划作为一种社会发展的协调控制机制在实际效能上还远未达到理想状态,具体表现为两方面:一是公共政策属性丧失,当规划每每成为政府各个部门、各个地区争夺利益的工具时,它已无法弥补市场失灵;二是可操作性丧失,那些迎合地方政府需要的“虚化”的口号式战略规划,既缺乏由衷的人文关怀,又缺乏落到“实处”的、有操作性的制度技术设计(陈秉钊,2005),其结果不是规划脱离了社会,就是社会抛弃了规划(赵民,2004)。因此,只有从制度上确保越来越多的人拥有各种资产的管理权和决策权,保证足够的知情权和言论权,同时具备有效的实施保障机制,那么,作为一种胜任的社会协调机构——和谐的规划主体——它们能够及时地获取信息,平衡各方利益,负责任地实施决议——才会形成。可见,中国城市规划所面临的外部制度环境是不容乐观的,面对人类历史以来最大的一次人口流动与社会变迁,整个社会在政策、理论、方法和相关工作操作层面上都缺乏足够的准备,城市规划应对城市发展问题的挑战也主要来自思想观念及相应的认识论与方法论。

区域与城市的可持续发展是城市规划的根本目标,而经济、环境与社会作为可持续发展理论的三根支柱,共同奠基于并支撑着可持续发展的理论内核——公平。然而,迄今为止的规划教育、理论研究与规划实践大都突出强调经济增长与环境保护的重要性,而关于社会可持续性的思想——尤其是行动,尚未发展到其他两根支柱的水平。当前中国城市发展面临的诸多问题与挑战再次验证:除非规划学科体系、规划教育制度与规划社会实践都把社会公平同经济增长与环境保护结合在一起考虑,否则,经济增长和环境保护本身将会随着时间的推移而变得岌岌可危。

2 城市规划的作用与功能

城市发展与城市规划陷入困境促使我们回顾和反思规划的作用与功能。长期以来,人们主要从技术角度来定义城市规划的内容、任务及其作用与功能。如《中华人民共和国城市规划法》及《城市规划原理》指出,城市规划是根据一定时期城市的经济和社会发展目标,确定城市性质、规模和发展方向,合理利用城市土地,协调城市功能布局及进行各项建设的综合部署和全面安排。毋庸质疑,城市规划作为一门应用学科,有其自己的核心功能:即通过资源的时空配置,尤其是对城市空间发展目标的设定和达到这项空间目标过程中时间上的制导,实现经济社会的可持续发展。然而,人们对资源配置过程背后的社会关系,以及这种关系对城市规划目标造成的影响关注则相对较少。但恰恰是由于规划过程忽视了城市发展过程中各主体之间利益关系的研究,使得规划实践时常陷入困境:为什么那些依靠“洋”而“新”的理论武装起来的规划方案会屡遭挫折?因为这些前提虚假、缺少理论本土化过程的规划方案难以说明特定发展条件下的制度环境与社会关系,规划过程也就失去意义,再理想的规划方案也难逃流产命运;制度环境及其社会关系影响着生产的动力和交易的成本,从而影响空间资源配置的实际状况与利用效率。当前城市发展面临的危机与规划师陷入的尴尬局面表明,在探讨城市规划本质的过程中,除了技术效率,更应该考虑特定社会制度文化背景下的交易费用因素,考虑城市规划在协调社会关系,降低交易费用,促进社会分工合作方面的作用与功能。笔者以为,完整的城市规划本质,应该从以下两个层面加以理解:

首先,城市规划的作用与功能在于调控利益,维护公平,促进和谐,告诉人们“不该做什么”。市场机制的优势在于效率,但这种效率往往是以强加给其他人或其他组织的社会成本与环境成本为代价的,而这种负外部性又恰恰是市场自身难以解决的。城市规划作为政府弥补市场缺陷的重要手段,其基本作用就是通过制定红线、蓝线、绿线、黄线、紫线等规划控制线,以及规定地块

性质、密度、容积率等分区控制指标，规范市场行为，遏止投机、欺诈、违约等现象，保护公共与长远利益，引导城市开发向着更加关注公平与和谐的方向发展。试想，当越来越多的无家可归者徘徊在豪华的私家社区门口，当越来越多的流浪汉寄居在店铺门廊之下而吓跑顾客、影响店主生意的时候，我们会对自己生活的城市感到安全与满意吗？当我们的生物学家忙于研制各种疫苗以应对不断变异的病毒，当工程技术专家疲于应付各地的水污染危机时，作为社会学家的城市规划师是否本应发挥更为积极与有效的作用？因此，市场经济下的城市发展需要两个层次：一是以企业为中心按效率由市场对城市土地资源进行配置，并根据生产要素分配收入；二是以政府为中心，注重公平，通过城市规划手段调控城市土地与空间资源的利用，以实现收入的再分配。前者称之为功能分配，属于市场功能；后者称之为规模分配，属于规划功能，其目的是为了保证效率与促进效率的进一步发展。可见效率与公平并不是非调和的，从长远来看，两者恰恰是互促互进的；竞争出效率，公平谋发展。城市的资源配置目标不仅仅包括效率，还应该有公平和稳定，这是评价城市规划作用的基本原则。

其次，城市规划的作用与功能还在于整合信息，引导市场，提升效率，告诉人们“该做什么”。虽然在市场动力下，企业最终会自动选择最优区位，但受信息制约，这一过程具有滞后性。信息不完全既是客观条件限制，又受主观因素影响。客观条件是由任何个体接受与处理无限信息的能力有限性决定的；而主观因素则指由于个体之间人为的不合作导致的信息不对称。如“囚犯困境”的产生就是因为在没有事前契约的条件下，囚犯的有限理性及信息不对称使得两个囚犯都采取不合作的自私行为，结果每个人的“自私”并没有带来“自利”，“恶性竞争”导致“两败俱伤”，个人的理性选择导致了集体的非理性。当前区域层面的重复建设与恶性竞争，社区层面愈来愈多的纠纷现象就是如此。但如果把“囚犯困境”模型“多次往复”（这一过程大大降低了信息的不确定性程度），那么囚犯终究会发现：合作比“自私”更有利；同样地，个体在面对越来越激烈的恶性竞争问题中发现，遵从某种合作规则要比通过投机欺诈或自作聪明地获得少数几次不义之财更有利，此时自下而上式的区域规划与社区规划便会自发地产生。博弈论表明，多次博弈能导致合作。N. 斯科菲尔德指出：“合作的基本理论问题就是，个人用什么方法获得其他人的偏好和可能行为的知识。既然大家都需要了解各自的偏好及其战略，合作的问题变成了提供共同知识的问题。也就是说，在给定的环境下，一个当事人必须最少了解到有关当事人的信息和需求，以便能够形成一致的行为，并且这种知识可以传递给其他人”。可见，“共识”是合作得以进行的基本条件，公平则又是各方形成共识的必要前提；而为合作创造公平、提供“共识”就是规划的基本功能。

从根本上说，城市规划所涉及的是社会资源的配置问题，而对于资源配置来说，在社会整体层面上，其终极准则是公平和公正(孙施文，2006)。在目前“双转型”与“双落后”的社会环境下，当规划在告诉人们“该做什么”与“不该做什么”的时候，规划师都不应该忘记一个前提，即土地与空间资源的利用公平吗？规划协调好社会利益关系了吗？否则，其结果不是巨大的摩擦成本与交易成本阻止了规划的实施，就是实施的规划制造了更多易于产生社会摩擦与冲突的空间场所。

3 城市规划学科及其教育的出路

面对当前我国城市发展与城市规划实践因价值观缺位而陷入的困境和尴尬，城市规划教育该如何作出反应？其出路何在？笔者基于上述对城市规划作用与功能的理解和认识，结合近年来的教学实践，就以下三个方面略陈管见。

第一，加强学生的职业道德教育，突出“以人为本”的人文关怀思想。规划师的价值观念始终是西方国家规划教育领域中令人关注的议题，但在目前中国的规划教育制度设计中几乎完全忽视了这一问题的存在及其重要性。这是学生重视形态设计、轻视社会调查与分析，规划师热衷于取悦甲方、漠视社会利益的教育根源。因此，从学生进校的第一次专业教育开始，就应该明白地告诉他们：城市是人聚居的场所，城市规划是协调和处理人与人之间关系的一门学科。城市规划有自己的学科核心，即土地与空间资源的安排，但这种安排“要研究具体人的需要，而不是从形式主义或僵化的‘规范’和‘指标’出发，只见物不见人；要树立正确的价值导向，寻求公共资源配置的公平性方式，推进公众参与的制度安排，

关注社会弱势群体的需要和福利；要延伸至社区发展的领域，将社区的健全和凝聚力及社会的和谐发展作为起点和归宿(赵民，2004)”。这样一种职业道德教育不应只是作为一种虚化口号或形式摆设，而应真正贯彻于专业设置、培养目标、教育计划、课程教学大纲及教材、教学管理制度等整个教育体系及执业制度设计中，并且贯穿于整个教育过程始终。只有引导学生建立一种科学高尚的职业价值观，才能帮助学生正确认识和理解当前城市发展与城市规划陷入的困境及其思想根源。

第二，完善学科的体系结构，加强学生的人文社会科学素养。由于国内规划专业大都由建筑学专业发展而来，受改革动力和师资力量的限制，在学科的交叉发展、特别是人文社科类课程的导入方面大都还处在较为初步的阶段，还有许多工作要做(赵民，2004)。但正是这种不完善的学科体系，使得学生对城市规划工作的理解停留于单纯的技术领域，而对于“城市是什么、为什么会是这样，以及应该如何”等等问题却是认知甚少；规划的职业身份也因此长期囿于一个狭窄而硬性的边界，排除了跨专业的认识和实践。事实上，经济学关注资源利用及其效率问题，社会学关注价值观念与社会公平问题，公共管理学关注社会规范与社会秩序问题，这些学科对于科学理解城市的性质和城市规划的本质提供了宽厚的理论基础与强大的思想武器；如果说土地资源的时空配置是城市规划学科体系的内核部分，那么，它们就是城市规划学科不可缺少的外核部分。我们应该避免走西方“城市研究”的歪路，以防止“学科核心理论的空洞化”；同时，当前社会的普遍问题与主要矛盾又提醒我们“不能继续走中国‘黑箱式’设计的老路”(吴志强，2005；梁鹤年，1995)。

第三，优化教学方法与教学理念，提高学生解决社会实际问题的能力。在引导学生建立正确的价值观及充分认识规划专业知识教育的多学科性的基础上，进一步改革规划专业传统的灌注式教学方法，优化规划专业的教学理念，培养学生更多地以排解困难者(facilitators)、调解斡旋者(mediators)、解释者(intepreters)和综合协调者(synthesisers)的身份参与社会调查分析与规划的决策判断，使学生对规划过程的理解从单纯的技术领域转向对社会问题本质与原因的探寻，转向更多关注于为各社会群体面对制度变化和社会环境的挑战提供功能性支撑(Forester，1989)。就如Sager(1994)所说，这么做的总的目标并不是要去编制一份被称为规划(plan)的文件，而是要形成一个政治过程，其中包括了规划、政策和行动纲要；规划师的作用是要“授人以渔”而不是把鱼拿给他们；规划的核心就是在多元主义的思想前提下，寻求一种“政府—公众—开发商—规划师”的多边合作。如果说市场失灵的存在是因为没有支付“经济制度运行费用”的缘故(Arrow，K. 1989)，那么，我们也可以认为，当前规划屡屡失败的根源就在于规划设计过程没有支付“调解协商费用”。因此，规划教学的目的不仅仅是告诉学生什么样的产品是最好的，更为重要的是教会学生如何通过合理的费用支付过程而挑选到最合适的产品。这样一种教学理念要求学生必须掌握一种完全不同的专业能力，即与社区的生活方式相融合的、一种新型的文化和政治、经济的基本能力。这正是本文阐述的城市规划作用与功能的基本内涵——协调社会关系，降低交易成本，促进分工合作。

4 结语

市场经济体制下的城市化进程必然会伴随社会阶层的多元化与社会矛盾的复杂化现象，这既是当前中国正在发生的真实故事，也是国际社会已经先验的客观规律。正是基于这样一种社会背景，中央适时适地提出了构建和谐社会与统筹经济社会发展的国家战略。面对这样一种发展趋势与社会需求，城市规划需要重构自己的价值目标：从原先忽视“人与人关系(交易成本)”下的单纯的技术理性过程，转向强调更多地关注社会各个群体利益平衡的社会理性过程；惟有如此，城市规划的技术目标才能实现。换言之，城市规划所寻求的应该是通过在各类群体中进行沟通、对话，对各种不同的价值观、生活方式和文化传统在空间层面上寻求解释，然后将这些内容转化为不同的土地利用形式与空间组织形态，并通过公平原则下的协商与谈判，建构起一个协同的行动纲领。

城市规划职能角色与社会功能的转变要求城市规划学科及其教育的整个体系作出积极回应与变革。其中包括：加强职业道德教育、完善学科体系结构、优化教学方法与教学理念等等；但万变不离其“宗”，此“宗”就是本次专业指导委员会年会的主题——人文关怀。

参考文献

[1] 赵民. 在市场经济下进一步推进我国城市规划学科的发展. 城市规划汇刊. 2004, 5.

[2] 陈秉钊. 中国城市规划教育的双面观. 规划师. 2005, 7.

[3] 吴志强，于泓. 城市规划学科的发展方向. 城市规划学刊. 2005, 6.

[4] 孙施文. 城市规划哲学. 北京：中国建筑工业出版社，1997.

[5] 张兵. 城市规划实效论. 北京：中国人民大学出版社，1998.

[6] N. 斯科菲尔德：“Anarchy，Altruism and Cooperation：A Review” Cocial Ckoice an Welfare，第 2 期 P207～219，转引自卢现祥，《西方新制度经济学》，中国发展出版社，2003 年 6 月第 2 版.

[7] 早在 1960 年代，Davidof(1965)就提出了不同的社会群体具有不同的需求，因而导致不同规划的观点。他提倡规划师应当为弱势群体提供规划帮助。Davidof 倡导的规划价值观在规划教育领域产生了深远的影响，美国规划院校年会为此设立了 Davidof 奖，用以表彰在这方面作出突出贡献的规划教师。类似做法是否可以成为我们“专指委”年会内容的借鉴?

[8] 转引自：林秋华. 城市“总体规划”的发展阶段. 国外城市规划. 1987, 2.

[9] 孙施文. 城市规划不能承受之重——城市规划的价值观之辨. 城市规划学刊. 2006, 1.

[10] 梁鹤年. 改革——中国城市规划教育迫在眉睫的选择. 城市规划. 1995, 5.

[11] K. J. 阿罗. 信息经济学. 北京：经济学院出版社. 1989.

[12] Forester，John. 1989. Planning in the Face of Power. Berkeley and Los Angeles：University of California Press.

论城市规划教育中的知识层面及专业教育组织

韦亚平

摘　要：从城市规划实践的多学科知识结构及综合应用特点出发，论述了不同知识层面的教育目的；基于专业应用指向，结合当前我国规划教育中的突出问题，讨论了城市规划教育组织中的重点任务、教育阶段、课程设置与教育特色的内在联系等问题。

关键词：城市规划教育，知识层面，规划课程组织

1　导言

随着我国城市建设事业的不断发展，城市规划所涉及的工作内容以及学科所讨论的知识范围也在不断扩展、延伸，可以说已大大超越了国内对城市规划任务的传统定义；❶,❷并且，城市发展与专业实践中的价值分歧也日益突显出来。以至于一些资深规划从业者都困惑于“什么是城市规划”。❸

关于城市规划的学科定义，国际间具权威的《不列颠百科全书》❹表述为：围绕城市环境或特定场所中的物质形态、经济功能，以及社会冲突等问题，对(土地)空间使用所做出的设计与管理活动。而国际间最开放的《自由百科全书》❺则认为：一门关于土地利用的学科，主要研究处理城市社区(市政区)的建设环境与社会环境的若干问题方面，包括美学、安全、贫民区、改造与更新、交通、郊区化(建成区扩张)、自然环境等。

这两种简明定义有着同一性，即城市规划的“工作范围”和“工作目的”分别为“城市土地空间的利用(设计与管理)”与“解决城市环境中的物质形态、经济功能，以及社会冲突等方面的问题”；并且也能包容学科所需研究处理的任务变化，因为不同时期的城市问题不同，重点也就不会一样。此外，这些定义中也隐含着专业实践中的价值分歧，因为对规划所需处理的城市问题存在着不一样的认识，某些人士感知到的问题在另一些人看来可能并不是问题。

由此可见，我们困惑的其实并不是学科意义上的定义，而是如何适应的城市规划在实务阶段的专业扩展以及价值的多元化，亦即从业者需要具有什么样的专业素质的问题。由此，本文的主要内容为：①从城市规划教育中的知识层面及综合应用的实践特点出发，论述不同知识层面的教育目的与作用；②结合当前规划教育中的突出问题，就专业教学的组织问题，讨论规划教育的重点任务、教育阶段、课程设置与教育特色的内在联系。

2　城市规划教育中的知识层面

随着我国社会主义市场经济的持续发展，与土地空间相关的大多数城市化问题已难以通过单纯的物质规划去解决；并且，这些问题又将反过来深入影响宏观经济

❶ 官方定义如：城市规划是“对一定时期内城市的经济和社会发展、土地利用、空间布局以及各项建设的综合部署、具体安排和实施管理”。参见：《城市规划基本术语标准》GB/T 50280—98。

❷ 教材定义如：“城市规划的任务是根据一定时期城市的经济和社会发展目标，确定城市性质、规模和发展方向，合理利用城市土地，协调城市空间功能布局及进行各项建设的综合部署和全面安排”。参见：同济大学 主编：《城市规划原理（第二版）》，中国建筑工业出版社，1991，p20。

❸ 参见：邹德慈等．什么是城市规划？（2005年城市规划年会自由论坛），《城市规划》2005(11)：23～27.

❹ 《不列颠百科全书》网络版，参见：http://www.britannica.com/eb/article-10803/urban-planning

❺ 《自由百科全书(Wikipedia)》由维基媒体基金会于2001年创设，是一个基于网络传播的免费数据库，其中的词条可以由任何Internet用户编辑，“Wikipedia”是“Wiki”（一种“WWW”站点协作方式）和“encyclopedia”（百科全书）两个单词的合成。

韦亚平：浙江大学建工学院区域与城市规划系副教授

社会以及城乡环境的良性发展，因此，近年来不断有官方文件强调城市规划的公共政策属性。❶相关的学术讨论指出，在市场经济下，城市规划既是政府实施公共政策的一种工具，也是表达公共政策的一种载体(赵民、雷诚 2007)。未来的专业实践不仅在价值导向上需要体现政府的“更注重社会公平、民生和社会和谐”的执政理念，而且需要对专业实践的具体任务不断扩展。由此，我国的规划专业教育也必需要相应拓展学科领域的广度和深度。

规划理论家弗里德曼曾指出，城市规划专业实践的性质主要体现为多学科知识的综合应用，即“从知识到行动”(Friedmann 1987)。❷这也就是说，规划教育中需要涉及若干不同的知识层面。但在我国的学科划分中，“城市规划与设计”专业只是设置于建筑学一级学科下的二级学科。从近年的专业发展看，这样的分类已越来越难以包容专业实践的发展。事实上，目前的相当部分规划工作内容已基本与“建筑”的设计没有关系。不过，就规划教育来讲，并不是要培养掌握多个学科领域知识的通才，事实上这也不可能。规划教育更多是要立足专业实践的需求，把握相关学科知识在专业实践中的作用。为此需要确定专业教育在不同阶段的培养目标，并有针对性地设置相关课程。以下根据一般的学科知识层面划分，❸论述规划学科知识结构中不同层面的教育目的。

2.1 科学层面(science)

科学知识是城市规划专业实践的内在基础。从定义上看，科学是“任何涉及到真实世界和它的现象的知识系统，这一知识系统需要经得起无偏见的观察和系统化的实验”。这里所谓的知识系统即为科学理论，那些偏重于学习和研究科学知识的专业也被称之为“理学”类。

理论本身只表现为语言文字和符号系统，一般并不具有直接改造世界的实用性，而只是在于解释世界，即对自然现象和社会现象背后的原因与作用机制提出严格的逻辑解释与证明。规划专业实践在安排和改造城市环境的过程中，需要有意识地遵循或应用科学知识系统中的相关规律，才能有效地达成规划目标，这也就是通常讲的“科学规划”。因此，在规划教育中，与规划实践相关的科学知识就构成了规划的知识教育基础，并且知识的传授应建立在科学方法论的理解之上。此外，从更高的培养要求看，科学层面的规划教育既在于理论知识的传授，更需要培养科学理论的创新能力。不过，这种理论创新较多是面向应用的，是应用性理论研究，而不是基础理论研究。

2.2 技术层面(Technology)

技术知识是城市规划专业实践的主要工具。技术建立在对科学知识的认识基础之上，是“将科学知识应用于实现人类生活的实际目的”的学说。由于技术研究与科学理论联系紧密，所以通常被称为“科技”。技术是有实用意义的，并可以“批量”传授给其他人用于生产实践，因此技术是一种直接的生产力。具体的技术表现为“达成某种目标或结果的系统方法”，通俗来讲就是“将你做的方法说出来”。在规划实践中这样的方法很多，它们分别满足了不同的目的要求，例如人口预测技术，交通流量分析技术、管网综合规划技术、社群抽样调查技术等。这些技术都建立在诸如应用数学、经济学、流体力学、概率统计学这些专门科学知识基础之上的，这些技术的开发也就是所谓的“科技转化”(Technology transfer)。

由此，规划教育的技术层面存在着两种目的：一是传授成熟的规划实践技术；二是培养能改进既有规划技术、甚至开发新的实用规划技术的能力。后者是因为随着城市发展的内外部环境变化，过去的成熟技术今天可能不仅是落后的问题，而是根本就不适用，比如在计划经济下开发出来的的人口预测技术就是如此。

2.3 工程层面(Engineering)

工程层面的教育应对着规划的专业实践能力。工程的简单定义是“将科学应用于最有效地转化自然资源，

---

❶ 可参见：《国务院关于加强城乡规划监督管理的通知》(国发［2002］13号)、《关于加强城市总体规划修编和审批工作的通知》(建规［2005］2号)、《城市规划编制办法》(建设部令第146号)等。

❷ 弗里德曼将规划解释为“规划试图将科学技术知识与公共领域的行动相联系”。参见：John Friedmann. 1987. Planning in the Public Domain: From Knowledge to Action. Princeton, New Jersey: Princeton University Press. p. 38.

❸ 本文中对不同学科层面的定义来自于《不列颠百科全书》网络版：http://www.britannica.com

造福人类"。在科学应用意义上，工程与技术基本是一回事，不过工程主要着眼于将技术应用于实践，而技术则偏重于以工程实践为指向的技术改进以及新技术开发。通俗来讲，工程就是"将你说的目标做出来"，因此，人们会把掌握复杂技术的劳动生产者称为"工程技术人才"。

从城市规划的专业实践分类看，既有各类规划工程项目的编制任务，也有规划的实施管理任务，另外还有若干与城市空间相关的专题研究任务。其中，专题研究在很多时候是交织在前两类任务之内的，尽管有时专题研究是独立的，但也可以被视为规划编制和管理的技术储备。由此，专业教育中的工程训练又可以分为两个方面：首先是技术的综合应用能力。这需要通过工程实习的环节进行训练，也就是培养"规划编制能力"。其次是工程管理能力，这不仅仅是掌握规划实施管理的环节和相关法规程序，也包括规划编制和推动规划实施的组织能力。从更高的培养要求看，还包括敏锐把握问题的重点方向，设定专题研究，或多专题的综合研究目标以及组织研究实施的能力。

关于规划实践的工程管理，在规划学科的发展中曾出现了很多的论述，这方面的论点也被称之为"规划的理论"(theories of planning)，而规划中的相关技术以及其所基于的科学理论则被称之为"规划中的理论"(theories in planning)。❶因为规划工程管理需要立足于具体的制度环境和社会经济发展阶段，因此并不存在普适性的科学之说，这也使得若干规划理论更多是经验的积累，而不能称之为科学。❷

2.4 人文层面(Humanities)

人文教育在于树立规划的专业价值，使专业实践能更好地满足社会的需求。一般认为人文学科构成一种独特的知识，即"关于人类价值和精神表现的人文主义的学科。"现代意义上的人文学科主要包括语言、文学、历史、哲学、艺术及具有人文主义内容或运用人文主义方法的其他社会学科。人文学科的研究对象就是实实在在的社会人，但我们并不能通过某种科学实验方法(逻辑)去证明"人"，而只能是科学地解释"人"，这种解释的源泉就是社会发展中积累的各种人文信息，通过人文研究，可以总结其中蕴涵的社会伦理和价值精神。因为人文精神是社会健康发展的灵魂，所以它同样具有实用意义，并被视为人类科学精神的对立统一方面，所谓"关乎人文，以化成天下"❸说的就是这个道理。

在规划专业实践中，人文关怀是专业实践的价值内核，其赋予规划实践以"正当性(legitimacy)"。对规划人来说，这是专业实践中理想主义信念的基石(韦亚平、赵民 2003)。事实上，如住房规划及历史保护规划这样的专业实践，在很大程度上就是直接应对人文关怀而确立的。与此相对应，规划工作者的人文修养也是一种重要的专业素质，它可以有助于规划实践活动的开展。因为规划实践中的很多工作要与人沟通，规划的实施也需要通过社会公共选择来确立；如果缺乏良好的人文素养，不能认同和理解多元的社会价值，就难以使规划取得良好的实际效果。

由此，人文层面的规划教育体现在两个方面：一是围绕规划专业的理论和实践发展，从历史、哲学、政治学、社会伦理学等方面，对规划的正当性进行研讨，进而培养起良好的价值判断能力，这方面的研讨范式通常也被归类于"规划的理论"；二是通过语言、文学、艺术等方面的专题讲座以及课程外辅修，培养良好的人文素养，包括审美能力。

2.5 技能层面(Technique)

在规划专业实践中，技能(或技艺)指的是具体技术应用的熟练程度。技能的重点在于"做"的好坏与快慢，同样的技术由不同的人实施，其速度和质量可能会差异很大。因此，技能的提高需要反复练习，进而"熟能生巧"。

规划实践中的技能可以分为两类，一类是各种规划编制技术的使用，这些在前文中已有介绍。此类技能的

---

❶ 关于这种分类参见：Faludi，A. 1973. Part I. What is Planning Theory? A Reader in Planning Theory. Oxford：Pergamon Press. 1～10.

❷ 参见：(法)让·保罗．拉卡兹．高煜译．城市规划方法．北京：商务印书馆．1996.

❸ 《易经》(第二十二卦)．贲(艮上．离下)："观乎天文．以察时变．观乎人文．以化成天下"。可理解为："考察天文现象，就可以预知时节与气象的变化，进而有利于物质生产；考察社会人伦，就能以社会伦理去教化天下，促进社会的和谐发展"。

提高主要在于通过练习，掌握分析或计算的步骤与方法，但并不一定需要理解其背后的原理；另一类是纯技能，它们基本不涉及到某种科学知识，而是某种行为动作的熟练程度，如专业实践中的绘图、表现技法、文字编辑等。规划教育中的技能训练并不能替代工程训练，前者只是技术实践的行为训练，而后者则是具有工程目标导向的多种技术的综合应用。

在规划教育中，单纯的技能训练只是基本要求，更高的要求在于能培养施展技能的创造性。不过这种创造能力是建立在其他教育层面的基础之上的，例如，在理解技术原理的基础上，不但可以更快地熟练掌握技能，而且可以因为“熟能生巧”对技术进行改进；同样，如表现技法这样的纯技能也可以经由人文知识的渗透而具有艺术性。

3 面向专业应用的城市规划教育

虽然规划教育可以按以上的内容进行层面划分，但在具体的课程教育组织中，不同层面的知识讲授和能力训练内容往往是紧密联系在一起的，它们在专业实践中作用以及培养目标如以下框图所示(图 1)。以下就专业应用指向，对规划教育组织的若干重点方面进行讨论。

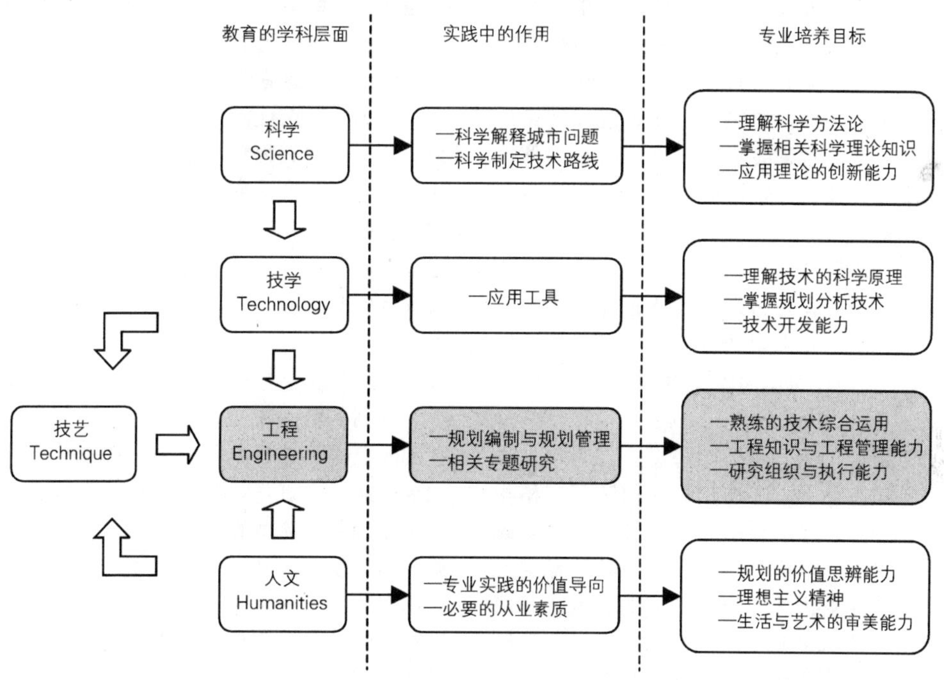

图 1 规划专业教育中不同知识层面的关系

3.1 面向专业应用的重点教育任务

上图显示，就面向专业应用方面来看，规划教育的重点任务在于工程教育。其中，一方面是技术、人文、工程方面的知识教育；另一方面是在知识教育的基础上，通过技术训练或参与工程实践，提高技能，也就是综合的技能培养。在专业实践中，“技术水平不足”、“动手能力差”说的就是技学教育和技能方面的训练不够，而委婉地批评一个从业者是“技术派”或“只会做(技术)规划”则意味着在人文素养方面有欠缺。因此，在工程导向的教育培养中，技学、技能、人文三个方面缺一不可，并且需要均衡设置相关课程。

尽管如此，这并不意味着科学层面的教育培养不重要，只不过对于一般的规划实践要求来说，这些知识已“内含”在技术和工程方面的课程教育之中，在讲授某一规划技术的同时，一般总会从这项技术的基本科学原理谈

起。即便是科学方法论，也可以体现在规划编制与规划管理的规定程序之内。当然，在工程教学中也会对设定这些程序的方法论内容进行介绍，但这并非是专门的方法论训练。因此，对于大部分规划从业者来说，可能并不精于规划相关的科学理论研究以及制定规划程序的方法论，但却不会妨碍他们成为合格的职业规划师或规划管理者。相反，如果在规划教育中过于偏重科学理论层面的教育，而对工程技能教育不充分重视，则培养的毕业生就有可能只是“空洞的理论家”，不能满足专业实践要求，这种情况通常也被称为“缺少临门一脚”的能力。

不过，从专业与学科发展来说，科学层面的教育至关重要。首先，随城市环境的发展，新的与土地空间相关的城市问题会不断出现。这就需要规划研究者能选择合适的理论，包括利用那些新出现的相关学科理论对这些问题进行科学解释。其次，过去某些已经既成定论的解释可能并不确切，因此也需要通过研究提出新的理论解释。这样，在专业实践中，就需要基于这些科学解释提出新的工程技术路线。而无论是城市问题的科学解释还是制定新的规划技术路线，都需要基于科学方法论的掌握。但目前国内规划教育在方法论和专题研究方面仍然较为苛弱(唐子来 2003)。虽然理论知识得到了不断加强，但知道理论是一回事，而应用理论则是另外一回事。

3.2 教育阶段与要求

由以上内容可知，对于“工程相关层面”与“科学层面”的教育培养内容，显然要由不同的规划教育阶段来完成。在培养层次上，本科教育阶段的培养目标主要在于一般规划实践的专业人才，也就是职业教育；而研究生阶段则在于培养能满足专业发展的人才。其中，硕士阶段更偏重于专业实践的拓展，因此培养目标主要在于掌握科学方法论、重点拓展某些方向的科学理论知识，以及专题研究能力和较强的工程管理能力；而博士阶段则主要应对于专业的学科内容发展，培养目标主要在于能进行应用理论创新的能力、技术开发能力、综合研究的组织与执行能力，以及较强的价值思辨能力。

由于规划的综合实践性质，因此，在具有一定的工程实践经验基础上进行研究生教育就会更有成效。通过参与工程实践，可以基于具体的工作经验确定自身的理论知识的重点拓展方面及恰当选择研究方向；此外，对于在其他规划相关学科有过专业教育训练的毕业生来说，也可以通过规划的研究生教育阶段，补充规划工程知识和技能，培养规划实践中的应用能力与理论研究能力。这无论是对城市规划的实践拓展还是学科充实都是非常重要的。正因为如此，在欧美这些建设规划需求相对较少的发达城市化国家，规划教育是以研究生学位为主流的，其中，来自人文和社会学科的生源数量往往超过来自设计和工程学科背景的生源数量。

在我国的快速城市化发展阶段，专业实践中的工程建设规划任务比重很大，因此，规划专业教育普遍是从本科教育阶段开始的，这样的本科教育起点满足了社会对建设规划编制与设计人才的需求。但随着城市化水平的逐步提高，高速发展中所掩盖或忽视的城市问题将日益暴露出来，这在那些相对发达的城市区域表现得尤为突出。因此，在现阶段及未来的专业教育中，一方面规划编制导向的工程教育还需要继续发展，另一方面也要注重加强面向专题研究、综合研究和理论研究的研究生教育。此外，在规划研究生教育中，有必要更多地重视吸收其他相关专业的毕业生，以及更多地吸收具有工作实践经验的生源。

3.3 课程设置与教育特色

规划教育的课程设置导向与不同培养单位的专业特色问题已是日益受到关注。一般认为，我国的规划教育主要脱胎于建筑学，以物质形态的规划设计见长，即所谓规划编制导向型的培养模式(孙施文 1997)。近十多年来，由于规划编制与管理方面的人才需求比较大，教育规模得到了迅速扩张，很多新增的专业教育院校都是在原有相关专业的基础上转型而来的。相关统计显示，目前的规划专业教育大致出自建筑、地理、环境、农林这四类，其中建筑背景的占60%左右(赵民，林华 2001)。基于这样的教育发展状况，2003年建设部专业指导委员会制定了城市规划专业本科教育培养方案，对专业培养目标、课程设置等提出了统一的规定和要求。其中，智育要求分为理论知识与专业技能两个部分(图2)。在这样的培养方案要求下，地理背景的院校开始增设工程设计课程、建筑背景的院校越来越多的开设经济学、社会学方面的课程。各个规划院校的课程设置已表现出一定的综合化趋同情况。

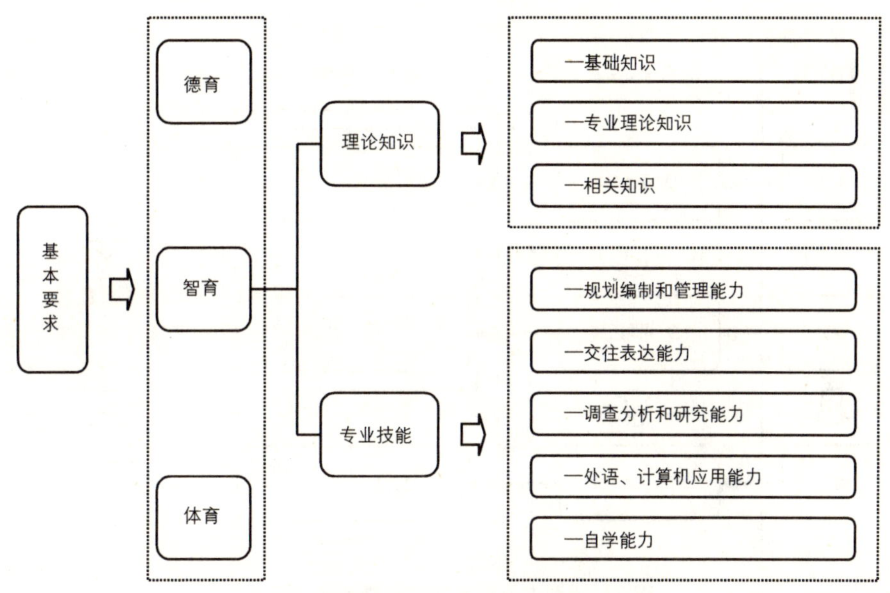

图 2　城市规划专业本科(五年制)教育框架

资料来源：建设部专业指导委员会

尽管如此，由于各个院校的师资结构不同，以及实践教学的基础平台差异，还是存在着不能满足专业实践要求的若干方面。例如，地理背景院校的毕业生往往对物质空间组织缺少理解，而建筑、环境背景的院校毕业生则对经济社会问题缺乏理论的应用分析能力。此外，在培养方案要求下，尽管课程设置得到了充实，但在规划教育的学科知识层面上，对若干新增课程定位尚不够明晰，因而教育内容也就与原有的专业基础难以有效衔接。其结果是一些毕业生进入工作实践后，难以将这些课程知识进行技能转化，这种问题反映出来就是“很多课程与教育内容没有用”。

为此，本科毕业生往往需要通过两种途径进行补课，一是进入具体的专业岗位，在实践中补充相关知识，通过“干中学”锻炼起具体岗位所需的工作能力；二是进一步接受研究生教育以拓展知识结构，并通过参与研究实践以及学位论文撰写，形成知识和技能的重点提高。对于前者来说，这其中的问题还只是工作中的专业压力(付冬楠 2004)；而后者则具有很多不确定性，因为对于专业综合实践基础比较强的院校来说，这个问题相对容易解决，而对于那些研究实践机会不多的院校，则还是难以解决技能提高这个问题。

事实上，正因为规划专业实践是多学科层面的知识应用，因此办好专业教育并不在于笼统地增设相关课程。通识性教育固然是必要的，但更重用的是知识的“学以致用”，即选择并应用相关知识进行价值创造的能力。又因为规划实践具有若干不同的方向和地域特点，因此不同的培养单位可以基于既有的教育基础，有针对性地设置课程结构，并在具体课程的教学中体现明确的应用目的指向，进而形成不同的专业办学特色(图 3)。这方面目前国内已有院校进行了相关探索(赵万民等 2003)。

综合上述讨论，将规划教育的重点任务、教育阶段、课程设置与教育特色的内在联系表示如下(图 3)。

4　结语

在市场经济条件下，城市规划的专业实践包括两方面的活动：一是对空间(space)竞争性使用的管理，二是塑造具有价值和识别性的场所(place)。❶就我国来说，城市规划事业在改革开放以来已取得了丰硕成果，在相当

❶　参见：英国皇家规划学会网站(http：//www.rtpi.org.uk/what_planning_does/)。

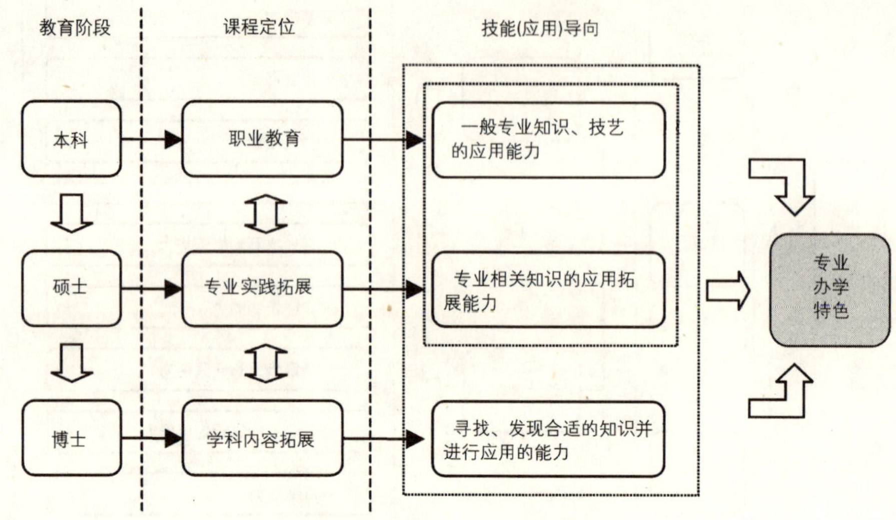

图3 规划专业教育阶段与课程设置定位

程度上满足了我国城市化的快速发展要求。不过，在空间的竞争性使用管理方面，相对来说其贡献还很有限。这其中固然有社会主义市场经济转型过程中的法制和社会环境制约，但在很大程度上是受制于我国城市规划教育体系的结构性缺陷。以上从城市规划专业教育中一般的知识层面划分以及规划实践中多学科知识的综合应用特点入手，论述了城市规划教育组织中的重点任务、教育阶段、课程设置，以及与教育特色的内在联系。但上述讨论还只是框架性的尝试，为了满足规划实践和专业发展的时代要求，还需要对此进行更深入的调查研究，并结合教育阶段，在教学目标、内容、方法上的对具体的课程设置进行系统优化。

（感谢赵民教授对本文提出的建设性意见！）

参考文献

[1] 城市规划专业指导委员会编制. 全国高等学校土建类专业本科教育培养目标和培养方案及主干课程教学基本要求—城市规划专业. 北京：中国建筑工业出版社，2004.

[2] 付冬楠. 从学校到规划院：生活转型中对专业的思考[J]. 城市规划汇刊. 2004，4：21～22.

[3] 孙施文. 关于城市规划教育改革与思索 [J]. 城市规划汇刊. 1997，3：5～7.

[4] 陈秉钊等. 美国城市规划专业教育考察与感想 [J]. 城市规划汇刊. 2003，6：23～28.

[5] 赵民，林华. 我国城市规划教育的发展及其制度化环境建设 [J]. 城市规划汇刊. 2001，6：48-51.

[6] 赵民，雷诚. 论城市规划的公共政策导向与依法行政[J]. 城市规划. 2007，6：21～27.

[7] 韦亚平，赵民. 关于城市规划的理想主义与理性主义理念[J]. 城市规划. 2003，8：48～54.

[8] 谭纵波. 论城市规划基础课程中的学科知识结构构建[J]. 城市规划. 2003，8：48～54.

[9] 宇宙. 浅谈美国城市规划教育的发展历史与现状 [J]. 国外城市规划. 2000，5：45～46.

[10] 唐子来. 不断变革中的城市规划教育 [J]. 国外城市规划. 2003，3：1～3.

[11] 赵万民. 等. 城市规划专业教育改革与实践的探索 [J]. 规划师. 2003，5：71～73.

后　记

2008 年全国高等学校城市规划专业指导委员会第二届第四次会议在山东建筑大学召开，受专业指导委员会的委托山东建筑大学建筑城规学院组织本次年会教学研究论文的征文活动。本次年会共收到全国近 30 所院校的论文 50 余篇，经组织单位委托有关专家评阅、筛选，共评出 45 篇论文，与 2007 年年会评出的 10 篇优秀教研论文一并结集出版。建筑城规学院的杨慧、吕学昌、陈有川、赵健、余丽敏等老师为本论文集的编辑出版作了大量的工作，在此表示衷心的感谢。

张军民
山东建筑大学建筑城规学院副院长
山东省城市规划与设计工程技术研究中心副主任
高等学校城市规划专业指导委员会委员
2008 年 8 月